职业教育环境类专业教材
编审委员会

江 苏 省 高 等 学 校 精 品 教 材

荣获中国石油和化学工业优秀教材奖一等奖

环境管理

第四版

许 宁　胡伟光　曹洪印　主编

· 北 京 ·

内容提要

本书通过分析造成环境问题的根本原因，以人与环境和谐的可持续发展思想为主线，探索环境管理的有效途径。书中阐述了环境管理的基本概念、主要管理手段、有关法规和技术基础。综合法律、经济、行政、科技、教育等手段，对自然资源管理、环境工程管理、区域环境管理、工业企业环境管理、环境规划作了较为详细的介绍，提出相应的管理原则和方法。简要介绍了当前国内外环境管理存在的主要问题及其发展趋势，强调环境文化建设，倡导绿色消费，推行清洁生产对解决环境问题的重要作用。

本书充分体现了党的二十大精神进教材，贯彻生态文明思想，践行绿水青山就是金山银山的理念。推动绿色发展，促进人与自然和谐共生。规范环境管理全过程，增强社会责任、法律责任意识等，坚持用最严格制度、最严密法治保护生态环境。

本书曾先后立项为普通高等教育“十一五”国家级规划教材、“十二五”职业教育国家规划教材、江苏省高等学校精品教材，并荣获中国石油和化学工业优秀教材奖一等奖。

本书为高等职业教育环境类专业的教材，也可供从事环境管理、环境工程的专业人员学习参考。

图书在版编目（CIP）数据

环境管理/许宁，胡伟光，曹洪印主编．—4 版．—北京：化学工业出版社，2020.9（2024.11重印）

普通高等教育“十一五”国家级规划教材 “十二五”职业教育国家规划教材 经全国职业教育教材审定委员会审定 江苏省高等学校精品教材

ISBN 978-7-122-37065-5

Ⅰ.①环… Ⅱ.①许…②胡…③曹… Ⅲ.①环境管理-高等学校-教材 Ⅳ.①X32

中国版本图书馆 CIP 数据核字（2020）第 089952 号

责任编辑：王文峡　　装帧设计：韩　飞

责任校对：边　涛

出版发行：化学工业出版社（北京市东城区青年湖南街 13 号　邮政编码 100011）

印　　装：高教社（天津）印务有限公司

787mm×1092mm　1/16　印张 17¾　字数 424 千字　2024 年11月北京第 4 版第 7 次印刷

购书咨询：010-64518888　　售后服务：010-64518899

网　　址：http://www.cip.com.cn

凡购买本书，如有缺损质量问题，本社销售中心负责调换。

定　　价：49.00 元

前　言

《环境管理》自出版以来得到众多教师和学生的关爱，在此表示深深的谢意！教材以习近平生态文明思想为指引，秉承通过改变人类社会发展理念和行为的途径，保护我们赖以生存的生态环境，促进社会可持续发展的思想，希望能在人们树立环境保护责任，促进生态文明建设中起到作用。

人类终究是自然环境的一部分，对环境保护意识体现的是人类对自身生存基础的敬畏，“绿水青山就是金山银山”是对其最好的诠释。坚持绿水青山就是金山银山是我国生态文明建设的核心理念。实践证明，经济发展不能以破坏生态为代价，生态本身就是经济，保护生态就是发展生产力。必须处理好绿水青山和金山银山的关系，坚定不移保护绿水青山，努力把绿水青山蕴含的生态产品价值转化为金山银山，让良好生态环境成为经济社会持续健康发展的支撑点，促进经济发展和环境保护双赢。现代社会中环境管理是人类社会自我管理的重要组成部分，组成人类社会的三大主体——政府、企业、公众的环境保护意识水平直接影响到各自的行为。深刻领会可持续发展与保护自然环境的关系，并将其体现在各自的行为中，形成相互促进、相互制约的有机体，不断优化处理发展与自然环境的协调，提升生态文明建设质量。

本书充分体现了党的二十大精神进教材，贯彻生态文明思想，践行绿水青山就是金山银山的理念。推动绿色发展，促进人与自然和谐共生。规范环境管理全过程，增强社会责任、法律责任意识等，坚持用最严格制度、最严密法治保护生态环境。

本教材第二版为普通高等教育“十一五”国家级规划教材，第三版为“十二五”职业教育国家规划教材，分别获得 2010 年中国石油和化学工业优秀教材奖一等奖，2011 年江苏省高等学校精品教材。经过有关院校的教学检验，对教材中存在的不足提出了很好的建议。本次修订保持了原教材的基本体例，在内容上进行较大幅度的增、删、改，引入了一些最新研究成果和新的法规，更新了大量案例和阅读材料。

本次修订由南京科技职业学院许宁和曹洪印完成，曹洪印承担了大量的素材整理、内容更新、案例、习题和阅读材料编写工作。在此我要感谢化学工业出版社在第一版以来的编写过程中给予的大量指导和帮助，感谢各位参编老师的辛勤努力。另外，本书编写和修订过程中参考了大量的资料，都逐一列入参考文献，在此向原作者致谢。

由于作者的学术水平有限，书中错误和疏漏在所难免，敬请专家、学者批评指正。

编者

第一版前言

随着人类对产生环境问题根源的认识进一步深化，人类正在积极寻求对自身作用于环境的行为加以科学有效的管理，以便使人类社会与自然环境和谐地发展，从而实现全人类的可持续发展战略。这一方面说明，环境科学所关注的环境问题是由于人类的不合理行为引发的环境问题；另一方面指出，对人类作用于环境行为的管理是解决环境问题的关键所在。

从人类认识产生环境问题根源的各个发展阶段来看，人类将自身异化于自然环境，以自己为主体，完全按照自己的尺度和意志对自然界中的一切事物进行强权统治和随意操纵，这种存在于人类思想深处的不正确的自然观和人-地关系观是当前环境问题产生的根本原因。所以，通过对可持续发展思想的传播，改变人类的发展观、价值观等观念，才是解决环境问题的根本途径。环境管理就是一种承担这一责任，并运用科学的管理手段，对人类作用于环境的各种行为加以管理的重要手段和方法。

伴随着认识的发展，环境管理的思想与方法也经历了三个阶段：以污染治理为主的技术手段；以经济刺激为主的经济手段；以协调经济发展与环境保护关系为主的可持续发展思想。可见，对从事环境科学和环境工程的专业人员来说，熟悉环境管理的基本理论，掌握环境管理的一般原则与方法，将对具体的环境保护工作具有重要的指导意义。

本书作为高职高专环境类专业的教材，就是以上述思想作为全书的主线，力求在全书贯穿可持续发展的思想，希望在环境文化建设，倡导绿色消费，促进清洁生产等方面起到一定的作用。通过本门课程的学习，使学生掌握一定的环境管理基本理论，熟悉环境管理的基本原则和方法，以及环境法规体系、环境规划的基本方法和程序。同时掌握环境管理的技术支持手段在环境管理中的运用，熟悉常见的几种专项管理及其环境标准体系，了解包括 ISO 14000 企业环境管理国际标准体系在内的环境标准，并对环境管理的发展趋势及国际合作有所了解。

针对环境类专业工程实践性较强、学科发展迅速的特点，编写中注意体现先进性、实用性和实践性，紧密结合工程实践。注重处理好“高等教育”与“职业教育”的双重特性，理论知识以必需、够用为度，不追求其系统性和完整性。实践能力的培养以工程应用为主线，紧密贴近工程实践。各章还设计了相应的讨论题，通过现场调查、文献查阅、方案设计等方式，加强学生研究性学习和系统应用能力培养。全书共分十一章，各专业可根据要求选择教学内容。加※者为选学内容。

本书由许宁和胡伟光主编，刘大银主审。许宁编写第二章、第七章、第十一章，胡伟光编写第一章和第五章，刘秦、岳福兴、孟庆建共同编写第六章和第八章，于晓萍编写第三章和第四章，郭正编写第九章和第十章。编写过程中还得到陈沛宏、张文平等的大力帮助，在此深表感谢。

由于作者的学术水平有限，实践经验不足，书中不妥之处在所难免，敬请专家、学者批评指正。

编　者

2003 年 5 月

第二版前言

环境科学所关注的环境问题是指由于人类的不合理行为引发的环境问题，对人类作用于环境行为的管理是解决环境问题的关键所在。所以，通过对可持续发展思想的传播，改变人类的发展观、价值观等观念，是解决环境问题的根本途径。环境管理就是一种承担这一责任，并运用科学的管理手段，对人类作用于环境的各种行为加以管理的重要手段和方法。可见，对从事环境科学和环境工程的专业人员来说，熟悉环境管理的基本理论，掌握环境管理的一般原则与方法，将对具体的环境保护工作具有重要的指导意义。

本书就是以上述思想为主线，力求在全书贯穿可持续发展的思想，希望在环境文化建设、倡导绿色消费、促进清洁生产等方面起到一定的作用。自2003年本书第一版问世以来，受到许多同行和读者的支持，并获得第八届中国石油和化学工业优秀教材二等奖。由于需求量较大，至今已重印多次。经过几年来各院校的教学检验，对教材中存在的不足提出了很好的建议。从环境管理的发展阶段来看，中国基本上走过了大规模的环境立法阶段，进入严格环境法规的落实，保证执行过程不断规范的阶段。本教材正是在上述背景下提出修订要求，并且第二版被列为普通高等教育“十一五”国家级规划教材。

作为高等职业教育教材，修订中特别注意处理“高等教育”的属性与“职业教育”的特点，注重环境管理的具体应用，特别重视将环境保护意识渗透在各项具体工作中的教育，强调人与环境的和谐是实施可持续发展战略的重要前提。突出环境管理实际是对人类自身行为的管理这一理念，强调政府在环境管理中的特殊角色。

为了保持教材的连续性，本次修订保持了原教材的基本体例，主要进行适当的增、删、改。通过对第一版应用情况的调查，收集了大量的反馈意见。参考国内外关于环境管理的研究和实践的发展趋势及一些较为成熟的成果。第二版修订时采纳了各种建议，引入了一些最新研究成果和新的法规，对部分过时或时效性过强的内容加以删减，而对一些与当前实际不符的内容加以修改。

本书由许宁和胡伟光主编，孟庆建、郭正、刘秦、岳福兴、于晓萍参加编写，全书由刘大银教授主审。本次修订主要由许宁完成，孟庆建和朱延美参与，并征求了原教材参加编写人员的修改意见。

由于作者的学术水平有限，实践经验不足，书中不妥之处在所难免，敬请广大读者批评指正。

编　者

2007年9月

第三版前言

近年来，频繁发生的雾霾、水污染、土壤污染事件，让环境问题成为社会各界高度关注的热点，经济发展过程中更加重视保护环境和生态文明建设已成为政府和民众的共识。我国的环境问题表现出结构性、复合性、压缩性特点，发达国家上百年工业化过程中分阶段出现的环境问题在我国快速发展的 20 多年中集中出现，污染物的排放总量大，工业污染结构日趋复杂。

我国环境问题目前最突出的矛盾有以下几个方面：一是在工业化过程中造纸、酿造、建材、冶金、化工等行业的发展使环境污染和生态破坏日益加剧；二是以煤为主的能源结构将长期存在，二氧化硫、烟尘、粉尘等的治理任务更加艰巨；三是城市化过程中基础设施建设落后，垃圾、污水等问题得不到妥善处理；四是在农业和农村发展过程中，化肥和农药的使用、养殖业的无序发展等加剧了农村环境污染；五是在社会消费转型当中，电子废物、机动车尾气、有害建筑材料和室内装饰不当等各类新的污染呈迅速上升趋势；六是转基因产品、新化学品等新技术和新产品将给环境带来潜在威胁。

环境科学所关注的环境问题是指由于人类的不合理行为引发的环境问题，对人类作用于环境行为的管理是解决环境问题的关键所在。所以，通过对可持续发展思想的传播，改变人类的发展观、价值观等观念，是解决环境问题的根本途径。环境管理就是一种承担这一责任，并运用科学的管理手段，对人类作用于环境的各种行为加以管理的重要手段和方法。可见，对从事环境科学和环境工程的专业人员来说，熟悉环境管理的基本理论，掌握环境管理的一般原则与方法，将对具体的环境保护工作具有重要的指导意义。

本书力求贯穿可持续发展的思想，提倡环境文化建设，倡导绿色消费，促进清洁生产。本教材第二版为普通高等教育“十一五”国家级规划教材， 2007 年出版以来，受到许多同行和读者的支持，分别获得 2010 年中国石油和化学工业优秀教材奖一等奖， 2011 年江苏省高等学校精品教材。经过几年来各院校的教学检验，对教材中存在的不足提出了很好的建议。结合环境管理发展和教学改革的要求，本次修订时特别注意处理教材“高等教育”的属性与“职业教育”的特点，注重环境管理的具体应用，特别重视将环境保护意识渗透在各项具体工作中的教育，突出环境管理实际是对人类自身行为的管理这一理念。

为了保持教材的连续性，本次修订保持了原教材的基本体例，在征集大量意见和建议的基础上，进行较大幅度的增、删、改，引入了一些最新研究成果和新的法规，增加了大量案例以方便开展任务驱动式教学，对部分过时或时效性过强的内容加以删减，而对一些与当前实际不符的内容做了必要的修改。加※者为选学内容。

本书拟配套以下数字化素材：①与教材配套的 PPT 电子课件，可登录 www.cipedu.com.cn 下载。②编制案例教学参考素材。③拟编写可用于在线练习的案例模拟分析、管理方案制定等练习题。

本次修订由南京化工职业技术学院许宁完成，江苏省环境科学研究院的周飞高级工程师给予重要指导并提供大量案例素材，曹洪印承担了大量的案例编写和素材整理工作。本书第一版由南京化工职业技术学院许宁和辽宁石化职业技术学院胡伟光主编，泰山医学院孟庆建、长沙环保职业技术学院郭正、中国致公出版社刘秦、中州大学岳福兴、扬州工业职业技术学院于晓萍参加编写，全书由刘大银教授主审。本书编写和修订过程中参考了大量的资料，都逐一列入参考文献，在此向原作者致谢。

由于作者的学术水平有限，实践经验不足，书中不妥之处敬请专家、学者批评指正。

编者

2014 年 5 月

目 录

第四章 环境管理制度 ……………………………………………………… 77

第五章 环境管理的技术基础 ……………………………………………… 99

第六章 自然资源管理 ……………………………………………………… 117

二维码一览表

序号	二维码名称	页码
1-1	《“十三五”挥发性有机物污染防治工作方案》	2
1-2	联合国《2030 年可持续发展议程》	14
3-1	《中华人民共和国环境保护法》	56
3-2	《中华人民共和国大气污染防治法》	59
3-3	《中华人民共和国水污染防治法》(2017 年修订版)	64
3-4	《中华人民共和国固体废物污染环境防治法》	68
3-5	《中华人民共和国环境噪声污染防治法》	72
3-6	《中华人民共和国环境影响评价法》	74
4-1	《建设项目环境保护管理条例》	82
4-2	《中国应对气候变化的政策与行动 2020 年度报告》	83
4-3	《中华人民共和国环境保护税法》	84
4-4	《中华人民共和国环境保护税法实施条例》	84
4-5	《排污许可管理办法(试行)》	89
5-1	《环境管理体系、要求及使用指标》(GB/T 24001—2016)	105
6-1	《环境空气质量标准》	127
6-2	《地表水环境质量标准》	131
8-1	《大气污染防治行动计划》	173
8-2	《水污染防治行动计划》	174
9-1	《建设项目环境影响评价分类管理名录》	197
9-2	《中华人民共和国海洋环境保护法》	203
10-1	《声环境质量标准》	235

第一章 绪 论

学习指南

本章要求掌握环境管理的基本概念、目的、任务、对象，掌握环境管理的基本方法和基本理论。熟悉环境管理的主要手段，理解环境问题产生的根本原因，理解环境与发展的辩证关系，了解国内外环境管理的发展趋势。

党的十八大以来，我国生态环境保护全面加强，决心之大、力度之大、成效之大前所未有。污染防治攻坚战阶段性目标全面完成，蓝天白云重新展现，浓烟重霾有效抑制，黑臭水体大幅减少，土壤污染风险得到管控，能源消费结构发生重大变化，节约资源全面加强，国土绿化持续推进，生态环境质量明显改善，人民群众对生态文明建设的获得感、幸福感、安全感不断增强。同时要清醒认识到，我国生态文明建设正处于压力叠加、负重前行的关键期，生态环境保护结构性、根源性、趋势性压力尚未根本缓解，又进入了以降碳为重点战略方向、推动减污降碳协同增效、实现生态环境质量改善从量变到质变的新阶段，生态文明建设依然任重道远。要完整、准确、全面贯彻落实习近平生态文明思想，以坚定不移的决心和持之以恒的精神，再接再厉、攻坚克难，以高水平保护推动高质量发展、创造高品质生活。习近平生态文明思想的鲜明主题是努力实现人与自然和谐共生。人与自然是生命共同体，生态兴衰关系文明兴衰，如何实现人与自然和谐共生是人类文明发展的基本问题。坚持人与自然和谐共生是我国生态文明建设的基本原则。习近平总书记指出："自然是生命之母，人与自然是生命共同体"。中国式现代化具有许多重要特征，其中之一就是我国现代化是人与自然和谐共生的现代化，注重同步推进物质文明建设和生态文明建设。必须敬畏自然、尊重自然、顺应自然、保护自然，始终站在人与自然和谐共生的高度来谋划经济社会发展，坚持节约资源和保护环境的基本国策，坚持节约优先、保护优先、自然恢复为主的方针，努力建设人与自然和谐共生的现代化。联合国环境规划署国际环境技术中心项目官员马赫什·普拉丹：生态环境就如同存储着绿色资本的银行，人们应当为未来存款，而不是将本息全部挥霍掉。中国的生态文明建设来源于中国传统文化中天人合一、人与自然和谐相处等理念。

环境管理是在环境保护实践中产生，又在环境保护实践中发展起来的。通常环境管理包含着两层含义：一是将环境管理作为一门学科，即环境管理学，它是环境科学与管理科学交叉渗透的产物，是在环境管理的实践基础上产生和发展起来的一门科学，是以实现国家的可持续发展战略为根本目的，研究政府及有关机构依据国家有关法律、法规，用一切手段来控制人类社会经济活动与自然环境之间关系的科学；二是将环境管理作为一个工作领域，它是环境保护工作的一个重要组成部分，是环境管理学在环境保护实践中的运用，主要解决环境保护的实践问题，是政府环境保护行政管理部门的一项最主要的职能。

第一节 环境管理概述

【案例一】碳达峰行动

2021年10月，国务院印发《2030年前碳达峰行动方案》（以下简称《方案》）。《方案》围绕贯彻落实党中央、国务院关于碳达峰碳中和的重大战略决策，按照《中共中央国务院关于完整准确全面贯彻新发展理念做好碳达峰碳中和工作的意见》工作要求，聚焦2030年前碳达峰目标，对推进碳达峰工作作出总体部署。

《方案》以习近平新时代中国特色社会主义思想为指导，全面贯彻党的十九大和十九届二中、三中、四中、五中全会精神，深入贯彻习近平生态文明思想，立足新发展阶段，完整、准确、全面贯彻新发展理念，构建新发展格局，坚持系统观念，处理好发展和减排、整体和局部、短期和中长期的关系，统筹稳增长和调结构，把碳达峰、碳中和纳入经济社会发展全局，有力有序有效做好碳达峰工作，加快实现生产生活方式绿色变革，推动经济社会发展建立在资源高效利用和绿色低碳发展的基础之上，确保如期实现2030年前碳达峰目标。

《方案》强调，要坚持“总体部署、分类施策，系统推进、重点突破，双轮驱动、两手发力，稳妥有序、安全降碳”的工作原则，强化顶层设计和各方统筹，加强政策的系统性、协同性，更好发挥政府作用，充分发挥市场机制作用，坚持先立后破，以保障国家能源安全和经济发展为底线，推动能源低碳转型平稳过渡，稳妥有序、循序渐进推进碳达峰行动，确保安全降碳。《方案》提出了非化石能源消费比重、能源利用效率提升、二氧化碳排放强度降低等主要目标。

《方案》要求，将碳达峰贯穿于经济社会发展全过程和各方面，重点实施能源绿色低碳转型行动、节能降碳增效行动、工业领域碳达峰行动、城乡建设碳达峰行动、交通运输绿色低碳行动、循环经济助力降碳行动、绿色低碳科技创新行动、碳汇能力巩固提升行动、绿色低碳全民行动、各地区梯次有序碳达峰行动等“碳达峰十大行动”，并就开展国际合作和加强政策保障作出相应部署。

《方案》要求，要强化统筹协调，加强党中央对碳达峰、碳中和工作的集中统一领导，碳达峰碳中和工作领导小组对碳达峰相关工作进行整体部署和系统推进，领导小组办公室要加强统筹协调，督促将各项目标任务落实落细；要强化责任落实，着力抓好各项任务落实，确保政策到位、措施到位、成效到位；要严格监督考核，逐步建立系统完善的碳达峰碳中和综合评价考核制度，加强监督考核结果应用，对碳达峰工作成效突出的地区、单位和个人按规定给予表彰奖励，对未完成目标任务的地区、部门依规依法实行通报批评和约谈问责。

1-1 《“十三五”挥发性有机物污染防治工作方案》

思考

环境管理重点应着眼于哪些方面？

一、环境管理的基本概念

随着环境问题的发展，尤其是人们对环境问题认识的不断提高，环境管理的概念和方法发生了很大的变化。

20 世纪 70～80 年代，人们对环境管理的理解仅停留在环境管理的微观层次上，把环境保护部门视为环境管理的主体，把环境污染源视为环境管理的对象，并没有从人的管理入手，没有从国家经济、社会发展战略的高度来思考。

到了 20 世纪 90 年代，人们对环境管理有了新的认识。根据学术界对环境管理的认识，可以把环境管理的概念概括如下：所谓环境管理是将环境与发展综合决策与微观执法监督相结合，运用经济、法律、技术、行政、教育手段，限制人类损害环境质量的活动，通过全面化规则使经济发展与环境相协调，达到既要发展经济满足人类的基本需要，又不超出环境的容许极限。

进入 21 世纪以来，全球环境问题继续加剧，人类对环境管理的认识也在不断深化。研究结果表明，要全面理解环境管理的含义，必须注意以下四个方面的问题：第一，协调发展与环境的关系。建立可持续发展的经济体系、社会体系和保持与之相适应的可持续利用的资源和环境基础，这是环境管理的根本目标。第二，动用各种手段限制人类损害环境质量的行为。人在管理活动中扮演着管理者和被管理者双重角色，具有决定性的作用。因此，环境管理实质上是要限制人类损害环境质量的行为。第三，环境管理和任何管理活动一样，是一个动态过程。环境管理要适应科学技术规模的迅猛发展，及时调整管理对策和方法，使人类的经济活动不超过环境的承载能力和自净能力。第四，环境保护是国际社会共同关注的问题，环境管理需要各国超越文化和意识形态等方面的差异，采取协调合作的行动。

透过环境管理这一概念的变化反映出了人类对环境保护规律认识的深化程度。由此，可以得出以下结论。

（1）环境管理的核心是对人的管理。因为人是各种行为的实施主体，是产生各种环境问题的根源。长期以来，环境管理中的一个误区就是将污染源作为管理对象，使环境管理工作长期处于被动局面。因此，环境管理应着力于对损害环境质量的人的活动施加影响，环境问题才能得到有效解决。这种管理对象的变化是环境管理理论创新与实践深化的一个重要标志。

（2）环境管理是国家管理的重要组成部分。环境管理的好坏直接影响到一个国家或一个地区可持续发展战略实施的成败，影响到人与自然间能否和谐相处，共同发展。它不仅仅是技术问题，也是重要的社会经济问题。环境管理涉及社会领域、经济领域和资源领域在内的所有领域。其内容非常广泛和复杂，与国家的其他管理工作紧密联系、相互影响和制约，成为国家管理系统的重要组成部分。

（3）环境管理是针对次生环境问题而言的管理活动，主要解决由于人类活动所造成的各类环境问题。

二、环境管理的目的

环境管理的目的是解决环境污染和生态破坏所造成的各类环境问题，保证区域的环境安全，实现区域社会的可持续发展。具体来说就是创建一种新的生产方式、新的消费方式、新的社会行为规则和新的发展方式。

依据这一目的，环境管理的基本任务就是：转变人类社会的一系列基本观念和调整人类社会的行为，促进整个人类社会的可持续发展。

人是各种行为的实施主体，是产生各种环境问题的根源。因此，环境管理的实质是影响人的行为，只有解决人的问题，从自然、经济、社会三种基本行为入手开展环境管理，环境问题才能得到有效解决。那么，环境管理涉及哪些内容呢？从不同的角度划分如下。

1. 从环境管理的范围来划分

（1）资源环境管理　依据国家资源政策，以资源的合理开发和持续利用为目的，以实现可再生资源的恢复和扩大再生产，不可再生资源的节约利用和代替资源的开发为内容的环境管理。资源管理的目标是在经济发展过程中，合理使用自然资源从而优化选择。

（2）区域环境管理　区域环境管理是以行政区划分为归属边界，以特定区域为管理对象，以解决该区域内环境问题为内容的一种环境管理。

（3）部门环境管理　部门环境管理是以具体的单位和部门为管理对象，以解决该单位或部门内的环境问题为内容的一种环境管理。

2. 从环境管理的性质来划分

（1）环境规划与计划管理　环境规划与计划管理是依据规划计划而开展的环境管理。这是一种超前的主动管理。其主要内容包括：制定环境规划，对环境规划的实施情况进行检查和监督。

（2）环境质量管理　环境质量管理是一种以环境标准为依据，以改善环境质量为目标，以环境质量评价和环境监测为内容的环境管理。它是一种标准化的管理，包括环境调查、监测、研究、信息、交流、检查和评价等内容。

（3）环境技术管理　环境技术管理是一种通过制定环境技术政策、技术标准和技术规程，以调整产业结构，规范企业的生产行为，促进企业的技术改革与创新为内容，以协调技术经济发展与环境保护关系为目的的环境管理。它包括环境法规标准的不断完善、环境监测与信息管理系统的建立、环境科技支撑能力的建设、环境教育的深化与普及、国际环境科技的交流与合作等。环境技术管理要求有比较强的程序性、规范性、严禁性和可操作性。

三、环境管理的基本理论

环境管理的基础理论由系统科学和管理科学中的若干基本理论组成，即系统论、控制论和行为科学理论。这三种理论构成了环境管理完整而坚实的基础理论。

1. 系统论的基本观点

系统论是运用逻辑和数学方法，研究一般系统运动规律的理论。其数学方法是系统论研究一般系统运动规律的定量化方法，是用来揭示系统内部各子系统之间相互联系和制约关系的手段。逻辑方法则是系统论研究一般系统运动规律的定性思维方法，蕴含着思想方法论的成分。二者结合起来便形成了丰富而深刻的内容。系统论的基本观点可概括为下述四个方面。

（1）整体性观点　它旨在通过揭示要素和系统整体的关系，告诉人们，在认识和处理问题时要坚持一切从整体出发，不仅要把研究对象作为系统整体来认识，而且要将研究过程看做系统整体。

在环境管理中，不但要将环境问题视为社会发展的整体问题来研究，而且要将环境问题的解决过程视为一个系统整体。同时，在一定的人力、物力、财力和技术等条件基本不变的情况下，从产业结构调整和合理工业布局入手，加强宏观政策调控，加快环境管理机构和体制改革，实现环境管理的合理组织、协调和控制，从整体上促进区域的可持续发展战略目标的实现。

（2）相关性观点　系统的相关性是指任一事物都处于联系之中，是关于系统各要素之间相互关联的特性，即系统中任何要素的存在和运动变化都与其他要素相关联。因此，要处理一个系统要素，就必须充分考虑该要素的影响和作用。把可处理的客观事物和所要解决的问题作为更大系统的要素来研究，这就是系统论的相关性观点。

环境问题的产生与人类社会发展息息相关，与人类的社会活动和经济活动息息相关。而环境问题的解决同样与人类的经济活动、人类的社会进步密不可分。因此，环境管理就必须将环境问题与经济问题和社会发展问题联系起来，研究它们之间的相互关系、作用与影响，通过改变人类的生产方式和消费方式来调整生态、经济与社会三者之间的相关性，实现人类环境与社会经济协调、稳定、可持续发展。

（3）有序性观点　系统的有序性是指系统内部诸要素在一定空间和时间方面的排列顺序以及运动转化中的有规则、合规律的属性。这个理论实际上就是现代管理科学中所谓分级管理，指标或功能分解原则的基础。系统的有序性观点旨在揭示系统结构与功能的关系，通过对系统要素的有序组合而实现系统整体功能的优化。

环境管理就是要求提高生态-经济-社会系统在时间、空间以及功能等方面的有序性，力争在原有系统要素不变的情况下，通过提高结构的有序程度达到经济建设与环境保护协调发展。

（4）动态性观点　动态性观点是对系统开放特征的反映和总结。它旨在通过揭示系统状态同时间的关系，告诉人们要历史地、辩证地、发展地考察和认识对象系统，处理好系统与环境的动态适应关系。

要解决当今的环境问题，就要从环境问题产生的历史背景和原因出发，整体地、全面地、动态地看待环境的现状；在正确分析历史背景和现状的基础上，运用发展的观点认识环境问题，并对其进行科学的预测，以研究和探讨环境问题的发展规律，才能正确地制定当今的环境战略和环境对策。

2. 控制论的基本观点

所谓控制，就是控制者对被控制者或者是施控主体对受控客体所施加的一种能动作用。控制的实质是保持或改变对象的某种状态，使其达到施控主体的预期目的。环境管理就是管理者施加的一种能动作用，使被管理者按照管理者的要求来调整自己的生产、消费和社会行为，以符合环境准则。因此，管理就是控制，开展有效的环境管理实质上就是对社会各领域中人们的各种行为进行有效的控制。

经济控制论和社会控制论均产生于20世纪70年代中期，与人类环境保护几乎是同时起步的。从它们产生的那天起，就在环境保护领域找到了广阔的应用空间，确立了控制论作为环境管理的基础理论地位。

经济控制论是以经济问题为研究对象，从控制论的角度研究生态-经济-社会系统内经济要素与其他要素之间以及与外部环境之间的控制问题。环境是经济发展的物质基础和制约条件，只有保护好环境，人类资源才可能持续利用。要达到此目标，应从更高层次上正确处理和解决资源、环境和经济三者之间的相互制约、相互影响和相互作用的关系，才能实现经济系统的最优控制。通过制定国家区域的经济、政策、法规，限制、调控和规范人们的一切经济行为，建立一个动态、稳定的经济秩序，以实现国家和地区的健康、持续发展。

社会控制论是指控制论应用于社会管理领域的一个总称，其研究对象是社会管理系统。国家的政治制度管理体制、国家法律、人口问题、环境问题、人们的社会关系和经济关系都作为这个大系统的要素而存在，而这些要素本身又构成了非常复杂的子系统。环境管理是国家管理的重要组成部分，是国家管理系统的一个子系统。

总之，社会、经济控制论是以生态-经济-社会系统为研究对象，以社会管理系统为主体，从控制角度来认识人类社会的发展问题和探索环境保护的规律。实现环境管理目标，必须有一系列的强制性的控制措施和手段予以保证。它包括国家的环境政策、法律、法规和标准的制定与实施，国家经济政策和法规的制定与实施，国家技术政策和法规的制定与实施等。通过实施强制性的控制与管理，使保护环境的活动成为人们的一种自觉行为。所以，社会、经济控制论是环境管理的重要基础理论。

3. 行为科学理论的基础观点

行为科学产生于20世纪30年代，是研究在特定环境下和一定组织中人类行为规律的科学。凡人类有意识的活动均称为行为，它是个体特征与周围环境相互作用的结果。在一定的社会组织中，人们为实现各自的利益和需要表现出一定的行为。需要是人的行为基本动力和源泉，有什么样的需要才会产生什么样的动机，但群体或个体的需要可能合理，也可能不合理，可能和社会与组织的目标一致，也可能不一致。即使是合理的需要也未必产生合理的行为。例如，人类对资源的需要是一种合理的需要。但在资源的利用过程中，如果人们只注重开发，忽略保护，使开发强度超出了资源和环境的承载能力，就会造成严重的生态破坏和环境污染，这样的行为就是不合理的行为。环境管理的任务就是要解决需要与行为之间的合理性问题。从客观实际出发，调整和改造人们的需要，以鼓励人们的期望行为，限制人们的非期望行为。

首先，要对社会群体或个体施加教育，使人们具有强烈的社会责任感和使命感，增强公众的可持续发展意识，形成全民关注环境、保护环境、参与行动的良好社会氛围。使人们能清醒地认识到，一个企业或个人，在其经济活动过程中，必须遵循国家的有关法律、法规和技术规范，必须执行国家的环境政策、环境法规和环境标准，以满足国家和社会的需要作为满足自身需要的前提。另外，要调动各种经济行为主体的环境保护积极性，采取有效的政策和惩罚措施，通过奖惩调整人们的各种需要和行为。同时，还要加强考核和监督，通过考核使被管理者辨识自己的行为后果是否达到环境管理目标，是否符合要求，评价各经济行为主体开展环境保护的绩效。监督落实企业的环境保护措施是搞好环境管理工作的有力保证。

环境管理的实质是影响人类的行为，使人类的行为不对环境产生污染和破坏，以求维护环境质量。通过对人类行为的管理，达到保护环境的目的和人类的持续发展。

第二节 环境管理的基本方法

一、环境管理的一般方法

环境管理在解决各种环境问题的过程中，需要运用科学的方法，寻求解决环境问题的最佳方案。环境管理的一般程序大致可分为如下五个阶段。

(1) 明确问题　经过深入的调查研究，明确主要环境问题。

(2) 鉴别分析可能采取的对策　在明确问题的基础上，提出环境管理可能采取的各种方案，然后进行费用和收益的比较，通过鉴别与分析，明确可能采取的方案。

(3) 制定规划（计划）　根据方案，制定短期计划和长远规划。

(4) 执行规划(计划) 实施环境管理方案。

(5) 调查评价及调整对策、规划 对环境管理方案的执行情况进行调查分析，对其影响结果进行评价，对方案中不合理处进行调整，重新制定环境规划。

上述各种步骤根据不同的环境问题，可以通过不同的方法进行，而这些步骤之间虽相互有关，但并非总是依次相连的。所要解决的环境问题不同，其步骤和相关的顺序不尽相同。

二、环境管理的预测方法

预测是对事物的发展过程和趋势的预先推定。环境预测有许多分类方法。根据预测方法的特点可分为定性预测、定量预测和模拟预测三大类；根据预测的内容，可分为污染物排放量预测，环境污染趋势预测，生态环境变化趋势预测，经济、社会发展的环境影响预测，区域政策的环境影响预测，还有科学技术发展的环境影响预测等。要实现科学预测，必须在调查研究或科学实验的基础上进行。通过对过去和现状的调查及科学实验获得大量资料、数据，经过分析研究找出能反映事物的变化规律，借助数学、电子计算机技术等科学方法，进行信息处理和判断推理，对未来一定时间的环境发展变化走向和趋势做出符合实际的预测。

三、环境管理的决策方法

环境管理决策就是决策理论与方法在环境保护领域的具体应用，是环境管理的核心。科学的环境管理决策，是提高社会、经济和环境三种效益的根本保证。决策就是根据综合分析，在多种方案中选择最佳方案。

就一般管理而言，其决策方法有十几种，许多论著都有比较详细的介绍。常用的环境管理决策方法有决策树法、决策矩阵法、单目标及多目标数学规划法等。决策树方法与决策矩阵法多用于管理目标量纲一致的决策分析。单目标数学规划法常用于确定型决策，多目标数学规划方法则用于非确定型决策。此处仅介绍决策树法。

决策树法是指以树状图形作为分析和选择方案的一种决策方法。决策树可以使决策问题形象化。当决策对象可以按因果关系、复杂程度和从属关系分成若干等级时，可以采用决策树进行决策。决策树由决策点、方案分支、状态结点、概率分支和结果点组成，如图 1-1 所示。

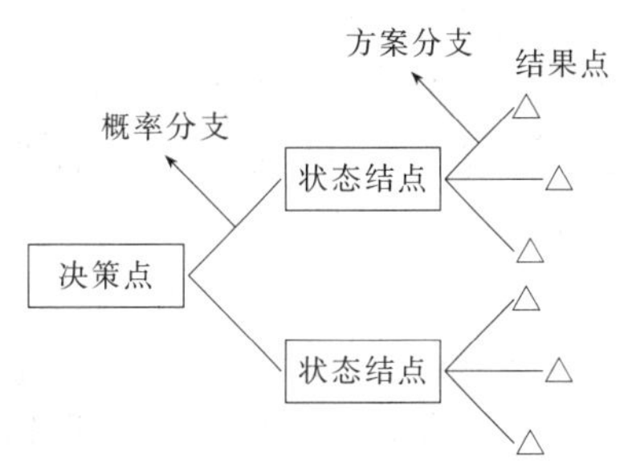

图 1-1 决策树构造示意图

图 1-1 中由决策点引出的分支称为方案分支，表示各个不同的供决策用的备选方案，分支末端有一状态结点，也称自然状态点，由此引出的分支称为概率分支。每一概率分支代表不同的自然状态，概率分支上方标出各种自然状态发生概率的大小，由此可以计算出环境效益，层层展开。终点的数值表示自然状态下的损益值(环境经济损益分析是指为实现环境目标所付出的费用和因改善或保护环境所获得的综合社会经济效益的比较)。

用决策树进行决策时，首先由决策点开始，自左向右对决策点的各方案分级逐一比较，最后择优确定方案。决策树法直观、形象、易于理解，是一种在经济决策中常用的决策方法。

四、环境管理的系统分析方法

环境管理系统分析方法的特点，是将研究的管理对象作为系统来进行描述，从系统的总体最优化出发，采用各种分析工具和方法，对系统进行定性和定量分析。因此，对解决涉及面广、综合复杂的环境问题十分有效，常常能获得理想的效果。

环境管理的系统分析方法主要包括描述问题和收集整理数据、建立模型、优化三个步骤。在系统分析阶段建立的模型中，主要包括功能模型与评价模型两大类。功能模型能定量地表示系统的性能，如环境质量数学模型、污水处理工程的系统模型、区域环境规划的系统模型等。对于系统进行评价主要依据功能、费用、时间、可靠性、可维护性和灵活性等因素加以综合考虑。因此，应用系统分析的方法管理环境是环境管理向科学化、现代化方向发展的一个重要标志。

第三节　环境管理的对象

【案例二】

背景

2021年4月1日，玉林市北流生态环境局执法人员到位于北流市某某混凝土有限公司检查，发现该公司厂区内未规范收集洗车废水，废水沉淀池第一级未设置围堰，导致废水溢流到旁边水沟，且其中一个沉淀池内的废水顺着旁边的水泥管流向厂区南面，从厂区大门旁边流出至厂外水渠，执法人员现场对溢流的废水进行pH值检测，pH值为12-13，呈强碱性。依据《中华人民共和国水污染防治法》第八十五条第一项："有下列行为之一的，由县级以上地方人民政府环境保护主管部门责令停止违法行为，限期采取治理措施，消除污染，处以罚款；逾期不采取治理措施的，环境保护主管部门可以指定有治理能力的单位代为治理，所需费用由违法者承担：（一）向水体排放油类、酸液、碱液的；……，有前款第一项、第二项、第五项、第九项行为之一的，处十万元以上一百万元以下的罚款；情节严重的，报经有批准权的人民政府批准，责令停业、关闭。"的规定，结合《广西壮族自治区环境行政处罚自由裁量规则》和《广西壮族自治区环境行政处罚自由裁量基准》的裁量计算方法，北流生态环境局对北流市某某混凝土有限公司作出责令停止违法行为，十日内采取治理措施，消除污染，罚款10万元的行政处罚决定。

搅拌站洗车废水是混凝土行业最容易忽视，但实际上影响较大的问题之一，洗车废水由于呈强碱性，对周边环境影响极大。本案例中北流市某某混凝土有限公司对自身环保工作认识不清，在日常工作中敷衍了事，涉案企业被依法惩办，有效展现了法律的严厉性，对加强生态环保工作具有良好宣传作用，同时也警示所有企业应进一步树牢守法红线思维和底线思维，严格落实环保主体责任，坚决杜绝环境违法犯罪行为发生。

相关知识

亚里士多德说："凡是属于多数人的公共事物常常是最少受人照顾的事物，人们关注着自己的所有，而忽视公共的一切，他至多只留心到其中对他个人多少有些相关的事物。"1968年英国留学生加雷特．哈丁所设想的"公有物悲剧"（tragedy of the commons）就是这一境况的现代概括。哈丁设想了一个向一切人开放的牧场，在其中，每个牧羊人的直接利益的大小取决于他所蓄养的牲畜的数量是多少，当存在过度放牧问题时，每个牧羊人只承担公用地退化成本的一部分，这时候就会发生“公共物悲剧”。哈丁说：“在共享公有物的社会中，每个人，也就是所有人都追求各自的最大利益。这就是悲剧的所在。每个人都被锁在一个迫使他在有限范围内无节制地增加牲畜的制度中。毁灭是所有人都奔向的目的地。因为在信奉公有物自由的社会当中，每个人均追求自己的最大利益。公有物中的自由给所有人带来了毁灭。”

思考

制止“公有物悲剧”发生应采取哪些措施？

当企业因将废碱液直接倾倒入长江及运河，严重污染环境而受到严厉惩罚之后，会自觉放弃那种“无节制的逐利行为”吗？对此，可能只是一种奢望。只要当人们可以随意使用公共资源，正如哈丁所说，所有人都追求各自的最大利益，“公有物悲剧”就很难避免。

环境污染日趋严重的主要根源之一是在享有环境这一“公有物”获利与对环境破坏成本之间的平衡问题，是政府、企业、个人在环境保护中的责任分担是否合理的问题。

环境问题对人类的影响是随着环境问题的发展而发展的。如何认识今天人类所面对的环境问题，它的实质究竟是什么？这不仅是一个认识论问题，更是一个涉及如何确立人类环境战略的重大问题。

环境管理是国家管理的重要组成部分。所谓环境管理，就是运用多种手段更新人类社会的生存发展观念，调整人类的社会行为，协调人与环境之间的关系，其目的是实现社会的可持续发展。要达到此目的，必须对人类的社会经济活动进行引导并加以约束，使人类社会经济活动与环境承载力相适应。因此，环境管理的对象主要是人类的社会经济活动，主要解决由于人类活动所造成的各类环境问题。人是各种行为的主体，是产生各种环境问题的根源。由此可见，环境管理的核心是对人的管理，必须把管理的着眼点落在“活动的主体”身上。人类社会经济活动的主体大体可分为三个方面。

一、个人

需要是人的行为的基本动力和源泉。人为了满足自身生存和发展的需要，通过生产劳动或购买去获得用于消费的物品和服务。例如，农民将自己生产的部分粮食、蔬菜等农副产品用作消费，以满足自己及家庭成员的基本生存需要；城市居民从市场中购买各类食品以满足需要等。当人对这些物质进行消费的过程中或在消费以后，会产生各种各样的废物，并以不同的形态和方式进入环境，从而对环境产生污染。消费对环境的负面影响可以概括如下。

（1）在对消费品进行必需的清洗、加工处理过程中，会产生生活废水、生活垃圾进入环境。据统计，当前城市人均生活垃圾年产量为 280 公斤，2015 年全国城镇生活污水排放量为 535.2 亿吨，生活废水中化学需氧量（COD）为 2223.5 万吨。

（2）在运输和保存消费品时使用的包装物也将成为废物，它们同样以生活垃圾的形式进入环境。如引人注目的铁路沿线和流域沿岸的“白色污染”问题，特别是长江等特大流域的“白色污染”问题已成为区域环境问题中的顽症。

（3）在消费品使用后，最终也会成为废物进入环境，例如废旧电池等。

由于个人的消费行为会对环境造成污染，因此，个人行为是环境管理的主要对象之一。只有加强宣传教育，唤醒公众的环境意识，转变传统的消费观念，改变消费模式，提倡绿色消费。同时采取各种技术和管理措施，以减轻个人的消费行为对环境的不良影响。例如，鼓励消费者尽可能少使用塑料袋；生活垃圾尽可能地实现分类处理；减少有毒、有害材料的使用量；旧电池的回收等。

总之，在市场经济条件下，可以运用经济手段的激励作用和法律手段的强制作用，规范消费者的行为，引导人们的消费取向，促进社会向着可持续消费的方向发展。

二、企业

企业作为社会经济活动的主体，其主要目标通常是通过向社会提供物质产品或服务来获得利润。在生产过程中，必然要向自然界索取资源，投入生产活动中，同时排放出一定数量的污染物。企业生产活动对环境的负面影响可以概括如下。

（1）生产过程中，从环境中开采各种自然资源，靠大量消耗资源和能源来谋求经济增长的道路，造成了严重的资源浪费，进而影响到环境的功能。

（2）在企业生产过程中形成的废物将进入环境造成污染。这种生产性污染往往同时包括大气污染、水污染、噪声污染等多种形态，对人体健康和生态系统均有极大的危害。

由此可见，企业行为是环境管理的又一重要对象。要控制企业对环境产生污染，就要依法规范企业的生产行为，使企业的一切经济活动置于法律的有力监督之下。同时，引导和帮助企业将环境保护纳入企业发展战略，从源头上解决企业自身环境问题。另外，还要营造一个有利于企业与环境协调、技术发明回报较高的市场条件，推广清洁生产工艺和技术，发展高科技的无污染和少污染的产业，制定鼓励企业开展污染治理的优惠政策等。

三、政府

政府作为社会行为的主体，它为社会提供公共消费品和服务。例如，由政府直接控制军队和警察等国家机器，经办供水、供电、铁路、文教等公用事业等；为社会提供一般的商品和服务；掌握国有资产和自然资源的所有权，以及对自然资源开发利用的经营和管理权；政府有权运用行政手段和法律手段对国民经济实行宏观调控和引导。政府的宏观调控对环境所产生的影响具有极大的特殊性，涉及面广、影响深远，既可以产生大的正面影响，又可能有巨大的难以估计的负面影响。要解决政府行为所造成和引发的环境问题，关键是提高宏观决策的质量，变经验决策为科学决策。

第四节　环境管理的主要手段

环境管理的手段是指为实现环境管理目标，管理主体针对客体所采取的必需、有效的手段。

一、环境管理的法律手段

环境管理的法律手段是指管理者代表国家和政府，依据国家环境法律、法规，对人们的行为进行管理以保护环境的手段。依法管理环境是控制并消除污染、保障自然资源合理利用并维护生态平衡的重要措施，是其他手段的保障和支持，通常亦称为“最终手段”。目前，中国已初步形成了由国家宪法、环境保护法、环境保护相关法、环境保护单行法和环保法规等组成的环境保护法律体系，这是强化环境监督管理的根本保证。

二、环境管理的经济手段

环境管理的经济手段是指管理者依据国家的环境经济政策和经济法规，运用价格、成本、利润、信贷、利息、税收、保险、收费和罚款等经济杠杆来调节各方面的经济利益关系，规范人们的宏观经济行为，培育环保市场以实现环境和经济协调发展的手段。环境管理经济手段的核心作用是贯彻物质利益原则，通过各种具体的经济措施不断调整各方面的经济利益关系，限制损害环境的经济行为，奖励保护环境的经济活动。

在环境管理中，要使经济手段发挥应有的作用，经济处罚或收费的额度必须超过其因减少环境保护投入所节省下来的费用。企业才能积极主动地调整自己的经济行为，开展污染预防和治理工作。

三、环境管理的行政手段

环境管理的行政手段是指在国家法律监督下，各级环保行政管理机构运用国家和地方政府授予的行政权限开展环境管理的手段。例如，对污染严重而又难以治理的企业实行的关、停、并、转就属于环境管理中的行政手段。

四、环境管理的技术手段

环境管理的技术手段是指管理者为实现环境保护目标，所采取的环境工程、环境监测、环境预测、评价、决策分析等技术，以达到强化环境执法监督的目的。环境管理的技术手段分为宏观管理技术手段和微观管理技术手段。

宏观管理技术手段是指管理者为开展宏观管理所采用的各种定量化、半定量化以及程序化的分析技术。这类技术包括环境预测技术、环境评价技术和环境决策技术。

微观管理技术手段是指管理者运用各种具体的环境保护技术来规范各类经济行为主体的生产与开发活动，对企业生产和资源开发过程中的污染防治、生态保护活动实施全过程控制和监督管理的手段。

按照环境保护的作用来划分，微观管理技术可分为预测技术、治理技术和监督技术，如图 1-2 所示。

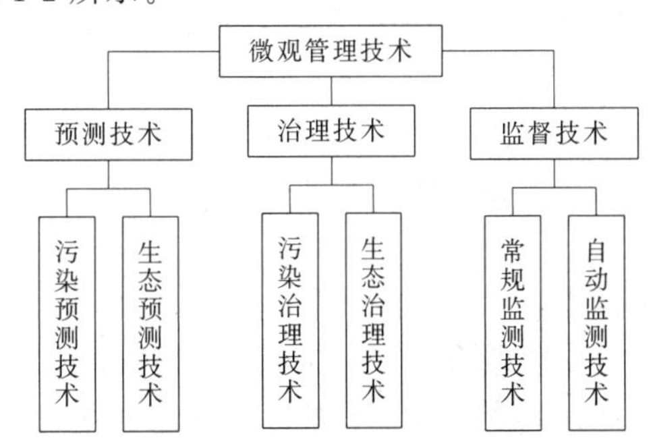

图 1-2 按作用划分的微观管理技术手段

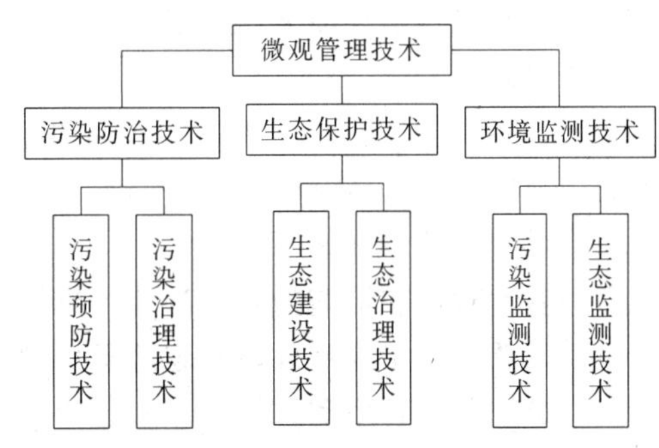

图 1-3 按应用领域划分的微观管理技术手段

按照环境保护技术的应用领域来划分，微观管理技术可分为污染防治技术、生态保护技术和环境监测技术三类，如图 1-3 所示。

五、环境管理的宣传教育手段

环境管理的教育手段是指运用各种形式开展环境保护的宣传教育，以增强人们的环境意识和环境保护专业知识的手段。环境教育的根本任务是提高全民族的环境意识和培养环境保护方面的专业人才。环境教育包括专业教育、基础环境教育、公众环境教育和成人环境教育四种形式。

专业教育即全日制普通高等学校（包括大专生、本科生、研究生）、职业院校环境保护类的学历教育。基础环境教育即大、中、小学所开展的环境保护科普宣传教育。公众环境教育是公民素质教育的重要组成部分，是监督国家和政府环境行为的社会基础。成人教育即在职岗位培训教育或继续教育。

总之，环境教育是保护和改善环境，维护生态平衡，实现可持续发展的根本性措施之一。环境教育工作的成败直接关系到环保事业的全局，为此，抓好环境教育工作，特别是提高公众的环境意识，任重而道远。

第五节　环境管理的发展趋势

中国作为一个发展中国家，环境保护起步较晚，仅有40多年的发展历程。这段时间经历了起步阶段（1973～1983年），发展阶段（1984～1996年）和深化阶段（1996年后）。

从1996年至今，是中国环境保护发展史上一个非常重要的时期。这一时期，中国的环境保护从管理战略、管理体制、管理思想和管理目标上都进行了重大的改革和调整，环境保护进入到实质性的阶段，中国开始走上了可持续发展之路。

纵观中国的环境管理，其发展趋势可概括为以下三个方面。

一、环境管理正由全面到深入

1. 环境管理思想产生了质的飞跃

从20世纪70年代初起，中国的环境管理思想随着环保事业的起步而萌芽，又随着环保事业的发展而不断深化。完成了从“以污染治理为中心”向“以强化环境监督管理为中心”的转变。

2. 环境管理机构得到发展

环境管理机构是环境管理的组织保证，建设一支强有力的环境管理机构，是强化环境管理的必要保证。

目前，我国已经建立了从中央到地方各级政府环境保护部门为主管的，各有关部门相互分工的环境保护管理体制，形成了国家、省、市、县、乡镇五级的管理体系。

3. 污染防治对策的发展

污染防治对策和措施的发展趋势可概括为以下四点。

（1）以总量控制为基础，实施总量控制与浓度控制相结合　20世纪80年代由发达国家提出了总量控制的思想和方法，事实证明，总量控制是具有大环境管理思想的控制方法，是对传统的污染控制在思维方式和控制方法上的重大变革。

随着中国环境保护的深入发展和污染物总量控制条件的逐步成熟，将会从目前采用的以浓度控制为基础，实施浓度控制与总量控制相结合的污染防治对策，逐渐转变到以总量控制为基础，实施总量控制与浓度控制相结合的污染防治对策上来，这是中国环境保护所应遵循的长远环境对策。

（2）由末端控制过渡到全过程控制　以清洁生产为主要内容的全过程控制是一种技术性很强的控制方法。其内容涉及环保领域、经济领域和技术领域等多方面，并且需要有法律保证。所以实施全过程污染控制要具备较高的条件，需要诸多部门的配合与协作才能完成。另外，污染防治的全过程控制不仅仅包括技术路线的全过程控制，还应当包括非技术路线的全过程控制，即决策管理的全过程控制，实施环境与发展综合决策。相对于技术路线的污染全过程控制，决策管理的全过程控制更为重要，二者缺一不可。

随着国家环保事业的发展，当全过程污染控制条件成熟的时候，将会从目前采用的以末端控制为主，实施末端控制与全过程控制相结合污染防治对策，转变到实施全过程控制的污染防治对策上来。

(3) 以集中控制为主，实施集中控制与分散控制相结合　分散控制是以单一污染源为主要控制对象的一种控制方法，也称为点源控制方法。分散控制一直是普遍推行的控制方法，在污染控制中发挥了一定的作用。但这种方法花费的财力、物力很大，污染控制的整体效果并不显著。于是又提出了集中控制的污染控制方法，也称为“面源”控制。从理论上说，这是体现系统整体优化思想、以众多污染为控制对象的区域污染控制方法。但实施集中控制要求有完备的城市基础设施和合理的工业布局。所以，集中控制和分散控制是污染治理的两种形式，不能互相替代，二者之间存在互补的关系。

强调以集中控制为主，实施集中控制与分散控制相结合的对策，是未来污染防治趋势。

(4) 以区域治理为基础，区域治理与行业治理相结合　区域污染治理模式是中国普遍采用的一种传统污染治理模式。事实证明，缺乏行业治理的区域治理是低效的，单纯的区域治理和单纯的行业治理对策都是不可持续的环境对策。只有走区域治理和行业治理相结合的污染治理道路，才能发挥其对区域经济持续发展的促进作用。

二、强化环境管理的法律手段

中国现行的环境保护法律还处在发展阶段。法律体系尚需进一步完善，法律条文过于原则，缺乏可操作性。环境法的建设要解决三个问题：一是从法律上明确地方政府关于环境保护应承担的具体法律责任；二是从法律上明确环保执法部门应承担的法律责任；三是从法律上明确环境污染和生态破坏行为应承担的法律责任。

今后的立法方向应从以下几个方面努力。

(1) 确立被中外证明行之有效的各项基本法律原则；

(2) 建立健全可持续发展的法律体系；

(3) 建立健全各项环境保护基本法律制度。

另外，要加大环境执法的力度，解决环境法制建设中有法不依、执法不严的现象，提高环境法的法律权威性与强制性。

三、全球环境管理的重要国际行动

全球环境问题不是个别国家短时间内可以解决的，它大多是跨越国界，且影响深远的。由于利益矛盾和认识上的差异，各国的立场错综复杂。但是，任何一个国家，无论其经济实力和科技实力多么雄厚，都不能依靠自己单独的力量从根本上解决环境问题，也无法阻止全球性环境恶化。

目前国际上采取的有关行动主要有以下几种。

1. 加强国际环境合作

世界各国紧密合作，共同努力，是有效解决全球生态环境问题的重要基础。UNEP 前任执行主任托尔巴曾强烈呼吁加强全球环境合作，共同解决全球环境问题。

1990 年 10 月，世界气象组织、UNEP、联合国教科文组织和联合国粮农组织、国际科联理事会共同在日内瓦召开了第二届世界气候大会，专门讨论了全球气候变化问题。此后，经过多次协商，终于在一些主要问题上达成共识或谅解，最终形成了“联合国气候变化框架公约”。

1991 年 5 月，在摩洛哥召开了第七届世界水资源大会，讨论了淡水供应和水污染防治等问题。

1991 年 6 月，由中国政府发起在北京召开了“发展中国家环境与发展部长级会议”，有 40 个国家的部长级代表和 12 个国际组织的特邀代表参加了会议，会上发表了《北京宣言》。

1992 年在巴西召开的联合国环境与发展大会，是全人类拯救地球的第一次共同努力与合作。

2009 年 10 月，中国与东盟联合制定通过了《中国-东盟环境保护合作战略 2009—2015》，为双方推进具体环境合作提供了基础。战略主要根据中国-东盟环境合作传统领域与东盟共同体蓝图，确定了公众意识和环境教育，促进环境友好技术、环境标志与清洁生产，生物多样性保护，环境管理能力建设，全球环境问题，促进环境产品和服务等作为优先合作领域，并提出将制定行动计划进一步落实战略。

2011 年，中国和东盟国家共同制定了中国-东盟环保合作行动计划，并每年开展环保合作活动。中国与东盟专家共同编制并发布了《中国-东盟环境发展展望报告》：一方面探讨中国和东盟面临的环境问题；另一方面探讨共同合作的领域，并已在湄公河流域制定了绿色澜湄计划。

1-2 联合国《2030 年可持续发展议程》

2015 年 9 月 25 日，“联合国可持续发展峰会”在纽约联合国总部举行。会议通过了一份由 193 个会员国共同达成的成果文件，即《2030 年可持续发展议程》。这一包括 17 项可持续发展目标和 169 项具体目标的纲领性文件将推动世界在今后 15 年内实现 3 个史无前例的非凡创举——消除极端贫穷、战胜不平等和不公正以及遏制气候变化。新的可持续发展目标呼吁世界各国在人类、地球、繁荣、和平、伙伴的 5 个关键领域采取行动，并认识到消除贫困的工作必须在应对气候变化的同时，与构建经济增长和解决一系列社会需求的努力并肩而行。可持续发展目标的落实将惠及世界各国和所有人。

2017 年 5 月，我国在“一带一路”国际合作高峰论坛上提出“践行绿色发展新理念，倡导绿色、低碳、可持续的生产生活方式，加强生态环保合作，建设生态文明，共同实现 2030 年可持续发展目标”。共建绿色“一带一路”，既是“一带一路”建设的内在需求，也是落实联合国 2030 年可持续发展议程的重要举措，符合各国的共同利益。

近年来，中国和广大发展中国家广泛开展环境保护政策交流活动，如举办中国-东盟环保合作论坛、中非环境部长对话会、中国-阿拉伯环境合作论坛，通过这些机制和发展中国家互相交流，分享环境保护方面的政策和经验，相互了解、相互借鉴。

世界自然保护基金会是保护生物多样性方面的活跃机构，从 1961 年成立以来，世界自然基金会已在 6 大洲的 153 个国家发起或完成了约 12000 个环保项目。由于它持之以恒的努力，全球自然保护意识大大增强。

除此之外，环境问题区域性合作的趋势也在不断增强。

2. 签订大量的环境保护公约

随着环境保护方面的国际合作日益广泛，一系列旨在调整国际环境保护关系的法律文件应运而生，不少国家之间缔结了与环境保护有关的双边条约，尤其是20世纪70年代末至80年代期间，在区域性和全球性立法方面取得了一些突破。下面介绍其中几个重要的国际环境保护条约、双边条约和区域性条约。

（1）国际环境保护条约

①《保护臭氧层公约》及其议定书　1985年3月，22个国家和欧洲经济委员会在维也纳签署了《保护臭氧层维也纳公约》，该公约是UNEP首次制定的具有约束力的全球性国际环境法文件。

1987年9月在加拿大蒙特利尔举行的国际会议上，来自43个国家的环境部长和代表，通过了世界上第一个关于控制氯氟烃使用量的保护臭氧层的议定书——《关于消耗臭氧层物质的蒙特利尔议定书》。中国已于1991年6月宣布加入经过修正的《蒙特利尔议定书》。

②《气候变化框架公约》　1990年，第45届联大决定成立一个政府间气候变化框架公约谈判委员会。

1992年6月，参加联合国环境与发展大会的包括中国在内的153个国家签署了《气候变化框架公约》。但是，该公约未明确规定发达国家减少二氧化碳排放量的限量目标。另外，公约尚未解决工业化国家的技术和资金如何转让给发展中国家的问题。

③《巴塞尔公约》和伦敦准则及其修正案　针对危险废物越境转移的发展趋势和潜在危害，在UNEP赞助下于1989年3月在瑞士巴塞尔举行了有116个国家参加的专门会议，并由32个国家的代表和欧洲委员会共同起草了一份全球性公约，即《巴塞尔公约》。而针对有害化学物质越境转移的另一种形式，即化学品的国际贸易和有毒化学品的易地生产，UNEP于1989年通过了关于化学品国际贸易中信息交换的伦敦准则及其修正案。

④《生物多样性公约》　关于物种保护方面的公约和协定多达几十个，它们对保护自然地域和一些重要物种起了很好的作用。其中最具代表性的是1992年6月在联合国环境与发展大会上签署的《联合国生物多样性公约》。

⑤《联合国防治荒漠化公约》　全称为《联合国关于在发生严重干旱和/或沙漠化的国家特别是在非洲防治沙漠化的公约》。《联合国防治荒漠化公约》是联合国环境与发展大会框架下的三大环境公约之一。公约的核心目标是由各国政府共同制定国家级、次区域级和区域级行动方案，并与捐助方、地方社区和非政府组织合作，以对抗应对荒漠化的挑战。该公约于1994年6月7日在法国巴黎通过，1996年12月26日正式生效。

⑥《京都议定书》　于1997年在日本京都由140个政府签订。中国已于1998年5月签署并于2002年8月核准了该议定书，成为第37个签约国。

⑦《关于持久性有机污染物的斯德哥尔摩公约》　通过于2001年5月22日，2004年5月17日生效，同年11月11日对中国生效。2007年6月中国编制并向公约缔约方大会提交《中华人民共和国〈关于持久性有机污染物的斯德哥尔摩公约〉国家实施计划》。

⑧《鹿特丹公约》　是《关于在国际贸易中对某些危险化学品和农药采用事先知情同意程序的鹿特丹公约》的简称，又称《PIC公约》，是联合国环境规划署和联合国粮食及农业组织在1998年9月10日在鹿特丹制定的，于2004年2月24日生效。公约是根据联合国《经修正的关于化学品国际贸易资料交流的伦敦准则》和《农药的销售与使用国际行为守则》以及《国际化学品贸易道德守则》中规定的原则制定的，其宗旨是保护包括消费者和工人健康在内的人类健康和环境免受国际贸易中某些危险化学品和农药的潜在有害影响。《鹿特丹公约》于2005年6月20日对中国生效。

除了包括上述这些具有法律约束力的公约外，国际社会还发布了许多不具法律约束力的非法律文件，如1972年的《人类环境宣言》，1992年的《里约宣言》《21世纪议程》《关于森林问题的原则声明》等。

（2）双边环境保护条约　双边环境保护条约是两个当事方就环境问题签订的条约、协定、议定书、备忘录、声明等法律文件的总称。从数量上看，双边环境保护条约在环保条约总数中占的比重最大。比较著名的双边环境保护条约有《美国—加拿大关于防止北美地区大气污染的协定》《芬兰与瑞典关于界河的协定》《德意志联邦共和国与奥地利关于在土地利用方面进行合作的协定》《美国与墨西哥关于保护和改善边境地区环境的协定》等。

中国也与许多国家签订了双边环境保护条约，如《中华人民共和国政府与日本国政府环境保护合作协定》《中华人民共和国政府和印度共和国政府环境合作协定》《中华人民共和国政府和俄罗斯联邦政府环境保护合作协定》《中华人民共和国政府和法兰西共和国政府环境保护合作协定》等。

（3）区域性环境保护条约　是在一定区域内的有关国家，为了解决区域内共同的环境问题而签订的环境保护条约。如由非洲统一组织建议制定的《保护自然和自然资源非洲公约》、有20多个欧共体国家参加的《保护欧洲野生生物和自然生境公约》（简称伯尔尼公约）、由美洲国家组织制定的《西半球自然保护和野生生物保护公约》（简称西半球公约）等。

另外，在一些具体的环境保护活动中也采取了相应的国际行动，例如，在保护全球生物多样性和生态系统方面，还通过世界各国建立自然保护区，提高公众的生态意识来保护生物多样性；在臭氧层保护方面还建立了由缔约国中发达国家出资的多边基金，用以帮助发展中国家淘汰对臭氧层有害的化合物，转向采用对臭氧层无害的替代化合物。

思考题

1. 什么是环境管理？环境管理的实质是什么？
2. 环境管理的目的是什么？
3. 环境问题是如何产生的？其根源是什么？
4. 环境管理有哪些方法？其特点是什么？
5. 环境问题的实质是什么？
6. 环境管理的对象是什么？什么是宏观环境管理？什么是微观环境管理？
7. 环境管理的主要手段有哪些？
8. 简述如何从自身做起，为保护环境做贡献。
9. 如何认识提高全民族的环境意识已成为中国21世纪环境教育中最重要的问题？
10. 中国现行的环保战略是什么？
11. 如何理解环境管理的对象主要是人类的社会经济活动？
12. 怎样认识当前人类的消费观点和消费模式？
13. 为什么在完善环境立法的同时，要加大环境执法的力度？

讨论题

1. 通过收集资料、现场调查等方式，讨论企业生产活动对环境的负面影响。

要求：调查本地区的中小型企业的生产活动对环境造成的污染及生态破坏，并讨论要控制企业对环境产生的污染应采取的措施。

目标：通过讨论明确企业作为经济活动的主体，是环境管理的重要对象。

2. 通过收集本地区由于个人消费行为对环境造成污染的现象和资料，讨论消费行为对环境的负面影响。

要求：收集本地区的个人消费行为对环境造成污染的文字、图片、影像等资料，讨论提倡绿色消费的必要性。

目标：充分认识个人行为是环境管理的主要对象之一，促进个人消费观念的转变。

第二章　可持续发展战略

学习指南

理解并掌握可持续发展的理论及其产生和发展过程，深入理解其基本内涵和基本原则，熟悉其实施的组织层次、关键环节和指标体系，熟悉中国政府关于《中国21世纪议程》的有关举措和实施的进展情况。

【案例三】

背景

2015年9月25日，联合国可持续发展峰会在纽约总部召开，联合国193个成员国在峰会上正式通过17个可持续发展目标。可持续发展目标旨在从2015年到2030年间以综合方式彻底解决社会、经济和环境三个维度的发展问题，转向可持续发展道路。环境保护（包括控制污染和改善生态）是保证可持续发展的物质基础。我国始终坚持环境保护的基本国策。坚持资源开发和节约并举，把节约放在首位，提高资源利用效率。统筹规划国土资源的开发和利用。努力改善生态环境，加强对环境污染的治理。目前危害我国生态环境的因素有：土地退化、林草植被破坏、水土流失严重、矿产资源不合理开发、生物多样性锐减。

我国采取的部分具体措施

我国已经摒弃了先建设、后治理，以牺牲环境质量为代价的发展模式，通过选择有利于节约资源的产业结构和消费方式，建立资源节约型的国民经济体系。通过产业政策调整，减少对资源的消耗和对环境的破坏。严格限制那些能源消耗高、资源浪费大、环境污染严重的产业和企业的发展，大力发展质量效益型、科技先导型、资源节约型产业，要通过产业结构调整，限制发展污染严重的产业，对污染危害较大的企业限期治理，合理布局工业生产力，合理利用自然生态系统的自净能力，增强企业防治污染的能力。

2021年11月，中共中央、国务院印发《关于深入打好污染防治攻坚战的意见》（以下简称《意见》）。《意见》指出，要深入贯彻习近平生态文明思想，以实现减污降碳协同增效为总抓手，以改善生态环境质量为核心，以精准治污、科学治污、依法治污为工作方针，统筹污染治理、生态保护、应对气候变化，保持力度、延伸深度、拓宽广度，以更高标准打好蓝天、碧水、净土保卫战，以高水平保护推动高质量发展、创造高品质生活，努力建设人与自然和谐共生的美丽中国。《意见》提出的主要目标是，到2025年，生态环境持续改善，主要污染物排放总量持续下降，单位国内生产总值二氧化碳排放比2020年下降18%，地级及以上城市细颗粒物（PM2.5）浓度下降10%，空气质量优良天数比率达到87.5%，地表水Ⅰ—Ⅲ类水体比例达到85%，近岸海域水质优良（一、二类）比例达到79%左右，重污染天气、城市黑臭水体基本消除，土壤污染风险得到有效管控，固体废物和新污染物治理能力明显增强，生态系统质量和稳定性持续提升，生态环境治理体系更加完善，生态文明建设实现新进步。到2035年，广泛形成绿色生产生活方式，碳排放达峰后稳中有降，生态环境根本好转，美丽中国建设目标基本实现。

针对加快推动绿色低碳发展，《意见》要求深入推进碳达峰行动，聚焦国家重大战略打造绿色发展高地，推动能源清洁低碳转型，坚决遏制高耗能高排放项目盲目发展，推进清洁生产和能源资源节约高效利用，加强生态环境分区管控，加快形成绿色低碳生活方式。针对深入打好蓝天保卫战，《意见》要求着力打好重污染天气消除攻坚战，着力打好臭氧污染防治攻坚战，持续打好柴油货车污染治理攻坚战，加强大气面源和噪声污染治理。针对深入打好碧水保卫战，《意见》要求持续打好城市黑臭水体治理攻坚战，持续打好长江保护修复攻坚战，着力打好黄河生态保护治理攻坚战，巩固提升饮用水安全保障水平，着力打好重点海域综合治理攻坚战，强化陆域海域污染协同治理。

针对深入打好净土保卫战，《意见》要求持续打好农业农村污染治理攻坚战，深入推进农用地土壤污染防治和安全利用，有效管控建设用地土壤污染风险，稳步推进“无废城市”建设，加强新污染物治理，强化地下水污染协同防治。针对切实维护生态环境安全，《意见》要求持续提升生态系统质量，实施生物多样性保护重大工程。强化生态保护监管，确保核与辐射安全，严密防控环境风险。针对提高生态环境治理现代化水平，《意见》要求全面强化生态环境法治保障，健全生态环境经济政策，完善生态环境资金投入机制，实施环境基础设施补短板行动，提升生态环境监管执法效能，建立完善现代化生态环境监测体系，构建服务型科技创新体系。

思考

实施可持续发展战略的关键环节是什么？如何改变个人消费方式？

已被当今世界各国普遍接受的可持续发展观念，是在全球面临经济、社会、环境三大问题的背景下，人类从自身的生产和生活行为的反思以及对现实与未来的忧患中领悟出来的。可持续发展战略在全球范围内的实施，必将使人类的生产方式、消费方式乃至思维方式发生革命性的变化，从而引发人类进行环境管理的各个方面指导思想上的根本转变。可持续发展观念与不计自然成本的传统经济增长观念和消极保护自然的零增长观念有着根本的区别。这就是从以单纯经济增长为目标的发展转向经济、社会、生态的协调发展；从以物为本位的发展转向以人为本位的发展，即发展的目的是为了满足人的基本需要，提高人的生活质量；从注重眼前利益、局部利益的发展转向长期利益、整体利益的发展；从物质资源推动型的发展转向非物质资源或信息资源、科技与知识推动型的发展。然而这些转变过程只能是渐进的，表现为可持续性的不断增加，其转变的速度依赖于人类对可持续发展观的认识深度和科学技术的发展水平。

坚持绿色发展是发展观的深刻革命是我国生态文明建设的战略路径。习近平总书记强调：“绿色发展是生态文明建设的必然要求”。坚持绿色发展是对生产方式、生活方式、思维方式和价值观念的全方位、革命性变革，是对自然规律和经济社会可持续发展一般规律的深刻把握。必须把实现减污降碳协同增效作为促进经济社会发展全面绿色转型的总抓手，加快建立健全绿色低碳循环发展经济体系，加快形成绿色发展方式和生活方式，坚定不移走生产发展、生活富裕、生态良好的文明发展道路。“十四五”时期，我国生态文明建设进入了以降碳为重点战略方向、推动减污降碳协同增效、促进经济社会发展全面绿色转型、实现生态环境质量改善由量变到质变的关键时期。

第一节 可持续发展理论

一、可持续发展理论的产生与深化

自人类社会出现以来，人类为其自身的生存与发展，在利用和改造自然界的过程中，对自然环境造成的破坏和污染，以及由此产生的危害人类生存和社会发展的各种不利效应是今天的人类必须面对的环境问题。人类对环境问题的认识经历了由浅入深的发展过程。在20世纪中叶，当环境问题危害到人类正常生活和身心健康时，人们对其还仅是一种就环境论环境的浅层次的认识，主要考虑的是环境问题本身的严重性，以及它对人类健康和经济发展的损害。实践中着力于传统工业污染的控制技术的研究，并未考虑对传统工业模式的转变。在环境理论方面，把经济发展与环境保护对立起来，认为“先污染后治理”是经济发展的“规律”，发展的代价就是降低环境质量，或者只有停止经济发展和人口增长才能解决全球环境问题。但是这些对环境问题浅层次的思考也起到了积极和重要的作用，它促进了人类重视环境问题，使人们对环境的态度发生了极大的转变。许多国家相继采取措施保护环境、治理污染，国家直接参与环境管理，并通过立法和政策调控的手段加强对环境的保护及管理。1972年在斯德哥尔摩召开的联合国“人类环境会议”通过的《人类环境宣言》，是这个时期人类对环境问题认识及行动的集中体现和反映。

环境是由各种要素构成的综合体，环境问题的实质是人与环境关系的失调，其根本原因是人类对自然规律的忽视和不尊重。从这个意义上讲，只就环境问题本身而不从“人-自然”这个系统的整体出发，就不可能全面认识和解决环境问题。1987年，世界环境与发展委员会向联合国大会提交了该委员会的研究报告《我们共同的未来》，系统地阐述了人类社会面临的一系列重大的经济、社会和环境问题，提出了“可持续发展”的概念。报告深刻地指出，现在人类社会正深刻地感受到生态环境对经济发展所带来的重大压力，必须有一条新的发展道路。这使得人们的观念从单纯考虑环境保护和治理污染，提升到必须把环境保护与人类发展统一起来，标志着人类对环境问题与发展关系的认识有了重要的飞跃。世界各国普遍开始了探索实现可持续发展战略的具体对策以谋求从根本上解决资源-人口-环境-发展的矛盾，从而实现人类社会的永续发展。

1992年6月在巴西里约热内卢召开的联合国“环境与发展大会”，确立了可持续发展作为人类社会的共同战略。标志着“可持续发展”得到了世界最广泛和在最高领导级别上的承诺，人类对环境与发展问题的思考和行动都提高到一个新的层次。2015年9月联合国可持续发展峰会通过的包括17项可持续发展目标和169项具体目标的纲领性文件《2030年可持续发展议程》，将推动世界在今后15年内实现遏制气候变化，可持续发展目标的落实将惠及世界各国和所有人。

应该说，人类环境会议及其通过的《人类环境宣言》和环境与发展大会及其通过的《里约热内卢环境与发展宣言》《21世纪议程》和《2030年可持续发展议程》等，是人类整体环境意识进步的标志性成果，也是人类关于环境与发展问题思考的里程碑。环境与发展大会确立了可持续发展是人类社会发展的新战略。会议通过的两份文件第一次把可持续发展由理论和概念推向行动，把环境问题与经济、社会发展结合起来，树立了环境与发展相互协调的观点，明确了在发展中解决环境问题的新思路。至此，可持续发展作为一个集生态、环境、经济和政治为一体的综合概念，在理论和实践上得到公认。随着人类对环境与发展问题的深入研究，还将不断地丰富和发展这一理论。

可持续发展理论具有多样性、复杂性和综合性的特征。迄今为止，已有几十种不同的表述，代表着不同的学科，从各自学科的角度出发，提出了关于可持续发展的定义。对其中影响较大的定义加以概括后可以看出，大体上分为五种类型：一是从自然属性方面加以定义，如可持续发展是寻求一种最佳的生态系统以支持生态的完整性和人类愿望的实现，使人类生存环境得以持续；二是从社会属性方面加以定义，如可持续发展就是改进人类的生活质量，同时不要超过支持发展的生态系统的负荷能力；三是从经济属性方面加以定义，如可持续发展就是在保持自然资源的质量和其所提供服务的前提下，使经济发展的净效益达到最大限度；四是从科技属性方面加以定义，如可持续发展就是转向更清洁、更有效的技术，尽可能接近“零排放”或“密闭式”生产，减少能源和自然资源的消耗；五是从伦理方面加以定义，如可持续发展的核心是目前的决策不应当损害后代人维持和改善其生活标准的能力。

从上述可持续发展理论产生和深化的过程来看，它实质上是一个系统全方位的趋向于组织优化、结构合理、运行顺畅的均衡而和谐的演化过程。可持续发展所追求的终极目标是一种人类自古就追求的至高无上的理想——完美。人类受不同发展阶段的限制，在不同的时期对这一理想有着不同的理解，也必然会对发展的目标有不同的认识和要求，这也说明可持续发展具有阶段性。

二、可持续发展的基本内涵

由于各国在地域、经济等方面的巨大差异，对可持续发展的认识和理解不尽相同。但可持续发展的基本内涵是一致的，这就是：“既满足当代人的需要，又不对后代人满足其自身需要的能力构成危害的发展”。根据中国的具体国情，中国对可持续发展的认识和理解，主要强调了以下基本观点。

（1）可持续发展的核心是发展。发展的内涵既包括经济发展，也包括社会的发展以及保持、建设良好的生态环境。历史的经验和教训告诉人们，落后和贫穷是不可能实现可持续发展的，经济发展是办一切事情的物质基础，也是实现人口、资源、环境与经济协调发展的根本保障。经济发展不仅要有数量的增长，更要有质量的提高。靠牺牲环境质量、低水平地大量消耗自然资源的经济增长是有限度的，只有依靠科技进步发展的经济、社会、生态效益才是可持续的。

（2）可持续发展的重要标志是资源的永续利用和良好的生态环境。自然资源的不可再生性，决定了它的永续利用是实现可持续发展的物质基础。可持续发展还要求在提高人口素质，在保护环境、资源永续利用的条件下发展经济。保护好人类赖以生存与发展的各类环境，是中国的一项基本国策。

（3）可持续发展是要求既考虑当前发展的需要，又要考虑未来发展的需要，不以牺牲后代人的利益为代价来满足当代人利益的发展。中国实施可持续发展战略的实质，是要开创一种新的发展模式，以取代传统落后的发展模式，达到节约资源、保护环境，为子孙后代留下更大的发展空间和更多的发展机会。

（4）可持续发展的关键是转变人们的思想观念和行为规范。它是一种全新的生存方式，需要人们正确认识和对待人与自然的关系，改变传统的生产方式、消费方式、思维方式，用可持续发展的思想来指导和评价人们的生活、生产。

（5）实施可持续发展战略需要改善综合决策机制和管理机制。通过完善的法律体系、政策体系和强有力的执法监督，建立可持续发展的综合决策机制和协调管理机制，才能使可持续发展战略得到贯彻和落实。

虽然国内外对可持续发展有许多不同的定义，但加以归纳并与上述的认识和理解进行比较后发现，它们基本上都是由五个要素组成其基本内涵，即环境与经济的紧密联系、代际公平（要考虑后代人的生存发展）、代内公平（社会平等）、提高生活质量与维护生态环境同时兼顾、公众参与。这五大要素的归纳有助于不同观点间的相互沟通，并能从人类可持续生存的高度审视存在的贫富不均两极分化的格局，认为“一个相差悬殊的世界是不能持续的”。这对于当今社会、经济和环境的协调发展以及人类的未来都是至关重要的。

三、可持续发展的基本原则

可持续发展不仅是一种新的人类生存方式，更是一种全新的发展观念。它力图表明这样一种思想：要关注人类生活质量的提高，而不仅仅是生存的基本要求。强调公众的积极参与是实现真正意义上“发展”的前提。这种生存方式不但要求体现在以资源利用和环境保护为主的环境生活领域，更要求体现到作为发展源头的经济生活和社会生活中去。因此，可持续发展必须遵从一些基本原则。

1. 公平性（fairness）原则

可持续发展强调发展应该追求两方面的公平。一是本代人的公平即代内平等。可持续发展理论主张要满足全体人民的基本需求，给全体公民机会以满足他们要求较高生活水平的愿望。当今世界的现实是一部分人富足，而占世界 1/5 的人口处于贫困状态；占全球人口26%的发达国家耗用了占全球 80%的能源、钢铁和纸张等。这种贫富悬殊、两极分化的世界不可能实现可持续发展。因此，要给世界以公平的分配和公平的发展权，要把消除贫困作为可持续发展进程特别优先的问题来考虑。二是代际间的公平即世代平等。要认识到人类赖以生存的自然资源是有限的。当代人不能因为自己的发展与需求而损害人类世世代代满足需求的条件——自然资源与环境。

2. 持续性（sustainability）原则

持续性原则的核心思想是指人类的经济建设和社会发展不能超越自然资源与生态环境的承载能力。这意味着，可持续发展不仅要求人与人之间的公平，还要顾及人与自然之间的公平。人类发展对自然资源的耗竭速率应充分顾及资源的临界性，应以不损害支持地球生命的大气、水、土壤、生物等自然系统为前提。限制可持续发展的因素很多，最主要的是资源与环境。资源的永续利用和生态环境的可持续性是实现可持续发展的根本保证。所以，人类需要根据持续性原则调整自己的生活方式、确定自己的消耗标准，而不是过度生产和过度消费。

3. 共同性（common）原则

鉴于世界各国历史、经济、文化和发展水平的差异，可持续发展的具体目标、政策和实施步骤应该是多元化的。但是，可持续发展作为全球的总目标，所体现的公平性原则和持续性原则，则是应该共同遵守的。可持续发展是全球的总目标，必须采取全球共同的联合行动，使人们真正认识到地球的整体性和相互依赖性，因为从根本上说，贯彻可持续发展就是要促进人类之间及人类与自然之间的和谐，这是全人类共同的责任。

第二节　可持续发展战略的实施

一、可持续发展实施的组织层次

中国正在全面实施可持续发展战略，已经把可持续发展战略与科教兴国战略并列为中国跨世纪发展的两个基本战略。与其他战略实施的过程一样，必须形成一个合理而有效的网络组织，可持续发展战略才能切实有效地加以实施。

1. 可持续发展的基本组织单元

一般以区域作为可持续发展实施的基本组织单元，这里的区域代表一个较大范围的地区，对它的大小没有特定的要求，关键是要具备两个条件：一是要有划界的特定指标；二是要具有一定的共同性。区域的划分主要有以下几种形式：①按行政功能区划确定；②按经济功能区划确定；③按城市经济网络的覆盖面确定；④按自然、经济、社会条件和地理位置来确定；⑤按地形、地貌特征来确定；⑥按经济发展水平来确定等。另外，为了进行某种专项的工作，还可根据一些特定的性质进行划分。

行政功能区，如省、地、县有清晰稳定的区域边界，并有相应的政府组织，是最为常用的基本组织单元。经济功能区，如东北、华北等，由多个行政区组成，没有相应的政府组织，区域边界也不稳定。城市经济网络的覆盖面，如以上海为中心的长江三角洲地区，边界较为模糊，是行政区与经济区相结合的区域。按自然、经济、社会条件和地理位置是指将全国划分为东、中、西部地区，一般是以生产力布局和各地带的开发与发展为着眼点来考虑的。

由此可知，区域的划分方法不同，会带来不同划分方法下的不同的可持续发展战略。这要根据具体的发展目标来确定。

2. 可持续发展实践的层次体系及其调控

中国地域辽阔，社会经济发展和自然资源分布很不平衡，只有从国家整体的高度上组织、协调各部门、各地区的行动，才能实现全国的可持续发展战略。根据中国关于“要以经济比较发达的城市为中心，带动周围农村，统一组织生产和流通，逐步形成以城市为依托的各种规模和各种类型的经济区”的政策，按地区和地级市作为实践可持续发展的基本组织单元较为可行。

依照现行的行政管理层次实施可持续发展，在当前中国不失为一个行之有效的组织体系，即建立适合中国国情的可持续发展的国家、省（自治区）和地区或地级市的三级体系。在实践过程中，要正确处理好国家与各子系统之间的关系，处理好子系统与子系统之间的关系。要从实现全国可持续发展的战略高度上组织、协调各部门、各地区的行动，还要从可持续发展的长期性考虑各地区适合自身条件的实施进程。

要保证区域的可持续发展，必须针对资源的空间分布、科学技术水平的空间格局和人力资源素质等，在更高层次上通过国家和省的合理布局、科学规划进行内部调控，达到资源的整体优化配置，使资源得到充分有效的利用，形成规模效益。

3. 区域联合

区域作为一个复杂的开放系统，最显著的特征就是具有地域差异性，因而在区域内部各亚区之间，以及和外部区域之间必然存在着生产要素禀赋（土地、劳动力、资本等）的差异。所以，区域的联合协作是一个世界性的历史趋势。从本质上说，区域联合是区域间的相互依存和优势的互补。

生产要素禀赋的差异促使区域走向联合、走向区域经济一体性。从经济的角度看，各地区生产要素供给的不同，导致了生产要素价格的差异，从而决定了各地区在地域分工-国际贸易体系中，占据与本地区优势生产要素相关的产品生产市场。地域分工、国际贸易最重要的结果，使各区域能够更有效利用各种生产要素。

在整个国际贸易体系中，地域分工的结果必然带来区域间的联合，所以“分”与“合”是相辅相成的。商品经济要求发展横向联合，形成统一的市场和四通八达的经济网络。横向联合就是各区域之间的相互开放、彼此之间以各种生产要素相互投入，相互服务，相互依存，协调行动。这样才能使市场经济的“双赢”法则在资源配置中真正体现，形成一种比较全面的综合优势，实现可持续发展。

4. 区域利益的协调

从当前经济格局来看，区域之间利益的矛盾突出地表现在两个方面：一是制造业发达地区与原材料产区之间的利益分配不均，这一点又同地区经济发展不平衡、价格体系不合理交织在一起；二是区域之间在资源利用效益和环境保护成本上不公平的分配和负担。所以，区域利益的协调主要是区域之间经济利益和环境利益的协调。

经济相对落后地区的资金缺乏，导致扩大再生产的投资能力削弱，进而加剧了地区间经济发展的不平衡，形成一定程度上的恶性循环。而价格体系的不合理，使某些矿产品和原材料价格偏低，这些以低于其实际价值的价格被销出的原材料，再经过发达地区加工后以高价销回原材料产区。这种事实上的不等价交换，其后果是进一步扩大了区域间发展的不平衡。要协调这种不平等的利益关系，促进区域联合，需要采取以下措施：

第一，在互惠互利的前提下，积极推进原材料产区与加工地区间的横向联合；

第二，积极开展同质区域间的联合（上述属于非同质区域间以垂直分工为基础的联合）；

第三，加快改革价格体系，理顺原材料与加工产品、农产品与工业品的比价关系，有计划地提高原材料的价格；

第四，全面实行生产要素赋税制；

第五，配合价格的改革，运用一系列经济、行政手段调节区际利益。

许多在区域间发生的环境利益冲突，根本原因还是区域经济行为的外部不经济性，也就是区域在利用资源获利的同时，没有承担由此产生的环境污染的治理费用，而将其转嫁给了其他的区域。可见，区域环境利益的协调，本质上也是经济利益的协调，即如何实现区域间环境保护和资源利用之间的成本和收益的公平负担和分配。

二、可持续发展实施的关键环节

可持续发展战略是一项庞大的系统工程，涉及人类生产、生活的方方面面。它的实施包括许多环节，如人口因素、居民消费、社会服务等。中国在人口方面已经采取了积极有效的控制政策和各项计划生育管理服务措施，并取得了举世瞩目的成就。但是，正如《中国21世纪议程》中指出的，可持续发展必须考虑人口因素，人口规模庞大、人口素质较低、人口结构不尽合理是中国亟待解决的三个重大问题。

可持续发展需要可持续的消费模式相匹配，要求人们转变消费模式，努力形成一套低耗的生产体系和适度消费的生活体系。人口的迅速增长，加上不可持续的消费形态，对有限的能源、资源已经构成巨大的压力，尤其是低效、高耗的生产和不合理的生活消费，极大地破坏了生态环境，并由此危及人类自身生存条件的改善和生活水平的提高。因此，在提高对这一问题认识的基础上，应制定必要的措施，采取积极的行动，改变传统的不合理的消费模式，鼓励并引导合理的、可持续的消费模式的形成和推广。特别要对贫困落后地区的消费形态予以格外的关注和研究，寻求对策改变落后的消费模式，减缓对资源环境造成的压力，促进这些地区经济和生活水平的提高，努力做到在消除贫困的过程中不以牺牲生态环境为代价。

要使可持续发展战略得以全面而有效地实施，关键还要依赖于人们在思想深处对可持续发展的认识程度。这包括自然观的转变与环境理念的形成、正确的环境伦理观的树立、可持续消费观念的建立并由此带来的生活方式的变革。

长期以来，人类把自然当做生产、生存可随意利用和支配的对象，违背自然规律且不珍惜自然，只强调人对自然的主宰作用。其后果是日益恶化的生态环境，通过各种形式不断地惩罚人类，促使人们逐渐清醒地认识到，在人与自然的关系中，人类本是地球生态系统的一个重要组成部分，自然环境是人类赖以生存与活动的场所，同时还给人类提供各种资源。但是由于人类在自然中的特殊地位，使其与自然界又存在对立性的一面，从而形成了人与自然的对立统一关系。环境伦理观从保护自然生态环境出发，通过承认人类之外的生命体与自然物也具有与人同等的权利和价值，来阻止人对自然的破坏。现代环境伦理观的主要内容包括：①尊重与善待自然；②关心个人并关心人类；③着眼当前并思虑未来。按照符合可持续发展的思想树立起来的自然观和环境伦理观，去指导人们的消费模式。通过开展消费者有意识地选择对环境有益的商品，诱导企业提供节约自然资源和有益于环境的商品，从生产到消费每一个环节充分体现可持续发展的理念，以此达到把受方便性支持的大量消费的生活方式转变为有益于环境的生活方式的目的。

第三节 可持续发展指标体系

一、指标体系

可持续发展战略包括社会可持续发展、经济可持续发展和生态可持续发展，是经济系统、社会系统以及环境系统和谐发展的象征，涵盖了经济发展与经济效益的实现、自然资源的有效配置和永续利用、环境质量的改善和社会公平与适宜的社会组织形式等，几乎涉及人类社会经济生活和生态环境的各个方面。

1994年联合国可持续发展委员会（UNCSD）召开的国际会议，鼓励世界各国为制定指标体系做出自己的贡献。从那以后，各国也都在结合本国的实际，致力于制定自己的可持续发展指标体系。这些指标归纳起来可分为三种基本类型，即测定可持续发展的单项指标、测定可持续发展的复合指标、测定可持续发展的系统指标。目前比较有影响的可持续发展指标体系有以下几种。

(1) 生态需求指标（ER） 由美国麻省理工学院于1971年提出，以便定量测算经济增长对资源环境的压力。此指标简洁明了，但过于笼统，识别能力受到限制。

(2) 人类活动强度指标（HAI） 由以色列希伯来大学提出，并已经在全球的评价与预测中得到应用。但其理论基础和方法论均存在一些不足。

(3) 人文发展指数（HDI） 是联合国开发计划署于1990年创立的著名指标。由收入、寿命和教育三个衡量指标构成，是“预期寿命、教育水准和生活质量”三项基础变量所组成的综合指标，已经得到世界各国的赞同，但对指标变量的选择与计算仍有较多的争议。

(4) 持续发展经济福利模型（WMSD） 是受世界银行直接资助，由资深经济学家戴尔和库帕制定。该模型考虑的因素相当全面，计算也比较复杂，目前仅用于发达国家尤其是美国，发展中国家还很少使用。

(5) 调节国民经济模型（ANP） 由莱依帕提出，目的是将原来用单一的国民生产总值衡量贫富标准，转换到考虑更多调整因素后再去对国民经济加以分析，而且更多涉及所产生的社会效果。目前该类指标在考虑环境成本、环境收益自然资本和环境保护的基础上建立“绿色GDP”或“绿色GNP”体系，引起了全球的广泛兴趣。但进入实用阶段前还需要做大量的基础工作。

(6) 环境经济持续发展模型（EESD） 由加拿大国际可持续发展研究所提出，以科玛奈尔的环境经济模型和穆恩的持续发展框架为依据，发展而成的一类综合性的可持续发展指标体系。

(7) “可持续发展度”模型（DSD） 1993年由中国的牛文元、美国的约纳森和阿伯杜拉共同提出，该模型构造了独立的理论框架，扩展了重要的空间响应等附加因素，并设计了计算程序。模型中充分考虑了发展中国家的特点。

(8) 持续发展指标体系 由联合国统计局的Peter Bartelmus在1994年提出。该指标体系是基于对联合国“环境统计发展框架”的修改，所以对环境方面反映较多，社会方面反映较少，而且指标的分类表达缺乏逻辑性。

(9) 联合国可持续发展委员会指标体系 1996年由联合国发展委员会、政策协调和可持续发展部为主，联合国统计局、开发计划署、环境规划署等组织参与共同提出的，共由33个指标构成。从整体上看，该指标体系的结构失衡，在反映可持续发展的行为与本质上也缺乏清晰的脉络。

(10) 可持续发展指标体系（国家财富计量标准） 世界银行于1995年提出了以“国家财富”作为度量各国可持续发展的依据。这个指标体系把国家财富分解为4个部分，即自然资本、人力资本、人造资本和社会资本。由于这些资本的货币化存在不同程度的困难，使得以单一的货币尺度衡量一个国家的方法在应用上受到限制。

另外，还有一些国家制定了本国的可持续发展指标体系，如美国总统可持续发展委员会指标体系、瑞士洛桑国际管理学院国际竞争力评估体系等。

二、目标与原则

1. 目标

在当前经济、社会、环境条件下，要实现从传统发展模式向可持续发展模式的有序转变，就必须通过建立科学可行的可持续发展指标体系，构建评估信息系统，监测和揭示区域发展过程中的社会经济问题和环境问题，分析各种问题的原因，评价可持续发展水平，以此引导政府更好地贯彻可持续发展战略，并为其规划的制定和实施提供科学依据。这就是指标体系的目标。

作为一种可操作的指标体系，首先是客观地反映系统本质和行为轨迹的“量化特征组合”；其次是衡量系统变化和质量优劣的“比较尺度标准”；再就是调控系统结构和优化功能的“实际操作手柄”。这三个方面是指标体系应具有的重要特征。

例如中国政府在《2000 年中国可持续发展报告》中提出的由五大体系组成的中国可持续发展战略指标体系，如图 2-1 所示。图 2-1 是中国可持续发展战略指标体系的驱动力-状态-响应框架，驱动力指标反映的是对可持续发展有影响的人类活动，状态指标衡量由于人类行为而导致的环境质量或环境状态的变化，响应指标是对可持续发展状况变化所作的选择和反映。

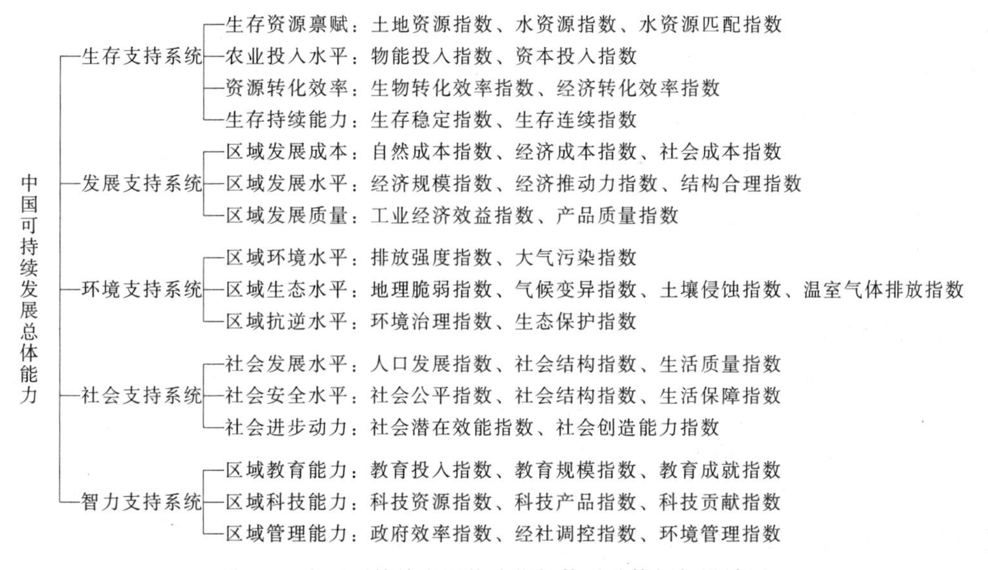

图 2-1 中国可持续发展战略指标体系总体框架设计图

由图 2-1 中可以看出，依据可持续发展理论制定的指标体系构成了一个庞大而严密的定量式大纲，依据各个指标的作用、贡献、表现和位置，既可以分析、比较、判别和评价可持续发展的状态、进程和总体态势，又可以还原、复制、模拟、预测可持续发展的未来演化、方案预选和监测预警。它是决策者、实施者和社会公众认识、把握可持续发展的基本工具。

2. 原则

建立可持续发展指标体系一般应遵循以下原则。

（1）科学性原则 具体应该使指标体系尽可能客观地反映系统发展的内涵、各子系统和指标之间的相互联系，同时能较为准确地量化出可持续发展目标实现的进程。

（2）层次性原则 体现出社会发展不同层次的持续性，即在不同层次上采用不同的指标。

（3）相关性原则 所强调的是在任一时期，各种发展水平、各类资源的消耗水平、环境质量、社会组织形式之间的协调。

（4）简明性原则 即指标内容简单明了，有较强的可比性。

（5）可操作性原则　指标体系有很强的实用价值，其中各项指标的参数易于获取。

第四节　可持续发展战略在中国环境管理中的具体体现

一、《中国 21 世纪议程》实践

《中国 21 世纪议程》把经济、社会、资源与环境视为一个密不可分的整体，突出并集中阐述了中国保护资源与环境战略。强调必须建立资源节约型经济体系，将水、土、矿、森林、草原、生物、海洋等各种自然资源的管理纳入国民经济和社会发展计划；建立自然资源与经济综合核算体系，运用市场机制和政府宏观调控相结合的手段，促进资源合理配置；运用经济、法律、行政手段，实行资源保护、利用与增值并重的政策。

在环境方面，《中国 21 世纪议程》强调，中国 21 世纪环境战略的核心是由环境的外部化转向环境的内部化。环境保护是“发展”自身的重要组成部分。中国环境保护的压力主要来自工农业发展和城市化引起的环境问题。解决的关键在于产业政策与环境保护政策协调、科学的管理与正确的技术选择。要改变那种把污染留给环保部门解决的传统发展模式。要由环境与经济、环境与社会、环境与资源等相分割的战略、政策和管理模式，转向环境与发展紧密结合为一体的可持续发展管理模式。

在继续做好控制人口增长、提高人口素质、加大扶贫力度、努力消除贫困工作的同时，中国还将可持续发展战略纳入下列环境管理领域。

（1）强化土地资源管理，保持农业和农村经济持续稳定增长　通过重新修订《中华人民共和国水土保持法》《中华人民共和国土地管理法》等相关法规，加大了土地资源的管理力度。划分了基本农田保护区，加强了对农业环境的整治，强化了对农业资源特别是耕地的保护，缓解了农业生态恶化的趋势。利用科学技术转变农业增长方式，大力推行生态农业。

（2）推行清洁生产，防治工业污染，促进工业增长方式的转变　通过调整工业结构，加快工业发展的技术替代和企业的技术改造步伐，强制淘汰污染严重的工艺技术和能耗、物耗高的设备、产品等方式，推行清洁生产，努力促进工业增长方式的转变。在工业污染防治方面，开始实行污染物全过程控制、浓度与总量控制相结合、集中治理与分散治理相结合的三个战略性转变。实行优惠政策鼓励资源综合利用，不断提高资源的利用率。

（3）坚持能源开发与节约并重、把节约放在首位的方针，降低能耗　颁布了《中华人民共和国节能法》。通过加强工业生产的节能技术改造、淘汰能耗高的落后机电产品、调整能源价格等一系列措施，提高了能源利用率。同时加快火电厂的技术改造，推广洁净煤技术，减少环境污染。积极开发和推广新能源，加强农村小水电建设，缓解能源紧张状况。

（4）加强森林资源培育，继续实施林业生态体系工程建设　逐步调整森工企业的主营方向，变伐木为营林，有计划地停止天然林的采伐，切实保护大江大河上游的森林植被。

（5）合理开发利用和保护水资源　自 1994 年以来，中国政府先后实施了淮河、海河、辽河以及太湖、滇池、巢湖三河三湖的水污染防治工程。同时加强产业结构的调整力度，关闭造纸、皮革、印染、电镀等重污染的小型企业。加强了农业节水与工业节水示范工程建设，实施了主要江河的防洪治理，建成一批重要的、具有控制性功能和综合效益的大中型水利工程。在西部严重缺水的新疆、西藏等地区，开始实施一批大型水资源开发工程。配合扶贫工作，实施贫困地区饮水工程。

（6）强化海洋资源管理，保护海洋环境　制定和完善了海洋环境污染控制、生态保护、资源开发管理的法规体系，强化执法监督。实行休渔制度，保护海洋渔业资源。建立海洋自然保护区，有效地保护了典型海洋生态系统和珍稀濒危物种。

（7）防治大气污染，认真履行国际公约　修订了《中华人民共和国大气污染防治法》，逐步推行城市大气污染物排放许可证制度。发展集中供热和城市燃气化建设。中国政府高度重视履行国际公约，积极参加《联合国气候变化框架公约》的有关工作，并针对中国的国情，努力减缓温室气体排放的增长率，限制氯氟烃的生产数量。

（8）开展固体废物的资源化和无害化管理　颁布了《中华人民共和国固体废物污染环境防治法》，大力开展固体废物的综合利用，推行废物最小化生产。加强了放射性废物的安全监督与管理。认真履行《控制危险废物越境转移及其处置巴塞尔公约》。

（9）保护生物多样性　编制了《中国生物多样性保护行动计划》及《中国生物多样性国情研究报告》，完善了生物多样性保护的法律、法规及管理制度，加强了能力建设，初步形成了中国自然保护区网络。中国政府积极履行《生物多样性公约》，成立了国家履约工作协调小组，积极推进生物多样性保护的国际合作。

二、《2030年可持续发展议程》实践

2015年9月，习近平主席出席联合国发展峰会，同各国领导人一致通过《变革我们的世界：2030年可持续发展议程》，开启全球可持续发展事业新纪元，为各国发展和国际发展合作指明方向。2016年至2020年是全球落实《联合国2030年可持续发展议程》的第一个五年，也是中国推进《国民经济和社会发展第十三个五年规划》的五年。五年来，中国在习近平主席的坚强领导下，秉持以人民为中心的发展思想，贯彻创新、协调、绿色、开放、共享的新发展理念，高度重视落实《联合国2030年可持续发展议程》，将这一工作同《国民经济和社会发展第十三个五年规划》等中长期发展战略有机结合、统筹谋划，成立由45家政府机构组成的跨部门协调机制，持续推进2030年议程各项任务，在多个可持续发展目标上取得积极进展，并力所能及地帮助其他国家实现可持续发展。中国外交部于2021年9月发布的中国落实2030年可持续发展议程进展报告（2021）全面回顾了2016年至2020年间中国落实2030年议程17个可持续发展目标的主要进展，总结了中国经验，并就下一步工作作出规划。其中，在环境保护领域取得的进展和成效重点包括以下几个方面：

（1）污水处理能力持续增强，水和环境卫生不断改善。一是加大城镇污水处理设施建设。实施“十三五”全国城镇污水处理及再生利用设施建设规划，修订颁布相关标准规范，科学规范地推进污水处理及再生利用设施建设。开展城镇污水处理提质增效三年行动（2019—2021年），推动补齐生活污水收集处理设施短板。截至2020年底，全国城市污水处理能力达1.9亿立方米/日，比2015年增长37.2%，污水管网长度为46.8万公里，比2015年增长40.1%。二是开展城市黑臭水体治理。印发《城市黑臭水体治理攻坚战实施方案》，截至2020年底，地级及以上城市建成区黑臭水体消除比例达98.2%。三是加强农村人居环境整治。实施《农村人居环境整治三年行动方案》，明确了推进“厕所革命”和污水治理等重点任务。扎实开展“厕所革命”，全国农村卫生厕所普及率由2017年的35.3%提高到2020年的68%以上，累计改造农村户厕4000多万户。因地制宜推进农村生活污水治理，指导各地制修订农村生活污水处理排放标准，编制县域农村生活污水专项规划，科学确定符合农村地区的污水治理模式。颁布《农村生活污水处理工程技术标准》国家标准，组织修订

《镇（乡）村排水工程技术标准》。先后命名两批120个全国农村生活污水治理示范县（市、区）。完成农村黑臭水体现状排查，推动治理试点工作。

（2）深入实施国家节水行动，全国用水效率显著提升。一是不断完善节水行动顶层设计。“十三五”期间，先后发布《全民节水行动计划》《节水型社会建设“十三五”规划》《国家节水行动方案》等。二是推进城市节水降损。开展节水型城市创建工作，全国共有130个城市创建成为国家节水型城市，带动各城市推进节 水工作。2016年至2020年城市年节水量约50亿立方米，相当于城市年供水总量的10%。推广非常规水源利用，2020年全国城市再生水利用率达到24.7%。三是强化农业节水增效。深入推进农业水价综合改革，积极发展节水农业，建设和改造节水设施。截至2020年底，节水灌溉面积达5.67亿亩，其中喷灌、微灌、管道输水灌溉等高效节水灌溉面积达3.5亿亩。2020年，农田灌溉水有效利用系数增至0.565。四是加强工业节水。推进高耗水行业布局优化、结构调整、工艺改造，建设节水型园区和节水型企业。2020年，按可比价计算，万元工业增加值用水量较2015年下降39.6%。

（3）保护和恢复流域水生态系统，严抓长江、黄河流域生态环境保护。积极落实长江经济带“共抓大保护，不搞大开发”战略导向，推进黄河流域生态保护和高质量发展。2020年底，全面完成长江入河排污口排查，并启动黄河流域入河排污口排查整治试点工作。长江流域入海河流纳入消劣行动的国控断面均已消除劣Ⅴ类，长江干流全部实现Ⅱ类及以上水质。2020年全国地表水水质优良（Ⅰ～Ⅲ类）断面比例为83.4%，比2015年《水污染防治行动计划》颁布前上升17.4%。

（4）开展水和环境卫生国际合作，推动全球落实涉水目标。一是加强与联合国机构在涉水领域的合作。续签联合国教科文组织政府间水文计划（IHP）二类中心协议，参加杜尚别高级别会议等联合国重要涉水会议，完善补充更新AQUASTAT数据库的中国相关信息。向联合国教科文组织和欧经委提供中国关于可持续发展目标跨界水合作指标（SDG6.5.2）问卷有关信息。二是积极参与全球水治理。截至2020年底，共与57个国家签署72份双边合作协议，与6个国际组织及有关国家签署8份多边合作协议，建立34个多双边固定交流机制。三是加强南南合作。建立澜沧江-湄公河环境合作中心，开展研究项目，组织技术培训，共同应对全球和区域环境问题与挑战。建立澜湄水资源合作中心，作为推进澜湄六国水资源务实合作的综合支撑平台，为应对区域水资源挑战，促进区域水资源可持续利用和保护提供支持。积极实施绿色丝路使者计划，开展面向共建“一带一路”国家和地区的水环境管理及综合治理能力建设活动。

（5）积极发展清洁能源产业，能源生产消费结构不断优化。深化能源供给侧结构性改革，优先发展非化石能源，清洁能源比重进一步提升。从能源生产结构来看，2015年至2020年，非化石能源占比由14.5%增长到19.6%，原煤占比由72.2%降至67.6%。从能源消费结构来看，非化石能源由12%增至15.9%，煤炭占 比由63.8%降至56.8%。可再生能源发电稳居全球首位。截至2020年底，可再生能源发电装机总规模达9.35亿千瓦，占总装机比重达42.4%。2020年，并网风电、太阳能发电新增装机合计11987万千瓦，占新增发电装机总容量的62.8%，连续四年成为新增发电装机主力，火电新增装机占比为29.6%，较2015年低21%。

（6）不断推进能源高效利用，能耗和碳强度持续下降。2015年至2020年，国内生产总值能耗强度持续下降。2020年，规模以上工业单位增加值能耗比上年下降0.4%，重点耗能工业企业单位电石综合能耗比上年下降2.1%。围绕大气污染防治攻坚任务，扎实推进煤炭消费减量替代和电能替代，实现能源清洁高效利用，单位GDP二氧化碳排放持续下降。2020年，万元国内生产总值二氧化碳排放同比下降1.0%。

（7）资源能源开发利用效率大幅提升，碳排放总量得到有效控制。一是完善能源消费强度和总量双控制度，实施以碳强度控制为主、碳排放总量控制为辅的制度。二是健全《节约能源法》等节能法律法规和标准体系，创新完善税收优惠等节能低碳激励政策。三是积极优化产业结构，提升重点领域能效水平。2020年，中国单位GDP能耗较2012年累计降低24.4%；单位GDP二氧化碳排放比2015年下降18.8%，比2005年下降48.4%，超额完成“十三五”目标和对外承诺，扭转了碳排放快速增长的局面。

（8）强化固体废物污染环境防治，废物利用处置能力显著提升。一是修正修订《固体废物污染环境防治法》，制定完善废物管理行政法规和标准规范。二是建立健全废物管理全过程制度体系，完善进口固体废物管理制度。三是系统组织开展固废资源利用等关键核心技术攻关。2019年，再生资源回收总量达3.54亿吨，较2016年增长38%；2020年，危险废物集中利用处置能力超1.4亿吨/年，利用能力和处置能力分别比2015年增长1.6倍和2.3倍；截至2020年底，城市生活垃圾无害化处理能力达96.35万吨/日，较2015年提高67%；2019年，生活垃圾无害化处理率达99.17%。2018年至2020年，打击固体废物走私的“大地女神”国际联合执法行动共查获涉案废物43万吨。

（9）“无废城市”建设试点稳步推进，垃圾分类工作取得积极进展。一是开展“无废城市”建设试点，大力推进固体废物源头减量、资源化利用和无害化处置，建立量化指标体系。二是普遍推行垃圾分类和资源化利用，发布相关标准和技术规范，形成以法治为基础、政府推动、全民参与、城乡统筹、因地制宜的垃圾分类制度。16个“无废城市”试点城市及地区已形成了一批可复制、可推广的绿色生产生活示范模式。截至2020年底，46个重点城市已全部出台生活垃圾分类法规或规章，基本建成生活垃圾分类系统；全国其他地级城市生活垃圾分类工作已全面启动；90%以上行政村已实行生活垃圾收运处理。

（10）倡导践行绿色生产生活方式，多措并举带动可持续消费和生产。一是持续组织开展中央生态环境保护督察工作，着力整治群众反映强烈的生态环境问题，持续跟踪媒体曝光的典型案例。二是落实绿色低碳循环发展税收政策，征收环境保护税。三是完善对节能环保产品、绿色包装等政府绿色采购制度，开展政府采购支持绿色建筑和绿色建材推广应用试点工作。四是编制发布《公民生态环境行为规范（试行）》和《“美丽中国，我是行动者”提升公民生态文明意识行动计划（2021—2025年）》，积极组织开展主题活动，增强公民生态文明意识。五是通过多平台、多形式及时发布权威生态环境信息。连续5年发布大中城市固体废物污染环境防治年报，公开全国固体废物污染防治工作相关情况。

（11）积极参与全球环境治理，持续推动相关国际环境公约发展。一是深度参与《巴塞尔公约》《斯德哥尔摩公约》《水俣公约》《鹿特丹公约》谈判，严格履行公约规定的义务。二是加强与世界各国、区域和国际组织在固体废物污染治理领域的对话交流与务实合作。淘汰19种类持久性有机污染物的生产、使用和进出口，停止9大类公约管控的添汞产品的生产和进出口，禁止7个行业的用汞工艺。主办巴塞尔、鹿特丹和斯德哥尔摩公约2019年缔约方大会亚太区域筹备会，主办巴塞尔公约亚洲太平洋地区培训和技术转让区域中心和斯德哥尔摩亚太地区能力建设与技术转让中心。

（12）推动实施积极应对气候变化的国家战略，提前实现碳强度降低目标。中国将积极应对全球气候变化纳入“十三五”规划，首次提出控制碳排放总量目标，强调有效控制温室气体排放、主动适应气候变化。制定《“十三五”控制温室气体排放工作方案》，各省、各部委根据实际情况制定并发布相关工作方案或规划。启动《国家适应气候变化战略 2035》编制各项相关工作。2020 年 12 月，中国国家主席习近平在气候雄心峰会上向世界承诺，到 2030 年，中国单位国内生产总值二氧化碳排放将比 2005 年下降 65%以上，非化石能源占一次能源消费比重将达到 25%左右，森林蓄积量将比 2005 年增加 60 亿立方米，风电、太阳能发电总装机容量将达到 12 亿千瓦以上。在“十四五”规划中，明确将“单位国内生产总值能源消耗和二氧化碳排放分别降低 13.5%、18%”作为经济社会发展主要目标之一。由国家领导人担任应对气候变化和节能减排工作领导小组、碳达峰碳中和工作领导小组组长，高位推动，促进多部门协同增效。2020 年，中国单位 GDP 能耗较 2012 年累计降低 24.4%；单位 GDP 二氧化碳排放比 2015 年下降 18.8%，比 2005 年下降 48.4%，均已提前完成中国向国际社会承诺的 2020 年目标。

(13) 推动绿色低碳发展政策落地，重点领域节能成效明显。中国强化金融支持绿色低碳发展在资源配置、风险管理、市场定价方面的三大功能，探索形成绿色金融五大支柱：绿色金融标准体系加快构建，信息披露要求不断强化，激励约束机制更加完善，绿色金融产品和市场体系不断丰富，绿色金融国际合作不断深化。在六省（区）九地设立绿色金融改革创新试验区，形成可推广可借鉴的发展经验，逐步开展推广。2020 年末，中国绿色贷款余额 11.95 万亿元，存量规模世界第一。21 家主要银行绿色信贷余额超 11.59 万亿元，较 2016 年 6 月增长 4.33 万亿元，增幅为 59.6%；绿色债券累计发行 1.2 万亿元、存量 8132 亿元，居世界第二。截至 2021 年 8 月底，6 个省、自治区、直辖市分别以省级人民政府名义报送关于开展气候投融资试点的申请。2011 年起，中国以试点方式逐步推动建设碳排放权交易市场，出台多项文件逐步完善市场规范。截至 2020 年，中国试点碳市场已成长为配额成交量规模全球第二大的碳市场，累计交易 3.31 亿吨，成交额达 73.36 亿元，减排成效初现。积极促进温室气体自愿减排量（CCER）交易机制改革，截至 2019 年 12 月 31 日，自愿减排量交易呈稳中有升态势，CCER 累计成交量超过 2 亿吨，成交额逾 16.4 亿元。在 28 个城市开展气候适应城市试点工作，在 6 省区 81 个城市开展低碳省市试点建设。2016 年至 2019 年，全国规模以上工业单位增加值能耗累计下降超过 15%，相当于节能 4.8 亿吨标准煤。“十三五”以来，可再生能源装机年均增长大约 12%，新增装机年度占比超过 50%，成为能源转型的重要组成和未来电力增量的主体。

(14) 加大陆海统筹和综合治理力度，预防和减少各类海洋污染。一是加强陆源污染防治。实施《近岸海域污染防治方案》，清理整治非法和设置不合理的入海排污口，综合治理入海河流。对近 200 条入海河流开展月度水质监测。“十三五”期间，入海河流水质明显改善。与 2015 年相比，2020 年入海河流Ⅰ～Ⅲ类水质比例上升 26.4%，劣Ⅴ类水质比例下降 21.0%。二是推进海域污染源分类治理。清理整顿非法和不符合分区管控要求的海水养殖。严格执行《船舶水污染物排放控制标准》，推进港口建设船舶污染物接收、转运及处置设施。三是加强海洋垃圾和微塑料监测治理。推动沿海城市建立“海上环卫”制度，形成海洋垃圾污染治理和监管的长效机制。2016 年，将海洋微塑料纳入海洋环境常规监测范围。四是完善海上突发环境事件应急机制。成立生态环境应急指挥领导小组，建立政府主导、企业参与的海水突发环境事件应急联动机制。

(15) 统筹实施海洋生态修复工程，着力提升海洋生态保护水平。一是组织实施“蓝色海湾”整治行动、海岸带保护修复工程等重大工程。“十三五”期间，全国整治修复岸线1200公里、滨海湿地2.3万公顷。二是在沿海地区全面建立海洋生态保护红线制度，除国家重大项目外，全面禁止围填海，以更加有效地保护重要和脆弱的海洋生态系统。截至2020年底，渤海海洋生态保护红线区面积占比37.52%，自然岸线保有率36.28%。三是初步建立海洋自然保护地网络。建有各级各类海洋自然保护区、海洋特别保护区（含海洋公园）273处，总面积超12万平方公里。四是利用卫星遥感和无人机等手段，加强海洋自然保护地和生态保护红线常态化监管。“十三五”期间，监测河口和海湾的生物栖息地面积减少趋势得到有效遏制，多数河口和海湾浮游植物、浮游动物多样性指数有所升高。

阅读材料

全球《21世纪议程》和《中国21世纪议程》简介

一、全球《21世纪议程》

1.《21世纪议程》的基本思想

1992年6月联合国环境与发展大会通过了《里约环境与发展宣言》《21世纪议程》等文件，各国签署了联合国《气候变化框架公约》《生物多样性公约》，充分体现了当今人类社会可持续发展的新思想，反映了关于环境与发展领域的全球共识和签署国最高级别的政治承诺。《21世纪议程》号召各国制定和组织实施相应的可持续发展战略、计划和政策，迎接人类社会面临的共同挑战。可持续发展的思想是在人类社会长期发展的过程中逐步孕育、成熟起来的。体现出当今人类的共同认识：要争取一个更为安全、更为繁荣、更为平等的未来，任何一个国家不可能仅仅依靠自己的力量取得成功，必须联合起来，建立促进可持续发展全球伙伴关系，只有这样才能实现可持续发展的长远目标。

《21世纪议程》体现了人类促进全球可持续发展的共同行动纲领，已经成为世界各国的行动准则和战略目标。它指出，人类正处于一个历史的关键时刻，面对国与国之间、不同区域之间长期存在的贫富悬殊，地球生态系统继续恶化等实际问题。各国只有改变现行的政策，综合处理好环境与发展的关系，提高所有人特别是穷人的生活水平，更好地保护和管理生态系统，人类才能得以持续的发展。议程是一个能动的方案，应该根据各国和各地区的不同情况、能力和优先次序来实施并不断加以调整。

2.《21世纪议程》的主要内容

《21世纪议程》共有40章，可分为以下四部分。

第一部分：经济与社会的可持续发展（第1～8章）。包括：前言；发展中国家加速可持续发展的国际合作和有关的国内政策；消除贫困；改变消费模式；人口动态与可持续能力；保护和增进人类健康；促进人类住区的可持续发展；将环境与环境问题纳入决策进程等。

第二部分：资源保护与管理（第9～22章）。包括：保护大气层；统筹规划和管理陆地资源的方法；森林毁灭的防治；脆弱生态系统的管理——山区的可持续发展；促进农业和农村的可持续发展；生物多样性保护；对生物技术的环境无害化管理；保护大洋和各种海域，包括封闭和半封闭海域及沿海地区的保护，海洋生物资源的保护、合理利用和开发；保护淡水资源的质量和供应——对水资源的开发、管理和利用采用综合性办法；有毒化学品的环境无害化管理，包括防止有毒和危险产品的非法国际贩运；对危险废物实行环境无害化管理，包括防止在国际上非法贩运危险废料；固体废物的环境无害化管理；放射性废物的安全和环境无害化管理等。

第三部分：加强主要团体的作用（第23～32章）。包括：采取全球性行动，促进妇女可持续的公平的发展；青年和儿童参与可持续发展；承认和加强土著居民及其社区的作用；加强非政府组织作为可持续发展合作者的作用；支持《21世纪议程》的地方当局的倡议；加强工人及工会的作用；加强工商界的作用；加强科学和技术界的作用；加强农民的作用等。

第四部分：实施手段（第33～40章）。包括：财政资源及其机制；环境安全和无害化技术的转让、合作和能力建设；科学促进可持续发展；促进教育、公众认识和培训；促进发展中国家能力建设的国家机制及国际合作；国际体制安排；国际法律文书及其机制；决策用的信息等。

3.《21世纪议程》的特点

从内容分析，《21世纪议程》具有以下特点。

(1)《21世纪议程》把经济、社会、资源与环境当做一个大系统。它既涉及如何在发展中解决问题，还系统地论及经济可持续发展和社会可持续发展的问题。将经济、社会和资源、环境不可分割地结合起来，提出走向可持续发展的战略、政策和行动措施。《21世纪议程》构筑了一个综合的、长期的、渐进的可持续发展战略框架和相应的对策，是走向21世纪和争取美好未来的新起点。

(2)《21世纪议程》提出了建立“新的伙伴关系”，以保证人类拥有一个更为安全和美好的未来。它呼吁各国要制定自己的可持续发展战略，要加强国家与地方之间、国家与国家之间、国家与国际组织之间等广泛的合作，来促进可持续发展。它指出了在全球生态环境问题上，发展中国家和发达国家所应有的“共同但有区别”的责任。发达国家应在环境问题的研究中起更加重要的作用，要从资金、技术、能力建设等方面帮助发展中国家实现可持续发展。

(3)《21世纪议程》的主题之一是消除贫困，把消除贫困作为实现可持续发展的前提和最优先解决的问题。它提出了人口、消费方式在可持续发展中的作用，要求改变和减少存在于世界上部分地区的那种鼓励浪费和无效的消费方式，同时提出了实现人口、消费和地球承载力相平衡的可持续的政策和方案领域，鼓励提高贫穷人口的消费水平，摆脱贫困。

(4)《21世纪议程》强调公众参与对可持续发展的重要作用。在整个40章的论述中，《21世纪议程》用了10章篇幅讲明主要群体的作用，呼吁各国政府加强与社会各界的合作，广泛提高公众意识，呼吁全社会共同参与可持续发展的过程。

二、《中国21世纪议程》

1.《中国21世纪议程》的基本框架

中国作为一个发展中的大国，深知自己在促进世界经济的健康增长和保护地球生态环境方面的责任。1992年7月，联合国环境与发展大会结束不久，政府有关部门就提出了《关于出席联合国环境与发展大会的情况及有关对策的报告》，这份报告提出了中国环境与发展领域的“十大对策”：①实行可持续发展战略；②采取有效措施，防治工业污染；③深入开展城市环境综合整治，认真治理城市“四害”；④提高能源利用效率，改善能源结构；⑤推广生态农业，坚持不懈地植树造林，加强生物多样性的保护；⑥大力推进科技进步，加强环境科学研究，积极发展环保产业；⑦运用经济手段保护环境；⑧加强环境教育，不断提高全民族的环境意识；⑨健全环境法制，强化环境管理；⑩参照环发大会精神，制定中国行动计划。

在此基础上，中国政府决定由国家计划委员会和国家科学技术委员会牵头，组织各有关部门制定和实施中国的可持续发展战略。经过 52 个部门、群众团体，300 多位专家和管理人员的共同努力，编制完成了《中国 21 世纪议程——中国 21 世纪人口、环境与发展白皮书》，并于 1994 年 3 月 25 日经国务院第 16 次常务会议讨论通过。《中国 21 世纪议程》是“十大对策”的具体化，是参照联合国《21 世纪议程》的框架结构和格式编制的。第一稿共 40 章 120 万字，涉及 184 个方案领域，覆盖了有关可持续发展方方面面的内容。联合国开发计划署（UNDP）曾先后三次派专家来华帮助修改，使其内容框架和文件格式更加接近国际规范。最后定稿的《中国 21 世纪议程》共设 20 章，78 个方案领域，20 余万字。大致可分为可持续发展总体战略、社会可持续发展、经济可持续发展以及生态可持续发展四个部分，如图 2-2 所示。每个部分由若干章组成，每章均设导言和方案领域两部分。导言重点阐明该章的目的、意义、工作基础及存在的主要难点，方案领域则说明解决问题的途径和拟采取的行动。每一个方案领域又分为三部分：首先在行动依据里，扼要说明本方案领域所要解决的关键问题，其次是为解决这些问题所制定的目标，最后是实现上述目标需要采取的行动。

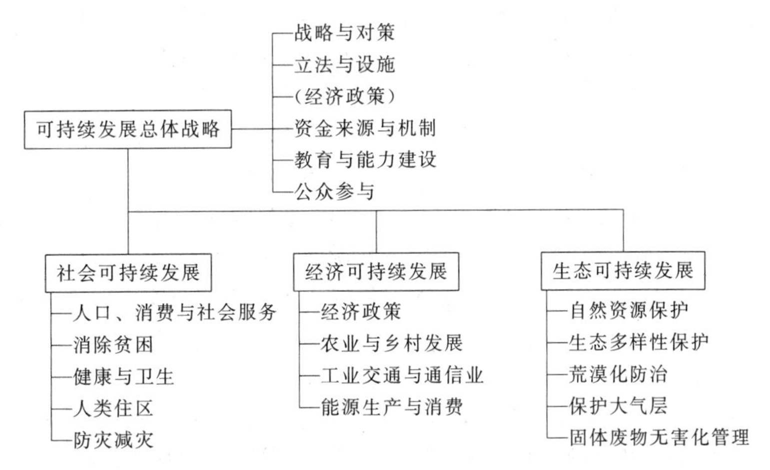

图 2-2 《中国 21 世纪议程》的基本框架

2.《中国 21 世纪议程》的主要内容

（1）可持续发展总体战略　该部分由第 1、2、3、5、6 章和第 20 章这六章组成，包括中国可持续发展的战略与对策、与可持续发展有关的立法与实施、费用与资金机制、教育与可持续发展能力建设、团体与公众参与等，共设 18 个方案领域。

这一部分从总体上论述了中国可持续发展的背景、必要性、战略与对策等，建立了中国可持续发展法律体系，制定了促进可持续发展的经济技术政策，将资源与环境因素纳入经济核算体系，确定了参与国际环境与发展合作的意义、原则立场和主要行动领域，特别强调了可持续发展能力的建设，包括建立健全可持续发展管理体系、费用与资金机制，逐步建立《中国 21 世纪议程》发展基金，广泛争取民间和国际资金支持。加强教育，发展科学技术，建立可持续发展信息系统，加强现有信息系统的信息联网和合作共享。通过立法保障妇女、青少年、少数民族、工人、科技界等社会各阶层参与可持续发展以及相应的决策过程。并提出了到2000年各主要产业发展的目标、社会发展目标和与上述目标相适应的可持续发展对策。

（2）社会可持续发展　该部分由第7、8、9、10章和第17章这五章组成，包括人口、居民消费和社会服务、消除贫困、卫生与健康、人类住区的可持续发展和防灾减灾等，共设19个方案领域。

就具体内容来看，主要有以下几方面。

① 在控制人口增长和提高人口素质方面，提出首先要继续实行计划生育政策，实现控制人口规模的既定目标。其次要加强目前人口状况和人口动态的分析研究，为人口控制、人口就业、人口迁移与城市化等决策提供依据。还要加强部门之间的合作，为社会各阶层开展信息、教育和交流活动提供机会，提高公众参与意识。再次要加强政府的人口管理职能，明确职责，建立协调管理机制。

② 在居民消费与社会发展方面，特别强调了转变消费模式的问题——消费模式的变化同人口增长一样，在社会经济持续发展的过程中起着重要的作用。所以，在提高对这一问题认识的基础上，应采取必要的措施和积极的行动，改变传统的不合理的消费模式，鼓励并引导合理的、可持续的消费模式的形成和推广。尤其应对贫困落后地区的消费形态予以特别的关注和研究，寻求对策改变落后的消费模式，减缓对资源环境造成的压力，促进这些地区经济和生活水平的提高，消除贫困。

③ 在消除贫困、卫生与健康和人类住区等方面，特别强调要加强对贫困地区人民的能力建设，将扶贫工作的重点转移到依靠科技进步和提高劳动者素质的轨道上来。在工业化、城市化的进程中，发展中小城市和小城镇，发展社区经济，注意扩大就业容量，大力发展第三产业。加强城乡建设与合理使用土地，注意将环境的分散治理变为集中治理。逐步建立城市供水用水和污水处理协调统一管理机制，加快城镇基础设施建设和完善住区功能。提高中国人民的卫生和健康水平，建立与社会经济发展相适应的自然灾害防治体系。

（3）经济可持续发展　该部分由第4、11、12章和第13章这四章组成，包括可持续发展经济政策，农业与农村的可持续发展，工业与交通、通信业的可持续发展，可持续的能源生产与消费等若干基本问题，共设20个方案领域。

从基本观点和内容上看，主要包括下列几点。

① 可持续发展经济政策包括建立社会主义市场经济体制，促进经济发展，有效利用经济手段和市场机制，以及建立综合的经济与资源环境核算体系。

② 农业与农村的可持续发展是中国可持续发展的根本保证和优先领域。

③ 为促进产业的可持续发展，必须改善工业结构布局，开展清洁生产和生产绿色产品，加强工业技术的开发利用，改善行政管理，加强交通、通信业的可持续发展。

④ 改善能源生产与消费方式，实现能源、电力结构多样化，建立对环境危害较小甚至无害的能源系统，是中国可持续发展战略的重要组成部分。

（4）资源的合理利用和环境保护　该部分由第14、15、16、18章和第19章这五章组成，包括自然资源保护与可持续利用、生物多样性保护、土地荒漠化防治、保护大气层和固体废物无害化管理等内容，共设20个方案领域。

这部分着重强调在自然资源管理决策中推行可持续发展影响评价制度，通过科技引导，对重点区域和流域进行综合开发整治，完善生物多样性保护法规体系，建立和扩大国家保护区网络，建立全国土地荒漠化的监测和信息系统，采用新技术和先进设备控制大气污染和防治酸雨。开发消耗臭氧层物质的替代产品和替代技术。大面积造林，建立废物处置、利用的新法规，制定技术标准。

3.《中国21世纪议程》的特点

《中国21世纪议程》文本既与联合国《21世纪议程》相呼应，又是根据中国国情编制的，可以说既体现中国国情，又符合国际规范。力求通过分类指导，有计划、有重点、分区域、分阶段摆脱传统的发展模式，逐步由粗放型经济发展过渡到集约型经济发展，突出体现了新的发展观。具有综合性、指导性和可操作性。

（1）把经济、社会、资源与环境视为一个密不可分的整体　即以三维结构复合系统的观点将经济、社会和资源、环境不可分割地结合在一起，提出走向可持续发展的战略、政策和行动措施。可持续发展关键在于处理好经济发展、社会发展和生态发展的相互关系。《中国21世纪议程》明晰地把握了复合系统各组成部分之间的辩证关系，经济系统离开资源与环境的依托，经济将走向衰退；社会系统离开了经济的支持，社会将走向原始；资源和环境离开了发达的经济和公平的社会，也不能体现自身价值，并且，当环境被破坏时，也没有经济能力和科学的机制使其质量得到恢复和改善。

（2）《中国21世纪议程》的主题词是发展，体现了新发展观　中国目前摆在第一位的是把经济搞上去，这是历史赋予的重任。与世界发达国家和中等发达国家相比，中国当前的人均GDP仍偏低，为改变这一状况，各项工作都必须以经济建设为中心。但是，针对中国的具体国情，对于不同地区、不同产业，其侧重点是不同的。

中国东部及东南沿海地区经济相对发达，在保持经济稳定、快速增长的同时，重点是提高增长的质量，提高效益，节约资源与能源，减少浪费，改变传统的生产模式及消费模式，实施清洁生产和文明消费。

中国西部、西北部和西南部地区经济相对不发达，重点是消除贫困，加强能源、交通、通信等基础设施建设，提高经济对区域开发的支撑能力。

中国是农业大国，农业、农村及农民问题是中国经济发展和现代化建设的根本问题，必须推动农业可持续发展；通过政策引导和市场调控手段，逐步使农业走上以调整结构、提高效益为特征的新阶段，向农业高产、优质、高效、低耗的方向发展；发展中国独具特色的乡镇企业，为农村剩余劳动力提供更多的就业机会。

由于中国能源结构中70%以上是煤炭，所以，在能源发展中要重点发展清洁技术。运用技术和经济手段大力提倡节能、提高能源效率以及加快可再生能源开发速度。

（3）反映了中国是人口大国这一基本国情　就是将解决好人口与发展的关系作为战略重点之一。长期以来，庞大的人口基数给中国的经济、社会、资源和环境带来了沉重的压力，虽然中国人口的自然增长率呈下降趋势，但人口增长的绝对数量仍然很大，社会保障、卫生保健及教育、就业等仍不适应人口增长的需求。针对这一严峻的现实，《中国21世纪议程》着重提出要继续实行计划生育，在控制人口数量增长的同时，通过大力发展教育事业，健全城乡三级医疗卫生和妇幼保健系统、完善社会保障制度等措施，提高人口素质、改善人口结构。大力发展第三产业，扩大就业容量，充分发挥中国人力资源优势。

（4）突出并集中阐述了中国保护资源与环境战略　充分认识到中国资源短缺和人口激增对经济发展的制约，强调资源危机感。21世纪要建立资源节约型经济体系，将水、土、矿、森林、草原、生物、海洋等各种自然资源的管理纳入国民经济和社会发展计划，建立自然资源与经济综合核算体系，运用市场机制和政府宏观调控相结合的手段，促进资源合理配置，运用经济、法律、行政手段，实行资源的保护和合理利用。

与此同时，积极承担国际责任和义务。认识到中国的环境与发展战略同全球发展战略的协调，对全球的环境问题都提出了中国相应的战略对策和行动方案，以强烈的历史使命感、责任感承担并履行对国际社会应尽的责任和义务。

（5）提出能力建设是实施可持续发展战略的基本保证　《中国21世纪议程》从机制、立法、教育、科技和公众参与等诸方面提出了能力建设的重大举措，并为中国的可持续发展的国际合作创造适宜契机与良好环境。

三、《中国21世纪议程》实施进展

中国已经把环境保护与可持续发展作为基本国策之一，就是把环境同社会和经济放在同等重要的地位来处理。正如《中国21世纪议程》的“序言”即第一章中所写的：“中国政府有决心实施《中国21世纪议程》，不单是因为高层领导高度重视这项重大行动，而且在全国有一个有利于经济稳定发展、深化改革开放和建立社会主义市场经济体制的大环境。从20世纪80年代初以来，中国政府开始把计划生育和环境保护作为社会主义现代化建设的两项基本国策。环境保护已纳入国民经济和社会发展的中长期和年度计划之中。国家制定和实施了一系列行之有效的法律、政策，按照同时处理好经济建设与环境保护关系的指导思想开展工作，已取得很大成绩，形成了一条符合中国国情的环境保护道路。越来越多的人认识到，只有将经济、社会的发展与资源、环境相协调，走可持续发展之路，才是中国发展的前途所在。中国通过双边、多边方式，与有关国家和国际组织已经开始了自然资源和环境保护方面的合作研究，建立了长期合作关系。在这样的基础上，中国政府组织实施《中国21世纪议程》，必将得到全国各部门、各地方的热烈响应和支持，以及国际社会的关注和支持。”

《中国21世纪议程》经国务院通过后，1994年7月国务院下发《关于贯彻实施〈中国21世纪议程——中国21世纪人口、环境与发展白皮书〉的通知》，要求将《中国21世纪议程》作为制定各地“九五”计划和2010年远景目标的指导性文件，贯彻实施《中国21世纪议程》。各级政府根据通知精神，分别从计划、法规、政策、宣传、公众参与等不同方面，加以推动实施。主要体现在以下几个方面：一是通过资源优化配置、技术进步、成果转化、开发与节约并举、保护农业生态环境等措施，用经济增长方式的转变推进《中国21世纪议程》的实施；二是通过国民经济和社会发展计划加以实施，创造条件、优先安排对可持续发展有重要影响的项目；三是加强可持续发展思想的宣传、教育与培训，提高全民可持续发展意识；四是充分利用可持续发展是当今国际合作热点的有利时机，通过广泛宣传，引进资金、技术和管理经验，促进《中国21世纪议程》的实施。

自20世纪90年代以来，中国逐步完善了环境保护方面的法律法规和方针政策，加大了环保宣传和执法的力度，使中国在加快发展的同时，不断改善环境质量。经过长期的探索与实践，中国制定了预防为主、谁污染谁治理和强化环境管理的三大环境保护政策，为实施《中国21世纪议程》起到了有力的保障作用。

思考题

1. 通过本章学习，参考其他资料，谈一谈可持续发展思想的形成过程。
2. 结合个人理解，总结一下可持续发展的概念和内涵。
3. 根据可持续发展理论的产生和发展过程，说明可持续发展战略的长期性和重要性。
4. 根据中国的具体国情，提出中国实施可持续发展战略的可能途径，并指出其关键环节。

5.《中国 21 世纪议程》实施中，如何才能获得最佳的效果，其中的关键步骤有哪些？

6. 结合某一具体的实例（如新建工厂、生活小区、旅游区、自然资源开发等），说明如何在具体的工作中落实《中国 21 世纪议程》。

讨论题

1. 通过收集资料、现场调查等方式，探讨可持续发展的基本原则在实施可持续发展战略中的作用，并根据中国国情，指出实施的关键环节和应该采取的措施。

要求：收集某一地区的发展历程、基本资源状况、社会发展状况、目前面临最严重的环境问题等素材进行分析，在此基础上提出自己的意见，并在一定范围内展开论证，最后得出大多数人认可的结论。

目标：通过讨论，加深对关键环节在实施可持续发展战略中的影响的认识，清楚作为每一个地球公民为可持续发展社会的建立所应尽的义务。

2. 通过收集某一地区的发展史，特别是自然生态环境变化的文字、图片、影像等资料，讨论可持续发展的公平性原则和持续性原则的必要性。

要求：收集的资料要有一定的历史性，并同时收集其变迁对人类及周边地区的影响，特别要收集造成变化的原因及旁证资料。经过适当组合后，作为讨论的证明材料。

目标：促进自然观的转变和环境理念的形成，深刻领会可持续发展的基本内涵。

第三章　环境保护法概述

学习指南

通过本章学习，理解环境保护法的基本含义；掌握中国环境保护法的概念、特点、目的、基本原则和基本制度；熟悉中国的环境法律责任、环境保护法的基本内容及大气、水、噪声、固体废物污染防治的单行法。

【案例四】

背景

我国保护环境的法律体系日趋完善。

我国在不断完善法律法规和政策标准体系，国家环境保护法律体系已初步建立，现行的法规与标准已达1300余项。2011年5月1日起施行的《刑法修正案（八）》对1997年刑法规定的“重大环境污染事故罪”作了进一步完善：一是扩大了污染物的范围，将原来规定的“其他危险废物”修改为“其他有害物质”；二是降低了入罪门槛，将“造成重大环境污染事故，致使公私财产遭受重大损失或者人身伤亡的严重后果”修改为“严重污染环境”。修改后，罪名由原来的“重大环境污染事故罪”相应调整为“污染环境罪”。

2013年06月18日最高人民法院举行新闻发布会，公布《最高人民法院、最高人民检察院关于办理环境污染刑事案件适用法律若干问题的解释》（以下简称《解释》），《解释》对有关环境污染犯罪的定罪量刑标准作出了新的规定，污染环境罪等罪名的入罪要件认定标准都有所降低，体现了从严打击环境污染犯罪的立法精神。《解释》共计12条，主要规定了8个方面的问题。

2014年新修订的《中华人民共和国环境保护法》第43条明确规定：违反本法规定，造成重大环境污染事故，导致公私财产重大损失或者人身伤亡的严重后果的，对直接责任人员依法追究刑事责任。2015年修订的《中华人民共和国大气污染防治法》、2017年修订的《中华人民共和国水污染防治法》、2020年修订的《中华人民共和国固体废物污染环境防治法》也作了类似的规定，并进一步明确了对有关责任人员可以比照《刑法》第115条和第187条的规定追究刑事责任。

思考

收集整理我国关于污染环境罪的相关法律及条文。

坚持用最严格制度最严密法治保护生态环境是我国生态文明建设的制度保障。习近平总书记强调：“我国生态环境保护中存在的突出问题大多同体制不健全、制度不严格、法治不严密、执行不到位、惩处不得力有关。”保护生态环境必须依靠制度、依靠法治。必须把制度建设作为推进生态文明建设的重中之重，健全源头预防、过程控制、损害赔偿、责任追究的生态环境保护体系，构建产权清晰、多元参与、激励约束并重、系统完整的生态文明制度体系，强化制度供给和执行，让制度成为刚性约束和不可触碰的高压线。

第一节　环境保护法的概念

通常说的“环境保护法”，它包括了污染防治法和自然环境（或者说成生态环境）法两个方面。但环境保护法的任务并不只限于环境的保护，还包括提高环境质量，即建设优美、舒适的环境。因此现在趋向于使用“环境法”这一名称，或“环境与资源保护法”。

一、环境保护法的定义

作为一门新兴的学科，在学术上给环境保护法下一个精确的公认的定义相当困难。目前在世界各国的环境法学领域均没有对环境保护法下一个较为一致的定义。原因是它涉及对环境概念的外延和内涵的理解，对环境保护法与传统部门法相互关系的认识以及环境法自身调整社会关系的范围的理解。

目前中国环境法学工作者主要从法律调整的社会关系的角度出发给环境保护法下定义，认为环境保护法的定义是：环境保护法是由国家制定或认可，并由国家强制执行的关于保护与改善环境、合理开发利用与保护自然资源、防治污染和其他公害的法律规范的总称。

或者说成：环境保护法是调整人们在开发、利用、保护和改善环境的活动中所产生的各种社会关系的法律规范的总称。其目的是为了协调人类与环境的关系，保护人体健康，保障经济社会的持续发展。

环境保护法定义的主要含义有以下三点。

第一，环境保护法是由国家制定或认可并由国家强制力保证执行的法律规范。

第二，环境保护法的目的是通过防止自然环境破坏和环境污染来保护人类的生存环境，维持生态平衡，协调人类同自然界的关系。

第三，环境保护法所要调整的是社会关系的一个特定领域，即人们（包括组织）在生产、生活或其他活动中所产生的同保护和改善环境、合理开发利用与保护自然资源有关的各种社会关系。

二、中国环境保护法律体系

中国环境保护法形成完备的法律体系，在时间上比其他部门要晚得多，但立法的数量又远远多于一般部门法，构成了一个十分庞大的部门法律体系。

1. 环境法律体系概述

环境法律体系是指环境保护法的内部层次和结构，是由各种法律规范组成的统一法律整体。它应当是内外协调一致的，即它对外应与其他法律部门相协调，以保证整个法律体系的和谐统一；对内则应是环境法的各种法律规范之间的协调互补，以发挥环境法的整体功效，维系环境法的独立存在。

从环境保护法的调整对象上看，环境保护法是对现代社会中的生态环境保护关系和污染防治关系进行调控的法规，因而环境保护法应当包含生态环境保护和污染防治这两个方面的法律规范，并由一个综合性的基本法加以全面规定。

环境保护法的调整对象也决定了环境法律体系中各个亚部门法（或称子部门法）的构成。这些亚部门法可以分为两类：一类由有关生态环境保护的法律规范构成，可称之为生态环境保护法；另一类由有关污染防治的法律规范构成，可称之为污染防治法。这两类性质相同的法律规范紧密地交织在一起，从而使各个部门法也密切相关，协调共处。

基于上述认识，考察各国现行的环境法律法规，可以对环境法律体系作如下概述：环境保护法包括生态环境保护法和污染防治法两大方面。在生态环境保护法方面主要包括森林保护法、草原保护法、水保护法、野生动物保护法、矿产资源保护法、土地保护法、水生生物保护法、风景名胜区保护法、生活居住区保护法等；在污染防治法方面，主要包括水污染防治法、大气污染防治法、海洋污染防治法、噪声污染防治法、有毒有害物质控制法、放射性污染防治法等。作为环境法的亚部门法，它们还包含各自的子部门，从而形成多层次的部门法体系，共同构成环境法律体系的总体。

上述对环境法律体系的概括，不仅反映了环境保护法的调整对象，而且也体现了环境保护法的宗旨、任务、本质。只有确定了环境法律体系，环境保护法才能够不断地解决人类生存与发展和环境的矛盾，保障人体健康，促进经济、社会与环境的良性运行和协调发展。

2. 环境保护法体系的构成

在一个国家内，宪法拥有最高法律效力，其他各种法律法规必须以宪法为立法依据，形成一个下一等级法律法规服从上一等级法律法规，上下一致的统一体。据此，中国现行的环境保护法效力体系可表述为如下内容。

（1）宪法中关于环境保护的条款　中国宪法对环境保护作了明确规定。第二十六条规定："国家保护和改善生活环境和生态环境，防治污染和其他公害。"第九条规定："国家保障自然资源的合理利用，保护珍贵的动物和植物。禁止任何组织或个人用任何手段侵占或者破坏自然资源。"在第十条、第二十二条还有相应规定。宪法的这些规定，明确了国家环境管理的职责和任务，构成了环境立法的宪法基础。

（2）环境保护基本法　《中华人民共和国环境保护法》是中国环境保护的基本法。在环境法体系中占有核心地位，它对环境保护的重大问题做出了全面的原则性规定，是构成其他单项环境法的依据。环境保护法不仅明确了环境保护的任务和对象，而且对环境监督管理体制、环境保护的基本原则和制度、保护自然环境和防治污染的基本要求以及法律责任作了相应规定。

（3）环境保护单行法　环境保护单行法是针对特定的生态环境保护对象和特定的污染防治对象而制定的单项法律。这些单行法在我国都是由全国人大常委会制定的。它分为两大类：一类为生态环境保护立法，主要包括《中华人民共和国森林法》《中华人民共和国草原法》《中华人民共和国渔业法》《中华人民共和国矿产资源法》《中华人民共和国土地管理法》《中华人民共和国水法》《中华人民共和国野生动物保护法》和《中华人民共和国水土保持法》等八部法律；另一类为污染防治法，主要包括《中华人民共和国水污染防治法》《中华人民共和国大气污染防治法》《中华人民共和国海洋环境保护法》《中华人民共和国环境噪声污染防治法》《中华人民共和国固体废物污染环境防治法》《中华人民共和国放射性污染防治法》等六部法律。

（4）环境行政法规　环境行政法规是由国务院制定并公布或者经国务院批准而由有关主管部门公布的有关环境保护的规范性文件。主要包括两部分内容：一部分是为执行环境保护基本法和单行法而制定的实施细则或条例，如《中华人民共和国大气污染防治法实施细则》《中华人民共和国水污染防治法实施细则》《中华人民共和国森林法实施细则》《中华人民共和国土地管理法实施细则》《中华人民共和国征收排污费暂行办法》《中华人民共和国环境噪声污染防治条例》《中华人民共和国自然保护区条例》《中华人民共和国环境保护税法实施条例》《建设项目环境保护管理条例》《中华人民共和国防治船舶污染海洋环境管理条例》等；另一部分是对环境保护工作中出现的新领域或尚未制定相应法律的某些重要领域所制定的规范性文件，如结合技术改造防治工业污染的几项规定，对外经济开放地区环境管理暂行规定，关于加强乡镇、街道企业环境管理的规定等。

（5）环境保护部门规章　环境保护部门规章是由环境保护行政主管部门或有关部门发布的环境保护规范性文件，它们有的由环境保护行政管理部门单独发布，有的由几个有关部门联合发布，是以有关的环境法律和行政法规为依据而制定的。如国家生态环境部（原国家环保总局）发布的《排放污染物申报登记管理规定》《放射环境管理办法》《环境影响评价公众参与办法》《排污许可管理办法》《清洁生产审核办法》，国家生态环境部、海关总署联合发布的《关于严格控制境外有害废物转移到我国的通知》。

（6）地方性环境法规和地方政府规章　地方性环境法规和地方政府规章是各省、自治区、直辖市、省人民政府所在地的城市以及国务院批准的较大城市的人民代表大会或其常委会制定的有关环境保护的规范性文件；各省、自治区、直辖市、省人民政府所在地的城市以及国务院批准的较大城市的人民政府制定的有关环境保护的规范性文件称之为地方规章。这些地方性法规和地方政府规章都是以实施国家环境法律、行政法规为宗旨，以解决本地区某一特殊环境问题为目标，因地制宜而制定的。如《北京市实施〈中华人民共和国大气污染防治法〉办法》《上海市黄浦江上游饮用水源保护条例》《山东省环境保护条例》《江苏省环境保护条例》《武汉市环境保护条例》等。

（7）环境标准　环境标准是环境法效力体系中的一个特殊的、不可缺少的组成部分。在我国，环境标准有国家标准和地方标准两级。国家环境标准由国家生态环境部制定，地方环境标准由省一级人民政府制定，必须报国家生态环境部备案。环境标准属于强制性标准。大多数环境法律法规规定，违反环境标准应依法承担相应的法律后果。中国的环境标准主要分为环境质量标准、污染物排放标准、环境基础标准、样品标准和方法标准。另外还有一些环境保护的行业标准。

（8）国际环境保护条约　根据中国宪法的有关规定，经过中国批准和加入的国际条例、公约和议定书，与国内法同具法律效力。《中华人民共和国环境保护法》规定，如遇国际条约与国内环境法有不同规定时，应优先适用国际条约的，但中国声明保留的条款除外。因此，国际环境保护条约也是中国环境法效力体系中的重要组成部分。为加强环境保护领域的国际合作，维护国家的环境权益，同时也承担应尽的国际义务，中国先后缔结和参加了《保护臭氧层维也纳公约》《控制危险废物越境转移及其处置巴塞尔公约》《气候变化框架公约》《生物多样性公约》《南极环境保护议定书》等二十九项国际环境保护条约。

三、环境保护法的特点和目的

1. 环境保护法的特点

环境保护法的特点是指环境保护法作为一个独立的法律部门所具有的特殊性，也即与其他法律部门的不同点。同其他法律部门相比较，中国环境保护法还具有以下几大特点。

（1）广泛性　广泛性是环境保护法的一个突出特点，具体表现如下。

① 保护的对象广泛　环境保护法的对象包括整个人类环境和各种环境要素。从陆地到

海洋，从土壤到大气，从动物到植物，从水体到各种矿物，从地下到空间，都属于它的保护范围。

② 调整的社会关系广泛　环境保护法调整的社会关系包括国家关系、行政关系、民事关系、财政税收关系和刑事关系。另外还涉及诉讼关系和环境方面的国际关系。

③ 涉及的主体广泛　由于环境保护法调整的社会关系广泛，那就必然涉及广泛众多的主体。它涉及的主体既可以是国内的国家机关、社会团体、企业事业单位、工商个体户、公民个人，也可以是外国的国家、国际组织、公司、团体和个人。

(2) 综合性　从根本上说，环境保护实际上是一个综合的系统工程，因而环境保护法在保护和改善环境方面也必须综合运用各种方法手段，从而使它成为综合性较强的法律部门。其综合性表现如下。

① 从自然科学和社会科学的分类上说，环境保护法综合运用了自然科学和社会科学的研究成果，它既要反映社会发展规律的要求，又要反映自然生态规律的要求。

② 从立法的体系上说，它采用了根本法、基本法、特别法相结合，中央环境立法和地方环境立法相结合，污染防治立法和自然保护立法相结合，实体法和程序法相结合的一整套立法体系，是各级别、各类型、各方面立法的综合运用。

③ 从环境保护法规范的部门属性来说，它涉及宪法规范、行政法规范、民法规范、经济法规范、刑法规范、劳动法规范、诉讼法规范、国际法规范等，它是这诸多部门法规范的综合运用。

④ 从环境保护法调整的方法来说，它综合运用了经济的和行政的、鼓励的和限制的、允许的和禁止的、奖励的和惩罚的等手段。

(3) 科学技术性　由于环境保护法将自然界的客观规律，尤其是生态基本规律、环境要素的总体演化规律作为自己的立法基础之一，因而环境保护法中含有大量的反映这些规律要求的技术性规范，使环境保护法具有较强的科学技术性。表现如下。

① 环境保护法产生和发展是与科学技术的发展紧密相连的　科学技术的发展，使人类具有了改造和利用自然的巨大能力，从而产生了环境问题。环境问题的严重化，才使国家有了进行环境立法的必要。而科学技术的每一个重大进步和突破，都给环境保护法带来了深远影响。

② 环境保护法中具有大量的技术性规范　其具体表现在：一是由有关的国家机关颁布各种环境标准和其他技术性规程，如环境质量标准、污染物排放标准、森林采伐更新规程等；二是在法律条文中明确规定技术要求，如为防治污染而规定的生产工艺要求、为防污设施规定的性能要求、为某种污染物的排放规定的特殊要求等；三是在法律、法规中列出专门条款，对技术名词、术语进行法定解释，如《中华人民共和国水污染防治法》《中华人民共和国固体废物污染环境防治法》等都有这方面的条款；四是利用法律法规附件的形式规定技术要求。

③ 环境保护法的实施需要科学技术的保证　首先，环境保护法许多规定的执行需要以先进的科学技术为前提。没有先进的科学技术，环境保护法中许多关于环境污染和破坏的预防与治理是不可能实现的。其次，环境违法行为的发现需要采用先进的科学技术手段进行监测和鉴别。离开这种监测和鉴别就无法确定环境是否受到了污染和破坏，也无法确定行为人是否违法。最后，环境纠纷的解决也离不开科学技术手段。因为环境案件中的许多证据只有依靠科学技术手段才能得到，环境污染行为与损害后果之间的因果

关系只有依靠科学技术手段才能揭示。离开科学技术，将无法保证环境案件处理结果的正确和公正。

（4）世界共同性　由于环境问题是整个人类所面临的共同问题，其产生的原因，各个国家大体相同，解决环境问题的理论根据、途径和方法也基本相似。因此世界各国的环境法便有许多共同的规定，一些国家在环境法中规定的解决环境问题的对策、措施、手段，往往为另一些国家所吸收、参考、借鉴和利用。环境保护法的这种世界共同性特点，是中国进行环境立法时参考借鉴国外立法的重要理论根据。

（5）社会公益性　环境保护法不仅是统治阶级意志的反映，更重要的是它要反映全社会公众的要求，为全社会公共利益服务。在体现社会公共利益方面，环境保护法比其他任何法律部门都更加明显和突出。这是因为，环境被污染、生态平衡遭破坏、受害者绝不是个别人，也不是某一部分人或某一特定阶级中的某些成员，影响所及，是环境受污染或破坏的整个区域内居住、停留和过境的人。有些污染还有潜伏期和持续期，不仅危害当代人，而且还危害子孙后代，有些污染甚至还会跨越国界危害不同国家、不同制度下的人们。

（6）某些规范的科学不确定性　环境保护法中常采用环境科学虽已提出，但尚未得到科学的确切证明而又为保护人类生存所必需的一些结论。在立法实践上，对科学界尚有争议的对人类可能有不利影响的环境问题，采取了“宁可信其有，而不信其无”的态度。例如，臭氧层出现了空洞，有的科学家认为是人类使用的氯氟烃类化学物质造成的；有的则认为，这些物质并不破坏臭氧层，即使臭氧层真的变薄，也不会对人类造成危害。但在环境立法上，人们则首先认可了臭氧层空洞是由人类排放的这些物质造成的结论，并因此制定了《臭氧层保护维也纳公约》《臭氧层保护蒙特利尔议定书》等有关国际条约，下大力气削减和淘汰这些物质的生产和使用。

环境保护法的科学不确定性是由环境危害对人类生存影响的极大危险性和解决环境问题必须预防在先的原则决定的。

2. 环境保护法的目的

环境保护法的目的是：为人民创造清洁、适宜的生活环境和符合生态系统健康发展的生态环境，保障人体健康，促进社会主义现代化建设的发展。

分析和比较世界各国环境法关于目的性的规定，大致可分为两种。一是基础的直接的目的，即协调人与环境的关系，保护和改善环境；二是最终的发展目标，又包括两个方面：第一为保护人类健康，第二为保障经济社会持续发展。多数国家主张环境法的最终目的，首先是保护人的健康，其次是促进经济社会持续发展，即“目的二元论”。

正确处理发展与环境的关系，必须衡量发展与环境互相制约的临界线，把发展带来的环境问题限制在一定限度内，在不降低环境质量的要求下使经济能够持续发展。环境立法的“目的二元论”，就是建立在正确认识发展与环境关系的基础上的。中国环境保护法关于目的的规定，也体现了这种正确思想。

第二节　中国环境保护法的基本原则与基本制度

环境保护法的基本原则是一种大体上的规定，也是进行环境保护所必须遵守的法律规范。当然这种规范不可能是那种具体的、只在某一个别方面起作用的规范，而只能是适用于环境保护和环境管理各个主要方面并始终起着指导作用的规范。

环境保护法的基本制度是环境保护法规范的一个特殊组成部分，主要有环境保护行政法律制度和环境标准制度等。基本制度既不同于环境保护法的基本原则，也不同于一般的环境法规范，而是具有自身特点的一类环境保护法规范。

一、环境保护法的基本原则

环境保护法的基本原则是对环境运行规律的科学总结，是正确处理人与自然关系的价值尺度，是环境保护法内在精神的概括和本质的集中体现。

环境法的基本原则具有宏观的指导性、适用的广泛性和发展的稳定性等特征，即它不仅可以指导立法，而且还具体指导环境法律的适用，制约环境法律的解释，补充法律本身的不足与漏洞，化解不同效力法律之间的冲突。

中国环境保护法的基本原则可以概括为以下四个方面：一是协调发展原则；二是预防为主原则；三是环境责任原则（损害环境者付费原则）；四是公众参与原则。这四条原则中，第一条原则是从战略的高度确定了解决环境保护与经济建设相互关系的准则；第二条强调环境保护的重点和解决环境问题的基本途径；第三条是环境保护责任的负担原则；第四条原则解决的是环境保护力量源泉的问题。这四条原则既相互联系，又相互补充，贯穿于中国环境保护法的各个方面，为中国的环境保护和环境管理提供了最基本的准则。

1. 协调发展原则

协调发展原则是环境保护与经济建设和社会发展相协调原则的简称。它是指经济建设、社会发展和环境保护必须统筹兼顾、有机结合、同步实施，以实现人类与自然的和谐共存，使经济和社会持续发展，以实现经济效益、社会效益和环境效益的有机统一。

中国所实行的协调发展原则，实际上是与可持续发展理论要求相一致的。它既不要因为保护环境而停止经济发展，也不要因为发展经济而牺牲环境，而是要使二者共同发展，相互促进。

协调发展原则是正确处理经济、社会发展与环境发展关系的一项总原则。

协调发展原则主要有以下几个贯彻途径。

（1）将环境保护纳入经济和社会发展计划　把环境保护纳入国民经济和社会发展计划，是使环境保护与经济建设保持一定的比例关系，实现协调发展的根本措施之一。

（2）制定环境保护规划，采取有利于环境保护的经济、技术、产业等政策和措施　要把环境保护真正纳入国民经济和社会发展规划，就需要制定与国民经济总体规划相协调和衔接的，全面反映环境保护目标、任务和措施的环境保护规划。

（3）把环境保护纳入有关部门的经济管理与企业管理中去　中国当前的环境污染和破坏主要来自经济生产活动，尤其是工业生产活动。把环境保护纳入有关部门的经济管理与企业管理中去，是从微观上控制环境污染，使环境保护规划得到具体落实，因而是实现环境保护与经济发展相协调的重要措施。

（4）加强环境宣传教育，提高全民族的环境意识　实现经济建设与环境保护协调发展，从根本上说，就是要加强环境教育和宣传，提高全民族的环境意识和劳动者的素质，特别是提高决策层领导干部的环境意识，领导干部环境意识的高低和综合处理环境问题的能力的强弱直接关系到经济建设和环境保护的协调发展。广大劳动者是各项生产活动的直接参与者，增强他们环境管理的自觉性，提高保护环境防治污染的技能，同样是贯彻落实协调发展原则的重要一环。

2. 预防为主、防治结合原则

预防为主原则是“预防为主、防治结合、综合防治原则”的简称。其含义是指国家在环境保护工作中采取各种预防措施，防止开发和建设活动中产生新的环境污染和破坏；而对已经造成的环境污染和破坏要积极治理。

预防为主原则是针对环境问题的特点和国内外环境管理的主要经验和教训提出的。这是因为：一是环境污染和破坏一旦发生，往往难以消除和恢复，甚至有不可逆转性；二是环境污染和破坏发生以后再进行治理，往往要耗费巨额资金；三是环境问题在时间和空间上的可变性很大。环境问题的产生和发展具有缓发性和潜在性，再加上科学技术发展的局限性，人类对损坏环境的活动造成的长远影响和最终后果，往往难以及时发现和认识。但环境问题一旦出现往往为时已晚，而且无法救治。这种情况要求人类活动必须审慎地注意长远的、全局的影响，注意“防患于未然”。

预防为主、防治结合的原则可通过以下几个途径贯彻。

(1) 全面规划与合理布局　全面规划就是对工业和农业、城市和乡村、生产和生活、经济发展和环境保护各个方面的关系统筹考虑，进而制定国土利用规划、区域规划、城市规划与环境规划，使各项事业得以协调发展。

(2) 制定和实施具有预防性的环境管理制度　预防为主原则作为中国环境保护法的一项基本原则也体现在环境立法的各个方面，在环境保护法中制定了一系列能够贯彻这一原则的环境管理制度。例如：土地利用规划制度；环境影响评价制度；环境保护设施必须与主体工程同时设计、同时施工、同时投产的三同时制度；限期治理制度；排污申报登记制度；许可证制度等。

3. 环境责任原则

环境责任原则又称损坏环境者付费原则或污染者负担原则，即是指开发利用环境资源或者排放污染物对环境造成不利影响和危害者，应当支付由其活动所形成的环境损害费用或者治理由其造成的环境污染与破坏。其核心内容是“开发者养护、污染者治理、破坏者恢复”。

环境责任原则的贯彻途径主要有以下几个方面。

(1) 法律规定　《中华人民共和国环境保护法》第十八条规定：在“国务院、国务院有关部门和省、自治区、直辖市人民政府规定的风景名胜区、自然保护区和其他需要特别保护的区域内，不得建设污染环境的工业生产设施；建设其他设施，其污染物排放不得超过规定的排放标准。已经建成的设施，其污染物排放超过规定排放标准的，限期治理。”第十九条规定：“开发利用自然资源，必须采取措施保护生态环境。”在《中华人民共和国森林法》《中华人民共和国草原法》《中华人民共和国土地管理法》《中华人民共和国矿产资源法》《中华人民共和国水土保持法》等单行法规中，对于开发者的养护责任都分别作了进一步的具体规定。

(2) 实行环境保护目标责任制　环境保护责任制是一种环境保护的目标定量化、指标化，并层层落实的管理措施。《中华人民共和国环境保护法》第十六条规定：“地方各级人民政府，应当对本辖区的环境质量负责，采取措施改善环境质量。”

(3) 采取污染限期治理制度　对污染严重的企业实行限期治理，是贯彻环境责任原则的一种强制性的和十分有效的措施。这种措施使污染企业的治理责任更加明确，并有了时间的限制，同时也有助于疏通资金渠道和争取基建投资指标，使污染治理得以按计划进行。

4. 公众参与原则

公众参与原则是指在环境保护中，任何公民都享有保护环境的权利，同时也负有保护环境的责任，全民族都应积极自觉地参与环境保护事业。公众参与原则主要强调的是公民和社会组织的环境保护的权利。

公众参与原则是目前国际普遍采用的一项原则。1992年的《里约宣言》明确指出："环境问题最好是在全体有关市民的参与下进行。"

要保证公众参与原则很好地贯彻必须做到以下几点。

（1）保证公众的知情权即获得各种环境资料的权利　包括公众所在国家、地区、区域环境状况的资料，公众所关心的每一项开发建设活动、生产经营活动可能的环境影响及其防治对策的资料，国家和地方关于环境保护的法律法规资料等。

（2）保证公众对所有环境活动的决策参与权　也就是要能够使公众有机会和正常的途径向有关决策机构充分表达其所关心的环境问题的意见，并确保其合理意见能够为决策机构所采纳。

（3）当环境或公众的环境权益受到侵害时，人人都可以通过有效的司法或行政程序，使环境得到保护，使受侵害的环境权益得到赔偿或补偿。

环境的保护，有赖于全民的环境意识的提高，只有充分发动全民广泛参与环保活动，才能最终实现环境保护的目标。例如中国铁路沿线白色污染的成功消除就是公众参与的结果。

二、环境保护法的基本制度

1. 环境保护法律制度的概念

环境保护法律制度是指由调整特定环境社会关系的一系列环境保护法律规范所组成的相对完整的规则系统。它是环境管理制度的法律化，是环境保护法规范的一个特殊组成部分。

2. 环境保护法律制度的特征

（1）环境保护法律制度在适用的对象上具有特定性　环境保护法律制度不像环境法基本原则那样具有适用的广泛性，而是只适用于环境保护管理的某一个方面，只调整在开发、利用、保护、改善环境过程中发生的某一特定部分或方面的社会关系。因此其适用的对象、范围、程序以及所采取的措施、法律后果都是特定的、具体的，其灵活性也比较小，因而可以在一定程度上避免适用法律的随意性。

（2）环境保护法律制度在规范的组成上具有系统性和相对的完整性　环境保护法律制度通常不是由某一个法律条文或某一个法律规范所组成，而是由一系列的法律规范所组成。这些规范之间相互关联、相互补充、相互配合，共同构成一个完整的系统。如果把整个环境法体系作为一个大系统的话，那么每一个环境保护法律制度都可以构成一个小的子系统。这一点是区别环境保护法律制度与环境法律原则和措施的主要标志。

（3）环境保护法律制度在实施中具有较强的可操作性　由于环境保护法律制度具有特定的适用对象和具体而完整的规则系统，因而具有较强的可操作性。

环境保护法律制度是多种多样的，根据环境保护法律制度在环境保护管理中所处的地位不同，可分为基本的环境保护法律制度、一般环境保护法律制度和环境标准制度。

3. 基本环境法律制度

基本环境法律制度是指那些在环境保护管理中起着主导和决定作用的制度，主要有环境保护规划制度、环境影响评价制度、"三同时"制度、环境保护许可证制度、排污收费制度、环境标准制度、环境监测制度等。在中国，一些环境法律著作把环境影响评价制度、"三同时”制度、征收排污费制度、污染物集中控制制度、限期治理制度、排污许可证制度都称为基本环境法律制度。

三、环境标准制度

环境标准是中国环境保护法体系中一个独立的、特殊的、重要的组成部分，是国家为了维护环境质量、控制污染，按照法定程序制定的各种技术规范的总称。其主要内容为技术要求和各种量值规定。

第三节　中国环境保护法的法律责任制度

【案例五】

案件

2021年3月10日，玉林市博白生态环境局执法人员在九洲江专项整治行动中发现文地镇某某村存在一家炼铝厂，疑似建有废旧铝灰加工车间，面积约1200平方米。仔细检查，该车间隐藏在两广交界的偏僻山麓里，行迹诡异且狡猾，昼伏夜出，摸黑开工。对此，博白生态环境局迅速依法立案并开展有关调查工作。经现场核查，该炼铝厂有90袋包装疑似铝灰的黑灰色原料，每袋约1.2吨；加工后的废渣约有3吨。厂区西南堆放约1吨提炼过的废渣。有几百吨的废渣填被埋在600平方米的土地下，厂区西南方向的水沟旁有大量废渣倒入到水沟中。该厂涉嫌实施了以下环境违法行为：在没取得危险废物经营许可证的情况下擅自从事危险废物收集、贮存、利用、处置的经营活动。通过明察暗访和走访附近村民、当地村干部及现场的产品买卖合同初步确定了该炼铝厂投资人为梁某某。

根据法释〔2016〕29号《最高人民法院 最高人民检察院关于办理环境污染刑事案件适用法律若干问题的解释》第一条第二项“实施刑法第三百三十八条规定的行为，具有下列情形之一的，应当认定为“严重污染环境”：（二）非法排放、倾倒、处置危险废物三吨以上的”和《关于环境保护行政主管部门移送涉嫌环境犯罪案件的若干规定》（环发〔2007〕78号）第三条“县级以上环境保护行政主管部门在依法查处环境违法行为过程中，发现违法事实涉及的公私财产损失数额、人身伤亡和危害人体健康的后果、走私废物的数量、造成环境破坏的后果及其他违法情节等，涉嫌构成犯罪，依法需要追究刑事责任的，应当依法向公安机关移送。”博白县文地镇××村非法炼铝厂当事人的行为属于非法排放、倾倒、处置危险废物三吨以上的行为。3月16日，博白生态环境局将该案移送到博白县公安局。3月24日，博白县公安局依法立案。7月底，涉案人员梁某某主动向博白县公安局投案自首，已移交检察机关追究其法律责任。为防止二次污染，博白生态环境局联合博白县公安局、文地镇人民政府将疑似铝灰渣运至有“三防”措施的仓库暂存，并协调做好规范堆放等管理工作。4月2日，博白生态环境局依法对其进行了查封扣押。

深入学习贯彻践行习近平总书记关于生态文明建设和生态环境保护的重要论述：“保护生态环境必须依靠制度、依靠法治”。近年来，玉林市博白生态环境局与公检法等部门持续加强生态环境保护执法与刑事司法衔接机制建设，强化部门间协调配合，建立了生态环境保护执法联动机制体系，强化了各相关部门的主体责任，合力形成了防范和打击生态环境违法犯罪机制和格局，是推进辖区生态文明建设迈向新台阶的重要举措。

思考

1. 收集事件造成影响的资料。
2. 分析该事件的主要原因。
3. 收集事件后采取的解决措施。

法律作为一种行为规范，它的重要特征之一是具有国家的强制性，这种强制性的集中表现是对违反环境保护法的行为人（包括公民和法人以及在中国境内的外国企业和个人）追究其法律责任。

环境法律责任制度是一种综合性的法律责任制度。除环境保护法本身对法律责任作出规定外，还涉及其他相关部门法，如民法、刑法、行政法等。因此，国家整个法律责任制度适用的原则、条件、形式、程序，一般地说，也适用于环境保护法，但环境保护法又有许多区别于一般法律责任制度的特殊规定。

一、违反环境保护法的行政责任

1. 环境保护法的行政责任的含义

环境行政责任是指环境法律关系的主体（包括环境行政管理主体、环境行政管理机构的工作人员和环境行政管理相对人即任何组织和个人）出现违反环境法律法规、造成环境污染和破坏或侵害其他行政关系但尚未构成犯罪的有过错行为（即环境行政违法行为）后，应承担的法律责任。

环境行政责任与环境行政违法行为之间有一定的因果关系，环境行政责任是环境行政违法行为所引起的法律后果。

2. 环境行政责任的特征

（1）环境行政责任是环境行政法律关系的主体的责任，它包括环境行政管理主体和环境行政管理相对人的责任。

（2）环境行政责任是一种法律责任，任何环境行政法律关系主体不履行法律义务都应承担法律责任。

（3）环境行政责任是环境违法行为的必然法律后果。环境行政法律责任必须以环境违法行为为前提，没有违法行为也就无所谓法律责任。

根据环境行政责任的作用，可将环境行政责任分为制裁性的责任和补救性的责任。制裁性的环境行政责任是指为了达到一般预防和特殊预防的效果而对违反环境行政法律规范者所设定的惩罚措施。补救性的环境行政法律责任是指为弥补环境违法行为所造成的危害后果而对违反环境行政法律规范或者不履行环境行政法律义务者而设定的责任。

二、环境污染损害的民事赔偿责任

1. 环境污染损害的民事赔偿责任的含义及其特征

环境污染损害的民事赔偿责任是指环境法律关系主体因不履行环境保护义务而侵害了他人的环境权益所应承担的否定性法律后果。它是民事法律责任的一种，也是侵权民事责任的一个组成部分，它与普通的民事责任不同，有如下特征。

（1）环境污染损害的民事赔偿责任是一种侵权行为责任　民事责任有合同违约责任、侵权行为责任和不履行其他民事义务责任，而环境民事赔偿责任只是其中的侵权行为责任。

(2) 环境污染损害的民事赔偿责任是一种特殊的侵权行为责任 侵权行为责任分为普通的侵权行为责任和特殊的侵权行为责任，而环境污染损害民事赔偿责任则属于特殊的侵权行为责任。

(3) 环境污染损害的民事赔偿责任是因环境侵权损害而承担的责任 这是由于行为人排放污染物或者从事其他开发利用环境的活动造成了环境污染或破坏，导致他人财产和人身的损害，依法所应承担的责任。

(4) 环境污染损害的民事赔偿法律责任是平等主体之间一方当事人对另一方当事人的责任 由于环境污染损害的民事赔偿责任主要是解决平等主体之间的侵权责任问题，所以，当环境法律关系主体中的一方当事人不履行环境保护义务而侵害了他人的环境权益时，法律就要求环境侵权行为人向被侵权的一方当事人承担责任，以保护、恢复或补偿被侵害的权利。

2. 环境污染损害的民事赔偿责任的构成

环境污染损害的民事赔偿责任构成与普通的民事责任有许多不同。首先，承担环境污染损害的民事赔偿责任的环境侵权行为不一定是违法的，合法的行为造成环境危害后果也要承担环境污染损害的民事责任。其次，承担环境污染损害的民事赔偿责任不要求侵权行为人主观上有过错，对于无过失行为也要求承担责任。因此，环境污染损害的民事赔偿责任的构成有以下三个方面。

(1) 必须有危害环境的行为存在 要让行为人承担环境污染损害的民事赔偿责任，行为人的行为必须是能对环境造成污染或破坏的行为。

(2) 必须有环境损害事实存在 损害事实既是侵权行为产生的危害后果，又是承担民事责任的依据，所以它是构成一般民事责任和环境民事责任都必须具有的要件。

(3) 有害环境的行为须与环境损害事实有因果关系 在法律中，因果关系是指侵害行为与损害结果之间的逻辑联系。只有在侵害行为与损害结果之间存在因果关系的情况下，才能使行为人承担法律责任。

3. 环境污染损害的民事赔偿责任中归责原则和免责条件

归责，即责任的归属，是指当侵权人行为致他人损害的事实发生后，应依何种标准或根据使其负责。中国现行的环境保护法，民事责任是以无过失责任作为基本的归责原则。无过失责任也称无过错责任，是指破坏而给他人造成财产和人身损害的行为人，即使主观上没有过错，也要对造成的损害承担赔偿责任。这种归责原则在于既不考虑加害人的过失也不考虑受害人的过失，其目的在于补偿受害人的损失。采用无过错责任原则不仅有利于保护受害者的合法权益，而且有利于督促排污单位积极防治环境污染危害。

虽然具备环境污染损害的民事赔偿责任的构成条件就应承担环境民事责任，但并不是在所有具备该责任构成的情况下都承担责任，法律规定了一些免除承担环境污染损害的民事赔偿责任的情况。

(1) 不可抗力 不可抗力是指独立于人的行为之外，且不以人的意志为转移的客观情况。在不可抗力发生时或发生后，如果排污者没有及时采取措施，或者采取的措施不合理，都不能完全免除其环境污染损害的民事赔偿责任。

(2) 受害人自身责任和第三人过错 受害人自身责任，是指由于受害人本身的故意或过失使自己遭受损害的情况。

第三人过错，是指由于环境开发利用者和环境损害受害人以外的第三人故意或过失使受害人遭受损害的情况。

（3）战争 《中华人民共和国海洋环境保护法》规定，因战争或负责灯塔或其他助航设备的主管部门在执行职责时的疏忽或者其他过失行为而造成海洋环境污染损害的，也可以免除污染者的损害赔偿责任。

4. 环境污染损害的民事责任的承担方式

《中华人民共和国民法通则》规定，承担民事责任的方式共有停止侵害，排除妨碍，消除危险，返还财物，恢复原状，修理、重作、更换，赔偿损失，支付违约金，消除影响、恢复名誉，赔礼道歉十种。但这些责任方式并非全能适用于环境污染损害的民事责任，如支付违约金、赔礼道歉、消除影响、恢复名誉等责任形式，在环境侵权责任方面就难以适用。根据《中华人民共和国民法通则》和环境保护有关法律、法规的规定，结合环境民事纠纷的处理实践，总结出承担环境污染损害的民事责任最经常采用的方式有以下五种：①停止侵害；②排除危害；③消除危险；④恢复原状；⑤赔偿损失。

以上的几种环境污染损害的民事责任形式，既可以单独适用，也可以合并适用。具体实施时，应当根据保护受害人环境权益的需要和侵权行为的具体情况加以选择。

三、破坏环境犯罪的刑事责任

【案例六】

案件

2019年4月1日，河北雄安新区中级人民法院对一起污染环境犯罪案件进行了公开宣判，被告人臧某某违反国家规定，通过暗管、渗坑排放有毒物质，没有危险废物经营许可证而非法处置危险废物三吨以上，严重污染环境，其行为已构成污染环境罪。安新县人民法院以被告人臧某某犯污染环境罪，判处有期徒刑一年，并处罚金人民币一万元。一审宣判后，被告人臧某某不服，提出上诉。雄安新区中级人民法院经审理认为，原判定罪准确，量刑适当，审判程序合法，依法驳回上诉，维持原判。

背景

2014年9月至2017年4月期间，被告人臧某某利用租赁的厂房，在未办理经营许可手续且未采取任何有效环保措施的情况下，非法粉碎清洗废旧铅酸蓄电池壳，清洗过程中产生的废水由厂房内的不锈钢水槽通过暗管排入院内的水泥池，废水再经沉淀排放至院外排水沟。经安新县环境保护局监测并认定，臧某某粉碎清洗的废铅蓄电池壳含废铅膏和酸液，属于危险废物。

雄安中院自成立以来，坚决贯彻中央、省委对新区建设“生态优先，绿色发展”的要求，将污染环境犯罪作为打击重点，对相关案件加大监督指导力度，确保依法从重从快打击。这起典型案件的终审宣判，彰显了新区司法机关依法严惩污染环境犯罪的鲜明态度和坚定决心。

思考

收集整理污染环境罪的司法解释。

1. 破坏环境犯罪的刑事责任的含义和特征

破坏环境犯罪的刑事责任是行为人故意或过失实施了严重危害环境的行为，并造成了人身伤亡或公私财产的严重损失，已经构成犯罪要承担刑事制裁的法律责任。追究破坏环境犯罪的刑事责任是对环境违法行为的最严厉制裁。

破坏环境犯罪的刑事责任具有以下特征。

(1) 破坏环境犯罪的刑事责任是一种违法责任 尽管环境法律责任的承担有时不以行为的违法性为必要前提，但作为破坏环境犯罪的刑事责任，却必须以行为的违法性为必要前提。

(2) 破坏环境犯罪的刑事责任是污染和破坏环境的责任 构成破坏环境犯罪的刑事责任的犯罪行为，必须是以环境为直接侵害对象、造成或可能造成环境污染或破坏的行为。

(3) 破坏环境犯罪的刑事责任是以刑罚为处罚方式的责任 以刑罚为处罚方式是破坏环境犯罪的刑事责任与其他环境法律责任的最主要的区别。追究破坏环境犯罪的刑事责任，科以刑罚，必须经过刑事审判程序；其责任形式包括自由刑和财产刑；决定刑罚的机关只能是审判机关。

2. 承担破坏环境犯罪的刑事责任的必要要件

构成环境犯罪是承担破坏环境犯罪的刑事责任的前提条件。环境犯罪的构成条件同一般犯罪构成，没有本质的区别，但也有一些特点，主要包括四个方面。

(1) 环境犯罪的主体必须是具有刑事责任能力的自然人或法人。

(2) 环境犯罪的行为人的行为必须具有严重的社会危害性。

(3) 环境犯罪的行为人的行为必须构成了环境犯罪，并应受到刑事处罚。

(4) 环境犯罪的主体（行为人）主观上必须具有犯罪的故意或过失。

一般来说，破坏环境与资源的行为多为故意，如非法猎捕国家重点保护野生动物、盗伐滥伐森林等犯罪。而污染环境的行为多为过失，因损害环境的行为可能造成极其严重的危害后果。在认定是否构成犯罪时就不能仅看社会危害性一个方面，必须强调具备犯罪的故意或过失。

3. 破坏环境犯罪的刑事责任的承担方式

破坏环境犯罪的刑事责任的承担方式，实际上就是环境犯罪人所受到的不同种类的刑罚处罚。中国刑法中规定的刑罚种类有：生命刑，即死刑；自由刑，包括管制、拘役、有期徒刑、无期徒刑；财产刑，包括罚金和没收财产；资格刑，包括剥夺政治权利和驱逐出境。对于环境犯罪人，这些刑罚种类基本上都适用。不过对于法人构成环境犯罪的，目前能够适用的刑罚只有财产刑。

4. 承担破坏环境犯罪的刑事责任的具体罪名

《中华人民共和国刑法》在第六章妨碍社会管理秩序罪中设立了专门一节为破坏环境资源保护罪，从第338条至345条，共8条16款。专门设立了重大环境污染事故罪，违反规定排放、倾倒、处置危险废物罪；非法处置和进口固体废物罪；非法捕捞水产品罪；非法捕杀国家重点保护野生动物罪，非法收购、运输、出售国家重点保护野生动物及其制品罪，非法狩猎罪；非法占用耕地罪；非法开采矿产资源罪；非法采伐、毁坏珍贵树木罪；破坏森林资源罪。

(1) 污染环境罪 2013年6月正式实施的最高人民法院、最高人民检察院《关于办理环境污染刑事案件适用法律若干问题的解释》规定以污染环境罪取代原重大环境污染事故罪。

(2) 非法处置和擅自进口固体废物罪 该罪是针对发达国家近年来，为转嫁污染向不具备处置能力的发展中国家出口固体废物而又屡禁不止的状况制定的。

（3）破坏自然资源罪 《中华人民共和国刑法》第 340 条至第 345 条分别规定了破坏水产资源、野生动物、土地、矿产和森林资源的刑事责任。

第四节 环境保护基本法

《中华人民共和国环境保护法》是中国的环境保护基本法。在环境法体系中占有核心地位，它对环境保护的重大问题作出了全面的原则性规定，是构成其他单项环境法的依据。

2014 年，十二届全国人大八次会议通过了《中华人民共和国环境保护法》修订草案，对环保的一些基本制度作出了规定，如从环境规划、环境标准、环境监测、环境影响评价、环境经济政策、总量控制、生态补偿、排污收费、排污许可，特别是根据公众意见，规定了环境公益诉讼，针对违法成本低、守法成本高的问题，设计了按日计罚。

修订草案还增加了环境污染公共监测预警机制，要求各级人民政府在环境受到污染，可能影响到公共健康和环境安全的时候，应当及时公布预警信息。

在监管方面提出更为严厉的手段，比如说查封、扣押，对于不认真履行法律职责的官员，特别是市长、副市长、县长、副县长，可以采取引咎辞职的制度。

一、环境保护基本法的含义

1. 环境保护基本法的概念

环境保护基本法是国家制定的全面调整环境社会关系的法律文件。这个法律文件以对人类环境的合理开发利用、保护改善为立法的目的和法律控制的内容，以规定国家的环境保护职责和管理权限为形式，以全面协调人类与环境的关系为宗旨，对一个国家环境法律秩序的建立、确认和保障发挥基础与核心作用。环境保护基本法通常表现为一个国家的最高环境立法，一般认为：环境保护基本法的颁布，是一个国家环境保护法制化的标志，也是一个国家环境保护或管理水平的标志，它体现着一个国家的社会文明程度和发展的概念。理解环境保护基本法的概念，必须把握如下几点。

（1）环境保护基本法是人类正确认识自然、重新检讨人类传统生活方式，规范人类活动对环境的影响的产物。环境问题早已存在，过去也有不少国家颁行过许多单行法律法规来解决环境问题，但始终未将环境问题的解决与人类的生产方式或发展模式联系起来。直到 1966 年联合国在世界范围内组织人类环境问题的大讨论，才使人们真正认识环境与发展、环境与资源、环境与人口的关系，认识到需要有统一的发展目标和发展战略，需要有统一的法律。1972 年斯德哥尔摩人类环境会议的召开，《人类环境宣言》的出台，使人们对环境问题的认识产生了质的飞跃，只有这一时期才有可能出现环境保护基本法。事实上，1972 年前后也正是世界各国产生环境保护基本法的高峰期，大多数国家的环境保护基本法是在 20 世纪 70 年代出台的。

（2）环境保护基本法的产生是环境社会关系客观上需要有统一的法律调整的结果。人类与环境的关系自人类产生以来便伴随着社会经济的发展，而人类的社会经济活动又无一不与环境紧密联系。但是在相当长时期内，由于人类生产力发展水平的限制，人类活动对于环境的不良影响还不足以对人类自身的发展构成威胁，或人类囿于认识的局限还不足以预见这种威胁，所以法律在人类与环境的关系领域尚未发挥积极的作用，也未进行系统的规范。但人类进入现代社会以后，随着人类社会生产力水平的迅猛提高，人类对环境的影响日益增大，各种新的与环境有关的行为与活动不断出现，而这些行为与活动过程中所产生的社会关系日益复杂并呈现出特殊性，这就在客观上要求出现专门的法律对于这样一类社会关系进行统一调整，确立一致的调整原则和控制内容。因此，环境保护基本法正是在环境问题、环境保护与环境社会关系日益复杂的客观条件下产生的。

(3) 环境保护基本法是确立环境法的基本原则与制度、建立环境法律秩序的重要保障。环境问题产生之初，各国曾试图运用各种传统的法律手段对于这类社会现象进行调整。但是，环境问题的特殊性以及传统法律手段的局限性都使得各种利用传统法治部门或法律措施的内容拓展来覆盖环境保护领域的意图归于失败。根源与自由主义、个人本位或国家本位的传统法律制度无法也无力调整环境社会关系。必须出现真正体现社会利益本位、保障当代人与后代人权利的新的法律制度与原则。而较之于已经经过几百年甚至上千年历史的传统法律部门而言，这一新的法律部门要有贯穿一致的立法宗旨，要有不同于传统法律部门的规范体系和制度体系，更要有一个能够全面反映这些新的法律观念、法律意识、法律制度的法律文件。因此，即使是在美国这样典型的英美法系国家，其环境保护基本法也是以成文法形式并由联邦政府颁布的。

(4) 环境保护基本法的内容是随着人类对环境保护的认识不断提高而向纵深发展的，环境保护基本法作为一个国家环境政策的集中体现，与该国环境问题及环境保护的特点密切相关，也与人类对环境问题的认识直接联系，1992 年，里约热内卢环境与发展大会的召开，《地球宣言》将可持续发展作为全球环境保护的根本目标，继《人类环境宣言》以后又一次使人类对环境问题的认识产生了新的飞跃，环境与发展成为 21 世纪的人类面临的最大的问题。在这一挑战面前，各国纷纷对环境保护基本法进行了检讨，一些过去没有环境保护基本法的国家迅速制定并颁行了环境保护基本法，如亚洲的泰国以及拉丁美洲诸国；一些已经制定有环境保护基本法的国家根据可持续发展的要求进行了修订或重新制定新的基本法，如日本将过去的《公害对策基本法》予以废止，重新制定并颁布了环境保护法，完成了环境保护以公害治理为主到全面保护环境的过渡。1992 年以来，世界各国方兴未艾的颁行环境保护基本法的热潮也说明了这一问题。

2. 环境保护基本法的地位

环境保护基本法的地位是指该法在一国法律体系中所处的位置，具体而言，它应包括两方面的内容：其一是环境保护基本法在某一国家立法体系中与其他法律文件相比较而言所处的位置；其二是环境保护基本法在某国环境法体系中所处的位置。而这两方面又是相互联系的。

《中华人民共和国环境保护法》是一部环境保护基本法，它在中国环境法体系中占有核心地位；同时，在中国法律体系中也应有重要的位置。

首先，《中华人民共和国环境保护法》调整的内容和范围涉及环境保护的整个领域，它全面调整环境社会关系，既规定了国家的环境保护职责，也规定了公民、法人、社会的环境保护权利和义务。它以统一的立法宗旨、立法目标规定了中国环境保护的基本原则和基本法律制度，对环境保护的两大内容——生态环境保护和污染防治均作了系统规定，并确立了中国的环境管理的体制。而这些内容，是其他环境法律法规所不具备也不可能具备的。

其次，《中华人民共和国环境保护法》所规定的基本原则和制度为其他环境保护法律法规的制定提供了法律依据。《中华人民共和国环境保护法》的一个重要特点，就是具有较强的纲领性，这些纲领性的规定是中国环境保护成功经验的总结，将这些成功的经验措施上升到法律的高度，这就意味着将以国家强制力，以法律的权威性来推动这些大政方针和政策措施的实行。这不仅有利于保障中国环境保护事业的长期稳定发展，也能为制定其他单项法律、法规提供依据。《中华人民共和国环境保护法》所确定的保护生态环境和防治污染的各项法律制度，不仅范围广泛，而且都是基本性规范。

再次，《中华人民共和国环境保护法》是全国人大常委会通过的法律，并不影响其基本法的性质，更不能否认其作为基本法的地位与作用。如在中国民法体系中，《中华人民共和国民法通则》与《中华人民共和国经济合同法》《中华人民共和国婚姻法》都是由全国人民代表大会通过的法律，但并不能说明它们都是民事基本法或否认它们之间存在的上下位关系。环境法体系中的各项法律也是如此，也不能因为它们是通过同一立法机关并经同一程序制定的就可以否认其性质、内容和作用上的差别，否认它们之间应有的逻辑联系。因此，对于《中华人民共和国环境保护法》地位的基本认识必须建立在科学求实的基础上，否则，会造成理论与实际的严重背离，引起不必要的混乱。

基于以上认识，可以认为，环境保护法在环境法体系中占有重要的地位，其效力仅次于宪法，一切环境立法都必须遵循宪法和基本法。同时，中国的其他基本法如民法、刑法、行政法等涉及环境保护的规定，也必须与《中华人民共和国环境保护法》相协调。

二、环境保护基本法的结构及其主要内容

1. 环境保护基本法的结构

现行《中华人民共和国环境保护法》经2014年4月24日第十二届全国人民代表大会常务委员会第八次会议通过完成修订，并于2015年1月1日正式实施。共有六章六十九条，内容条款更为规范，法律责任更为具体，且便于操作。经过改进和完善的内容主要有下列方面。

3-1《中华人民共和国环境保护法》

(1) 第一章“总则”第1条将立法的目的改为：“保护和改善环境，防治污染和其他公害，保障公众健康，推进生态文明建设，促进经济社会可持续发展”。第4条明确了“保护环境是国家的基本国策。国家采取有利于节约和循环利用资源、保护和改善环境、促进人与自然和谐的经济、技术政策和措施，使经济社会发展与环境保护相协调”。第5条将环境保护的原则改为：“环境保护坚持保护优先、预防为主、综合治理、公众参与、损害担责的原则”。第6条明确了环境保护的义务和责任：“一切单位和个人都有保护环境的义务。地方各级人民政府应当对本行政区域的环境质量负责。企业事业单位和其他生产经营者应当防止、减少环境污染和生态破坏，对所造成的损害依法承担责任。公民应当增强环境保护意识，采取低碳、节俭的生活方式，自觉履行环境保护义务”。第7条进一步明确了我国支持环境保护的政策：“国家支持环境保护科学技术研究、开发和应用，鼓励环境保护产业发展，促进环境保护信息化建设，提高环境保护科学技术水平。”第10条进一步明确了对环境保护管理体制的规定，理顺了中央和地方、主管部门和分管部门之间的关系，明确了各自在所辖范围内的监督管理职权和职责，体现了统一监督与分工负责相结合的原则。第12条规定了“每年6月5日为环境日”。

（2）第二章“环境监督管理”第13条新增了“县级以上人民政府应当将环境保护工作纳入国民经济和社会发展规划。国务院环境保护主管部门会同有关部门，根据国民经济和社会发展规划编制国家环境保护规划，县级以上地方人民政府环境保护主管部门会同有关部门，根据国家环境保护规划的要求，编制本行政区域的环境保护规划”的要求。第17条对环境监测的管理作了新的规定：“统一规划国家环境质量监测站（点）的设置，建立监测数据共享机制”。第19条提出了对开发利用规划的环境影响评价要求：“编制有关开发利用规划，建设对环境有影响的项目，应当依法进行环境影响评价。未依法进行环境影响评价的开发利用规划，不得组织实施；未依法进行环境影响评价的建设项目，不得开工建设”。第22条提出鼓励企事业单位减少污染物排放的政策：“企业事业单位和其他生产经营者，在污染物排放符合法定要求的基础上，进一步减少污染物排放的，人民政府应当依法采取财政、税收、价格、政府采购等方面的政策和措施予以鼓励和支持”。第25条通过明确“企业事业单位和其他生产经营者违反法律法规规定排放污染物，造成或者可能造成严重污染的，县级以上人民政府环境保护主管部门和其他负有环境保护监督管理职责的部门，可以查封、扣押造成污染物排放的设施、设备”的规定，赋予了环保主管部门一定的执法权。

（3）第三章“保护和改善环境”第29条首次提出了“国家在重点生态功能区、生态环境敏感区和脆弱区等区域划定生态保护红线，实行严格保护”的要求。第31条明确了新的环保制度：“国家建立、健全生态保护补偿制度”。

（4）第四章“防治环境污染和其他公害”第40条首次明确了“国家促进清洁生产和资源循环利用。”的具体要求。第44条明确了“国家实行重点污染物排放总量控制制度。”的要求。第47条明确了环保预警和应急相关规定：“县级以上人民政府应当建立环境污染公共监测预警机制，组织制定预警方案。企业事业单位应当按照国家有关规定制定突发环境事件应急预案”。

（5）第五章“信息公开和公众参与”，这是新设的专章，共6条。第53条强调了“公民、法人和其他组织依法享有获取环境信息、参与和监督环境保护的权利”。第54条明确了“国务院环境保护主管部门统一发布国家环境质量、重点污染源监测信息及其他重大环境信息。省级以上人民政府环境保护主管部门定期发布环境状况公报”等信息公开的具体方式和要求。第55条明确了“重点排污单位应当如实向社会公开其主要污染物的名称、排放方式、排放浓度和总量、超标排放情况，以及防治污染设施的建设和运行情况，接受社会监督”等对重点排污单位信息公开的要求。第56条明确了“对依法应当编制环境影响报告书的建设项目，建设单位应当在编制时向可能受影响的公众说明情况，充分征求意见。负责审批建设项目环境影响评价文件的部门在收到建设项目环境影响报告书后，除涉及国家秘密和商业秘密的事项外，应当全文公开；发现建设项目未充分征求公众意见的，应当责成建设单位征求公众意见”等对建设单位和环保审批主管部门的信息公开要求。第57条明确了“公民、法人和其他组织发现任何单位和个人有污染环境和破坏生态行为的，有权向环境保护主管部门或者其他负有环境保护监督管理职责的部门举报”的权利。第58条明确了对于污染环境、破坏生态，损害社会公共利益的行为，社会组织可以向人民法院提起诉讼的条件。

（6）第六章“法律责任”第59条首次作出了“企业事业单位和其他生产经营者违法排放污染物，受到罚款处罚，被责令改正，拒不改正的，依法作出处罚决定的行政机关可以自责令改正之日的次日起，按照原处罚数额按日连续处罚”的规定。第63条规定了对于企事业单位和其他生产经营者存在的环境违法行为的，尚不构成犯罪的，除依照有关法律法规规定予以处罚外，视情节轻重可对其直接负责的主管人员和其他直接责任人员处以，五日以上十日以下拘留至十日以上十五日以下拘留的处罚，这是环保法中首次出现对环保违法责任人进行拘留的规定，充分体现了国家打击环保违法行为的决心。第68条明确了地方各级人民政府、县级以上人民政府环境保护主管部门和其他负有环境保护监督管理职责的部门存在环保违法行为，对直接负责的主管人员和其他直接责任人员给予记过、记大过、降级处分、撤职或者开除及主要负责人应引咎辞职等处分的情形。

2. 环境保护基本法的主要内容

环境保护基本法作为一个国家为保护改善环境和合理开发利用自然资源而对有关重大问题加以全面综合调整的法律文件，虽然在不同的国家有不同的名称，和不同的具体内容，但各国的环境保护基本法都遵循相同的立法宗旨和环境保护的客观规律，有着相同的立法基础，面临的是共同的环境问题。因此，环境保护基本法在世界各国有着大致相同的内容，可以将其从理论上归纳为如下方面。

（1）明确一国环境保护的对象或环境法的保护对象；

（2）宣布国家在环境保护方面的基本对策和措施；

（3）建立环境管理机构，规定环境管理体制、组织管理措施及其职责权限；

（4）规定公民及其社会团体在环境保护方面的权利与义务；

（5）规定环境保护的基本法律制度；

（6）规定违法者应承担的法律责任；

（7）规定在环境法中使用的民法、行政法、刑法、诉讼法规范。

中国的环境保护基本法也规定了以上内容。

第五节　环境保护的单行法

环境保护单行法是针对特定的生态环境保护对象和特定的污染防治对象而制定的单项法律。这些单行法是由全国人大常委会制定的。它分为两大类：一类为生态环境保护立法，主要包括《中华人民共和国森林法》《中华人民共和国草原法》《中华人民共和国渔业法》《中华人民共和国矿产资源法》《中华人民共和国土地管理法》《中华人民共和国水法》《中华人民共和国野生动物保护法》和《中华人民共和国水土保持法》等八部法律；另一类为污染防治法，主要包括《中华人民共和国水污染防治法》《中华人民共和国大气污染防治法》《中华人民共和国海洋环境保护法》《中华人民共和国环境噪声污染防治法》《中华人民共和国固体废物污染环境防治法》《中华人民共和国放射性污染防治法》等六部法律。

本节环境保护单行法着重讨论除《中华人民共和国海洋环境保护法》和《中华人民共和国放射性污染防治法》以外的污染防治单行法，主要包括《中华人民共和国大气污染防治法》《中华人民共和国水污染防治法》《中华人民共和国环境噪声污染防治法》《中华人民共和国固体废物污染环境防治法》等四部法律。

【案例七】

背景资料一

2021 年 4 月 13 日，大连市生态环境局执法人员对位于庄河市鞍子山乡西北天村的大连迪利食品有限公司进行现场检查，发现该公司产生的废水经污水治理设施处理后排入附近丰利河，经河入海。检测人员在该公司厂外废水总排口处采集水样检测，检测结果显示该公司外排废水中化学需氧量浓度为 69mg/L、氨氮浓度为 9.86mg/L、总磷浓度为 1.22mg/L，分别超过了《辽宁省污水综合排放标准》（DB 21/1627—2008）中规定的排放标准 0.38 倍、0.23 倍和 1.44 倍。

思考

该食品厂的行为违反了我国哪些环境保护法律和制度。

背景资料二

2019 年 5 月 24 日，河北省石家庄市元氏县公安局会同市生态环境局元氏县分局，到元氏县某铝材厂执法检查时发现，该厂酸洗车间在生产过程中，将未经处理的酸性废水，通过一条塑料排水管排往污水站，因该排水管三通损坏，致使本应排往污水站的酸性废水，通过三通直接排放到地下，造成土壤污染。该厂法人代表和生产厂长均被采取刑事强制措施。市生态环境局元氏县分局对检查中发现该厂存在的擅自将熔铸车间火灾后的废弃物倾倒至厂区外、喷砂车间未按环评要求设置排气口废气直排、包装车间三套热收缩包装机无环评审批手续、酸洗车间和氧化车间擅自停用污染处理设施等环境违法行为，共处罚款 63 万元。

思考

生态环境局对该铝材给予行政罚款是否有法律根据？

一、大气污染防治法

1. 大气污染

国际标准化组织（ISO）对大气污染的定义为："大气污染通常是指由于人类活动和自然过程引起某种物质进入大气中，呈现出足够的浓度，达到了足够的时间并因此而危害了人体的舒适、健康和福利或危害了环境的现象。"

大气污染主要发生在离地面约 12km 的范围内，随大气环流和风向的移动而漂移，使大气污染成为一种流动性污染，具有扩散速度快、传播范围广、持续时间长、造成损失大等特点。

2. 大气污染的法律责任

现行《中华人民共和国大气污染防治法》是 2018 年 10 月 26 日第十三届全国人民代表大会常务委员会第六次会议进行第二次修正的版本，其中第七章的第九十八条至一百二十七条，对违反《中华人民共和国大气污染防治法》行为的法律责任作出了详细的规定，其主要内容有：

3-2 《中华人民共和国大气污染防治法》

（1）违反本法规定，以拒绝进入现场等方式拒不接受生态环境主管部门及其环境执法机构或者其他负有大气环境保护监督管理职责的部门的监督检查，或者在接受监督检查时弄虚作假的，由县级以上人民政府生态环境主管部门或者其他负有大气环境保护监督管理职责的部门责令改正，处二万元以上二十万元以下的罚款；构成违反治安管理行为的，由公安机关依法予以处罚。

（2）违反本法规定，有下列行为之一的，由县级以上人民政府生态环境主管部门责令改正或者限制生产、停产整治，并处十万元以上一百万元以下的罚款；情节严重的，报经有批准权的人民政府批准，责令停业、关闭：

① 未依法取得排污许可证排放大气污染物的；

② 超过大气污染物排放标准或者超过重点大气污染物排放总量控制指标排放大气污染物的；

③ 通过逃避监管的方式排放大气污染物的。

（3）违反本法规定，有下列行为之一的，由县级以上人民政府生态环境主管部门责令改正，处二万元以上二十万元以下的罚款；拒不改正的，责令停产整治：

① 侵占、损毁或者擅自移动、改变大气环境质量监测设施或者大气污染物排放自动监测设备的；

② 未按照规定对所排放的工业废气和有毒有害大气污染物进行监测并保存原始监测记录的；

③ 未按照规定安装、使用大气污染物排放自动监测设备或者未按照规定与生态环境主管部门的监控设备联网，并保证监测设备正常运行的；

④ 重点排污单位不公开或者不如实公开自动监测数据的；

⑤ 未按照规定设置大气污染物排放口的。

（4）违反本法规定，生产、进口、销售或者使用国家综合性产业政策目录中禁止的设备和产品，采用国家综合性产业政策目录中禁止的工艺，或者将淘汰的设备和产品转让给他人使用的，由县级以上人民政府经济综合主管部门、海关按照职责责令改正，没收违法所得，并处货值金额一倍以上三倍以下的罚款；拒不改正的，报经有批准权的人民政府批准，责令停业、关闭。进口行为构成走私的，由海关依法予以处罚。

（5）违反本法规定，煤矿未按照规定建设配套煤炭洗选设施的，由县级以上人民政府能源主管部门责令改正，处十万元以上一百万元以下的罚款；拒不改正的，报经有批准权的人民政府批准，责令停业、关闭。

违反本法规定，开采含放射性和砷等有毒有害物质超过规定标准的煤炭的，由县级以上人民政府按照国务院规定的权限责令停业、关闭。

（6）违反本法规定，有下列行为之一的，由县级以上地方人民政府市场监督管理部门责令改正，没收原材料、产品和违法所得，并处货值金额一倍以上三倍以下的罚款：

① 销售不符合质量标准的煤炭、石油焦的；

② 生产、销售挥发性有机物含量不符合质量标准或者要求的原材料和产品的；

③ 生产、销售不符合标准的机动车船和非道路移动机械用燃料、发动机油、氮氧化物还原剂、燃料和润滑油添加剂以及其他添加剂的；

④ 在禁燃区内销售高污染燃料的。

（7）违反本法规定，有下列行为之一的，由海关责令改正，没收原材料、产品和违法所得，并处货值金额一倍以上三倍以下的罚款；构成走私的，由海关依法予以处罚：

① 进口不符合质量标准的煤炭、石油焦的；

② 进口挥发性有机物含量不符合质量标准或者要求的原材料和产品的；

③ 进口不符合标准的机动车船和非道路移动机械用燃料、发动机油、氮氧化物还原剂、燃料和润滑油添加剂以及其他添加剂的。

(8) 违反本法规定，单位燃用不符合质量标准的煤炭、石油焦的，由县级以上人民政府生态环境主管部门责令改正，并处货值金额一倍以上三倍以下的罚款。

(9) 违反本法规定，使用不符合标准或者要求的船舶用燃油的，由海事管理机构、渔业主管部门按照职责处一万元以上十万元以下的罚款。

(10) 违反本法规定，在禁燃区内新建、扩建燃用高污染燃料的设施，或者未按照规定停止燃用高污染燃料，或者在城市集中供热管网覆盖地区新建、扩建分散燃煤供热锅炉，或者未按照规定拆除已建成的不能达标排放的燃煤供热锅炉的，由县级以上地方人民政府生态环境主管部门没收燃用高污染燃料的设施，组织拆除燃煤供热锅炉，并处二万元以上二十万元以下的罚款。

违反本法规定，生产、进口、销售或者使用不符合规定标准或者要求的锅炉，由县级以上人民政府市场监督管理、生态环境主管部门责令改正，没收违法所得，并处二万元以上二十万元以下的罚款。

(11) 违反本法规定，有下列行为之一的，由县级以上人民政府生态环境主管部门责令改正，处二万元以上二十万元以下的罚款；拒不改正的，责令停产整治：

① 产生含挥发性有机物废气的生产和服务活动，未在密闭空间或者设备中进行，未按照规定安装、使用污染防治设施，或者未采取减少废气排放措施的；

② 工业涂装企业未使用低挥发性有机物含量涂料或者未建立、保存台账的；

③ 石油、化工以及其他生产和使用有机溶剂的企业，未采取措施对管道、设备进行日常维护、维修，减少物料泄漏或者对泄漏的物料未及时收集处理的；

④ 储油储气库、加油加气站和油罐车、气罐车等，未按照国家有关规定安装并正常使用油气回收装置的；

⑤ 钢铁、建材、有色金属、石油、化工、制药、矿产开采等企业，未采取集中收集处理、密闭、围挡、遮盖、清扫、洒水等措施，控制、减少粉尘和气态污染物排放的；

⑥ 工业生产、垃圾填埋或者其他活动中产生的可燃性气体未回收利用，不具备回收利用条件未进行防治污染处理，或者可燃性气体回收利用装置不能正常作业，未及时修复或者更新的。

(12) 违反本法规定，生产超过污染物排放标准的机动车、非道路移动机械的，由省级以上人民政府生态环境主管部门责令改正，没收违法所得，并处货值金额一倍以上三倍以下的罚款，没收销毁无法达到污染物排放标准的机动车、非道路移动机械；拒不改正的，责令停产整治，并由国务院机动车生产主管部门责令停止生产该车型。

违反本法规定，机动车、非道路移动机械生产企业对发动机、污染控制装置弄虚作假、以次充好，冒充排放检验合格产品出厂销售的，由省级以上人民政府生态环境主管部门责令停产整治，没收违法所得，并处货值金额一倍以上三倍以下的罚款，没收销毁无法达到污染物排放标准的机动车、非道路移动机械，并由国务院机动车生产主管部门责令停止生产该车型。

(13) 违反本法规定，进口、销售超过污染物排放标准的机动车、非道路移动机械的，由县级以上人民政府市场监督管理部门、海关按照职责没收违法所得，并处货值金额一倍以上三倍以下的罚款，没收销毁无法达到污染物排放标准的机动车、非道路移动机械；进口行为构成走私的，由海关依法予以处罚。

违反本法规定，销售的机动车、非道路移动机械不符合污染物排放标准的，销售者应当负责修理、更换、退货；给购买者造成损失的，销售者应当赔偿损失。

(14) 违反本法规定，机动车生产、进口企业未按照规定向社会公布其生产、进口机动车车型的排放检验信息或者污染控制技术信息的，由省级以上人民政府生态环境主管部门责令改正，处五万元以上五十万元以下的罚款。

违反本法规定，机动车生产、进口企业未按照规定向社会公布其生产、进口机动车车型的有关维修技术信息的，由省级以上人民政府交通运输主管部门责令改正，处五万元以上五十万元以下的罚款。

(15) 违反本法规定，伪造机动车、非道路移动机械排放检验结果或者出具虚假排放检验报告的，由县级以上人民政府生态环境主管部门没收违法所得，并处十万元以上五十万元以下的罚款；情节严重的，由负责资质认定的部门取消其检验资格。

违反本法规定，伪造船舶排放检验结果或者出具虚假排放检验报告的，由海事管理机构依法予以处罚。

违反本法规定，以临时更换机动车污染控制装置等弄虚作假的方式通过机动车排放检验或者破坏机动车车载排放诊断系统的，由县级以上人民政府生态环境主管部门责令改正，对机动车所有人处五千元的罚款；对机动车维修单位处每辆机动车五千元的罚款。

(16) 违反本法规定，机动车驾驶人驾驶排放检验不合格的机动车上道路行驶的，由公安机关交通管理部门依法予以处罚。

(17) 违反本法规定，使用排放不合格的非道路移动机械，或者在用重型柴油车、非道路移动机械未按照规定加装、更换污染控制装置的，由县级以上人民政府生态环境等主管部门按照职责责令改正，处五千元的罚款。

违反本法规定，在禁止使用高排放非道路移动机械的区域使用高排放非道路移动机械的，由城市人民政府生态环境等主管部门依法予以处罚。

(18) 违反本法规定，施工单位有下列行为之一的，由县级以上人民政府住房城乡建设等主管部门按照职责责令改正，处一万元以上十万元以下的罚款；拒不改正的，责令停工整治：

① 施工工地未设置硬质围挡，或者未采取覆盖、分段作业、择时施工、洒水抑尘、冲洗地面和车辆等有效防尘降尘措施的；

② 建筑土方、工程渣土、建筑垃圾未及时清运，或者未采用密闭式防尘网遮盖的。

违反本法规定，建设单位未对暂时不能开工的建设用地的裸露地面进行覆盖，或者未对超过三个月不能开工的建设用地的裸露地面进行绿化、铺装或者遮盖的，由县级以上人民政府住房城乡建设等主管部门依照前款规定予以处罚。

(19) 违反本法规定，运输煤炭、垃圾、渣土、砂石、土方、灰浆等散装、流体物料的车辆，未采取密闭或者其他措施防止物料遗撒的，由县级以上地方人民政府确定的监督管理部门责令改正，处二千元以上二万元以下的罚款；拒不改正的，车辆不得上道路行驶。

(20) 违反本法规定，有下列行为之一的，由县级以上人民政府生态环境等主管部门按照职责责令改正，处一万元以上十万元以下的罚款；拒不改正的，责令停工整治或者停业整治：

① 未密闭煤炭、煤矸石、煤渣、煤灰、水泥、石灰、石膏、砂土等易产生扬尘的物

料的；

② 对不能密闭的易产生扬尘的物料，未设置不低于堆放物高度的严密围挡，或者未采取有效覆盖措施防治扬尘污染的；

③ 装卸物料未采取密闭或者喷淋等方式控制扬尘排放的；

④ 存放煤炭、煤矸石、煤渣、煤灰等物料，未采取防燃措施的；

⑤ 码头、矿山、填埋场和消纳场未采取有效措施防治扬尘污染的；

⑥ 排放有毒有害大气污染物名录中所列有毒有害大气污染物的企业事业单位，未按照规定建设环境风险预警体系或者对排放口和周边环境进行定期监测、排查环境安全隐患并采取有效措施防范环境风险的；

⑦ 向大气排放持久性有机污染物的企业事业单位和其他生产经营者以及废弃物焚烧设施的运营单位，未按照国家有关规定采取有利于减少持久性有机污染物排放的技术方法和工艺，配备净化装置的；

⑧ 未采取措施防止排放恶臭气体的。

（21）违反本法规定，排放油烟的餐饮服务业经营者未安装油烟净化设施、不正常使用油烟净化设施或者未采取其他油烟净化措施，超过排放标准排放油烟的，由县级以上地方人民政府确定的监督管理部门责令改正，处五千元以上五万元以下的罚款；拒不改正的，责令停业整治。

违反本法规定，在居民住宅楼、未配套设立专用烟道的商住综合楼、商住综合楼内与居住层相邻的商业楼层内新建、改建、扩建产生油烟、异味、废气的餐饮服务项目的，由县级以上地方人民政府确定的监督管理部门责令改正；拒不改正的，予以关闭，并处一万元以上十万元以下的罚款。

违反本法规定，在当地人民政府禁止的时段和区域内露天烧烤食品或者为露天烧烤食品提供场地的，由县级以上地方人民政府确定的监督管理部门责令改正，没收烧烤工具和违法所得，并处五百元以上二万元以下的罚款。

（22）违反本法规定，在人口集中地区对树木、花草喷洒剧毒、高毒农药，或者露天焚烧秸秆、落叶等产生烟尘污染的物质的，由县级以上地方人民政府确定的监督管理部门责令改正，并可以处五百元以上二千元以下的罚款。

违反本法规定，在人口集中地区和其他依法需要特殊保护的区域内，焚烧沥青、油毡、橡胶、塑料、皮革、垃圾以及其他产生有毒有害烟尘和恶臭气体的物质的，由县级人民政府确定的监督管理部门责令改正，对单位处一万元以上十万元以下的罚款，对个人处五百元以上二千元以下的罚款。

违反本法规定，在城市人民政府禁止的时段和区域内燃放烟花爆竹的，由县级以上地方人民政府确定的监督管理部门依法予以处罚。

（23）违反本法规定，从事服装干洗和机动车维修等服务活动，未设置异味和废气处理装置等污染防治设施并保持正常使用，影响周边环境的，由县级以上地方人民政府生态环境主管部门责令改正，处二千元以上二万元以下的罚款；拒不改正的，责令停业整治。

（24）违反本法规定，擅自向社会发布重污染天气预报预警信息，构成违反治安管理行为的，由公安机关依法予以处罚。

违反本法规定，拒不执行停止工地土石方作业或者建筑物拆除施工等重污染天气应急措施的，由县级以上地方人民政府确定的监督管理部门处一万元以上十万元以下的罚款。

(25) 违反本法规定，造成大气污染事故的，由县级以上人民政府生态环境主管部门依照本条第二款的规定处以罚款；对直接负责的主管人员和其他直接责任人员可以处上一年度从本企业事业单位取得收入百分之五十以下的罚款。

对造成一般或者较大大气污染事故的，按照污染事故造成直接损失的一倍以上三倍以下计算罚款；对造成重大或者特大大气污染事故的，按照污染事故造成的直接损失的三倍以上五倍以下计算罚款。

(26) 违反本法规定，企业事业单位和其他生产经营者有下列行为之一，受到罚款处罚，被责令改正，拒不改正的，依法作出处罚决定的行政机关可以自责令改正之日的次日起，按照原处罚数额按日连续处罚：

① 未依法取得排污许可证排放大气污染物的；

② 超过大气污染物排放标准或者超过重点大气污染物排放总量控制指标排放大气污染物的；

③ 通过逃避监管的方式排放大气污染物的；

④ 建筑施工或者贮存易产生扬尘的物料未采取有效措施防治扬尘污染的。

(27) 违反本法规定，对举报人以解除、变更劳动合同或者其他方式打击报复的，应当依照有关法律的规定承担责任。

(28) 排放大气污染物造成损害的，应当依法承担侵权责任。

(29) 地方各级人民政府、县级以上人民政府生态环境主管部门和其他负有大气环境保护监督管理职责的部门及其工作人员滥用职权、玩忽职守、徇私舞弊、弄虚作假的，依法给予处分。

(30) 违反本法规定，构成犯罪的，依法追究刑事责任。

二、水污染防治法

1. 水污染

水污染是指水体因人们在其生产和生活活动中将污染物或某种有害能量排入其中，导致其化学、物理、生物或者放射性等方面特性的改变，造成水质恶化，从而影响水的有效利用，危害人体健康或者破坏生态环境的现象。水污染所指的水体，包括陆地上所有的江河、湖泊、沼泽、水库、水渠等地表水和井水、地下河等地下水，以及水中的悬浮物、底泥和水生生物等。

2. 违反水污染防治法的法律责任

现行《中华人民共和国水污染防治法》，由中华人民共和国第十二届全国人民代表大会常务委员会第二十八次会议，于 2017 年 6 月 27 日通过《全国人民代表大会常务委员会关于修改〈中华人民共和国水污染防治法〉的决定》实施修订，自 2018 年 1 月 1 日起施行。其中第八十条至第一百零一条规定了违反本法的有关法律责任，其主要内容如下：

3-3 《中华人民共和国水污染防治法》(2017 年修订版)

(1) 环境保护主管部门或者其他依照本法规定行使监督管理权的部门，不依法作出行政许可或者办理批准文件的，发现违法行为或者接到对违法行为的举报后不予查处的，或者有其他未依照本法规定履行职责的行为的，对直接负责的主管人员和其他直接责任人员依法给予处分。

（2）以拖延、围堵、滞留执法人员等方式拒绝、阻挠环境保护主管部门或者其他依照本法规定行使监督管理权的部门的监督检查，或者在接受监督检查时弄虚作假的，由县级以上人民政府环境保护主管部门或者其他依照本法规定行使监督管理权的部门责令改正，处二万元以上二十万元以下的罚款。

（3）违反本法规定，有下列行为之一的，由县级以上人民政府环境保护主管部门责令限期改正，处二万元以上二十万元以下的罚款；逾期不改正的，责令停产整治：

① 未按照规定对所排放的水污染物自行监测，或者未保存原始监测记录的；

② 未按照规定安装水污染物排放自动监测设备，未按照规定与环境保护主管部门的监控设备联网，或者未保证监测设备正常运行的；

③ 未按照规定对有毒有害水污染物的排污口和周边环境进行监测，或者未公开有毒有害水污染物信息的。

（4）违反本法规定，有下列行为之一的，由县级以上人民政府环境保护主管部门责令改正或者责令限制生产、停产整治，并处十万元以上一百万元以下的罚款；情节严重的，报经有批准权的人民政府批准，责令停业、关闭：

① 未依法取得排污许可证排放水污染物的；

② 超过水污染物排放标准或者超过重点水污染物排放总量控制指标排放水污染物的；

③ 利用渗井、渗坑、裂隙、溶洞，私设暗管，篡改、伪造监测数据，或者不正常运行水污染防治设施等逃避监管的方式排放水污染物的；

④ 未按照规定进行预处理，向污水集中处理设施排放不符合处理工艺要求的工业废水的。

（5）在饮用水水源保护区内设置排污口的，由县级以上地方人民政府责令限期拆除，处十万元以上五十万元以下的罚款；逾期不拆除的，强制拆除，所需费用由违法者承担，处五十万元以上一百万元以下的罚款，并可以责令停产整治。

除前款规定外，违反法律、行政法规和国务院环境保护主管部门的规定设置排污口的，由县级以上地方人民政府环境保护主管部门责令限期拆除，处二万元以上十万元以下的罚款；逾期不拆除的，强制拆除，所需费用由违法者承担，处十万元以上五十万元以下的罚款；情节严重的，可以责令停产整治。

未经水行政主管部门或者流域管理机构同意，在江河、湖泊新建、改建、扩建排污口的，由县级以上人民政府水行政主管部门或者流域管理机构依据职权，依照前款规定采取措施、给予处罚。

（6）有下列行为之一的，由县级以上地方人民政府环境保护主管部门责令停止违法行为，限期采取治理措施，消除污染，处以罚款；逾期不采取治理措施的，环境保护主管部门可以指定有治理能力的单位代为治理，所需费用由违法者承担：

① 向水体排放油类、酸液、碱液的；

② 向水体排放剧毒废液，或者将含有汞、镉、砷、铬、铅、氰化物、黄磷等的可溶性剧毒废渣向水体排放、倾倒或者直接埋入地下的；

③ 在水体清洗装贮过油类、有毒污染物的车辆或者容器的；

④ 向水体排放、倾倒工业废渣、城镇垃圾或者其他废弃物，或者在江河、湖泊、运河、渠道、水库最高水位线以下的滩地、岸坡堆放、存贮固体废弃物或者其他污染物的；

⑤ 向水体排放、倾倒放射性固体废物或者含有高放射性、中放射性物质的废水的；

⑥ 违反国家有关规定或者标准，向水体排放含低放射性物质的废水、热废水或者含病原体的污水的；

⑦ 未采取防渗漏等措施，或者未建设地下水水质监测井进行监测的；

⑧ 加油站等的地下油罐未使用双层罐或者采取建造防渗池等其他有效措施，或者未进行防渗漏监测的；

⑨ 未按照规定采取防护性措施，或者利用无防渗漏措施的沟渠、坑塘等输送或者存贮含有毒污染物的废水、含病原体的污水或者其他废弃物的。

有前款第三项、第四项、第六项、第七项、第八项行为之一的，处二万元以上二十万元以下的罚款。有前款第一项、第二项、第五项、第九项行为之一的，处十万元以上一百万元以下的罚款；情节严重的，报经有批准权的人民政府批准，责令停业、关闭。

(7) 违反本法规定，生产、销售、进口或者使用列入禁止生产、销售、进口、使用的严重污染水环境的设备名录中的设备，或者采用列入禁止采用的严重污染水环境的工艺名录中的工艺的，由县级以上人民政府经济综合宏观调控部门责令改正，处五万元以上二十万元以下的罚款；情节严重的，由县级以上人民政府经济综合宏观调控部门提出意见，报请本级人民政府责令停业、关闭。

(8) 违反本法规定，建设不符合国家产业政策的小型造纸、制革、印染、染料、炼焦、炼硫、炼砷、炼汞、炼油、电镀、农药、石棉、水泥、玻璃、钢铁、火电以及其他严重污染水环境的生产项目的，由所在地的市、县人民政府责令关闭。

(9) 城镇污水集中处理设施的运营单位或者污泥处理处置单位，处理处置后的污泥不符合国家标准，或者对污泥去向等未进行记录的，由城镇排水主管部门责令限期采取治理措施，给予警告；造成严重后果的，处十万元以上二十万元以下的罚款；逾期不采取治理措施的，城镇排水主管部门可以指定有治理能力的单位代为治理，所需费用由违法者承担。

(10) 船舶未配置相应的防污染设备和器材，或者未持有合法有效的防止水域环境污染的证书与文书的，由海事管理机构、渔业主管部门按照职责分工责令限期改正，处二千元以上二万元以下的罚款；逾期不改正的，责令船舶临时停航。

船舶进行涉及污染物排放的作业，未遵守操作规程或者未在相应的记录簿上如实记载的，由海事管理机构、渔业主管部门按照职责分工责令改正，处二千元以上二万元以下的罚款。

(11) 违反本法规定，有下列行为之一的，由海事管理机构、渔业主管部门按照职责分工责令停止违法行为，处一万元以上十万元以下的罚款；造成水污染的，责令限期采取治理措施，消除污染，处二万元以上二十万元以下的罚款；逾期不采取治理措施的，海事管理机构、渔业主管部门按照职责分工可以指定有治理能力的单位代为治理，所需费用由船舶承担：

① 向水体倾倒船舶垃圾或者排放船舶的残油、废油的；

② 未经作业地海事管理机构批准，船舶进行散装液体污染危害性货物的过驳作业的；

③ 船舶及有关作业单位从事有污染风险的作业活动，未按照规定采取污染防治措施的；

④ 以冲滩方式进行船舶拆解的；

⑤ 进入中华人民共和国内河的国际航线船舶，排放不符合规定的船舶压载水的。

（12）有下列行为之一的，由县级以上地方人民政府环境保护主管部门责令停止违法行为，处十万元以上五十万元以下的罚款；并报经有批准权的人民政府批准，责令拆除或者关闭：

① 在饮用水水源一级保护区内新建、改建、扩建与供水设施和保护水源无关的建设项目的；

② 在饮用水水源二级保护区内新建、改建、扩建排放污染物的建设项目的；

③ 在饮用水水源准保护区内新建、扩建对水体污染严重的建设项目，或者改建建设项目增加排污量的。

在饮用水水源一级保护区内从事网箱养殖或者组织进行旅游、垂钓或者其他可能污染饮用水水体的活动的，由县级以上地方人民政府环境保护主管部门责令停止违法行为，处二万元以上十万元以下的罚款。个人在饮用水水源一级保护区内游泳、垂钓或者从事其他可能污染饮用水水体的活动的，由县级以上地方人民政府环境保护主管部门责令停止违法行为，可以处五百元以下的罚款。

（13）饮用水供水单位供水水质不符合国家规定标准的，由所在地市、县级人民政府供水主管部门责令改正，处二万元以上二十万元以下的罚款；情节严重的，报经有批准权的人民政府批准，可以责令停业整顿；对直接负责的主管人员和其他直接责任人员依法给予处分。

（14）第九十三条 企业事业单位有下列行为之一的，由县级以上人民政府环境保护主管部门责令改正；情节严重的，处二万元以上十万元以下的罚款：

① 不按照规定制定水污染事故的应急方案的；

② 水污染事故发生后，未及时启动水污染事故的应急方案，采取有关应急措施的。

（15）企业事业单位违反本法规定，造成水污染事故的，除依法承担赔偿责任外，由县级以上人民政府环境保护主管部门依照本条第二款的规定处以罚款，责令限期采取治理措施，消除污染；未按照要求采取治理措施或者不具备治理能力的，由环境保护主管部门指定有治理能力的单位代为治理，所需费用由违法者承担；对造成重大或者特大水污染事故的，还可以报经有批准权的人民政府批准，责令关闭；对直接负责的主管人员和其他直接责任人员可以处上一年度从本单位取得的收入百分之五十以下的罚款；有《中华人民共和国环境保护法》第六十三条规定的违法排放水污染物等行为之一，尚不构成犯罪的，由公安机关对直接负责的主管人员和其他直接责任人员处十日以上十五日以下的拘留；情节较轻的，处五日以上十日以下的拘留。

对造成一般或者较大水污染事故的，按照水污染事故造成的直接损失的百分之二十计算罚款；对造成重大或者特大水污染事故的，按照水污染事故造成的直接损失的百分之三十计算罚款。

造成渔业污染事故或者渔业船舶造成水污染事故的，由渔业主管部门进行处罚；其他船舶造成水污染事故的，由海事管理机构进行处罚。

（16）企业事业单位和其他生产经营者违法排放水污染物，受到罚款处罚，被责令改正的，依法作出处罚决定的行政机关应当组织复查，发现其继续违法排放水污染物或者拒绝、阻挠复查的，依照《中华人民共和国环境保护法》的规定按日连续处罚。

（17）因水污染受到损害的当事人，有权要求排污方排除危害和赔偿损失。

由于不可抗力造成水污染损害的，排污方不承担赔偿责任；法律另有规定的除外。

水污染损害是由受害人故意造成的，排污方不承担赔偿责任。水污染损害是由受害人重大过失造成的，可以减轻排污方的赔偿责任。

水污染损害是由第三人造成的，排污方承担赔偿责任后，有权向第三人追偿。

（18）因水污染引起的损害赔偿责任和赔偿金额的纠纷，可以根据当事人的请求，由环境保护主管部门或者海事管理机构、渔业主管部门按照职责分工调解处理；调解不成的，当事人可以向人民法院提起诉讼。当事人也可以直接向人民法院提起诉讼。

（19）因水污染引起的损害赔偿诉讼，由排污方就法律规定的免责事由及其行为与损害结果之间不存在因果关系承担举证责任。

（20）因水污染受到损害的当事人人数众多的，可以依法由当事人推选代表人进行共同诉讼。

环境保护主管部门和有关社会团体可以依法支持因水污染受到损害的当事人向人民法院提起诉讼。

国家鼓励法律服务机构和律师为水污染损害诉讼中的受害人提供法律援助。

（21）因水污染引起的损害赔偿责任和赔偿金额的纠纷，当事人可以委托环境监测机构提供监测数据。环境监测机构应当接受委托，如实提供有关监测数据。

（22）违反本法规定，构成犯罪的，依法追究刑事责任。

三、固体废物污染环境防治法

1. 固体废物与固体废物污染

固体废物是指在生产建设、日常生活和其他活动中产生污染环境的固态、半固态废弃物质。

固体废物污染是指因不适当储存、利用、处理和排放固体废物，从而污染环境、损害人体健康或财产安全以及破坏自然生态系统，造成环境质量恶化的现象。

3-4 《中华人民共和国固体废物污染环境防治法》

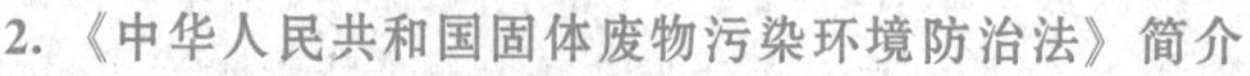

2.《中华人民共和国固体废物污染环境防治法》简介

《中华人民共和国固体废物污染环境防治法》自 1996 年 4 月 1 日起实施，并先后于 2004 年、2013 年、2015 年、2016 年和 2020 年经过了 5 次修订，现行的《中华人民共和国固体废物污染环境防治法》为 2020 年 4 月 29 日第十三届全国人民代表大会常务委员会第十七次会议通过的修订版，共分为九章一百二十六条。

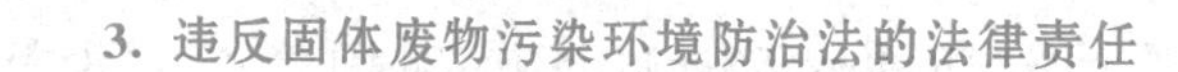

3. 违反固体废物污染环境防治法的法律责任

《中华人民共和国固体废物污染环境防治法》第八章规定了违反该法或者造成固体废物污染危害的法律责任。现将主要内容简述如下：

（1）生态环境主管部门或者其他负有固体废物污染环境防治监督管理职责的部门违反本法规定，有下列行为之一，由本级人民政府或者上级人民政府有关部门责令改正，对直接负责的主管人员和其他直接责任人员依法给予处分：

① 未依法作出行政许可或者办理批准文件的；

② 对违法行为进行包庇的；

③ 未依法查封、扣押的；

④ 发现违法行为或者接到对违法行为的举报后未予查处的；

⑤ 有其他滥用职权、玩忽职守、徇私舞弊等违法行为的。

依照本法规定应当作出行政处罚决定而未作出的，上级主管部门可以直接作出行政处罚决定。

（2）违反本法规定，有下列行为之一，由生态环境主管部门责令改正，处以罚款，没收违法所得；情节严重的，报经有批准权的人民政府批准，可以责令停业或者关闭：

① 产生、收集、贮存、运输、利用、处置固体废物的单位未依法及时公开固体废物污染环境防治信息的；

② 生活垃圾处理单位未按照国家有关规定安装使用监测设备、实时监测污染物的排放情况并公开污染排放数据的；

③ 将列入限期淘汰名录被淘汰的设备转让给他人使用的；

④ 在生态保护红线区域、永久基本农田集中区域和其他需要特别保护的区域内，建设工业固体废物、危险废物集中贮存、利用、处置的设施、场所和生活垃圾填埋场的；

⑤ 转移固体废物出省、自治区、直辖市行政区域贮存、处置未经批准的；

⑥ 转移固体废物出省、自治区、直辖市行政区域利用未报备案的；

⑦ 擅自倾倒、堆放、丢弃、遗撒工业固体废物，或者未采取相应防范措施，造成工业固体废物扬散、流失、渗漏或者其他环境污染的；

⑧ 产生工业固体废物的单位未建立固体废物管理台账并如实记录的；

⑨ 产生工业固体废物的单位违反本法规定委托他人运输、利用、处置工业固体废物的；

⑩ 贮存工业固体废物未采取符合国家环境保护标准的防护措施的；

⑪ 单位和其他生产经营者违反固体废物管理其他要求，污染环境、破坏生态的。

有前款第一项、第八项行为之一，处五万元以上二十万元以下的罚款；有前款第二项、第三项、第四项、第五项、第六项、第九项、第十项、第十一项行为之一，处十万元以上一百万元以下的罚款；有前款第七项行为，处所需处置费用一倍以上三倍以下的罚款，所需处置费用不足十万元的，按十万元计算。对前款第十一项行为的处罚，有关法律、行政法规另有规定的，适用其规定。

（3）违反本法规定，以拖延、围堵、滞留执法人员等方式拒绝、阻挠监督检查，或者在接受监督检查时弄虚作假的，由生态环境主管部门或者其他负有固体废物污染环境防治监督管理职责的部门责令改正，处五万元以上二十万元以下的罚款；对直接负责的主管人员和其他直接责任人员，处二万元以上十万元以下的罚款。

（4）违反本法规定，未依法取得排污许可证产生工业固体废物的，由生态环境主管部门责令改正或者限制生产、停产整治，处十万元以上一百万元以下的罚款；情节严重的，报经有批准权的人民政府批准，责令停业或者关闭。

（5）违反本法规定，生产经营者未遵守限制商品过度包装的强制性标准的，由县级以上地方人民政府市场监督管理部门或者有关部门责令改正；拒不改正的，处二千元以上二万元以下的罚款；情节严重的，处二万元以上十万元以下的罚款。

（6）违反本法规定，未遵守国家有关禁止、限制使用不可降解塑料袋等一次性塑料制品的规定，或者未按照国家有关规定报告塑料袋等一次性塑料制品的使用情况的，由县级以上地方人民政府商务、邮政等主管部门责令改正，处一万元以上十万元以下的罚款。

（7）从事畜禽规模养殖未及时收集、贮存、利用或者处置养殖过程中产生的畜禽粪污等固体废物的，由生态环境主管部门责令改正，可以处十万元以下的罚款；情节严重的，报经有批准权的人民政府批准，责令停业或者关闭。

(8) 违反本法规定，城镇污水处理设施维护运营单位或者污泥处理单位对污泥流向、用途、用量等未进行跟踪、记录，或者处理后的污泥不符合国家有关标准的，由城镇排水主管部门责令改正，给予警告；造成严重后果的，处十万元以上二十万元以下的罚款；拒不改正的，城镇排水主管部门可以指定有治理能力的单位代为治理，所需费用由违法者承担。

违反本法规定，擅自倾倒、堆放、丢弃、遗撒城镇污水处理设施产生的污泥和处理后的污泥的，由城镇排水主管部门责令改正，处二十万元以上二百万元以下的罚款，对直接负责的主管人员和其他直接责任人员处二万元以上十万元以下的罚款；造成严重后果的，处二百万元以上五百万元以下的罚款，对直接负责的主管人员和其他直接责任人员处五万元以上五十万元以下的罚款；拒不改正的，城镇排水主管部门可以指定有治理能力的单位代为治理，所需费用由违法者承担。

(9) 违反本法规定，生产、销售、进口或者使用淘汰的设备，或者采用淘汰的生产工艺的，由县级以上地方人民政府指定的部门责令改正，处十万元以上一百万元以下的罚款，没收违法所得；情节严重的，由县级以上地方人民政府指定的部门提出意见，报经有批准权的人民政府批准，责令停业或者关闭。

(10) 尾矿、煤矸石、废石等矿业固体废物贮存设施停止使用后，未按照国家有关环境保护规定进行封场的，由生态环境主管部门责令改正，处二十万元以上一百万元以下的罚款。

(11) 违反本法规定，有下列行为之一，由县级以上地方人民政府环境卫生主管部门责令改正，处以罚款，没收违法所得：

① 随意倾倒、抛撒、堆放或者焚烧生活垃圾的；

② 擅自关闭、闲置或者拆除生活垃圾处理设施、场所的；

③ 工程施工单位未编制建筑垃圾处理方案报备案，或者未及时清运施工过程中产生的固体废物的；

④ 工程施工单位擅自倾倒、抛撒或者堆放工程施工过程中产生的建筑垃圾，或者未按照规定对施工过程中产生的固体废物进行利用或者处置的；

⑤ 产生、收集厨余垃圾的单位和其他生产经营者未将厨余垃圾交由具备相应资质条件的单位进行无害化处理的；

⑥ 畜禽养殖场、养殖小区利用未经无害化处理的厨余垃圾饲喂畜禽的；

⑦ 在运输过程中沿途丢弃、遗撒生活垃圾的。

单位有前款第一项、第七项行为之一，处五万元以上五十万元以下的罚款；单位有前款第二项、第三项、第四项、第五项、第六项行为之一，处十万元以上一百万元以下的罚款；个人有前款第一项、第五项、第七项行为之一，处一百元以上五百元以下的罚款。

违反本法规定，未在指定的地点分类投放生活垃圾的，由县级以上地方人民政府环境卫生主管部门责令改正；情节严重的，对单位处五万元以上五十万元以下的罚款，对个人依法处以罚款。

(12) 违反本法规定，有下列行为之一，由生态环境主管部门责令改正，处以罚款，没收违法所得；情节严重的，报经有批准权的人民政府批准，可以责令停业或者关闭：

① 未按照规定设置危险废物识别标志的；

② 未按照国家有关规定制定危险废物管理计划或者申报危险废物有关资料的；

③ 擅自倾倒、堆放危险废物的；

④ 将危险废物提供或者委托给无许可证的单位或者其他生产经营者从事经营活动的；

⑤ 未按照国家有关规定填写、运行危险废物转移联单或者未经批准擅自转移危险废物的；

⑥ 未按照国家环境保护标准贮存、利用、处置危险废物或者将危险废物混入非危险废物中贮存的；

⑦ 未经安全性处置，混合收集、贮存、运输、处置具有不相容性质的危险废物的；

⑧ 将危险废物与旅客在同一运输工具上载运的；

⑨ 未经消除污染处理，将收集、贮存、运输、处置危险废物的场所、设施、设备和容器、包装物及其他物品转作他用的；

⑩ 未采取相应防范措施，造成危险废物扬散、流失、渗漏或者其他环境污染的；

⑪ 在运输过程中沿途丢弃、遗撒危险废物的；

⑫ 未制定危险废物意外事故防范措施和应急预案的；

⑬ 未按照国家有关规定建立危险废物管理台账并如实记录的。

有前款第一项、第二项、第五项、第六项、第七项、第八项、第九项、第十二项、第十三项行为之一，处十万元以上一百万元以下的罚款；有前款第三项、第四项、第十项、第十一项行为之一，处所需处置费用三倍以上五倍以下的罚款，所需处置费用不足二十万元的，按二十万元计算。

(13) 违反本法规定，危险废物产生者未按照规定处置其产生的危险废物被责令改正后拒不改正的，由生态环境主管部门组织代为处置，处置费用由危险废物产生者承担；拒不承担代为处置费用的，处代为处置费用一倍以上三倍以下的罚款。

(14) 无许可证从事收集、贮存、利用、处置危险废物经营活动的，由生态环境主管部门责令改正，处一百万元以上五百万元以下的罚款，并报经有批准权的人民政府批准，责令停业或者关闭；对法定代表人、主要负责人、直接负责的主管人员和其他责任人员，处十万元以上一百万元以下的罚款。

未按照许可证规定从事收集、贮存、利用、处置危险废物经营活动的，由生态环境主管部门责令改正，限制生产、停产整治，处五十万元以上二百万元以下的罚款；对法定代表人、主要负责人、直接负责的主管人员和其他责任人员，处五万元以上五十万元以下的罚款；情节严重的，报经有批准权的人民政府批准，责令停业或者关闭，还可以由发证机关吊销许可证。

(15) 违反本法规定，将中华人民共和国境外的固体废物输入境内的，由海关责令退运该固体废物，处五十万元以上五百万元以下的罚款。

承运人对前款规定的固体废物的退运、处置，与进口者承担连带责任。

(16) 违反本法规定，经中华人民共和国过境转移危险废物的，由海关责令退运该危险废物，处五十万元以上五百万元以下的罚款。

(17) 对已经非法入境的固体废物，由省级以上人民政府生态环境主管部门依法向海关提出处理意见，海关应当依照本法第一百一十五条的规定作出处罚决定；已经造成环境污染的，由省级以上人民政府生态环境主管部门责令进口者消除污染。

(18) 违反本法规定，造成固体废物污染环境事故的，除依法承担赔偿责任外，由生态环境主管部门依照本条第二款的规定处以罚款，责令限期采取治理措施；造成重大或者特大固体废物污染环境事故的，还可以报经有批准权的人民政府批准，责令关闭。

造成一般或者较大固体废物污染环境事故的，按照事故造成的直接经济损失的一倍以上三倍以下计算罚款；造成重大或者特大固体废物污染环境事故的，按照事故造成的直接经济损失的三倍以上五倍以下计算罚款，并对法定代表人、主要负责人、直接负责的主管人员和其他责任人员处上一年度从本单位取得的收入百分之五十以下的罚款。

（19）单位和其他生产经营者违反本法规定排放固体废物，受到罚款处罚，被责令改正的，依法作出处罚决定的行政机关应当组织复查，发现其继续实施该违法行为的，依照《中华人民共和国环境保护法》的规定按日连续处罚。

（20）违反本法规定，有下列行为之一，尚不构成犯罪的，由公安机关对法定代表人、主要负责人、直接负责的主管人员和其他责任人员处十日以上十五日以下的拘留；情节较轻的，处五日以上十日以下的拘留：

① 擅自倾倒、堆放、丢弃、遗撒固体废物，造成严重后果的；

② 在生态保护红线区域、永久基本农田集中区域和其他需要特别保护的区域内，建设工业固体废物、危险废物集中贮存、利用、处置的设施、场所和生活垃圾填埋场的；

③ 将危险废物提供或者委托给无许可证的单位或者其他生产经营者堆放、利用、处置的；

④ 无许可证或者未按照许可证规定从事收集、贮存、利用、处置危险废物经营活动的；

⑤ 未经批准擅自转移危险废物的；

⑥ 未采取防范措施，造成危险废物扬散、流失、渗漏或者其他严重后果的。

（21）固体废物污染环境、破坏生态，损害国家利益、社会公共利益的，有关机关和组织可以依照《中华人民共和国环境保护法》《中华人民共和国民事诉讼法》《中华人民共和国行政诉讼法》等法律的规定向人民法院提起诉讼。

（22）固体废物污染环境、破坏生态给国家造成重大损失的，由设区的市级以上地方人民政府或者其指定的部门、机构组织与造成环境污染和生态破坏的单位和其他生产经营者进行磋商，要求其承担损害赔偿责任；磋商未达成一致的，可以向人民法院提起诉讼。

对于执法过程中查获的无法确定责任人或者无法退运的固体废物，由所在地县级以上地方人民政府组织处理。

（23）违反本法规定，构成违反治安管理行为的，由公安机关依法给予治安管理处罚；构成犯罪的，依法追究刑事责任；造成人身、财产损害的，依法承担民事责任。

四、环境噪声污染防治法

1. 环境噪声污染

环境噪声是指在工业生产、建筑施工、交通运输和社会生活中所产生的干扰周围生活环境的声音。

环境噪声污染是指所产生的环境噪声超过国家规定的环境噪声排放标准，并干扰他人正常生活、工作和学习的现象。

3-5 《中华人民共和国环境噪声污染防治法》

2. 环境噪声污染的法律责任

现行《中华人民共和国环境噪声污染防治法》于 2018 年 12 月 29 日由第十三届全国人民代表大会常务委员会第七次会议通过进行了修改。对环境噪声污染的法律责任作出了明确的规定，现将主要内容简述如下：

（1）违反本法第十四条的规定，建设项目中需要配套建设的环境噪声污染防治设施没有建成或者没有达到国家规定的要求，擅自投入生产或者使用的，由县级以上生态环境主管部门责令限期改正，并对单位和个人处以罚款；造成重大环境污染或者生态破坏的，责令停止生产或者使用，或者报经有批准权的人民政府批准，责令关闭。

（2）违反本法规定，拒报或者谎报规定的环境噪声排放申报事项的，县级以上地方人民政府生态环境主管部门可以根据不同情节，给予警告或者处以罚款。

（3）违反本法第十五条的规定，未经生态环境主管部门批准，擅自拆除或者闲置环境噪声污染防治设施，致使环境噪声排放超过规定标准的，由县级以上地方人民政府生态环境主管部门责令改正，并处罚款。

（4）违反本法第十六条的规定，不按照国家规定缴纳超标准排污费的，县级以上地方人民政府生态环境主管部门可以根据不同情节，给予警告或者处以罚款。

（5）违反本法第十七条的规定，对经限期治理逾期未完成治理任务的企业事业单位，除依照国家规定加收超标准排污费外，可以根据所造成的危害后果处以罚款，或者责令停业、搬迁、关闭。

前款规定的罚款由生态环境主管部门决定。责令停业、搬迁、关闭由县级以上人民政府按照国务院规定的权限决定。

（6）违反本法第十八条的规定，生产、销售、进口禁止生产、销售、进口的设备的，由县级以上人民政府经济综合主管部门责令改正；情节严重的，由县级以上人民政府经济综合主管部门提出意见，报请同级人民政府按照国务院规定的权限责令停业、关闭。

（7）违反本法第十九条的规定，未经当地公安机关批准，进行产生偶发性强烈噪声活动的，由公安机关根据不同情节给予警告或者处以罚款。

（8）排放环境噪声的单位违反本法第二十一条的规定，拒绝生态环境主管部门或者其他依照本法规定行使环境噪声监督管理权的部门、机构现场检查或者在被检查时弄虚作假的，生态环境主管部门或者其他依照本法规定行使环境噪声监督管理权的监督管理部门、机构可以根据不同情节，给予警告或者处以罚款。

（9）建筑施工单位违反本法第三十条第一款的规定，在城市市区噪声敏感建筑的集中区域内，夜间进行禁止进行的产生环境噪声污染的建筑施工作业的，由工程所在地县级以上地方人民政府生态环境主管部门责令改正，可以并处罚款。

（10）违反本法第三十四条的规定，机动车辆不按照规定使用声响装置的，由当地公安机关根据不同情节给予警告或者处以罚款。

机动船舶有前款违法行为的，由港务监督机构根据不同情节给予警告或者处以罚款。

铁路机车有第一款违法行为的，由铁路主管部门对有关责任人员给予行政处分。

（11）违反本法规定，有下列行为之一的，由公安机关给予警告，可以并处罚款：

① 在城市市区噪声敏感建筑物集中区域内使用高音广播喇叭；

② 违反当地公安机关的规定，在城市市区街道、广场、公园等公共场所组织娱乐、集会等活动，使用音响器材，产生干扰周围生活环境的过大音量的；

③ 未按本法第四十六条和第四十七条规定采取措施，从家庭室内发出严重干扰周围居民生活的环境噪声的。

（12）违反本法第四十三条第二款、第四十四条第二款的规定，造成环境噪声污染的，由县级以上地方人民政府生态环境主管部门责令改正，可以并处罚款。

(13) 违反本法第四十四条第一款的规定，造成环境噪声污染的，由公安机关责令改正，可以并处罚款。

省级以上人民政府依法决定由县级以上地方人民政府生态环境主管部门行使前款规定的行政处罚权的，从其决定。

(14) 受到环境噪声污染危害的单位和个人，有权要求加害人排除危害；造成损失的，依法赔偿损失。

赔偿责任和赔偿金额的纠纷，可以根据当事人的请求，由生态环境主管部门或者其他环境噪声污染防治工作的监督管理部门、机构调解处理；调解不成的，当事人可以向人民法院起诉。当事人也可以直接向人民法院起诉。

(15) 环境噪声污染防治监督管理人员滥用职权、玩忽职守、徇私舞弊的，由其所在单位或者上级主管机关给予行政处分；构成犯罪的，依法追究刑事责任。

五、环境影响评价法

1. 环境影响评价法

3-6 《中华人民共和国环境影响评价法》

现行《中华人民共和国环境影响评价法》于 2018 年 12 月 29 日第十三届全国人民代表大会常务委员会第七次会议第二次修正。

本法所称环境影响评价，是指对规划和建设项目实施后可能造成的环境影响进行分析、预测和评估，提出预防或者减轻不良环境影响的对策和措施，进行跟踪监测的方法与制度。

(1) 制定环境影响评价法的目的　为了实施可持续发展战略，预防因规划和建设项目实施后对环境造成不良影响，促进经济、社会和环境的协调发展，制定本法。

(2) 对施行环境影响评价法的要求

① 本法适用于在中华人民共和国领域和中华人民共和国管辖的其他海域内建设对环境有影响的项目，应当依照本法进行环境影响评价。

② 环境影响评价必须客观、公开、公正，综合考虑规划或者建设项目实施后对各种环境因素及其所构成的生态系统可能造成的影响，为决策提供科学依据。

③ 国家鼓励有关单位、专家和公众以适当方式参与环境影响评价。

④ 国家加强环境影响评价的基础数据库和评价指标体系建设，鼓励和支持对环境影响评价的方法、技术规范进行科学研究，建立必要的环境影响评价信息共享制度，提高环境影响评价的科学性。

国务院环境保护行政主管部门应当会同国务院有关部门，组织建立和完善环境影响评价的基础数据库和评价指标体系。

2. 违反环境影响评价法的法律责任

(1) 规划编制机关违反本法规定，未组织环境影响评价，或者组织环境影响评价时弄虚作假或者有失职行为，造成环境影响评价严重失实的，对直接负责的主管人员和其他直接责任人员，由上级机关或者监察机关依法给予行政处分。

(2) 规划审批机关对依法应当编写有关环境影响的篇章或者说明而未编写的规划草案，依法应当附送环境影响报告书而未附送的专项规划草案，违法予以批准的，对直接负责的主管人员和其他直接责任人员，由上级机关或者监察机关依法给予行政处分。

(3) 建设单位未依法报批建设项目环境影响报告书、报告表，或者未依照本法第二十四条的规定重新报批或者报请重新审核环境影响报告书、报告表，擅自开工建设的，由县级以上生态环境主管部门责令停止建设，根据违法情节和危害后果，处建设项目总投资额百分之一以上百分之五以下的罚款，并可以责令恢复原状；对建设单位直接负责的主管人员和其他直接责任人员，依法给予行政处分。

建设项目环境影响报告书、报告表未经批准或者未经原审批部门重新审核同意，建设单位擅自开工建设的，依照前款的规定处罚、处分。

建设单位未依法备案建设项目环境影响登记表的，由县级以上生态环境主管部门责令备案，处五万元以下的罚款。

海洋工程建设项目的建设单位有本条所列违法行为的，依照《中华人民共和国海洋环境保护法》的规定处罚。

（4）建设项目环境影响报告书、环境影响报告表存在基础资料明显不实，内容存在重大缺陷、遗漏或者虚假，环境影响评价结论不正确或者不合理等严重质量问题的，由设区的市级以上人民政府生态环境主管部门对建设单位处五十万元以上二百万元以下的罚款，并对建设单位的法定代表人、主要负责人、直接负责的主管人员和其他直接责任人员，处五万元以上二十万元以下的罚款。

接受委托编制建设项目环境影响报告书、环境影响报告表的技术单位违反国家有关环境影响评价标准和技术规范等规定，致使其编制的建设项目环境影响报告书、环境影响报告表存在基础资料明显不实，内容存在重大缺陷、遗漏或者虚假，环境影响评价结论不正确或者不合理等严重质量问题的，由设区的市级以上人民政府生态环境主管部门对技术单位处所收费用三倍以上五倍以下的罚款；情节严重的，禁止从事环境影响报告书、环境影响报告表编制工作；有违法所得的，没收违法所得。

编制单位有本条第一款、第二款规定的违法行为的，编制主持人和主要编制人员五年内禁止从事环境影响报告书、环境影响报告表编制工作；构成犯罪的，依法追究刑事责任，并终身禁止从事环境影响报告书、环境影响报告表编制工作。

（5）负责审核、审批、备案建设项目环境影响评价文件的部门在审批、备案中收取费用的，由其上级机关或者监察机关责令退还；情节严重的，对直接负责的主管人员和其他直接责任人员依法给予行政处分。

（6）生态环境主管部门或者其他部门的工作人员徇私舞弊，滥用职权，玩忽职守，违法批准建设项目环境影响评价文件的，依法给予行政处分；构成犯罪的，依法追究刑事责任。

思考题

1. 中华人民共和国环境保护法的定义、特点和目的分别是什么？其主要含义分别是什么？

2. 环境保护法效力体系由哪些部分构成？各个部分有哪些主要内容？

3. 环境保护法的基本原则有哪些？它们的共同特征是什么？

4. 协调发展原则的贯彻途径有哪些？如何贯彻预防为主原则？如何贯彻环境责任原则？

5. 环境法律制度的特征有哪些？环境标准的作用有哪些？

6. 什么是环境行政责任？环境行政责任有哪些特征？

7. 什么是环境污染损害的民事赔偿责任？环境污染损害的民事赔偿责任的特征有哪些？环境污染损害的民事赔偿责任的承担方式有几种？

8. 什么叫破坏环境犯罪的刑事责任？破坏环境犯罪刑事责任有哪些特征？

9. 什么是环境保护基本法？你认为中国的环境保护基本法的地位如何？

10. 中国的环境保护基本法的主要内容有哪些？

11. 中国大气污染立法现状如何？中国在大气污染防治中采取了哪些措施？

12. 什么是水污染？水污染的法律责任有哪些？

讨 论 题

1. 阅读第四章阅读材料执法相关案例中案例1和案例2。

要求：收集世界上与呼伦贝尔草原同纬度地区的生态状况和《中华人民共和国环境保护法》《中华人民共和国水土保持法实施条件》《中华人民共和国野生植物保护条例》《中华人民共和国自然保护区条例》有关法律中涉及草原资源的内容。探讨呼伦贝尔市当地政府违规批准在草原保护区实施项目建设对草原生态环境有什么危害？对照山东省新泰市实施的山水林田湖草生态保护修复工程实例，呼伦贝尔草原应如何在保护生态环境的前提下进行合理利用？在分析基础上，若遇到类似毁草或毁林开垦的情况，提出自己的处理意见。

目标：通过讨论，认识环境立法的重要性和必要性及环境保护与经济建设的关系问题，领会《中华人民共和国环境保护法》的深刻内涵。

2. 阅读第四章阅读材料执法相关案例中案例4。

要求：收集《中华人民共和国水污染防治法》《中华人民共和国水生野生动物保护法实施条例》等法律中涉及水环境的相关的资料。讨论“上海苏州河生态系统得到恢复，结束了27年鱼虾绝迹的历史，河里发现了45种鱼”说明上海市在治理苏州河水质方面有哪些重要进展。探讨我们身边城市、集镇进一步治理水环境的方案及措施。

目标：通过讨论，认识人们环保意识的提高和采取的相关措施是否得当，与生态系统的恢复的关系。

第四章　环境管理制度

学习指南

环境管理制度是环境保护的重要内容。通过本章的学习，理解环境管理的八项制度的含义、特征、适用范围及法律责任，掌握环境纠纷的解决方式。

第一节　环境管理制度概述

自1979年以来，经过40多年的努力，我国环境管理制度日益丰富和完善，并在环境监督管理中发挥了十分重要的作用。目前比较成熟的环境管理制度有环境影响评价制度、“三同时”制度、排污收费制度、排污许可制度、环境保护目标责任制、城市环境综合整治定量考核制度、限期治理制度、排污申报登记制度、环境标准制度、环境监测制度、环境污染与破坏事故报告制度、现场检查制度、强制应急措施制度等。目前正在建立和发展环境管理制度有环境保护许可证制度、污染物排放总量控制制度、环境标志制度、落后工艺设备限制期淘汰制度等。

党的十九届四中全会将生态环境保护制度列入坚持和完善中国特色社会主义制度、推进国家治理体系和治理能力现代化的重要内容。这标志着党的十八大以来初步完成的生态文明建设的制度设计正在内化为国家治理体系的重要组成部分。

一、概述

1. 老三项制度的作用

环境管理八项制度中的老三项制度是指：环境影响评价、“三同时”和排污收费制度。这些制度对中国20世纪70年代初以来，预防和控制污染，加强环境管理和环保队伍的自身建设等起到了十分重要的作用。这些作用主要表现如下。

（1）环境影响评价制度的作用　一是体现了预防为主的环境保护战略方针；二是基本保证了新建项目的合理选址、布局；三是对建设项目提出了超前的防治污染要求；四是强化了对建设项目的环境管理；五是促进了中国环境科学、监测技术的发展。

（2）“三同时”制度的作用　一是体现了预防为主的环境保护战略方针；二是通过将环境保护纳入基本建设程序，建设项目主体工程与污染防治设施同时设计、同时施工、同时投产，实现了经济与环保的协调发展；三是取得了较好的实效，对控制环境污染的发展起到了明显的作用。

（3）排污收费制度的作用　一是提高了企业的环境意识，促进了企业加强环境管理；二是开辟了一条可靠的污染治理资金渠道；三是促进了环境保护事业自身建设的发展，保证了环保事业稳定的资金渠道。

2. 新五项制度的作用

（1）新五项制度是社会实践的产物　中国的环境问题既有历史的原因，又有不断发展的经济建设带来的新问题，要解决这些新老问题，靠大量的资金投入和先进的工艺技术显然是不符合中国的基本国情的。随着改革开放的不断深入，新的环境问题不断出现，中国的环境管理显然不能停留在过去的水平上，要上新台阶，这就需要有具体的制度和措施，新五项制度正是在这种背景下应运而生的，新五项制度是指：环境保护目标责任制，城市环境综合整治定量考核，排污许可证制度，污染集中控制和限期治理制度。

（2）新五项制度适应了中国的国情　中国环境问题的产生、发展和解决，既有国际间相似的共性，又有本国的特殊性。环境问题总是与经济和社会问题相互依存、相互制约的。

（3）推行五项制度，是强化环境管理的客观要求　环境管理涉及国民经济各个部门，牵扯社会各个方面，是一个复杂的管理系统，必须有综合的对策，多种的手段，不断完善和强化的管理方法和配套的制度来保证。从这种意义上来说，新的五项制度的推行和确立，是强化环境管理的客观要求和新发展。

（4）推行五项制度，是环保部门自身建设的重大改革　五项管理制度的共性是都要求制度本身的细化和管理上的深化。如何细化和深化，如何推行这些制度，这一连串的责任和需要采取的措施都责无旁贷地落在了各级政府环保部门的身上。从这个意义上讲，推行五项制度不只是为了约束管理对象，也是环保部门自身建设的重大改革。

（5）推行五项制度标志着中国的环境管理已跨入实行定量和优化管理的新阶段　多年来，中国在环境管理上，一直处于点源治理和定性管理的水平上，污染集中控制、城市环境综合整治定量考核和污染限期治理、排污许可证，都是由点源防治向区域的综合整治迈出了重要的一步，都包含了丰富的由定性管理向定量管理转变的内容和具体指标。这种变化是中国环境管理的一大飞跃，标志着中国的环境管理开始步入规范化和优化管理的新阶段。

3. 其他五项制度的形成

老三项和新五项制度颁布实施后，我国环境管理迈上了一个新的台阶。但是，随着我国环境保护事业的发展，环境监管的力度不断加强，在实际工作中又建立了污染事故报告制度、现场检查制度、排污申报制度、环境信访制度和环境保护举报制度五项新制度。

二、环境管理制度体系

自20世纪70年代初以来，经过大胆的探索和实践，中国已经形成了以新、老八项制度为核心的环境管理制度体系，这个体系（如图4-1）的有效运行，是使环境管理上新台阶的条件和保证。

从图4-1中可以看出八项制度之间存在的几种十分重要的关系。

1. 层次关系

从总体上看，现阶段我国环境管理制度体系构成了四个层次的金字塔形。

塔顶层：由目标责任制构成。这是制度体系的最高层，是各项管理制度的“龙头”。一方面，它是实施其他各项制度的保证；另一方面，其他制度的实施又为目标责任制创造了条件。

塔身层：又可分为上、下两层，分别有综合整治与定量考核、集中控制制度与分散控制措施（未确立为制度）组成。这是因为这两项制度和一项措施体现了环境质量保护与改善的客观规律，必须从综合战略、集中战略与策略（该分散的要分散，以有效地利用环境容量）角度采取强有力的制度措施才能解决。

塔底层：分别由限期治理制度、环境影响评价、“三同时”制度、排污许可证制度及排污收费制度五项环境管理制度组成，体现了污染源的系统控制关系，控制新、老污染源两条技术走路，并作为综合、集中、分散控制的管理手段。基础不配套、不完善，也不可能建起塔身和塔顶，也组建不起来中国环境管理制度体系，所以必须切实打好基础 。

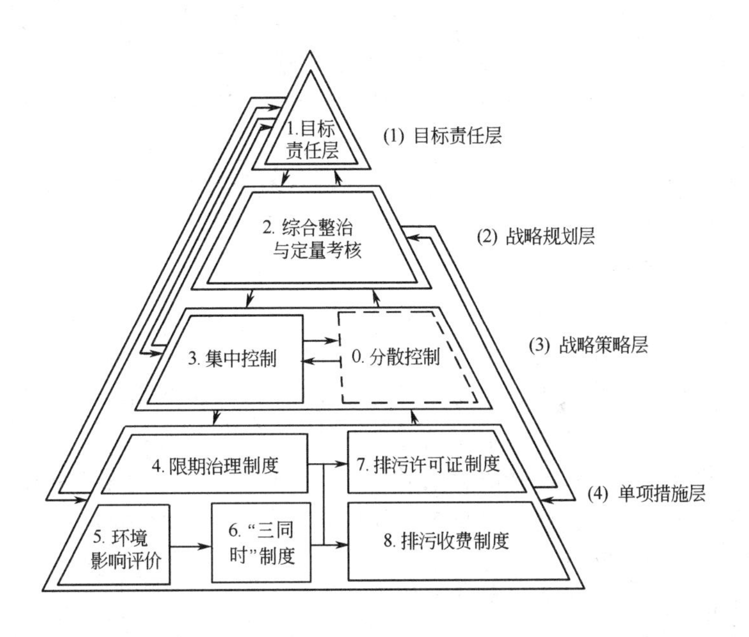

图 4-1　环境管理制度体系

2. 包含关系

从上述层次关系，可看出包含关系，如集中控制制度与分散控制措施中就包含了环境影响评价制度、“三同时”制度、限期治理制度、排污许可证制度及排污收费制度；而综合整治制度中包含了集中控制制度及分散控制措施。反过来说，下面层次的制度和措施，是上面层次的配套制度措施。

3. 系统关系

从基础层中的五项制度来看，是分别对新、老污染源的系统控制技术路线的，体现了系统控制的思想。环境影响评价是超前控制；“三同时”是生产前控制；限期治理则是对老污染源的控制；排污许可证是生产后控制制度并与环境容量相结合的总量控制制度；排污收费也是生产后控制制度并与浓度标准相结合。

4. 网络关系

综合分析八项制度和一项措施组成的四个层次之间还存在正向联系与反馈联系的网络关系，这种网络关系显示出中国环境管理制度体系的运行机制，这是各级政府、各级环保部门的负责人应该十分清楚地理解与统筹规划、巧妙运用的规律。

三、中国环境管理制度的发展趋势

1. 协调好“四种情况”

由于历史背景的差异，如“三同时”是 20 世纪 70 年代初确定的制度，而其他大部分制度都是 20 世纪 80 年代以后建立的，在推行制度的过程中必然会出现新、老制度间的一些矛盾、交叉与衔接问题，需要加以研究解决。其中应主要协调好“四种情况”。

（1）协调法规上的不协调情况　出现这种情况应本着子法服从母法、小法服从大法、平级之间老的服从新的原则。

（2）协调标准上的不协调情况　一般来说，浓度标准应服从总量标准，低标准应服从高标准，行业标准应服从地区标准，但环境问题复杂，情况千差万别，以上只能是原则，还必须切合实际。

（3）协调技术经济上的不协调情况　即使合法又达标，但不符合技术经济，可行合理也是不妥的，还必须坚持技术可行、经济合理的原则。

（4）协调经济、社会、环境三效益不协调情况　当环境效益跟不上经济、社会效益时，环境政策与制度就需要强化；当经济、社会效益不如环境效益时，在一定程度和范围内应采取适当的让步政策与策略。

2. 完善制度体系的运行机制

（1）进一步发掘和调动环保工作的动力。除了继续深入发掘和调动行政负责人的动力外，还应进一步发掘和依靠人大、政协、人民团体等机构的权威作用和巨大的推动力；深入发掘和解放广大人民群众直接参与监督的巨大潜能。

（2）进一步探索已建立的各项制度的科学内涵、运行规律、机制和程序，使之科学化、规范化。

（3）进一步完善制度之间的协调配合，保证新老各项制度的顺利运行。

3. 完善制度体系的配套基础工作

需要完善的配套基础工作有以下几项。

（1）完善与制度体系推行有关的法规、技术、政策、标准、规范、规程、指南、手册、教材等的建设。

（2）有计划、多层次、全方位地进行环保系统岗位培训，提高人员素质，实现合格上岗。

（3）加强科学决策、管理、支持系统的建设，加强建立健全环境决策信息库、数据库、模型库、方法库、专家库及咨询网络。

（4）建立全国环境监测网络，提高监测人员的素质和业务水平。

综上所述，环境管理是环境保护工作的中心环节，而环境管理制度的建立与实施能提高人们特别是领导者对环境保护工作的认识，是控制新的污染产生和治理老污染源的有效措施。

第二节　环境管理八项制度（上）

中国在多年的环境管理实践中，根据国情先后总结了八项环境管理制度。在环境管理工作中推行这些制度起到了有效控制环境污染、阻止破坏生态环境的作用。同时这八项制度也成为环境保护部门依法行使环境管理职能的主要方法和手段。

环境管理的八项制度分别是：环境影响评价制度，“三同时”制度，排污收费制度，环境保护目标责任制，城市环境综合整治定量考核制度，排污许可证制度，污染集中控制制度，限期治理制度。

环境管理的八项制度中的环境影响评价制度、“三同时”制度、排污收费制度三项制度，常称为老三项制度。本节主要讨论老三项制度。

一、环境影响评价制度

环境影响评价，又叫环境质量预断评价，是指在一定区域内进行开发建设活动，事先对拟建项目可能对周围环境造成的影响进行调查、预测和评定，并提出防治对策和措施，为项目决策提供科学依据。环境影响评价具有预测性、客观性、综合性、法定性等基本特点。

1. 环境影响评价制度的意义

环境影响评价制度是环境影响评价在法律上的表现。中国现行的相关法规主要有：1998 年 11 月颁布实施了《建设项目环境保护管理条例》，为了加强对建设项目环境影响评价工作的管理，提高环境影响评价工作质量，1999 年 3 月根据《建设项目环境保护管理条例》第十三条的规定颁布实施《建设项目环境影响评价资格证书管理办法》。2005 年 7 月 21 日又通过《建设项目环境影响评价资格证书管理办法》修订，自 2006 年 1 月 1 日起施行。2017 年 8 月，公布《国务院关于修改〈建设项目环境保护管理条例〉的决定》（以下简称《决定》），自 2017 年 10 月 1 日起施行。《决定》增加规定："环保设施验收作假最高罚两百万元"。

实行环境影响评价制度有如下三点重要的意义。一是可以把经济建设与环境保护协调起来。二是可以真正把各种建设开发活动的经济效益和环境效益统一起来，把经济发展和环境保护协调起来。三是体现了公众参与原则。

2. 环境影响评价的形式

根据建设项目所作环境影响评价深度的不同，立法上把环境影响评价分为两种形式，一是环境影响报告书，二是环境影响报告表。

（1）环境影响报告书　环境影响报告书是由开发建设单位依法向保护行政主管部门提交的关于开发建设项目环境影响预断评价的书面文件。环境影响报告书的适用对象是大中型基本建设项目和限额以上技术改造项目，县级或县级以上环境保护部门认为对环境有较大影响的小型基本建设项目和限额以下技术改造项目。报告书的编制目的是：在项目的可行性研究阶段就对项目可能对环境造成的近期和远期影响、拟采取的防治措施进行评价，论证和选择技术上可行，经济、布局上合理，对环境的有害影响较小的最佳方案，为领导部门决策提供科学依据。环境影响报告书的内容主要包括总论、建设项目概况、建设项目周围地区的环境状况调查、建设项目对周围地区和环境近期及远期影响的分析和预测、环境监测制度建议、环境影响经济损益简要分析、结论、存在的问题与建议八个方面。环境影响报告书的编制单位必须是受建设单位委托的持有环境影响评价证书的单位。建设单位只有委托持有评价证书的单位编写环境影响报告书，其环境影响评价才是有效的。

（2）环境影响报告表　环境影响报告表是由建设单位向环境保护行政主管部门填报的关于建设项目概况及其环境影响的表格。环境影响报告表的适用对象是小型建设项目和限额以下技术改造项目，以及经省环境保护行政主管部门确认为对环境影响较小的大中型基本建设项目和限额以上技术改造项目；填报该表的目的是为了弄清建设项目的基本情况及其环境影响情况，以便有针对性地采取环境保护措施。报告表的主要内容包括：项目名称，建设性质、地点、依据、占地面积、投资规模，主要产品产量，主要原材料用量，有毒原料用量，给排水情况，年能耗情况，生产工艺流程或资源开发、利用方式简要说明；污染源及治理情况分析，包括产生污染的工艺装置或设备名称，产生的污染物名称、总量、出口浓度，治理措施、回收利用方案或其他处置措施和处理效果；建设过程中和项目建成后对环境影响的分析及需要说明的问题。环境影响报告表的填写单位也必须是受建设单位委托的持有环境影响评价证书的单位。

3. 环境影响评价和审批的程序

首先，由建设单位负责或主管部门采取招标的方式签订合同委托评价单位进行调查和评价工作。其次，评价单位通过调查和评价，编制《环境影响报告书（表）》。评价工作要在项目的可行性研究阶段完成和报批。铁路、交通等建设项目经主管环保部门同意后，可以在初步设计完成前报批。再次，建设项目的主管部门负责对建设项目的环境影响报告书（表）

进行预审。最后，报告书经由有审批权的环保部门审查批准后，提交设计和施工。

有下列情形的报国家生态环境部审批：①跨省、自治区、直辖市界区的项目；②特殊性质的建设项目，如核设施、绝密工程；③国务院审批的或国务院授权有关部门审批的建设项目。

对环境问题有争议的项目，其报告书（表）提交上一级环保部门审批。

凡是从事对环境有不利影响的开发建设活动的单位，都必须执行环境影响评价制度。违反这一制度的规定，就要承担相应的法律后果。对未经批准的环境影响报告书（表）建设项目，计划部门不办理设计任务书的审批手续，土地管理部门不办理征地手续，银行不预贷款。

未经批准擅自施工的，除责令停止施工、补办审批手续外，对建设单位及其有关单位负责人处以罚款。

二、“三同时”制度

“三同时”制度，是指一切新建、改建和扩建的基本建设项目（包括小型建设项目）、技术改造项目、自然开发项目，以及可能对环境造成影响的其他工程项目，其中防治污染和其他公害的设施和其他环境保护设施，必须与主体工程同时设计、同时施工、同时投产。一般简称之为“三同时”制度。它是中国出台最早的一项环境管理制度，是中国环境管理的基本制度之一，也是中国所独创的一项环境法律制度。同时也是控制新污染源的产生，实现预防为主原则的一条重要途径。

“三同时”的规定最早出现于1973年经国务院批准的《关于保护和改善环境的若干规定（试行）》中。后来，在1979年的《中华人民共和国环境保护法（试行）》中作出了进一步规定。2015年1月1日开始施行的新《中华人民共和国环境保护法》第41条规定：“建设项目中防治污染的设施，应当与主体工程同时设计、同时施工、同时投产使用。防治污染的设施应当符合经批准的环境影响评价文件的要求，不得擅自拆除或者闲置。”此后国家颁布实施的一系列其他环境法律、法规也都重申了“三同时”的规定，从而以法律的形式确立了这项环境管理的基本制度。

1. “三同时”制度的适用范围

“三同时”制度可适用于以下几个方面的开发建设项目。

（1）新建、扩建、改建项目　新建项目，是指原来没有任何基础，而从无到有，开始建设的项目。扩建项目，是指为扩大产品生产能力或提高经济效益，在原有建设的基础上而又建设的项目。改建项目，是指在原有设施的基础上，为了改变生产工艺、产品种类或者为了提高产品产量、质量，在不扩大原有建设规模的情况下而建设的项目。

（2）技术改造项目　它是指利用更新改造资金进行挖潜、革新、改造的建设项目。

（3）一切可能对环境造成污染和破坏的工程建设项目　这方面的项目包括的范围特别广，几乎不分建设项目的大小、类别，也不管是新建、扩建或改建，只要可能对环境造成污染和破坏，就要执行“三同时”。

（4）确有经济效益的综合利用项目　1985年国家经委《关于开展资源综合利用若干问题的暂行规定》中规定：“对于确有经济效益的综合利用项目，应当同治理环境污染一样，与主体工程同时设计、同时施工、同时投产。”这是对原有“三同时”规定的一大发展。

4-1 《建设项目环境保护管理条例》

2. 违反“三同时”制度的法律后果

建设单位必须严格按照“三同时”制度的要求，在建设活动的各个阶段，履行相应的环境保护义务。如果违反了“三同时”制度的要求，就要承担相应的法律后果。

2017年7月16日修订实施的《建设项目环境保护管理条例》中具体规定了违反“三同时”规定的下列法律责任：需要配套建设的环境保护设施未建成、未经验收或者验收不合格，建设项目即投入生产或者使用，或者在环境保护设施验收中弄虚作假的，由县级以上环境保护行政主管部门责令限期改正，处二十万元以上一百万元以下的罚款；逾期不改正的，处一百万元以上二百万元以下的罚款；对直接负责的主管人员和其他责任人员，处5万元以上20万元以下的罚款；造成重大环境污染或者生态破坏的，责令停止生产或者使用，或者报经有批准权的人民政府批准，责令关闭。

三、排污收费制度

【案例八】

背景

碳排放权交易市场的建立和发展是我国应对气候变化能力建设的重要部分。交易市场的建立是以地区和企业碳排放的统计、检测和核算体系为基础。2011年10月，国家发展改革委印发了《关于开展碳排放权交易试点工作的通知》，批准北京、上海、天津、重庆、湖北、广东和深圳等七省市开展碳交易试点工作。2012年9月11日，广州碳排放权交易所在广州联合交易园区正式揭牌，当日，中国首例碳排放权配额交易在广州碳排放交易所完成。中国的全国性碳排放权交易市场正在逐步完善中。在制度体系方面，生态环境部起草完善了《碳排放权交易管理暂行条例》，广泛征求了企业、地方政府、行业部门的意见。

2021年6月，生态环境部发布了《中国应对气候变化的政策与行动2020年度报告》，这是中国连续第12年发布这项报告，该报告全面反映了2019年以来中国在应对气候变化领域的政策行动和工作情况，展示了中国积极应对气候变化的成效。截至2019年底，中国单位国内生产总值（GDP）二氧化碳排放（以下简称碳排放强度）较2005年降低约47.9%，非化石能源占能源消费总量比重达15.3%，提前完成我国对外承诺的到2020年目标，扭转了二氧化碳排放快速增长的局面。2019年以来，中国政府在调整产业结构、节能提高能效、优化能源结构、控制非能源活动温室气体排放、增加碳汇、加强温室气体与大气污染物协同控制、推动低碳试点和地方行动等方面采取一系列措施，取得显著成效。2019年中国碳排放强度同比降低3.9%，相比2015年降低了17.9%。

4-2《中国应对气候变化的政策与行动2020年度报告》

相关知识

应对气候变化的核心是减缓人为活动的温室气体排放，其中主要是化石能源消费的二氧化碳排放。为发展低碳经济，降低碳排放量，世界主要国家也都在建立相应的制度保障和政策激励机制。市场机制是促进温室气体减排、降低社会减排成本的重要手段。自《京都议定书》以来，世界各种类型的排污权交易市场空前活跃，排污权交易成为重要的环境经济政策。

排污权交易的一般做法是：政府机构评估出一定区域内满足环境容量的污染物最大排放量，并将其分成若干排放份额，每个份额为一份排污权。政府在排污权一级市场上，采取招标、拍卖等方式将排污权有偿出让给排污者，排污者购买到排污权后，可在二级市场上进行排污权买入或卖出。

碳排放权交易市场的价格信号，将企业二氧化碳排放的社会成本内部化，有利于激励企业进行技术创新，发展低碳技术，并将引导企业投资行为和项目选择，有利于促进低碳产业的发展。

思考

1. 实施排污权交易政策对控制污染物排放的利弊分析。
2. 实施排污权交易政策后政府在其中应起到什么作用。

排污收费制度是世界各国通行的做法。排污收费制度又叫征收排污费制度，是对于向环境排放污染或超过国家排放标准排放污染物的排污者，按照污染物的种类、数量和浓度，根据规定征收一定的费用。这项制度是运用经济手段有效地促进污染治理和新技术的发展，使污染者承担一定污染防治费用的法律制度。它既是环境管理中的一种经济手段，又是“污染者负担原则”的具体执行方式之一，也是环境经济学中“外部性成本内在化”的具体应用。

中国老的排污收费制度是1982年国务院发布的《征收排污费暂行办法》和1988年国务院发布的《污染源治理专项资金有偿使用暂行办法》。

中国最早的排污收费制度是1982年国务院发布的《征收排污费暂行办法》和1988年国务院发布的《污染源治理专项资金有偿使用暂行办法》。2003年国务院颁布实施了排污收费制度《排污费征收使用管理条例》。2016年12月25日第十二届全国人民代表大会常务委员会第二十五次会议通过了我国首部“绿色税法”《中华人民共和国环境保护税法》（以下简称环境保护税法）。为了保证《中华人民共和国环境保护税法》的顺利实施，2017年12月30日由国务院总理李克强签署国务院令公布的《中华人民共和国环境保护税法实施条例》（以下简称《条例》），自2018年1月1日起与《环境保护税法》同步施行，《排污费征收使用管理条例》同时废止。

4-3 《中华人民共和国环境保护税法》

针对大气污染物、水污染物、固体废物和噪声四类污染物，过去由环保部门征收排污费，现在改为由税务部门征收环保税。环保税确立了多排多征、少排少征、不排不征和高危多征、低危少征的正向减排激励机制，有利于引导企业加大节能减排力度。制定环境保护税法，是落实党的十八届三中全会、四中全会提出的“推动环境保护费改税”“用严格的法律制度保护生态环境”要求的重大举措，对于保护和改善环境、减少污染物排放、推进生态文明建设具有重要的意义。

对比《中华人民共和国环境保护税法》和《排污费征收管理条例》，两者在缴纳主体、污染物范围、污染物种类、排污量确定和税额计算等问题上，两个法案的文本虽有不同，但并无实质性差异，更多地呈现为技术性调整，只是行政管理职能部门发生了变化。因此，实际上《中华人民共和国环境保护税法》可以视为《排污费征收管理条例》的延续，或者说是排污收费制度的另一种实施形式。

4-4 《中华人民共和国环境保护税法实施条例》

1. 征收环境保护税（排污费）的对象

在中华人民共和国领域和中华人民共和国管辖的其他海域，直接向环境排放应税污染物的企业事业单位和其他生产经营者为环境保护税的纳税人，应当依照《中华人民共和国环境保护税法》规定缴纳环境保护税。本法所称应税污染物，是指本法所附《环境保护税税目税额表》《应税污染物和当量值表》规定的大气污染物、水污染物、固体废物和噪声。

有下列情形之一的，不属于直接向环境排放污染物，不缴纳相应污染物的环境保护税：

① 企业事业单位和其他生产经营者向依法设立的污水集中处理、生活垃圾集中处理场所排放应税污染物的；

② 企业事业单位和其他生产经营者在符合国家和地方环境保护标准的设施、场所贮存或者处置固体废物的。

达到省级人民政府确定的规模标准并且有污染物排放口的畜禽养殖场，应当依法缴纳环境保护税；依法对畜禽养殖废弃物进行综合利用和无害化处理的，不属于直接向环境排放污染物，不缴纳环境保护税。

2. 征收环境保护税（排污费）的范围和标准

排污者应当按照下列规定缴纳环境保护税：

(1) 依法设立的城乡污水集中处理、生活垃圾集中处理场所超过国家和地方规定的排放标准向环境排放应税污染物的，应当缴纳环境保护税。

(2) 企业事业单位和其他生产经营者贮存或者处置固体废物不符合国家和地方环境保护标准的，应当缴纳环境保护税。

(3) 环境保护税的税目、税额，依照《中华人民共和国环境保护税法》所附《环境保护税税目税额表》执行。应税大气污染物和水污染物的具体适用税额的确定和调整，由省、自治区、直辖市人民政府统筹考虑本地区环境承载能力、污染物排放现状和经济社会生态发展目标要求，在本法所附《环境保护税税目税额表》规定的税额幅度内提出，报同级人民代表大会常务委员会决定，并报全国人民代表大会常务委员会和国务院备案。

(4) 对超标、超总量排放污染物的，加倍征收环保税。对依照环境保护税法规定征收环保税的，不再征收排污费。

(5) 纳税人有下列情形之一的，以其当期应税固体废物的产生量作为固体废物的排放量：

① 非法倾倒应税固体废物；

② 进行虚假纳税申报。

(6) 纳税人有下列情形之一的，以其当期应税大气污染物、水污染物的产生量作为污染物的排放量：

① 未依法安装使用污染物自动监测设备或者未将污染物自动监测设备与环境保护主管部门的监控设备联网；

② 损毁或者擅自移动、改变污染物自动监测设备；

③ 篡改、伪造污染物监测数据；

④ 通过暗管、渗井、渗坑、灌注或者稀释排放以及不正常运行防治污染设施等方式违法排放应税污染物；

⑤ 进行虚假纳税申报。

(7) 从两个以上排放口排放应税污染物的，对每一排放口排放的应税污染物分别计算征收环境保护税；纳税人持有排污许可证的，其污染物排放口按照排污许可证载明的污染物排放口确定。

(8) 环境保护税应纳税额按照下列方法计算：

① 应税大气污染物的应纳税额为污染当量数乘以具体适用税额；

② 应税水污染物的应纳税额为污染当量数乘以具体适用税额；

③ 应税固体废物的应纳税额为固体废物排放量乘以具体适用税额；

④ 应税噪声的应纳税额为超过国家规定标准的分贝数对应的具体适用税额。

3. 环境保护税（排污费）的减免条件

(1) 下列情形，暂予免征环境保护税：

① 农业生产（不包括规模化养殖）排放应税污染物的；

② 机动车、铁路机车、非道路移动机械、船舶和航空器等流动污染源排放应税污染物的；

③ 依法设立的城乡污水集中处理、生活垃圾集中处理场所排放相应应税污染物，不超过国家和地方规定的排放标准的；

④ 纳税人综合利用的固体废物，符合国家和地方环境保护标准的；

⑤ 国务院批准免税的其他情形。此项免税的规定由国务院报全国人民代表大会常务委员会备案

(2) 纳税人排放应税大气污染物或者水污染物的浓度值低于国家和地方规定的污染物排放标准百分之三十的，减按百分之七十五征收环境保护税。纳税人排放应税大气污染物或者水污染物的浓度值低于国家和地方规定的污染物排放标准百分之五十的，减按百分之五十征收环境保护税。

4. 环境保护税（排污费）的征收管理

(1) 环境保护税由税务机关依照《中华人民共和国税收征收管理法》和本法的有关规定征收管理。生态环境主管部门依照本法和有关环境保护法律法规的规定负责对污染物的监测管理。县级以上地方人民政府应当建立税务机关、生态环境主管部门和其他相关单位分工协作工作机制，加强环境保护税征收管理，保障税款及时足额入库。

(2) 生态环境主管部门和税务机关应当建立涉税信息共享平台和工作配合机制。生态环境主管部门应当将排污单位的排污许可、污染物排放数据、环境违法和受行政处罚情况等环境保护相关信息，定期交送税务机关。税务机关应当将纳税人的纳税申报、税款入库、减免税额、欠缴税款以及风险疑点等环境保护税涉税信息，定期交送生态环境主管部门。

(3) 纳税义务发生时间为纳税人排放应税污染物的当日。

(4) 纳税人应当向应税污染物排放地的税务机关申报缴纳环境保护税。

(5) 环境保护税按月计算，按季申报缴纳。不能按固定期限计算缴纳的，可以按次申报缴纳。

(6) 纳税人申报缴纳时，应当向税务机关报送所排放应税污染物的种类、数量，大气污染物、水污染物的浓度值，以及税务机关根据实际需要要求纳税人报送的其他纳税资料。

(7) 纳税人按季申报缴纳的，应当自季度终了之日起十五日内，向税务机关办理纳税申报并缴纳税款。纳税人按次申报缴纳的，应当自纳税义务发生之日起十五日内，向税务机关办理纳税申报并缴纳税款。纳税人应当依法如实办理纳税申报，对申报的真实性和完整性承担责任。

(8) 税务机关应当将纳税人的纳税申报数据资料与生态环境主管部门交送的相关数据资料进行比对。税务机关发现纳税人的纳税申报数据资料异常或者纳税人未按照规定期限办理

纳税申报的，可以提请生态环境主管部门进行复核，生态环境主管部门应当自收到税务机关的数据资料之日起十五日内向税务机关出具复核意见。税务机关应当按照生态环境主管部门复核的数据资料调整纳税人的应纳税额。

(9) 依照本法第十条第四项的规定核定计算污染物排放量的，由税务机关会同生态环境主管部门核定污染物排放种类、数量和应纳税额。

(10) 纳税人从事海洋工程向中华人民共和国管辖海域排放应税大气污染物、水污染物或者固体废物，申报缴纳环境保护税的具体办法，由国务院税务主管部门会同国务院生态环境主管部门规定。

(11) 纳税人和税务机关、生态环境主管部门及其工作人员违反本法规定的，依照《中华人民共和国税收征收管理法》《中华人民共和国环境保护法》和有关法律法规的规定追究法律责任。

(12) 各级人民政府应当鼓励纳税人加大环境保护建设投入，对纳税人用于污染物自动监测设备的投资予以资金和政策支持。

四、老三项制度的局限性

老三项制度虽然还在自我完善中，但已比较成熟和配套。这三项制度的建立为有效地治理一些危害大、扰民严重的污染源，控制新建项目可能带来的环境损害，推动企业开展环境管理和治理工作，形成了一套行政监督管理机制，建立了以污染源为控制对象，以单项治理为主体，以控制污染源排放浓度和防止污染事故为目标的直接行政控制体系。实践证明，这三项制度已发挥出了巨大的作用，被称为“中国环境管理三大法宝”。事物总是在不断发展的。这三项制度毕竟是在环境保护开创不久产生和确立的，在进一步实践中，深深感到这老三项制度还远远不能解决日益发展的环境污染和破坏问题。从健全中国环境管理制度体系来看，老三项制度还存在着如下局限性。

一是强调了预防新污染源，而强调控制老污染源不够；

二是强调了浓度标准，而强调控制流失总量不够；

三是强调了单项、点源、分散控制，而强调综合、区域、集中控制不够；

四是强调了定性管理，而强调定量管理不够；

五是强调了全国一个标准，而强调因排污及环境实际情况制宜不够；

六是强调了环境保护部门的积极性，而强调各个部门的积极性不够，尤其是强调各级政府首长的环境保护职责不够。

第三节　环境管理八项制度（下）

环境管理八项制度中的环境保护目标责任制、城市环境综合整治定量考核制度、排污许可证制度、污染集中控制制度、限期治理制度五项制度，一般称为新五项制度。本节主要讨论新五项制度。

一、环境保护目标责任制

1. 环境保护目标责任制的概念

环境保护目标责任制就是规定各级政府的行政首长对当地的环境质量负责，企业的领导人对本单位的污染防治负责，规定他们的任务目标，列为政绩进行考核的一项环境管理制度。

环境保护目标责任制经过不断充实和完善，逐步形成了下列特点。

（1）有明确的时间和空间界限，一般以一届政府的任期为时间界限，以行政单位所辖地域为空间界限；

（2）有明确的环境质量目标、定量要求和可分解的质量目标；

（3）有明确的年度工作指标；

（4）有配套的措施、支持保证系统和考核奖惩办法；

（5）有定量化的监测和控制手段。

这些特点归结起来，说明这项制度具有明显的可操作性，便于发挥功能，能够起到改善环境质量的重大作用。

2. 实施目标责任制的功能

实施环境保护目标责任制的具体作用是：它加强了各级政府和单位对环境保护的重视和领导，使环境保护真正纳入各级政府的议事日程，把环境保护纳入国民经济和社会发展计划，疏通了环保资金渠道；有利于协调环保部门和政府各部门共同抓好环保工作；有利于把环保工作从过去的软任务变成硬指标，把过去单项分散治理变成区域综合防治。首先，它明确了保护环境的主要责任者、责任目标和责任范围，解决了“谁对环境质量负责”这一首要问题。其次，责任制的容量很大，各地可以根据本地区的实际情况，确定责任制的指标体系和考核办法，既可以有质量指标，也可以有为达到质量所要完成的工作指标；既可以将老三项制度的执行纳入责任制，也可以将其他四项新制度的实施包容进来。

3. 实施目标责任制的程序

实施环境保护目标责任制，是一项复杂的系统工程，涉及面广，政策性和技术性强，任务十分繁重。其工作程序大致要经过 4 个阶段，即责任书的制定、责任书的下达、责任书的实施、责任书的考核。

4. 责任书的制定

目标责任书的制定原则，主要是确定地方行政首长和企业法人对本地区、本企业环境质量应负的责任，本着积极稳妥的原则，确定具体的责任目标。这个目标既要有一定的难度，又要科学合理，实事求是，要根据国家要求和本地区、本行业的实际情况，抓住重点，兼顾一般。

责任书的指标体系，一般分为两部分：一是本届政府的环境目标；二是分年度的工作目标。

二、城市环境综合整治定量考核制度

1. 城市环境综合整治定量考核的目的和意义

城市环境综合整治定量考核制度是一项主要的环境管理制度，1996 年《国务院关于环境保护若干问题的决定》中明确：“地方各级人民政府对本辖区环境质量负责，实行环境质量行政领导负责制”。省、自治区、直辖市人民政府负责对本辖区的城市环境综合整治工作进行定期考核，公布结果，直辖市、省会城市和重点风景旅游城市的环境综合整治定量考核结果，由国家环境保护总局核定后公布。城市环境综合整治定量考核的结果作为各城市政府进行城市发展决策，制定环境保护规划的重要依据，对不断改善城市的投资环境，促进城市的可持续发展，具有重要的意义。这项制度的实施，对于不断深化城市环境综合整治，健全和完善城市环境综合整治的管理体制，调动各部门参与城市环境保护的积极性，提高广大群众的环境意识也都具有重要作用。

2. 考核的对象和范围

根据市长应对城市的环境质量负责这一原则，城市环境综合整治定量考核的主要对象是

城市政府。因此，考核的范围和内容都是把城市作为一个总体来考虑的。

考核分为两级。

（1）国家级考核。是国家直接对部分城市政府在开展城市环境综合整治方面的工作情况进行的考核。

（2）省（自治区、直辖市）级考核。各省、自治区、直辖市考核的城市由省、自治区、直辖市人民政府自行确定。

3. 考核的内容和指标体系

随着城市环境综合整治工作的不断深入，考核指标先后进行了四次较大的调整。考核指标的设置主要反映了城市环境保护工作的重点内容。城市环境综合整治定量考核制度在“十二五”期间，具体包括环境质量、污染控制、环境建设和环境管理四方面内容，对城市环境进行综合考核，分值的多少，不仅代表城市考核成绩，而且标志着城市环境保护的综合实力。

定量考核的内容包括城市环境质量（44 分）、污染控制（30 分）、环境建设（20 分）、环境管理（6 分）四个方面，共 16 项指标，总计 100 分。

其中，考核城市环境质量的指标有 5 项，包括：API 指数≤100 的天数占全年天数比例、集中式饮用水源地水质达标率、城市水环境功能区水质达标率、区域环境噪声平均值、交通干线噪声平均值。

考核城市污染控制能力的指标有 6 项，包括：清洁能源使用率、机动车环保定期检测率、工业固体废物处置利用率、危险废物处置利用率、重点工业企业排放稳定达标率、万元工业增加值主要污染物排放强度。

考核城市环境建设的指标有 3 项，包括：城市生活污水集中处理率、生活垃圾无害化处理率、建成区绿化覆盖率。

考核城市环境管理的指标有 2 项，包括：环境保护机构建设和公众对城市环境保护的满意率。

三、排污许可证制度

排污许可证制度以改善环境质量为目标，以污染物总量控制为基础，规定排污单位许可排放什么污染物，许可污染物排放量，许可污染物排放趋向等，是一项具有法律含义的行政管理制度。

1. 排污许可证制度的基本特点

4-5 《排污许可管理办法（试行）》

（1）申请的普遍性与强制性　传统的许可证通常是愿者申请，并有强烈的职业行业限制。而排污许可证则不分行业与职业，均需强制某些甚至是全部排污单位对排污行为程度进行申请，并规定时限。有些排污单位必须同时对排污行为进行申请。否则污染物排放总量控制政策将无法贯彻执行。

（2）排污许可证制度的可操作性　实施排污许可证制度最基础也是最重要的工作就是制定出合理的、可行的污染源排污限值。在制定过程中要充分考虑多方面的因素，如技术上的可行性、经济上的合理性、方法上的科学性、政策上的配套性、监督管理上的可操作性和环境质量要求的强制性等。

（3）行为程度许可的阶段性　许可证通常是对行为权利的阶段性许可或长期许可，相对人只要在履行义务中没有过错，并没有放弃权利的表示，则其权利享受就不会中断。排污许可证注重于排污行为程度的许可。随着环境保护工作的深入，环境质量目标要求的提高，对排污行为程度的限制也越来越严重。

（4）“排污许可证”限制对污染物排放行为程度　由于单位的排污活动至少是目前企业

经济生产活动中不可缺少的一种行为活动，不论是否“许可”均会有污染物排放，并不因为没有许可证而不排污。因此排污许可证并不注重排污行为的许可，而是注重于对排污行为程度的许可，这是它与其他许可证制度的根本区别。

（5）许可证制度具有经济属性　由于排污许可证规定了排污者在一定时间内和允许的范围内最大允许排污量，代表了对资源使用的合理分配，因而使它具有了经济价值，可以在一定条件下进入市场进行交易，也就是像其他商品一样进行买卖。

（6）排污许可证制度以污染物排放总量限制为前提　排污许可证制度中的一系列行为过程都是围绕总量控制进行的，它的行为规范是以限制排放总量为前提，它的任务是为实现总量控制目标服务。

（7）排污许可证管理以行为程度为核心　排污单位申请排污许可证不仅是对排污权利的申请，更关键的是对排污行为程度即污染物排放量的申请，这与其他许可证制度有区别。因此，排污许可证的管理主要是对行为程度的承认、限制或予以制裁。

（8）容量总量控制和目标总量控制并举　中国的排污许可证制度，是以总量控制为基础的，而总量控制则是以实现水环境质量标准的区域智力投资最小为决策目标。它有两类约束条件，即以水质目标为约束条件和以排污总量为约束条件。

（9）突出重点区域、重点污染源和重点污染物　中国的排污许可证制度不是一项普遍实行的制度，而是有选择地在重点区域对重点污染源的重点污染物实施的特殊管理制度，这也是有别于其他许可证制度的特点之一。

（10）环境目标和污染源削减的统一　中国的排污许可证制度的最重要的特点之一，就是通过排污许可证制度的实施，将环境目标（或水质目标）和污染源的削减联系起来了。

2. 排污许可证制度推行的作用

（1）促进了“三同时”；

（2）增强总量控制观念；

（3）深化环境管理工作；

（4）促进环境保护部门自身管理素质的全面提高；

（5）促使老污染源的改造，实现污染负荷的消减。

总之，排污许可证制度已经渗透到环境管理的各个方面，使环境管理从定性管理走向定量管理的轨道。只要结合实际，积极探索实践，加强组织领导，采取相应配套管理措施坚持下去，不断总结完善，一定能取得更大的成效，促使环境管理工作走上新台阶。

3. 排污许可证制度对管理的要求

总量控制和许可证制度是较高层次的环境管理方法和制度，要实施这一制度，必然要求较高的环境管理措施和技术。首先要认识许可证制度是一项管理制度，在管理的具体工作中要直接应用有关的技术，使技术直接为管理服务。因此，许可证制度不是专门的科研工作。管理向科学靠近，科研、技术向管理靠近，这两方面的结合，是环境保护管理工作发展的趋势。

（1）实施总量控制和许可证制度要以科研为基础；

（2）管理人员要求做到技术业务素质和行政管理素质方面双提高；

（3）制定相应的配套政策；

（4）建立相应的管理机构；

（5）具有地方的管理规定；

（6）具有先进的技术措施；

（7）需要更完善的监测力量。

四、污染集中控制制度

1. 污染集中控制制度的概念

污染集中控制是创造一定的条件，形成一定的规模，实行集中生产或处理以使分散污染源得到集中控制的一项环境管理制度。

治理污染的根本目的不是追求单个污染源的处理率和达标率，而应当是谋求整个环境质量的改善，同时讲求经济效益，以尽可能小的投入获取尽可能大的效益。

集中处理要以分散治理为基础。各单位分散防治若达不到要求，集中处理便难以正常运行，只有集中与分散相结合，合理分担，使各单位的分散防治经济合理，才能把环境效益和经济效益统一起来。

污染集中处理的资金，仍然按照“谁污染谁治理”的原则，主要由排污单位和受益单位以及城市建设费用解决。

对一些危害严重、不易集中治理的污染源，以及一些大型企业或远离城镇的企业，仍应进行分散的点源治理。

2. 废水污染的集中控制

对废水污染的集中控制，目前由四种主要形式。

(1) 以大企业为骨干，实行企业联合集中处理。

(2) 同等类型工厂互相联合对废水进行集中控制。

(3) 对特殊污染物污染的废水实行集中控制。

(4) 工厂对废水进行预处理以后送到城市综合污水处理场进行进一步处理。

3. 废气污染的集中控制

废气污染的集中控制是从城市生态系统整体出发，合理规划，科学地调整产业结构和布局特别注重改善能源利用形式。

(1) 城市民用燃料向气体化方向发展。随着我国人民生活水平的提高和环境保护的需要，加快我国城市燃气化的速度，调整城市燃料构成，改善城市大气环境质量，成为一项十分迫切的任务。

(2) 回收企业放空的可燃性气体，集中起来供居民使用。对于工矿企业以往放空的可燃气体（高炉煤气、氨气、矿井瓦斯等）进行合理回收利用，既能保护环境又能节约能源。

(3) 实行集中供热取代分散供热。我国有冬季供暖需求的城市均已采用了集中供热设施。集中供热的综合效益主要表现在：节约能源、改善大气环境质量、提高供热质量、节省占地面积、缓和当地的电力紧张、便于综合利用灰渣、提高机械化程度，减轻工人劳动强度。

(4) 改变供暖制度，将间歇供暖改为连续供暖。连续供暖的建设投资比间歇供暖减少25%，供暖成本降低25%；节省能耗20%。连续供暖与间歇供暖相比，可以减少起火次数，削减污染源的强度，可避开早晚出现的煤烟型污染高峰，有利于改善大气环境质量。

(5) 合理分配煤炭，把低硫、低挥发分的煤优先供应居民使用，积极推广和发展民用型煤。

(6) 加速“烟尘控制区”建设，对烟尘加强管理和治理。加强对锅炉厂、炉排厂、除尘器厂的管理。

(7) 扩大绿化覆盖率，铺装路面，对垃圾坑、废渣山覆土造林，合理洒水，防止二次扬尘。

经过国家多年以来采取的废气污染的集中控制治理措施，我国每年的二氧化硫排放量、氮氧化物排放量和烟（粉）尘排放量呈现逐年下降趋势。据国家统计局统计，从2012年到2017年，我国的年度二氧化硫排放量、氮氧化物排放量和烟（粉）尘排放量分别由21180000吨、23377617吨和12357747吨下降为8753975吨、12588323吨和7962642吨，废气污染的集中控制取得了显著的效果。

除了以上的废水和废气的集中控制之外，还有有害固体废物的集中控制和噪声的集中控制等。

（以上内容部分摘自《环境管理实物全书》）

五、限期治理制度

限期治理制度是对严重污染环境的企业、事业单位及特殊保护的区域内超标排污的已有设施，由有关管理机构依法命令其在一定期限内完成治理任务，达到治理目标的法律规定。

限期治理制度是中国环境管理中的一项行之有效的措施，它带有一定的直接强制性，它要求排污单位在特定的“期限”对污染物进行治理，并且达到规定的指标，否则排污单位就要承担更严重的责任。它是减轻或消除现有污染源的污染，改善环境质量状况的一项环境法律制度，也是中国环境管理中所普遍采用的一项管理制度。

限期治理包括污染严重的排放源（设施、单位）的限期治理、行业性污染严重的某一区域的限期治理等，具有法律强制性、明确的时间要求和具体的治理任务。可以推动污染单位积极治理污染以及有关行业、地域的污染状况的迅速改善，有利于集中有限的资金解决突出的环境污染问题以及历史上的环境疑难问题。目前中国调整环境限期治理制度的法律主要有《中华人民共和国环境保护法》及其他单行污染防治法律，已初步形成了比较完善的环境限期治理法律体系。

1. 限期治理的对象

目前法律规定的限期治理对象主要有两类。

一是排放污染物造成环境严重污染的企业、事业单位。对这一类污染源的限期治理，并不是超标排污就限期治理，而是造成了严重污染才限期治理。

二是位于特别区域内的超标排污的污染源。在国务院、国务院有关主管部门和省、自治区、直辖市人民政府划定的风景名胜区、自然保护区和其他需要特别保护的区域内，按规定不得建设污染环境的工业生产设施；建设其他设施，其污染物排放不得超过规定的排放标准；已经建成的设施，其污染物排放超过规定的排放标准的，要限期治理。

2. 限期治理的决定权

限期治理的决定权不在环境保护行政主管部门，而在有关的人民政府。按照法律规定，市、县或者市、县以下人民政府管辖的企业事业单位的限期治理，由市、县人民政府决定；中央或者省、自治区、直辖市人民政府直接管辖的企业事业单位的限期治理，由中央、省、自治区、直辖市人民政府决定。《中华人民共和国环境噪声污染防治法》对于限期治理的决定权作出了变通规定，即小型企业、事业单位的限期治理，可以由县级以上人民政府在国务院规定的权限内授权其环境保护行政主管部门决定。

3. 限期治理的目标和期限

限期治理的目标，就是限期治理要达到的结果。一般情况下是浓度目标，即通过限期治理使污染源排放的污染物达到的排放标准。但是，对于实行总量控制的地区，除浓度目标外，还有总量目标，也就是要求污染源排放的污染物总量不超过其总量指标。限期治理的期限由决定限期治理的机关根据污染源的具体情况、治理的难度、治理能力等因素来合理确定。其最长期限不得超过 3 年。

4. 违反限期治理制度的法律后果

对经限期治理逾期未完成治理任务的，除依照国家规定加收超标排污费外，还可以根据所造成的危害后果处以罚款，或者责令停业、关闭。

综上所述，新五项制度有几个明显的特点。

(1) 五项制度为各级政府如何管理环境找到了系统的工作方式，确立了各级政府主要领导人和各个部门、企事业单位负责人和环境保护目标责任制，这就从总体上解决了环保工作无人负责、无法负责、无权负责的体制上的弊端。

(2) 五项制度的推行，一是找到了多方进行污染治理的社会动力；二是找到了实现经济效益、社会效益和环境效益三统一的具体措施。

(3) 从污染治理的导向分析，五项制度有个明显的转机，要推进集中控制。多年的实践表明，检验环境污染治理的成效，主要看区域环境质量的改善。基中控制不仅可节约投资，而且能为改善环境质量提供直接的、可靠的保证。

(4) 五项制度为动员社会力量参与环保工作提供了可行的途径。

(5) 五项制度的推行为实现政府的环保目标提供了保证，因为五项制度的一些具体指标就是根据政府的环保目标分解出来的。

新五项制度的推行，为开拓和建立有中国特色的环境管理模式和道路，提供了新的框架和基础。

阅读材料

为了便于通过实例学法，通过学法解释实例，本节精选了 8 个阅读材料，并在每个阅读材料后面加上了点评，以期引起学习的兴趣。由于环境法律知识内涵丰富，精选的 8 个阅读材料不一定能达到上述目的，但愿这一尝试对学习环保法律知识起到积极作用。

阅读材料 1　娄底冷水江锑煤矿区山水林田湖草系统治理

冷水江锑煤矿区位于湖南省娄底市，地处湘江流域中下游，横跨冷水江市、新化县、涟源市，素有“世界锑都”之称、“江南煤海”美誉。矿区开采利用达 120 余年，生态环境问题十分突出。冷水江市 2009 年被国务院批准为第二批资源枯竭型城市。因长时期、粗放式的矿业开发，严重制约着当地的可持续发展，生态环境问题十分突出，如废渣堆占土地，山体植被荒芜，石漠化严重，动植物多样性退化；水体污染，溪流水系生态严重破坏；多处地面沉陷，房屋、耕地受损。冷水江锑煤矿区通过整治矿山、治理污染水体、治裸露山体、治荒废田地、治地质灾害等措施，实施山水林田湖草沙系统治理。煤矿自 2010 年的 171 家减至 15 家，锑矿整合为 2 家，锑冶炼企业从 91 家减少至 9 家。对野外混合渣进行集中填埋覆土绿化，对砷碱渣进行无害化处理，开展河道清淤、生态护岸，植树造林 2 万余亩，种植黄桃、金银花等经济作物。对采矿引起的地质灾害进行治理，修缮受损房屋，建设搬迁避让安置小区。

监测数据表明，冷水江锡矿山地区青丰河、涟溪河水质持续改善。2020年青丰河万民桥断面砷、锑平均浓度分别比2013年下降了98.7%、86.1%，砷已达标。涟溪河民主桥断面2020年锑浓度比2013年下降了84.5%，砷稳定达标。2021年以来，青丰河、涟溪河锑浓度进一步下降，铅、镉、铬、汞等11项重金属指标均稳定达标。通过系统生态修复，昔日满目疮痍的矿区变成了百姓争先向往的生态游园。充分挖掘矿区的资源禀赋，将碎片化分布的"羊牯岭碉堡""采矿演示场""中共第一个工矿企业党支部诞生地""革命烈士纪念碑""锡矿山展览馆"等丰富的旅游资源串起来，合理开发矿山遗迹、溶蚀地貌、构造岩体等地质资源，探索出"生态观光＋矿业文化＋地质研学＋红色教育"的新模式。荒废的2000多亩农田，经过修复后进行流转，由当地合作社承包种植水稻和稻田养鱼，预计每年可增加租地收入约60万元。废弃的矿场整治后，当地老百姓种植了金银花、黄桃等经济作物，预计每年可创收约1000万元。随着锡矿山生态旅游的不断开发，将会带动周边经济发展，预测增加当地1000-3000人的就业机会。

【点评】

本案例中的冷水江锑煤矿区采用因地制宜的原则，挖掘地质遗迹、工矿遗址，结合红色文化，开展科普、观光、研学、红色旅游，助推乡村振兴。锡矿山获得全国首批地质文化镇筹建资格，为全国传统老矿区生态修复提供了可借鉴的经验。

阅读材料2　非法占用农田采砂造成生态环境破坏问题

2012年至2017年，什字乡山庄村村民王德林和马某某在山庄村、保卫村河道合伙经营砂场，后二人因经济纠纷解除合伙关系，砂场由王德林独自经营。王德林通过购买、转让的方式以每亩1500元至13000元的价格从20余名村民处取得土地，且在未取得采矿许可证的情况下从中采砂贩卖获取利益，造成被占用土地45.034亩损毁。经县自然资源局对非法占用采砂的土地进行测量鉴定，被占地总面积45.5亩，水浇地42.41亩（全部为永久性基本农田）、裸地3.09亩，土地毁坏程度为中度毁坏，非法开拆建筑用砂矿3.99万立方米（1.995万元）。2020年1月县人民法院依法判处王德林犯非法占用农用地罪，判处有期徒刑九个月，并处罚金人民币15000元。2021年3月，王德林受到开除党籍处分。

【点评】

本案例中的王德林身为一名共产党员，本应积极保护生态环境，但由于利益的引诱与驱动，在未取得采矿许可证的情况下从中采砂贩卖获取利益，造成大量农田损毁，严重破坏当地生态环境，应该引起大家的警觉，我们应该一起行动起来保护好农村生态环境。

阅读材料3　8.5万吨涉案10亿元固体废物走私入境被海关成功查获

2021年12月，烟台海关驻港口办事处对一批进口申报品名为"单晶硅棒"的货物实施现场查验，查验关员发现货物疑似禁止进境的固体废物。经取样送检，海关技术中心实验室鉴定确认，货物为单晶硅加工生产过程中产生的头尾切割料、锅底料的混合物，属于我国禁止进口的固体废物。青岛海关缉私局烟台分局接线索后，迅速综合研判分析，初步掌握涉案企业及主要人员拥有专业知识和从业背景，对实际货物属性具有主观明知。缉私办案人员经深挖扩案查明，涉案企业昆山某公司实际控制人李某为谋取非法利益，在明知进口货物是国家禁止进口的硅回收废料情况下，采取伪报品名、税则号列的方式走私进口硅废料，涉案走私进境硅废碎料160余吨，抓获犯罪嫌疑人2名，并采取刑事强制措施。

【点评】

进口固体废物又称“洋垃圾”，走私危害大、处置难，一直是全国海关打击的重点。我国《固体废物进口管理办法》明确规定：进口的固体废物必须全部由固体废物进口相关许可证载明的企业作为原料利用、禁止转让废物进口相关许可证，涉案团伙的行为已构成走私犯罪。洋垃圾屡禁不止的背后，是非法倒卖和转让固废进口许可证的“黑色利益链”，倒卖“指标”成为一桩利益惊人的生意。该案的成功破获，对规范我国固体废物生产加工行业、打击不法分子违法犯罪活动、全力保障国家生态环境安全和人民群众生命健康具有重要意义。

阅读材料4　苏州河整治走过20年

作为中国最早被污染的河流之一，苏州河见证了上海工业的发展进程，也付出了沉痛的代价。治理苏州河、还其本来面目，是上海人多年的愿望。在多方努力下，1998年5月，国家发展计划委员会批准了苏州河环境综合整治一期工程立项，分5年实施。到2000年，苏州河与黄浦江交汇处的“黄黑线”基本消失。2003年，上海再接再厉，启动苏州河环境综合整治二期工程，主要实施以稳定水质、环境绿化建设为目标的8项工程。2007年11月，苏州河环境综合整治三期工程开工，具体任务包括苏州河市区段防汛墙加固改造和底泥疏浚工程、苏州河水系截污治污工程、苏州河青浦地区污水处理厂配套管网工程和苏州河长宁区环卫码头搬迁工程四项。三期工程过后，苏州河干流全部消除黑臭，河水变得清澈，水质稳定在Ⅴ类标准。生态系统得到恢复，结束了27年鱼虾绝迹的历史，河里发现了45种鱼。苏州河两岸还建起23公里长的绿色走廊、65万平方米的大型绿地。但苏州河干支流水质尚未达到国家要求的Ⅴ类水标准，干流（上、中段）还存在防汛安全隐患，两岸仍存在脏乱差现象。2021年1月，苏州河沿线综合整治工程（中远两湾城段）正式开始进场施工，这也意味着苏州河贯通工程普陀段的最后一段岸线已进入贯通实施阶段。本次贯通提升，将在保持原有滨水区域空间布局及功能不变的基础上，建设一条开放共享的花园式滨水健康步道。普陀区有关部门表示，将着力把这段河湾打造为“普陀样板”，两湾岸线的景观品质提升值得期待。

【点评】

上海境内的苏州河在上个世纪七十年代末就已全部遭污染，历史久远、污染严重。从1998年开始综合整治以来，上海市对苏州河的整治已经走过了20年的历程，20年里完成了三期治理工程，苏州河水质已完成从当年的全线黑臭、鱼虾绝代到河水清澈、水生生态系统恢复的巨大转变。苏州河的治理不是头痛医头、脚痛医脚，而是整体推进，综合治理。

阅读材料5　西湖环境集团以鲸灵回收循环巴士计划助力塑料污染治理

牛奶盒等低值可回收物由于降解难、回收价值低等因素被贴上“不可回收”标签，时常混入其他垃圾被填埋或焚烧，对城市环境带来了不利影响，也成为塑料污染治理的痛点。

杭州市西湖区借力“美丽杭州”创建暨“‘迎亚运’城市环境大整治、城市面貌大提升”集中攻坚行动的契机，依托区属国企西湖环境集团的“鲸灵回收”品牌，以收运污染纸塑类包装再利用为切入点，打造“鲸灵回收循环巴士”项目，通过前端全员参与、中端高效清运、末端攻破技术“三步走”，全力推进污染废弃塑料制品回收利用工作。

截至2021年3月底，“鲸灵回收循环巴士”已覆盖全区87个写字楼、66家机关企事业单位及门店、27个生活小区，从2020年初至2021年3月累计收运低价值可回收物330.89吨，日均收运量约1.5吨。

【点评】

推进塑料污染治理是生态文明领域最具辨识度的重大改革实践，是国家、省市践行“绿水青山就是金山银山”等习近平生态文明思想，推动绿色发展、建设美丽中国的重要抓手，功在当代、利在千秋。

阅读材料6　开发房地产挤占饮用水水源地

黑龙滩水库位于四川省眉山市仁寿县，水域面积23.6平方公里，总库容3.6亿立方米，是眉山市区、仁寿县、乐山市井研县近300万群众的饮用水水源地，生态功能和地位十分重要。2017年12月，四川省人大常委会会议批准《眉山市集中式饮用水水源地保护条例》，禁止在准保护区内新增居民集中居住点。但2018年4月以来，眉山市、仁寿县违反条例规定，在黑龙滩饮用水水源准保护区内大肆开发房地产项目，导致准保护区内居民集中居住点大量增加。其中，长岛未来城、天府生态城2个片区审批房地产项目20个，规划建设楼房1097栋，总用地面积约3222亩，建筑面积约332万平方米。大量低层楼房邻水而建，严重挤占饮用水水源地生态保护空间。黑龙滩水库北部及西北部区域大量植被遭到毁坏，原有林木已被成片高楼和洋房取代，水源涵养功能基本丧失，影响了黑龙滩水库生态系统的原真性和完整性，对保护区生态功能造成了严重影响。

【点评】

城市的发展的确需要用地，但是不管这种需要多么迫切，也不应该去饮用水水源准保护区的主意。眉山市、仁寿县贯彻落实生态优先、绿色发展理念存在偏差，没有正确处理好发展与保护的关系，对黑龙滩水库的特殊重要地位认识不到位，饮用水水源地保护不力。

阅读材料7　常德羽闻环保建材有限公司超标排放大气污染物

2021年1月8日，湖南省常德市生态环境局执法人员对常德羽闻环保建材有限公司开展执法检查时，监测显示该公司旋转窑脱硫塔排口二氧化硫折算浓度平均值为663mg/m^3，超出国家规定的排放标准1.21倍。常德市生态环境局根据《中华人民共和国大气污染防治法》第十八条之规定，对常德羽闻环保建材有限公司超过大气污染物排放标准排放大气污染物的环境违法行为下达行政处罚决定，处罚款20万元。

【点评】

大气污染治理一直是我国环境保护管理中的一项重要工作，《中华人民共和国大气污染防治法》中对于企业大气污染物的排放提出了明确规定，需要企业严格按照相关规定执行，切实做到大气污染物达标排放。该企业未达到污染物达标排放标准，究其原因除有技术上的因素外，更为深层次的原因则是领导的环境意识淡薄。

阅读材料 8　违规建设房地产等项目破坏景区

太平湖位于黄山市黄山区境内，因其极具保护价值的景观资源和湖泊湿地资源，先后被安徽省人民政府和原国家林业局批准为省级风景名胜区和国家湿地公园，是安徽省第一个国家湿地公园。

第一轮中央生态环境保护督察指出，太平湖沿岸 2017 年以前长期过度开发，大量房地产、酒店和旅游度假村项目持续开工建设，湖泊自然岸线被侵占、景观和湿地资源遭受破坏，部分项目在风景名胜区总体规划和国家湿地公园总体规划批复后仍违规上马，甚至一些项目占用太平湖水域，直接建在湖面上，对景区生态环境造成严重影响，要求安徽省抓紧研究制定整改方案。2021 年 4 月，中央第三生态环境保护督察组在安徽省督察期间发现，太平湖流域违规开发项目整改工作推进不力，局部生态破坏问题依然突出。2019 年 3 月，风景名胜区管理职能由省住房城乡建设厅移交至省林业局。同年 8 月，黄山区在补充完善有关资料后再次上报销号申请，黄山市政府 11 月行文申请验收销号。省林业局虽要求黄山市全面排查清理规划范围内项目，但未深入实地进行认真核实，且在省级督察指出“太平湖风景名胜区内仍有 11 个项目部分建筑在岸线 30 米内”后，仍未要求地方将其他项目纳入“全面清理”范畴，在 2020 年 6 月对黄山区上报的 5 个项目进行实地查看后，于同年 11 月复函予以验收销号。

【点评】

由于黄山区委、区政府没有真正扛起生态环境保护的政治责任，在推动太平湖违法违规项目整改工作中不敢动真碰硬，浮于表面。黄山市政府及相关部门把关不严，监督不力，在督察整改工作中存在失职失责情形。安徽省相关部门在整改验收工作中未依法依规严肃审核，销号流于形式。当地政府缺乏长远规划，大量与自然环境不协调的人工建筑的产生，破坏了原有的生态环境。

思考题

1. 八项制度主要有什么作用？中国环境管理制度的发展趋势如何？
2. 什么叫环境影响评价？有哪些形式？
3. 什么是“三同时”制度？违反“三同时”制度的法律责任有哪些？
4. 什么是排污收费制度？征收排污费的目的是什么？
5. 环境保护目标责任制有哪些特点？排污许可证制度有哪些特点？
6. 城市环境综合整治定量考核的内容有哪些？
7. 污染集中控制的目的是什么？
8. 违反限期治理的法律后果是什么？

讨论题

1. 阅读第四章执法相关案例中阅读材料 7。

要求：收集《限期治理制度》《中华人民共和国水污染防治法》等相关法律、法规资料，讨论哈尔滨某制药厂作为企业是否可以漠视限期治理规定；在两个限期治理期限均已超期却未全面施工状况的深层原因，进行分析。针对类似的情况应如何处理？提出自己的主张。

目标：通过讨论，加深对限期治理的认识，进一步理解环境管理八项制度的丰富内涵。

2. 阅读第四章执法相关案例中阅读材料 8。

要求：收集《建设项目环境保护管理条例》《中华人民共和国建筑法》及《环境管理八项制度》等相关法律、法规及张家界武陵源风景名胜区的有关资料，探讨造成当时张家界武陵源困境的历史原因，进行分析。你身边的风景名胜区有没有类似的情况？应该怎样对待这些问题？请提出自己的见解。

目标：通过讨论，加深对环境管理中的环境影响评价制度实施重要性的认识。

第五章　环境管理的技术基础

学习指南

本章要求掌握环境管理的技术基础的基本概念，明确环境标准的分类和作用。掌握环境监测的程序与方法，明确其任务；理解实施环境审计和开展清洁生产的意义；了解ISO组织的概况和14000系列标准的特点。

第一节　环境标准

环境标准是国家环境保护法律、法规体系的重要组成部分，是开展环境管理工作最基本、最直接、最具体的法律依据，是衡量环境管理工作最简单、最准确的量化标准，也是环境管理的工具之一，是为了执行各种环境法律法规而制定的技术必要规范。

一、基本概念

1. 环境标准的定义

环境标准是有关控制污染、保护环境的各种标准的总称。《中华人民共和国环境保护标准管理办法》中对环境标准的定义是：为了保护人群健康、社会物质财富和维持生态平衡，对大气、水、土壤等环境质量，对污染源的监测方法以及其他需要所制定的标准称为环境标准。环境标准是从保护人群健康、促进生态良性循环出发，为获得最佳的环境效益和经济效益，在综合研究的基础上制定的，经有关部门批准，赋予法律效力的技术准则。

它一般说明两个方面的问题：第一，人群健康及与其利益有密切关系的生态系统和社会财物不受损害的环境适宜条件是什么？第二，为了实现这些环境条件，又能促进生产和发展，人类的生产、生活活动对环境的影响和干扰应控制的限度和数量界限是什么？前者是环境质量标准的任务，后者是排放标准的任务。此外，还有为保证实现环境质量标准和排放标准规定的环境基础标准和方法标准等。

2. 环境标准的意义和作用

（1）环境标准是制定环境保护规划、计划的依据　为实现保护人群健康、保持资源价值、维持良好的生态环境的目标，就需要使环境质量维持在一定的水平上，使环境质量及污染物排放达到一定的标准。有了环境质量标准及污染物排放标准，国家和地方政府及企业就可以根据这些标准来制定污染控制规划、计划，便于将环境保护纳入国家的经济、社会发展计划中。

国家环保机构主要任务是抓环境保护规划、方针、政策、法规、监督和指导等项的重大工作，环境标准是进行这些工作的技术基础。

（2）环境标准是国家环境法律、法规的重要组成部分　据统计，世界上制定环境标准的国家中，有一半以上的国家环境标准是法制性标准。同样，中国环境标准具有法规约束性，它是为控制人们的生产和生活活动造成的环境污染而制定的。在《中华人民共和国环境保护法》《中华人民共和国大气污染防治法》《中华人民共和国水污染防治法》《中华人民共和国海洋环境保护法》和《中华人民共和国噪声污染防治法》等法规都规定了实施环境标准的条款。可以说，正因为有了各类环境标准，才使其法律、法规和政策得以具体落实和执行，离开了环境标准，环境管理将寸步难行。

(3) 环境标准是科学管理环境的技术基础　环境的科学管理包括环境立法、环境政策、环境规划、环境评价和环境监测等方面。环境标准是环境立法、执法的尺度；是环境政策、环境规划所确定的环境质量目标的体现；是环境影响评价的依据；是监测、检查环境质量和污染源排放污染物是否符合要求的标尺。为此，环境标准是科学管理环境的技术基础，是评判环境质量优劣的依据。如果没有切合实际的环境标准，就很难评定环境管理的实效性。

二、环境标准体系

环境标准体系是各具体的环境标准按其内在联系组成的科学的整体系统。中国的环境标准由三类二级标准组成，即环境质量标准、污染物排放标准、基础标准与方法标准三类；国家标准和地方标准二级。

1. 环境质量标准

以保护人群健康、促进生态良性循环为目标而规定的各类环境中有害物质在一定时间和空间范围内的容许浓度（或其他污染因素的容许水平）叫环境质量标准。它是环境保护及有关部门进行环境管理和制定排放标准的依据。

(1) 国家环境质量标准　国家环境质量标准由国家制定，是国家环境保护政策目标的体现，是在全国范围内统一执行的标准。按环境要素或污染因素分成大气环境质量标准、水环境质量标准、环境噪声质量标准、土壤质量标准、生物环境质量标准以及振动、电磁辐射、放射性辐射等方面的质量标准。国家环境质量标准还包括各中央部门对一些特定地区，为特定目的、要求而制定的环境质量标准，如《生活饮用水卫生标准》《工业企业设计卫生标准》中的某些规定和《渔业水质标准》《农田灌溉水质标准》等。

某些发达国家还有警报的标准，是环境受到某种污染，恶化到必须向公众发出警报的有害物质浓度标准，这也是环境质量标准的一种。

(2) 地方环境质量标准　在执行国家级环境质量标准不能改善区域环境质量时，则可以根据地方的环境特征、水文气象条件、经济技术水平、工业布局以及政治、社会要求等方面的因素，由地方环保机构经有关领导部门批准而制定的地方标准。它是有关部门进行综合研究，依据国家环境质量标准对本地区环境进行区域划分，确定质量等级，提出实现环境质量要求的时间，补充国家环境质量标准项目中未规定的当地主要污染物项目，并规定其容许水平。因此，这种标准是国家环境质量标准的补充、完善，是国家环境质量标准在地方的具体贯彻实施，为地方环境管理提出了实践国家环境质量标准的具体环境目标。

2. 污染物排放标准

为实现国家或地方的环境目标，对污染源排放污染物的数量和方式做出的人为最高允许限值，叫做污染物排放标准。建立这种标准的目的在于直接控制污染源，有效地保护环境。因此，它是实现环境质量目标的主要控制手段。污染物排放标准分为国家排放标准和地方排放标准。

（1）国家排放标准 是国家对不同行业或公用设备（如各类汽车、锅炉等）制定的通用排放标准。各地区原则上都应执行这一标准。

由于行业多，排放的污染物种类繁多，同时，即使是同一行业，因工艺设备和企业规模等差异，污染物的排放会有很大不同；另外，各企业的治理水平和防治设备水平也不一致，因此，国家级的排放标准也不能一刀切，而应按行业、产品品种、工艺水平和重点排污设备制定排放标准。

（2）地方排放标准 由于当地的环境条件等因素，当执行国家级排放标准还不能实现地方环境质量时而制定的地方控制污染源的标准。地方排放标准一般是针对重点城市、主要水系（河段）和特定地区制定的。“特定地区”是指国家规定的自然保护区、风景游览区、水源保护区、经济渔业区、环境容量小的人口稠密城市、工业城市和政治特区等。

3. 基础标准与方法标准

基础标准与方法标准是环境标准体系的附属部分或指导部分，为环境标准的制定提供统一的语言和方法。

（1）基础标准 基础标准是在环境保护工作范围内，对有指导意义的符号、指南、原则等所作的规定。它是制定其他环保标准的技术基础。基础标准的内容有名词术语、符号代号、标记方法、标准编排方法等。

（2）方法标准 方法标准是在环境保护工作范围内，以抽样、分析、试验等方法为对象而制定的标准。它是制定、执行环境质量标准、污染物排放标准的基础。方法标准的内容有分析方法、取样技术、标准制定程序、模拟公式、操作规程、工艺规程、设计规程和施工规程等。

随着中国的国际地位的不断提高，中国所承担的环境责任和义务也将逐渐增多。就中国当前情况而言，控制宏观污染的发展仍然是一项长期和艰巨的任务。因此，在今后一段时期内，建立一个具有中国现阶段发展特点的完整的环境标准体系，仍然是一项重要任务。

根据中国环境法的规定，依法制定的环境标准是国家环境政策的具体体现，是环境执法和环境管理的基本依据和工具。对环境管理而言，环境标准是衡量、评价环境质量，制定环境规划，进行环境监测的主要依据；是提高环境质量，控制排污行为，检查产品的环境性能，促进环保科技进步，加强环境监督的重要工具。在法律上，环境标准与有关环境标准的法律规范结合在一起共同形成环境法体系中一个独特而重要的组成部分。

在环境标准的具体制定方面，国家环境标准由国务院环境保护行政主管部门组织制定、审批、颁布和归口管理，并报国家标准局备案。地方环境标准由省、自治区、直辖市环境保护行政主管部门归口管理、组织制定，报请人民政府审批颁布。地方环境标准要报国务院环境保护行政主管部门备案。

在环境标准制定的程序上，国务院环境保护行政主管部门和省、自治区、直辖市环境保护行政主管部门，首先要根据编制环境标准计划任务，确定环境标准的主编单位和参加单位，组成环境标准编制组。环境标准编制组负责环境标准的制定和修订，要按照环境标准计划书的要求、编制程序和规定进行工作。环境标准颁布后，主编单位要组织调查研究，总结经验，了解标准实施中的问题，适时修订。

在环境标准的实施和监督过程中，国家权力机关、国家行政机关应依法对环境标准从制定到实施的全过程进行监督检查，以保证环境标准的制定机构、制定程序、制定依据和贯彻实施的合法性。

环境标准一经批准发布，有关单位和个人必须严格贯彻执行，不得擅自更改或降低标准。凡是向已有地方污染排放标准的区域排放污染物时，应当执行地方污染物排放标准。各级人民政府要按照环境质量标准的要求制定计划，采取措施，在规定期限内使本地区的环境质量达到规定的环境质量标准。

凡不符合环境污染物排放标准并违反有关环境标准的法律规定的，应依法履行相应的法律义务或承担相应的法律责任。各级环境保护行政主管部门要为实施标准创造条件，监督、检查环境标准的执行。

第二节 国际环境管理系列标准（ISO 14000）

为规范全球企业和社会团体等所有组织的环境行为，减少人类各项活动所造成的环境污染，最大限度地节约资源，改善生态环境质量，保持环境与经济发展相协调，促进经济的持续发展，国际标准化组织（ISO）继 ISO 9000 系列标准后，又提出了一套 ISO 14000 系列标准。这是一套重要的国际性的环保方面的管理性标准，包括环境管理体系、环境审计、环境标志、环境行为评价、产品生命周期等几个方面。

ISO 14000 环境管理体系标准与 ISO 9000 质量体系标准对组织的许多要求是通用的，两套标准可以结合在一起使用。

ISO 14000 基于“环境方针”应体现生命周期思想的思路，将生命周期思想作为贯穿 ISO 14000 系列标准的主题。它要求组织（公司、企业）对产品设计、生产、使用、报废和回收全过程中影响环境的因素加以控制。

一、ISO 组织及 TC 207 简介

ISO 是当今世界上规模最大的国际科技组织，属于非政府性机构，成立于 1947 年 2 月。ISO 是国际标准化组织的简称。其任务是制定各行业的国际标准，协调世界范围内的标准化工作。

ISO 下设若干个管理技术委员会议（TC），TC 207 就是 ISO 为制定环境管理国际标准，于 1993 年 6 月成立的一个庞大的技术机构——环境管理标准化技术委员会（ISO/TC 207），开始制定环境管理领域的国际标准，即 ISO 14000 环境管理系列标准，并于 1996 年首批颁布了与环境管理体系及其审核有关的 5 个标准。

截至 2000 年 6 月，ISO/TC 207 环境管理标准化技术委员会由 105 个成员国及 16 个国际组织组成，中国是成员国之一，加拿大是主席秘书国。

1. TC 207 的成立过程

随着国际社会对环境问题的日益重视，协调环境与经济、社会的可持续性发展观念已经逐渐深入人心。为此，国际标准化组织 ISO 将环境管理的标准化问题提到日程。

1991 年 7 月，国际标准化组织 ISO 成立了“环境战略咨询组（SAGE）”，该咨询组经过一年多的工作，于 1992 年针对 ISO 提出了一个建议，制定一套环境管理标准，以加强组织获得和衡量改善环境的能力。此外，环境战略咨询组（SAGE）就环境管理标准化问题提

出了三条原则性建议：①制定标准的基本方法应与 ISO 9000 系列标准相似；②标准应简单、普遍适用，环境绩效应是可验证的；③应避免形成贸易壁垒。同时并建议成立专门的技术委员会。根据 SAGE 的建议，ISO 于 1992 年 10 月作出决定，设立环境管理标准化技术委员会（ISO/TC 207）。随后于 1993 年 6 月正式成立，并着手 ISO 14000 系列标准的起草工作。TC 207 的成立，意味着将标准化手段纳入环境管理。

2. ISO/TC 207 的任务和业务范围

ISO/TC 207 的主要任务是根据 ISO 的宗旨，研讨涉及环境管理方面的问题；协调世界范围内环境管理标准化方面的工作，共同制定国际标准；交流环境管理信息，并与其他国际组织合作，有效开展环境管理系统的标准化工作。ISO/TC 207 的业务范围是环境管理的标准化。

3. ISO/TC 207 制定标准的指导思想和原则

ISO/TC 207 规定了起草与制定 ISO 14000 系列的指导思想。

① ISO 14000 系列不增加贸易壁垒，无论是对环境状况好的地区还是环境状况差的地区；

② ISO 14000 系列标准可用于对内审核及对外认证、注册等；

③ ISO 14000 系列标准必须回避对改善环境无帮助的任何行政干预。

TC 207 依据上述指导思想对 ISO 14000 系列标准的制定规定了下列原则。

① ISO 14000 系列标准应具有真实性和无欺骗性；

② 产品和服务的影响评价方法和信息应有意义、准确、可检验；

③ 评价方法、试验方法不能采用非标准方法，而必须采用国际标准、地区标准、国家标准或技术上能保证再现性的试验方法；

④ 应具有公开性和透明度，但不应损害商业机密信息；

⑤ 具有非歧视性，不产生贸易壁垒；

⑥ 能进行特殊的、有效的信息传递和教育培训。

二、ISO 14000 系列标准概述

1. ISO 14000 系列标准构成

ISO 14000 系列标准涉及环境管理体系、环境审核、环境标志、环境行为评价、生命周期评价等国际领域内的许多重点问题，所以它是一个庞大的标准体系。

国际标准化组织 ISO 中央秘书处给 ISO 14000 系列标准预留了 100 个标准号，编号为 ISO 14001～ISO 14100，其内容见表 5-1。

表 5-1 ISO 14000 标准

分技术委员会	标准号	标 准 内 容
SC1	14001～14009	环境管理体系标准 EMS
SC2	14010～14019	环境审核标准 EA
SC3	14020～14029	环境标志标准 EL
SC4	14030～14039	环境行为评价标准 EPE
SC5	14040～14049	生命周期评估标准 LCA
SC6	14050～14059	术语与意义
WG1	14060	产品标准中环境指标 EPAS
	14061～14100	备用

TC 207 作为这个系列标准的研制机构，它的 6 个分技术委员会分别承担了六大方面标

准的研制任务。这六个方面的标准又分别构成ISO 14000标准子系统，每个子系统又由若干标准构成更小的系统。ISO 14000系列标准中各标准间的关系如下：

ISO 14000系列标准
- 基本标准
  - 评价组织——环境管理标准体系、环境审核标准和环境行为评价标准
  - 评价产品——环境标志
- 方法标准——生命周期评价标准
- 基础性标准——术语和定义、产品标准中的环境因素

2. ISO 14000系列标准的特点

ISO 14000系列标准的基本思路是引导企业建立起环境管理的自我约束机制。它体现了国际标准的通用性，其特点如下。

（1）这套标准是市场经济体制下的产物，以消费行为为根本动力，而不是以政府行为为动力，突破了环境管理的单一模式。

（2）ISO 14000系列标准的所有标准认证与实施不是强制而是自愿的。不带有任何行政干预。因此，当ISO 14000系列标准转为国家标准时，仍确定为推荐性标准，坚持自愿性原则不变。

（3）ISO 14000系列标准要求建立的环境管理体系只有一种模式。这种模式“适用于任何类型和规模的组织，并适用于各种地理、文化和社会条件”，既可用于内部审核或对外的认证、注册，也可用于自我管理。

（4）持续改进是ISO 14000系列标准的灵魂。通过坚持不懈的改进，实现自己的环境方针和承诺，最终达到改善环境绩效的目的。也就是说，改进是无止境的。

（5）ISO 14000系列标准的灵活性表现在ISO 14000标准不强求编写手册，除了要求组织对遵守环境法规、坚持污染预防和持续改进做出承诺外，再无硬性规定。这样，既调动企业参与环保的积极性，又允许企业从实际出发量力而行，使各种类型的企业都有可能通过实施这套标准达到改进环境绩效的目的。

（6）ISO 14000系列标准的主导思想是预防为主。其生命周期评价则将预防思想由制造过程扩展到产品的整个生命周期。环境行为评价通过连续的、动态的监测数据，既可对某一时的环境行为进行评价，而且还能对发展趋势进行评价和预测。

3. 推行ISO 14000系列标准的意义和作用

（1）具有重要的政治意义　ISO 14000系列标准是国际标准化组织根据“环境与发展大会”的决议制定的国际性标准。在中国贯彻这一标准是实现中国政府在环境保护工作上的承诺，在世界范围内会产生影响，具有重要的政治意义。

（2）有利于提高中国企业在国际市场上的竞争力　进入21世纪，随着世界环保绿色浪潮兴起，商品文化的内涵已演变为对商品内在素质的要求，而这种要求在世界环境不断恶化的情况下，已转变为对商品是否满足环境保护的要求。目前，世界各国贸易战中利用环境保护标准构建“绿色贸易壁垒”的情况时有发生。中国每年因不符合某些发达国家环境法规及相应环境标准要求而蒙受巨大的损失。1995年对有关情况的统计，这种损失就达2000亿美元左右。1999年欧盟国家又以中国包装木材不符合他们的标准为由，终止了60多亿美元贸易合同。而ISO 14000系列标准对全世界各国改善环境行为具有统一标准功能，因而对消除绿色贸易壁垒具有重要作用。因此，许多人称ISO 14000系列标准是国际绿色通行证。

（3）有利于提高企业的知名度　ISO 14000系列标准规定了一整套指导企业建立和完善环境管理体系，为现代化管理提供了科学的方式和模式。如取得ISO 14000的认证，就意味着企业环境管理水平达到国际标准，等于拿到了通向国际市场的通行证，同时，为企业树立

了良好的形象，进而提高了市场份额的占有率和市场竞争能力。

（4）有利于企业降低成本与能耗　ISO 14000系列标准要求企业的生产全过程，从设计到产品及服务，考虑污染物产生、污染物排放对环境的影响，资源材料的节约及回收，废旧物的再利用，从而有效利用原材料，减少因排污造成的赔罚款，从而降低生产成本和能耗。英国通过ISO 14001认证的企业中有90%的企业通过节约能耗，回收利用，强化管理措施，使经济效益超过了认证成本 。

（5）有助于推行清洁生产，实现污染预防　ISO 14000系列标准高度强调污染预防，明确规定企业环境方针中必须对污染预防做出承诺。采用清洁生产的方式生产清洁、无污染的产品。因此，实施ISO 14000系列标准有助于调动企业防治污染、保护环境的主动性，促进企业通过建立自律机制，制定并落实预防为主，从而实现从源头治理污染的全过程控制的管理措施，实现清洁生产。

（6）有利于降低环境事故风险　推行ISO 14001标准，对于企业而言，其意义不仅在于保护环境，也在于通过实施环境管理体系标准提高企业的管理水平，规范企业的管理行为，加强企业内部的自主管理，改进产品设计、工艺流程，减少污染物排放。同时也能减少许多环境事故风险及环境的民事、刑事责任，实现企业多赢的发展目标。

5-1 《环境管理体系、要求及使用指标》（GB/T 24001—2016）

三、ISO 14001环境管理体系标准简介

1. ISO 14001是ISO 14000系列的主体标准

ISO/TC 207于1996年9月1日和10月1日先后颁布了5个属于环境管理体系（EMS）和环境审核（EA）方面的标准，这5个标准已等同转化为中国的国家标准。经过多年的环境管理体系运行实践，其中的部分标准经历了多次修订，中国的国家标准也随之进行了更新。它们现行的最新版本分别是：GB/T 24001—2016，即ISO 14001—2015环境管理体系——要求及使用指南；GB/T 24004—2017即ISO 14004—2016环境管理体系——通用实施指南。GB/T 24010—1996即ISO 14010—1996环境审核指南——通用原则；GB/T 24011—1996即ISO 14011—1996环境审核指南——审核程序——环境管理体系审核；GB/T 24012—1996即ISO 14012—1996环境审核指南——环境审核员要求。

上述环境审核指南的三个标准ISO 14010、ISO 14011和ISO 14012都是与ISO 14011标准配套使用的，为开展环境管理体系审核、认证准备了统一的国际准则。

在颁布的上述五个标准中，ISO 14001是ISO/TC 207成立后最先着手制定的标准。通常称为ISO 14000系列标准的龙头或主体标准。它是ISO 14000系列标准中唯一的规范标准，是唯一可供认证的标准。它规定了对环境管理体系的要求。它是环境管理体系（EMS）进行建立和审核、评审的依据，是制定ISO 14000系列其他标准的依据。ISO 14001标准的用途是对企业所建立的环境管理体系的认证、注册或自我声明进行客观审核。

2. ISO 14000标准与ISO 14004标准的关系

与GB/T 24001——ISO 14001同时制定的另一个有关环境管理体系的标准是GB/T 24004——ISO 14004标准，该标准与ISO 14001是姊妹标准，都是关于环境管理体系的标准。

ISO 14001标准是规范性要求。其内容全面系统地规定了进行环境管理体系审核的依据，是环境管理体系必须做到的要求。而ISO 14004标准是关于环境管理体系的指南性标

准，它为建立、实施改进环境管理体系做了更为详细的说明，并提供了具体的方法和步骤。该标准提供帮助的内容涵盖了 ISO 14001 环境管理体系的所有要素，具有更强的操作性，侧重解决如何做的问题。它的内容不能作为审核依据，但能有助于组织建立环境体系，以满足认证的要求。

制定 ISO 14004 审核标准的目的是给一切组织建立、实施和改造环境管理体系提供帮助。它是帮助企业建立符合 ISO 14001 标准要求的管理体系，是一种管理工具。

ISO 14001 标准的模式是描述环境管理体系建成后的运行状态的，而 ISO 14004 标准的模式是描述环境管理体系的建立过程的。

四、ISO 14000 系列标准的制定与实施进展情况

1. ISO 14000 系列标准制定的最新进展

国际标准化组织（ISO）目前已颁布的 ISO 14000 系列国际标准主要包括 6 个方面的 24 个标准。见表 5-2 所示。

表 5-2 ISO 14000 系列标准制定动态

标准编号	标准名称	现行版本颁布时间(年份)
ISO 导则 64	产品标准中的环境因素	2008
ISO/IEC 导则 66	用于环境管理体系评审和认证机构的导则	1996
ISO 14001	环境管理体系——要求及使用指南	2015
ISO 14004	环境管理体系——通用实施指南	2016
ISO 14010	环境审核指南——通用原则	1996
ISO 14011	环境审核指南——审核程序——环境管理体系审核	1996
ISO 14012	环境审核指南——环境审核员资格准则	1996
ISO 14020	环境标志和声明——通用原则	2000
ISO 14021	环境标志和声明——自我环境声明(Ⅱ型环境标志)	1999
ISO 14024	环境标志和声明——Ⅰ型环境标志——原则与程序	2018
ISO 14025	环境标志和通报——Ⅲ型环境通报——原则和程序	2006
ISO 14031	环境管理——环境绩效 评价指南	2013
ISO 14032	特殊工业环境行为指示指南	1999
ISO 14040	环境管理——生命周期评估——原则和框架	2006
ISO 14041	生命周期评估——存量分析	1998
ISO 14042	环境管理——生命周期评估—生命周期影响评价	2000
ISO 14043	环境管理——生命周期评估——生命周期解释	2000(2006 已废止)
ISO/TR 14047	环境管理——生命周期评价 ISO 14042 应用实例	2012
ISO 14048	环境管理——生命周期评价——数据文件格式	2010
ISO/TR 14049	环境管理——生命周期评价——如何申请 ISO 14044 以目标和范围定义和清单分析具体实例	2012
ISO 14050	环境管理——术语	2009

注：TR—技术报告；AWI—已通过的工作项目；CD—委员会草案；DAM—草案修订；DIS—标准草案；WD—工作草案；FDIS—国际标准最终草案

2. ISO 14000 系列标准的实施情况

【案例九】

背景

近年来，我国已普遍推行了环境管理体系 ISO 14001 认证，但部分企业存在认证与执行相脱离的现象。

相关知识

申请 ISO 14001 认证相关材料办理流程：

申请认证时，企业主要提交的三份材料分别是《建设项目环境影响评价报告》《建设项目三同时竣工验收报告》以及《环境因素监测报告》。

第一步，企业在新建、改/扩建厂区项目之前，应先向有相关资质的环评公司申请环境评价，环评公司出具《建设项目环境影响评价报告》，该报告的结论往往带有一定的整改建议等相关内容。环境评价的主要内容就是对规划和建设项目实施后可能造成的环境影响进行分析、预测和评估，提出预防或者减轻不良环境影响的对策和措施，进行跟踪监测。

第二步，企业在取得《建设项目环境影响评价报告》后，经环境保护部门和其他有关部门审查批准，进入“三同时”所规定的建设项目设计、施工、竣工验收阶段，经过环保部门验收通过后方可正式投入生产。竣工验收后出具《建设项目三同时竣工验收报告》。

第三步，根据《建设项目环境影响评价报告》和《建设项目三同时竣工验收报告》的相关内容，企业委托具有相关资质的监测机构，对企业影响环境的一些因素进行测量监控，出具《环境因素监测报告》。值得注意的是，《环境因素监测报告》具有一定的时效性，企业需要按照国家法规要求定期委托具有相关资质的监测机构对环境因素进行检测并出具监测报告。

思考

1. 推行 ISO 14001 认证对环境管理的积极作用有哪些？
2. 当前执行过程中存在哪些问题？应如何解决？

自从 1996 年国际标准化组织颁布了 ISO 14000 系列的五个标准后，引起了全球的关注与响应，ISO 14000 标准的认证与实施工作迅速在世界各国展开。各国政府分别采取了不同的政策，以鼓励 ISO 14000 系列标准的认证和实施。如澳大利亚、新西兰等国由政府出资对于实施 ISO 14000 标准，建立环境管理体系并通过认证的企业给予补贴。

这些鼓励政策均起到了积极的促进作用。在公布的当年，全球就有 1491 家企业和组织通过了 ISO 14001 认证。自 1996 年 9 月国际标准化组织（ISO）颁布首批 ISO 14000 系列标准以来，中国就十分重视 ISO 14000 系列标准的实施。为保证 ISO 14000 标准认证的公正性和权威性，保证认证质量，经国务院办公厅批准成立了中国环境管理体系认证指导委员会，下设中国环境管理体系认可委员会（简称环认委）和中国认证人员国家注册委员会环境管理专业委员会（简称环注委），两委员会日常工作由其下设的秘书处承担。为在中国有效地开展环境管理体系认证工作，积极探索环境管理体系认证方法、认证程序及技术规范，自 1996 年初，中国成立了国家环保总局环境管理体系审核中心，开展环境管理体系的建立和运行的试点。试点企业涉及机械、轻工、石化、冶金、建材、煤炭、电子等多种行业及各种经济类型。到 1998 年下半年试点工作结束时，有近 70 家企业获得了环境管理体系认证证书。同时，国家环保总局还在全国13个试点城市开展了ISO 14000标准的试点工作，探索了在城市和区域建立环境管理体系以及推进实施ISO 14000系列标准的政策和管理轨制。该项工作取得了可喜成绩，姑苏新区和大连经济技术开发区率先通过了区域ISO 14001认证，9个城市（区）于1999年得到了表彰。目前，中国的环境管理体系认证工作已步入正轨。获得环境管理体系认证资格许可的认证机构数量、注册审核员数量和通过环境管理体系认证的组织数量都有了大幅的提升。当然，很多企业在环境管理上，依然停留在污染排放等末端控制问题上，对ISO 14000标准的理解和应用还不够深入，在环境管理体系审核的深度上和环境审核能力方面还有待提高。

五、环境审计

环境审计是对特定项目的环境保护情况，包括组织机构、管理、生产及环保设施运转与排污等情况进行系统的、有文字记录的、定期的客观的评定。

环境审计可按不同的方法分类。按审计的范围可分为地区（城市）一级的环境审计，工厂、工艺特定污染物的环境审计；按审计的目标可分为提高环境管理效率、有效控制污染、提高环保资金使用效率、减少事故等环境审计；按审计的目的可分为审查环境法规执行、废物减量化、实施清洁生产等。

在所有类型的环境审计中，企业环境审计是最基本的，其中企业清洁生产审计应用较广泛。

环境保护的重点是防治工业污染，在过去一个时期内，工业生产过程的污染防治手段主要侧重于污染末端治理，这种方法在一定程度上减缓了生产活动对环境的污染和破坏，使环境质量有了一定的改善，但也付出了很高的经济代价。由于末端治理是把所有的污染物集中于尾部进行处理，需要处理的污染物数量多，负荷大。因此，存在着投入高、费时费力、与企业的经济效益没有明显关系等弊病，其最终的经济代价是昂贵的。据中国国家统计局统计，2017年中国用于环境污染治理的费用高达9538.95亿元，其中用于工业污染治理的费用达6815345.49亿元。即使如此高的代价，仍未能达到预期的污染控制目标。工业污染的“末端治理”只是一种被动的管理模式，企业普遍缺乏治理的积极性，企业生产与环境保护不能协调一致。

1989年5月，联合国环境规划署理事会会议决定在全球范围内推行清洁生产。清洁生产是将综合预防的环境策略持续应用于生产过程中和产品中，以减少其对人类和环境可能的危害。进入20世纪90年代后，在联合国环境规划署、工业发展组织等国际组织的倡导下，推出了清洁生产行动计划。《中国21世纪议程》中明确提出了开展清洁生产，并为此制定了实施的行动计划和措施，表明了中国政府执行清洁生产的战略措施和为全球环境保护做出应有贡献的决心。中国于2003年1月1日起实施《清洁生产促进法》，为在中国全面推行清洁生产提供了充分的法律保证，对保证社会经济的可持续发展有十分重要的意义。

清洁生产审计是一种基于企业生产过程进行工业污染预防分析的系统程序，是企业实行清洁生产的起点，它揭示生产技术的缺陷，对生产全过程进行污染预防机会的分析，按照生产工艺和物料流程来寻找预防污染和削减污染物产生量的机会，进而制定出削减资源（能源、水和原料）使用、消除或减少产品和生产过程中有毒物质的使用，减少各种废弃物排放和减少毒性的方案。

清洁生产审计的核心内容是生产过程评估、污染物预防机会识别和清洁生产方案实施。企业通过实施清洁生产技术方案，最终达到经济效益和环境效益的统一。

第三节　环境监测

环境监测是运用各种定性和定量的科学方法，对环境系统中污染物及其在环境中的性质、变化、影响进行观察、测定、分析的活动。环境监测包括对大气、水、土壤、海洋等环境要素的定期监测，对排入环境污染物的种类、数量、浓度、排放去向等因素的监测。它是环境保护行政主管部门检查的一种技术手段，是环境管理工作的一个重要组成部分。

【案例十】

背景

2021年4月17日8时36分，山西北方兴安化学工业有限公司下属奥兴公司厂房发生爆炸事故。事故发生后，太原市生态环境监测机构技术人员立即赶赴现场，开展环境空气应急监测工作。由于爆炸事故没有造成污水外排现象，因此主要污染物为大气污染物。应急监测人员根据爆炸程度，在事故现场周边布设了10个空气质量应急监测点位，开展TVOC（总挥发性有机化合物）、NO_2（二氧化氮）应急监测工作。应急监测人员分别在爆炸厂房下方向450米、550米处布设了1#、2#点位；在爆炸厂房下风向偏西1000米处布设了3#、4#、5#点位；在可能受影响的上风向点布设了6#、7#点位；在离此次爆炸地点较近的兴安化工厂宿舍区布设8#、9#点位。另外，将10#点位定为山西北方兴安化学工业有限公司厂区内国控空气自动监测南寨站点。

4月18日，太原市生态环境局发布山西北方兴安化学工业有限公司下属奥兴公司厂房发生爆炸事故后的环境应急监测结果。监测结果显示，1#至10#点位，TVOC、NO_2浓度均未超标。另外，国控南寨站点除PM_{10}浓度在9时略有升高外，其他污染物浓度变化全天均处于正常范围。

思考

环境监测在环境污染事件发生后对环境污染程度的评估和政府采取应急措施的影响。

一、环境监测的意义和任务

环境监测是获取环境信息、了解环境变化、评价环境质量、掌握污染物排放情况、衡量环境保护活动成果的基本途径；是执行环境法律、标准、计划、排污收费和进行环境监督管理的重要技术手段和依据；是开展环境科学技术研究、加强环境管理、搞好环境保护的基础性工作。环境监测的任务如下。

（1）评价环境质量，预测、预报环境质量发展趋势；

（2）加强污染源监测，揭示污染危害，探明污染程度和趋势，进行环境监控管理；

（3）积累各类环境数据，掌握环境容量，为实现环境污染总量控制及实施目标管理提供依据；

（4）及时分析处理监测数据和资料，建立监测数据及污染源分类技术档案，为制定及执行环保法规、标准及环境污染防治对策提供科学依据。

二、环境监测的分类

环境监测可按其监测目的或监测介质对象进行分类，也可按专业部门进行分类，如气象监测、卫生监测和资源监测等。

1. 按监测目的分类

（1）监视性监测　监视性监测是指对指定的有关项目进行长期的长时间的监测，以确定环境质量及污染源状况，评价控制实施的效果，判断环境标准实施的情况和改善环境的进展。它在环境监测工作中，量最大面最广。

监视性监测包括对污染源的监测（污染物浓度、排放总量，污染趋势等）和环境质量监测（所在地区的空气、水质、噪声、固体废物等监测）。

（2）污染事故性监测（特例监测或应急监测）　事故性监测指发生事故性污染时确定污染程度和范围，以便采取有效措施降低和消除危害。这类监测期限短，随着事故的完结而结束，常采用流动监测、空中监测或遥感等手段。这种监测在查清污染事故的原因、控制污染事故的发展及事故妥善处理中起重要作用。根据特定的目的可分为如下四种。

① 污染事故监测　在发生污染事故时进行应急监测，以确定污染物扩散方向、速度和危及范围，为控制污染提供依据。这类监测常采用流动监测（车、船等）、简易监测、低空航测、遥感等手段。

② 仲裁监测　针对污染事故纠纷、环境执法过程中所产生的矛盾进行监测。仲裁监测应由国家指定的具有权威的部门进行，以提供具有法律责任的数据（公证数据），供执法部门、司法部门裁决。

③ 考核验证监测　包括人员考核、方法验证和污染治理项目竣工时的验收监测。

④ 咨询服务监测　为政府部门、科研机构、生产单位所提供的服务性监测。例如，建设新企业应进行环境影响评价，需要按评价要求进行监测。

（3）研究性监测　研究污染物自污染源排出后，其迁移、转化的规律以及污染物对人体及其他生物体的危害性和影响程度。对企业来说，研究性监测的任务是探索污染物迁移、扩散影响的范围，研究企业特有污染物的监测方法，寻求企业排污与生产的内在关系，研究提高企业环境监测技术连续、自动化的水平。研究性监测周期长、监测范围广。

2. 按测定的介质对象分类

为了便于开展工作，环境监测又可分为水质污染监测、大气污染监测、土壤污染监测、生物污染监测、固体污染监测及能量污染监测等。

3. 按污染因素的性质分类

分为化学毒物监测、卫生（包括病原体、病毒、寄生虫及霉菌素等污染）监测、热污染源监测、噪声和振动污染监测、光污染监测、电磁辐射污染监测、放射性污染监测和富营养化监测等。

三、环境监测的程序与方法

1. 环境监测程序

环境监测的程序首先是现场调查与资料收集，主要调查收集区域内各种污染源分布及排放情况。然后确定监测项目、监测布点及采样时间和方法，最后进行数据的处理和分析，将结果上报。

2. 环境监测方法

根据环境监测的对象和目的不同，环境监测的方法多种多样。从技术的角度看，有物理的、化学的、生物的；从先进程度看，有人工的，有自动化的。由于科学技术的发展，遥感技术、信息技术和数字技术的应用，环境监测的方法在日新月异地发展和更新。

四、环境监测的质量保证

1. 质量保证的意义

环境监测质量保证是环境监测中十分重要的技术工作和管理工作。质量保证和质量控制是一种保证监测数据准确可靠的方法，是科学管理实验室和监测系统的有效措施，能使环境监测建立在可靠的基础之上，为环境管理、环境研究、环境治理以及环保执法的决策提供科学的依据。

2. 质量保证的内容

（1）采样的质量控制

① 审查采样的设置和采样时段选择的合理性和代表性。

② 采样器、流速和定时器是否经过校准，运转是否正常。

③ 吸附剂是否有效，数量是否符合要求。

④ 采样器具的材质是否符合要求。

⑤ 采样器放置的位置和高度是否符合采样要求，是否避开污染源的影响。

⑥ 采样管和滤膜的安装是否正确。

（2）样品运输和贮存中的质量保证　采样管和滤膜在采样前，要从实验室运往监测点，采集的样品需送回实验室分析。在这一过程中，采样管不可倾斜，以防吸收剂溢流。滤膜应完整地封存在专用的洁净袋子里，使用时用不锈钢镊子取放，避免滤膜在进入采样器前被污染。

不能在现场进行测定的监测项目，应保存在温度低于22℃的环境中，并立即运往实验室。若不能立即进行实验分析，样品应贮存在冰箱里。

（3）实验室的质量控制　环境监测质量保证是整个监测过程的全面质量管理，从大的方面可分为采样系统和测定系统两部分。实验室质量保证是测定系统中的重要部分，它分为实验室内质量控制和实验室间质量控制，是实验室自我控制质量的常规程序。只有建立完善的实验室及具有素质符合要求的分析人员，才能谈到实验室质量保证，从而使测定结果具有科学性。

① 实验室内质量控制　实验室内质量控制是实验室分析人员对分析质量进行自我控制的过程。一般通过分析和应用某种质量控制图或其他方法来控制分析质量。实验室内质量控制图是监测常规分析过程中可能出现误差，控制分析数据在一定的精密度范围内，保证常规分析数据质量的有效方法。

② 实验室间质量控制　实验室间质量控制的目的，是检查各实验室当使用同一种分析方法时，是否存在系统误差，找出误差来源，及时纠正存在的问题，提高监测水平。这一工作通常由某一系统的中心实验室、上级机关或权威单位负责。

（4）报告数据的质量控制

① 数据报告前，应对采样、分析测定、分析结果的计算环节涉及的数据逐一核实，确认无误后上报。对由于采样人员或分析测试人员造成的错误数据必须去除。即报告的数据必须是有效的数据。

② 超出分析方法灵敏度以外的数据不能上报。

③ 对于“未检出”和检出限以下的数据，取0至检出限之间的中间值较为合适。当测定的各浓度值有25%以上低于最小检出量时，则不能采用此法。

④ 测定中出现极值，在没有充分的理由说明问题时，数据不能随意舍去，但在报告时要加以说明。

⑤ 将整理好的各类数据经反复核准无误后，上交有关环境管理机构。

五、环境监测制度

环境监测制度是指环境监测工作的制度化、法定化，是通过立法形式形成的有关环境监测工作的一套规则。目前，确定中国环境监测制度的法律规范主要是环境法律、法规中有关环境监测的法律条款和专门性的环境监测法规、行政规章；前者如《中华人民共和国环境保护法》第十七条规定：“国家建立、健全环境监测制度。国务院环境保护主管部门制定监测规范，会同有关部门组织监测网络，统一规划国家环境质量监测站（点）的设置，建立监测数据共享机制，加强对环境监测的管理。有关行业、专业等各类环境质量监测站（点）的设置应当符合法律法规规定和监测规范的要求。监测机构应当使用符合国家标准的监测设备，遵守监测规范。监测机构及其负责人对监测数据的真实性和准确性负责”。第二十条规定：“国家建立跨行政区域的重点区域、流域环境污染和生态破坏联合防治协调机制，实行统一规划、统一标准、统一监测、统一的防治措施”。第四十二条规定：“重点排污单位应当按照国家有关规定和监测规范安装使用监测设备，保证监测设备正常运行，保存原始监测记录”。后者如《全国环境监测报告制度》《环境监测管理办法》等。

此外，在2019年5月29日生态环境部例行记者会上，生态环境部生态环境监测司司长谈到下一步工作计划时提出，生态环境部下一步将研究制订起草《生态环境监测条例》。目前，《生态环境监测条例（草案）》已经生态环境部部务会议审议通过。通过该条例的制定，进一步明确了各级生态环境监测的法律地位和作用，保护各级各类生态环境监测机构的权利和义务，同时也进一步强化各界生态环境监测机构的法律责任。从这两个方面来加强对社会监测机构的监管，培育好监测市场，规范好监测市场。作为全国首部生态环境监测地方性法规，《江苏省生态环境监测条例》于2020年5月1日起正式施行。该条例从法规制度上固化了江苏省生态环境监测的改革成果和实践经验，规范环境监测活动、保障监测数据的“真准全”。《江苏省生态环境监测条例》的率先出台也标志着江苏省的生态环境监测工作的规范化和领先性。

1. 环境监测机构

中国环境监测机构主要有如下四种类型。

（1）国务院和地方各级人民政府的环境保护行政主管部门设置的环境监测管理机构。

（2）全国环境保护系统设置的四级环境监测站，即中国环境监测总站、省级（自治区、直辖市）环境监测中心站、各省辖市设置的市环境监测站、县级（包括旗、县级市、大城市的区）环境监测站。

（3）各部门的专业环境监测机构，包括卫生、林业、农业、水利、海洋、地质等部门设置的环境监测站。

（4）大中型企业事业单位的监测站。

以上各类监测机构，依照有关法律、法规和行政规章各司其职，为环境管理提供有效的技术支持、监督服务，共同形成全国环境监测网。全国环境监测网分为国家网、省级网和市级网三级；各级环境保护行政主管部门的环境监测管理机构负责环境监测网的组织和领导工作。监测网的业务牵头、技术监督和质量保证工作，由各级环境保护行政主管部门的环境监测站负责。各大水系、海洋和农业分别成立水系、海洋和农业环境监测网。环境监测网的任务是联合协作，开展各项环境监测活动，汇总资料、综合整理，为向各级政府全面报告环境质量状况提供基础数据和资料。监测网内各成员单位的分工及其工作细则，由环境监测网章程规定。

2. 环境监测站的管理

在环境监测站的管理方面，国家建立环境监察员制度。环境监察员是环境监测站对单位和个人排放污染物情况和破坏或影响环境质量的行为进行监测和监督检查的代表。目前，中国对环境监测的管理已初步实现制度化，主要体现在如下几个方面。

（1）监测质量的保证管理 监测质量保证，是各级环境监测站的重要技术基础和管理工作。为了保证监测数据资料的准确可靠，把监测质量放在第一位，《环境监测质量保证管理规定（暂行）》等行政规章规定：各环境监测站要开展创建和评选优质实验室活动，强化实验室管理，推动实验室的质量保证工作；各实验室应建立健全监测人员岗位责任制、实验室安全操作制度、仪器设备管理制度、化学试剂管理使用制度、原始数据（记录、资料）管理制度等各项规章制度；环境监测人员实行合格证制度，经考核认证，持证上岗，按监测系统实行质量保证工作报告制度。

（2）环境监测报告的管理 定期发布环境状况公报，是《中华人民共和国环境保护法》规定的、让广大群众了解环境状况的一项重要措施。为了确保监测数据信息的高效传递，及时提出各种环境监测报告，为环境管理提供有效、及时的服务，《环境监测为环境管理服务的若干规定（暂行）》《全国环境监测报告制度（暂行）》等行政规章规定了环境监测简报制度、环境监测月报制度、环境监测季报制度、环境监测年报制度、环境质量报告书制度、污染源监测报告等。环境质量报告书是环境监测的综合成果，是环境管理的重要依据。该报告书由各级环境保护行政主管部门组织，以监测站为主要力量，协调各有关部门共同编写，由各级环境保护行政主管部门定期报送同级人民政府及上一级环境保护行政主管部门。该报告书按内容和管理的需要，分年度环境质量报告书和五年环境质量报告书两种。所有监测数据、资料、成果均为国家所有，任何个人无权独占。未经主管部门许可，任何个人和单位不得引用和发表未经正式公布的监测数据和资料。

（3）监测对象的管理 为了保证监测工作的顺利进行，环境保护法规和《污染源监测管理办法》《汽车排气污染监督管理办法》等行政规章对监测对象及其所在单位提出了一系列要求。排污单位应对污染物排放口、处理设施的污染排放定期检测，并纳入生产管理体系；应按规定整顿好排污口，使排污口符合规定的监测条件。不具备监测能力的排污单位可委托环境保护行政主管部门环境监测站或委托经其考核合格并经环境保护部门认可的有关单位进行监测。新建项目在正式投产或使用前，老污染源治理设施建成后，建设单位必须向项目审批的环境保护行政主管部门环境监测站申请；“三同时”竣工验收监测或处理设施的验收监测，其结果作为正式验收的依据。监测人员依法到有关排污单位进行现场检查或监督性监测时，被检查、监测单位必须密切配合，如实反映情况，提供必要的资料和监测工作条件。经环境保护行政主管部门授权，排污单位每月 10 日应向当地环境保护行政主管部门环境监测站报告排污和处理设施的监测结果。

第四节 环境管理信息系统

环境管理信息系统是为环境管理服务的，是环境数据的收集、传递、存储、加工、维护的工具和手段。以计算机为主要标志的环境信息中心对全部有关信息统一收集、集中存储、综合处理。由于原始数据全部送到信息中心，渠道单一，信息遗失、出错的可能性大大降低。由信息中心按不同的要求，将加工好的信息发往需求部门，提高了信息的利用率和可靠性。

一、环境管理信息概述

1. 环境信息

环境信息是信息中的一类。环境信息是一组表示数量、行动、状态和目标的可以鉴别的符号。其符号可以是字母、数字、图像、声音、色彩等，可以按其使用目的组织数据库结构。因此，环境信息是环境系统存在的标志，是环境系统受人类活动、外来干扰的一种反馈或是环境系统内部因素突变的外部显示，是获得对环境问题和现象认识的明显信号，从而使人们了解到环境和系统受到哪些因素的作用，这种作用的时空分布和系统受作用后所处的状态等。

需要注意，环境信息和环境数据是有区别的。环境数据是原始资料，而环境信息则是经过组织加工、处理过的数据，对环境决策和行为是有价值的。环境信息管理是以计算机技术为主体，通过网络对环境数据与信息的收集、传递、存储和加工进行规范化处理的管理技术。

2. 环境信息的基本特征

一般信息具有事实性、等级性、传输性、扩散性及分享性等属性。环境信息除此之外，还具有其本身独特的特性，即社会性、地区性、综合性、多样性、随机性、连续性、微观存在和宏观表现等。

（1）社会性　环境信息的社会性主要表现在它的产生、传递、存储、使用以及服务对象方面。环境信息的产生与一个国家（或地区）的国民经济、社会发展水平、科学技术水平、资源开发和利用程度，以及这个国家（或地区）的自然条件和生态系统结构特征等密切相关。环境信息的传递、存储与使用受到上层建筑等社会因素的影响与制约，因而具有强烈的社会色彩。环境信息的服务对象是人类社会。

（2）区域性（地区性）　区域性指在不同地区，由于其社会经济发展程度不同、经济结构不同和自然条件差异，环境信息具有明显的区别。例如江南水乡与内蒙古草原，同一污染物会产生不同的结果。

（3）综合多样性　环境信息的综合性表现在产生环境信息的载体存在于多种环境要素或环境介质之中，如大气污染物中的二氧化硫和氮氧化物，在下雨等条件下转化为酸雨，从而会污染地表水，污染并腐蚀土壤破坏其团粒结构，渗入地下污染地下水，毁坏农作物。环境信息在流动过程中，往往同时产生不同的物理、化学、生物化学过程，因而环境信息表现多样性和复杂性。

（4）随机性　由于自然和人为社会因素以及某些特定环境条件的随机作用，某些环境信息发生的种类、数量、流动过程和时空分布状态呈现明显的随机性。

（5）连续性　由于进入环境的污染物使环境质量变异或对环境造成的损坏是一个量变到质变的连续过程；也由于污染物在环境中的累积作用，环境信息具有连续性。

（6）环境信息的微观存在和宏观处理　环境质量的变异通常都是一个连续的渐变和积累过程。当这种渐变逐渐积累，并发展到一定限度时产生出人们能够直接或间接感知出来的宏观环境信息，这种情况可以称为环境信息的宏观表现。

二、环境管理信息系统的设计与评价

环境管理信息简称 EMIS，是一种通过计算机等先进技术实现环境管理的计算机模拟系统。该系统的基本功能是：对环境信息的收集和录用；环境信息的存储；环境信息的加工处理；以报表、图形等形式输出信息，为决策者提供依据。环境管理信息系统 EMIS 的设计过程分为如下四个阶段。

1. 系统可行性研究

可行性研究阶段的任务是确定环境管理信息系统的设计目标和总体要求，其目标是为整个工作过程提供一套必须遵循的衡量标准。进行系统可行性研究要制定出几套设计方案，进行费用-效益分析，同时对各个方案在技术、经济、运行三方面进行比较分析，得出结论性建议，再编制出可行性研究报告，并报上级主管部门审查、批准。

2. 系统的分析

系统分析阶段的基本任务是设计出系统的逻辑模型。这个阶段的主要目的是明确系统的具体目标，系统的界限以及系统的基本功能。其主要工作内容包括详细的系统调查，以了解用户的主观要求和客观状态；确定拟开发系统的目标、功能、性能、要求及对运行环境、运行软件需求的分析；数据分析；确认测试准则；编制可行性研究报告及制定初步项目开发计划等工作。系统分析在整个环境管理信息系统中具有十分重要的地位。

3. 系统设计

系统设计阶段的主要任务是根据系统分析的逻辑模型提出物理模型。逻辑模型不涉及具体的技术手段和完成任务的具体方案。系统分析阶段是解决“做什么”的问题，而系统设计阶段是解决“如何做”的问题。系统设计阶段的主要工作内容包括系统的分析，确定功能模块连接方式，输入设计，输出设计，数据库设计及模块功能说明。

4. 系统的实施与评价

环境管理信息系统评价的目的是为了该系统在运行过程中不断完善和开发。评价一个环境管理信息系统主要从系统运行的效率、系统的工作质量、系统的可靠性、系统的可修改性、系统的可操作性等五个方面进行。

三、环境决策支持系统的设计与评价

环境决策支持系统简称 EDSS，是将决策支持系统 EDSS 引入环境规划、管理、决策工作中的产物，也是一种人-机交互的信息系统。它为决策者提供了一个现代化的决策辅助工具，并且提高了决策的效率和科学性。环境决策支持系统的主要功能是收集、整理、贮存并及时提供本系统与本决策有关各种数据；灵活运用模型与方法对环境信息进行加工、处理、分析、综合、预测、评价，以便提供各种所需环境信息。环境决策支持系统的设计步骤如下。

1. 制定行动计划

快速实现方案、分阶段实现方案和完整的 EDSS 方案，是研制运行计划的三种基本方案。这三种方案分别适用于不同区域的环境决策支持系统。

2. 系统分析

建立 EDSS 关键在于确定系统的组成要素，划分内生变量，分析各要素间的相互关系，确定 EDSS 的基本结构和特征。因此，该步骤是 EDSS 设计的重要步骤。

3. 总体结构设计

总体设计包括用户接口、信息子系统、模型子系统、决策支持子系统四个部分。

4. 系统的实施与评价

为在使用过程中完善决策支持系统，要对运行效率、工作质量、可靠性、可修改性及可操作性五个方面进行评价。同时要切记本系统只是辅助决策，不可能完全代替人的决策思维。

从 1994 年起，中国利用世界银行贷款进行了覆盖全国 27 个省、自治区和直辖市的中国省级环境信息系统（PEIS）建设。提高了中国环境管理的现代化水平，起到了为省级和国家环境管理部门提供科学、及时、准确、直观的信息支持的作用。

思考题

1. 环境标准具有什么意义和作用？
2. 国际标准化组织的简称是什么？该组织成立于何时？
3. ISO 是什么组织？其任务是什么？
4. ISO 与 TC 207 是什么关系？TC 207 的组织结构是什么？
5. 推行 ISO 14000 系列标准的意义是什么？
6. ISO 14001 标准与 ISO 14000 系列标准有什么关系？
7. ISO 14001 标准的用途是什么？
8. 环境监测包括哪些内容？
9. 监视性监测包括哪些内容？
10. 环境质量保证的意义是什么？
11. 通过清洁生产审计可以达到什么目的？

讨论题

1. 通过调查，了解当地环境监测工作的现状及企业污染治理情况。

要求：了解当地影响环境的主要污染源、监测项目及达标情况。

目标：通过调查讨论，加深对环境监测在环境保护工作中重要性的认识。

2. 通过社会调查，了解当地有哪些企业开展了清洁生产？清洁生产给企业带来了哪些经济效益？

要求：通过收集资料，对某一个企业在开展清洁生产前后的变化加以对比和分析。

目标：通过讨论，明确开展清洁生产对社会经济的可持续发展具有重要意义。

第六章　自然资源管理

学习指南

掌握自然资源的概念、自然资源管理的特点和意义及管理对策，熟悉大气、水、土地等资源管理方面的国家标准和相应的管理对策。了解中国自然资源的现状和资源开发环境影响评价的一般程序及主要工作内容。

第一节　概　　述

【案例十一】

背景

青藏铁路建在全世界生态条件最脆弱的地区，造成分割生态系统和外来物种入侵等对自然环境保护不利因素，沿线分布5个已建的自然保护区和一个特殊生态功能区，跨越五大水系，稍有疏忽就会破坏高原的生态系统，造成不可弥补的和不堪设想的损失。

大量现代化生产作业引起的环境恶化事例举不胜举。在青藏公路沿线，仍然不时看到因为筑路而被破坏的植被，为了解决这个世界性的难题，青藏铁路建设实施了第三方环境监理制度。构建了建设、施工、工程监理、环境监理"四位一体"的环境保护管理体系，把施工期环境管理纳入正常程序，将环保部门被动外部环境控制变为施工过程内部主动环境控制。环境监理的工作范围主要包括主体工程、临时工程、生态恢复工程及野生动物通道等。工作方式采取文件核对与现场检查相结合，辅以现场监督，并根据青藏铁路工程进展情况，确定环境监理的重点。建设者们在铁路线上设置了33个野生动物通道，在特殊路段区域实施了大面积草皮移植和种草等，成为中国铁路交通史上的环保典范。

思考

1. 收集资料列出几个人类活动对自然资源破坏的事例。
2. 试评估青藏铁路建设工程对自然资源的可能会产生的影响。

坚持统筹山水林田湖草沙系统治理是我国生态文明建设的系统观念。习近平总书记指出："生态是统一的自然系统，是相互依存、紧密联系的有机链条。"统筹山水林田湖草沙系统治理，深刻揭示了生态系统的整体性、系统性及其内在发展规律，为全方位、全地域、全过程开展生态文明建设提供了方法论指导。必须从系统工程和全局角度寻求新的治理之道，更加注重综合治理、系统治理、源头治理，实施好生态保护修复工程，加大生态系统保护力度，在做好自然资源管理的同时，提升生态系统的稳定性和可持续性。

我国生态文明建设已进入有条件有能力解决生态环境突出问题的窗口期，而生态环境领域的"公地悲剧"问题、环境污染的负外部性问题、参与过程的"搭便车"问题、管理职能的分散化和碎片化问题等都需要通过完善生态环境治理体系和提升治理能力来解决。要从生态系统整体性出发，以统筹山水林田湖草沙系统治理为主线，坚持党的领导、坚持多方共治、坚持市场导向、坚持依法治理，建立健全领导责任体系、企业责任体系、全民行动体系、监管体系、市场体系、信用体系、法律政策体系等，形成导向清晰、决策科学、执行有力、激励有效、多元参与、良性互动的生态环境治理体系，全面提升生态环境治理能力，更好地解决生态系统性与治理碎片化之间的矛盾，实现生态文明建设由点到面、由局部到整体、由短期到长远的根本性突破。

一、自然资源的概念及分类

1. 自然资源

自然资源是指一定时间、地点条件下能够为人类生存发展活动产生经济价值，增益造福的那部分自然环境的总和，也可以说是能被人们开发利用的那部分自然环境，是人类的衣食之源。如地球上的空气、水、土地、矿物、生物以及其他可以被人类利用和消耗的物质。

自然资源在人与环境构成的大系统中具有特殊的地位与作用，它是自然环境系统运行不可缺少的部分，同时也是人类社会系统运行不可缺少的部分。而且，自然资源是人类社会活动最剧烈的地方，也是作用最强烈的地方。自然资源不但有地域性，而且有强烈的国家属性。

自然资源的上述特点表明，它是人类社会系统和自然环境系统相互作用，相互冲突最严重的地方。因此，处理好自然资源开发与保护的关系是处理好“人与环境”关系最关键的问题，是关系到人类社会持久发展的大问题，当然也是环境管理的核心问题。

2. 自然资源的分类

自然资源可以按两种方法分类。

（1）按照自然资源的地理分类　按照自然资源的形成条件、组合状况、分布规律以及与地理环境各圈层之间的关系等特性，通常把自然资源分为六大类：①矿产资源（岩石圈）；②土地资源（土圈）；③水利资源（水圈）；④生物资源（生物圈）；⑤气候资源（大气圈）；⑥海洋资源。

（2）按照自然资源的特点分类　自然资源按其产生的渊源及可利用特点，分为如下两方面。

① 无限资源　又称非耗竭性资源。这类资源是随着地球形成及其运动而存在，基本上是持续稳定产生的，如太阳能、空气、风、降雨、降雪、气候等。

② 有限资源　又称耗竭性资源。这类资源是在地球演化过程中的特定条件、特定阶段中形成的，其品质与数量是有限的，空间分布也不均匀。此类资源又分为以下两种。

a. 可再生资源　又称可更新资源。这类资源是指那些被人类开发利用之后，能够依靠生态系统本身的力量得到恢复或者再生的资源，如动物资源、植物资源、水资源、土地资源等。但是开发强度不能超过承载力。

b. 不可再生资源　又称不可更新资源。这类资源是指那些被人类开发利用之后，而逐渐减少以至枯竭，却不能再生的自然资源，因为这类资源都是由古生物或非生物经过漫长的地质年代形成的，故它们的储量是固定的，只能不断减少，无法持续利用。如各种金属与非金属矿物、化石燃料等。

3. 中国的自然资源概况

自然资源是国民经济赖以发展的物质基础，是社会财富的主要来源。中国是一个资源大国，自然资源种类多、数量大，具有四个方面的特点：①资源总量多，人均占有量少；②各类资源总体组合较好；③自然资源的空间分布不均衡；④自然资源质量差别悬殊。

（1）土地资源　中国位于亚欧大陆的东部，太平洋的西岸。全国陆地总面积约 $9.6\times10^6km^2$、占世界陆地总面积的6.5%。中国的地形复杂，山地约占33%，高原约占26%，盆地约占19%，平原约占12%，丘陵约占10%。中国习惯上说的山区，包括山地、丘陵和比较崎岖的高原在内，约占全国总面积的2/3。

在 $9.6\times10^8hm^2$ 的国土中，目前已开发利用的约 $5.92\times10^8hm^2$，占62%；经过改良后还可以利用的约 $0.98\times10^8hm^2$，占10%；难以利用的土地近 $2.7\times10^8hm^2$（大部分为戈壁、沙漠和石山）。已利用的土地中，耕地约 $0.96\times10^8hm^2$，人均仅 $0.085hm^2$。

中国各项可利用土地资源分布极不平衡，大部分耕地和内陆水域分布于东南部地区，50%以上耕地集中在东北部和西南部地区，80%以上的草原集中在西北部半干旱、干旱地区，在确保必要耕地数量的前提下，各地区调整土地利用结构的余地很小。

（2）气候资源　气候资源是指在目前社会经济技术条件下人类可以利用的太阳辐射所带来的光、热资源以及大气降水、空气流动（风力）等。气候资源对人类的生产和生活有很大影响，既具有长期可用性，又具有强烈的地域差异性。中国的气候类型复杂多样，主要特点是：季风气候明显，冬冷夏热，降水等有显著的季节性差异；大陆性气候强，气温年差较大；另外，梅雨、寒潮、台风等也是中国特殊而重要的天气现象。

按水分条件，中国从沿海向西北内陆可分为四个区：湿润区，分布于秦岭淮河一线以南，占全国总面积的32%；半湿润区，包括东北、华北大部分区域，占全国总面积的15%；半干旱区，占全国总面积的22%；干旱区，占全国总面积的31%。

（3）水资源　中国陆域多年平均年降水总量约 $6\times10^{12}m^3$，形成水资源总量约 $2.8\times10^{12}m^3$，其中河川径流量 $2.7\times10^{12}m^3$、地下水资源量约为 $0.87\times10^{12}m^3$，两者相互转化重复估算部分约 $0.77\times10^{12}m^3$，人均水资源量约 $2400m^3$，只有世界人均的1/4。

中国水资源的时空分布很不均匀，降水量和径流量年内、年际变化幅度很大，降低了水资源的可利用程度，而且容易造成旱涝灾害。在地区分布上，水资源分布与降水分布基本一致，东南多，西北少，由东南沿海地区向西北内陆递减。

（4）矿产资源　中国矿产资源的品种和类型比较齐全，世界上已利用的160多种矿产资源在中国均有发现，其中已探明有储量的矿产155种，20多种矿产的探明储量居世界前列。

按照中国主要矿产品供需的状况看，自给有余，可大量出口的有煤炭、钨、锡、钼、锑、稀土、菱镁矿、萤石、芒硝、重晶石、硅藻土、石材、石墨、滑石、硅灰石；自给有余，可少量出口的有钛、铅、锌、锶、耐火黏土、磷矿石、钠盐、膨润土；基本自给的有天然气、铝、硫、硼、石膏、高岭土；供应短缺的有石油、镍、金、白银、石棉；供应严重不足的有富铁矿石、富锰矿石、铬铁矿、铜、钴、钾盐、金刚石、铂族金属等。

中国已探明的矿产资源总量约占世界的12%，仅次于美国和俄罗斯，居世界第3位，但人均占有量低，仅为世界平均水平的58%，列世界第53位。

（5）能源资源　中国煤炭资源丰富，品种齐全，埋深1500m以内的煤炭总资源达4×

10^{12} t。截止到2017年年底，经勘探证实的储量为16666.7亿吨。

中国陆地及大陆架石油总资源量为 7.875×10^{10} t。天然气总资源量为 3.33×10^{13} m^3。

中国的水能资源蕴藏居世界首位，全国可供开发利用的水能资源约为 3.8×10^8 kW，但目前的实际开发利用程度却只有9.1%。

营造薪炭林，加上灌木林、用材林、防护林等，可为农村提供生物质能源。此外中国的太阳能、风能、潮汐能等可再生能源也很丰富。

(6) 森林和其他生物资源　中国林地面积约32591万公顷，约占全国土地面积的40%。

中国的各种生物资源种类繁多，分布广泛。高等植物有3万多种，其中种子植物2万多种，裸子植物236种。动物种类则多达约10.4万种，其中昆虫约10万种，鱼类2500多种，兽类450多种，鸟类1186种，两栖类210多种，爬行类320种，是世界上动物种类最多的国家之一。

(7) 海洋资源　中国邻近渤海、黄海、东海和南海四大自然海区，拥有18000 km的大陆海岸线，超过 2×10^6 km^2 的大陆架和6500多个岛屿，管辖的海域面积近 3×10^6 km^2。广阔的海域贮存了丰富的能源、矿产资源、食物资源和其他工业原料。

海洋生物20278种，占世界海洋生物总数的25%以上。具有捕捞价值的海洋动物鱼类2500余种，头足类84种，对虾类90种，蟹类685种。海洋生物入药的种类700种。

迄今共发现具有商业开采价值的海上油气田38个，获得石油储量约 9×10^8 t，天然气储量超过 2.5×10^{11} m^3。海滨砂矿13种，累计探明储量 1.527×10^9 t。

中国沿岸潮汐能可开发资源，约为 2.17931×10^7 kW，年发电量约为 6.2436×10^{10} kW·h；温差能总装机容量 1.328×10^{13} kW；波浪能资源理论平均功率为 6.28522×10^7 kW；潮汐能 1.39485×10^7 kW；盐差能 1.25×10^8 kW。

【案例十二】

案件

2017年9月20日，原天津经济技术开发区环境保护局（以下简称原经开区环保局）对区内某企业进行现场检查，发现其厂区内西北侧草地上有一形状不规则的油渍地面。随后，原经开区环保局会同公安机关共同调查取证，确认了该企业向厂区内草地倾倒废切削液和废矿物油的事实，依法对该企业进行查处，并同时将案件移送至公安处理。经鉴定评估，超过用地风险筛选值需开展修复的土壤面积约240平方米，体积约360立方米，涉及生态环境损害赔偿数额共计114.7万元。

背景

2019年7月11日，赔偿权利人指定的部门原经开区环保局与赔偿义务人涉案企业进行磋商，并达成赔偿协议。双方约定采用氧化技术进行原地异位修复，生态环境损害赔偿责任由赔偿义务人承担，包括鉴定评估报告明确的生态环境损害数额、本案相应支出的鉴定评估费、恢复效果评估费等费用。为确保协议顺利履行，赔偿权利人和义务人共同向天津市第三中级人民法院申请了司法确认。依据赔偿协议，涉案企业委托第三方机构对需要开展修复的土壤进行修复，并将受污染影响但未超过用地风险筛选值的土壤和地下水生态环境损失47.5万元缴纳至滨海新区财政非税收入专用账户。

思考

本案对生态环境损害赔偿案件的具体办理操作流程，进行了实践，并探索了需要修复和不需要修复两种损害的责任承担方式。一方面，修复费用、评估费用由赔偿义务人自愿与第三方机构签订合同支付。按照《生态环境损害赔偿制度改革方案》的规定，生态环境损害可以修复的，由赔偿义务人自行修复或者委托第三方机构修复。另一方面，将不需要开展修复的土壤和地下水生态环境损害造成的损失直接给付赔偿权利人。本案既修复了受损的生态环境，又赔偿了不需要开展修复但造成损害的土壤和地下水生态环境损失，是落实《生态环境损害赔偿制度改革方案》“应赔尽赔”要求的典型案例。

【案例十三】

背景

2021年12月，江苏省第二生态环境保护督察组进驻苏州市督察，发现昆山市、苏州工业园区和相关部门对阳澄湖饮用水源地保护重视不够、放松要求，对二级保护区内违法违规建设项目整治不力，存在较大环境风险隐患。主要问题包括：昆山市“拦湖筑坝”，在水源地二级保护区内进行水上餐饮；苏州工业园区对水源地二级保护区内违法违规建设项目整治不力；污水收集处理不到位，环境风险隐患突出。

阳澄湖大闸蟹素有“蟹中之王”美称，阳澄湖更是因此驰名中外，“银帆破浪舟归晚、蟒蟹出舱客至繁”，每到蟹季，大量游客纷沓而至，催生了阳澄湖周边“农家乐”“水上蟹坊”餐饮业无序发展。2019年11月，央视《经济半小时》栏目连续两天对苏州市相城区的阳澄湖周边农家乐餐饮污染问题进行曝光，引起高度关注。但苏州市未能正确认识餐饮无序发展对阳澄湖生态环境的破坏，仅仅对曝光的“美人腿”和莲花岛上的农家乐开展了清理整顿，昆山市对大量打“擦边球”直接建在水面上的“水上蟹坊”餐饮污染问题放之任之，甚至对饮用水源地二级保护区内的违法违规水上餐饮表面整改。昆山“渔家灯火”餐饮区在2002年后，相继出现“水上蟹坊”形式的水上餐饮，部分水上餐饮违规建设在湖体水面。阳澄湖饮用水源地保护区划分后，地方政府没有按要求对饮用水水源保护区内农家乐、宾馆酒店、餐饮娱乐等项目进行拆除或关闭，却在阳澄湖内“拦湖筑坝”试图掩盖，造成水上餐饮不在饮用水源地二级保护区内的“假象”。督察发现，2016年以来，“渔家灯火”餐饮区在饮用水源地二级保护区内持续违法改建水上餐饮项目，督察组进驻时，在二级保护区内仍存在约79家违法违规“水上蟹坊”餐饮店，形成伸进保护区的“奇特触角”。

阳澄湖是江苏省重要淡水湖泊之一，是苏州工业园区第二水源地和昆山市饮用水源的补给水源，也是苏州市重要战略备用水源。此次督察发现，昆山市、苏州工业园区落实阳澄湖水源地保护不力，利用阳澄湖岸线独有的生态资源禀赋“环湖开发”“与湖争地”，违反《中华人民共和国水法》《苏州市阳澄湖水源水质保护条例》等法律法规要求，贴线甚至围湖造地进行餐饮、酒店、娱乐等项目建设。2018年，国家开展了集中式饮用水源地环境保护专项整治，但苏州市部分地区和部门缺乏动真碰硬的决心，没有从根本上消除饮用水源地环境风险，导致整治走过场。督察组进驻时，部分位于饮用水源地二级保护区内仍存在违法违规建设项目，未按《中华人民共和国水污染防治法》等法律法规要求予以拆除或关闭。

督察组指出，苏州市没有把饮用水源地保护作为带电的高压线，反而成为“一划了之”的突破线。沿湖部分地区底线思维不强，对阳澄湖饮用水源地的重要性认识不清，相关部门在落实饮用水源地保护相关法律法规上打折扣、降标准，整治走过场，饮用水源地环境风险未消除。

思考

1. 该起典型案例究其根源，在于当前某些主管部门仍然以GDP先行，自身缺少环境责任感。同时，相关企业也缺乏应有的社会责任感。

2. 国家在建立健全了相关法规的同时，更应注重严格执法，还应重视引导民众与媒体的积极介入。

二、自然资源管理的特点和意义

1. 自然资源管理的特点

自然资源管理具有三个特点。

(1) 广泛性　自然资源管理的地域范围涉及凡是有资源的各个地方，包括空间、地表、地下等所有天然存在的各类资源。

(2) 紧迫性　当今自然资源遭到严重破坏，生态失调，环境污染严重。全球面临着资源危机，已经危及全人类的生存，是亟待解决的问题，这也说明了加强自然资源管理的紧迫性。

(3) 艰巨性　自然资源遭到破坏与生态平衡失调，都是长时期积累的结果，几十年上百年不易恢复好转。因此，自然资源管理工作的任务是十分艰巨的。

2. 自然资源管理的意义

(1) 自然资源管理是人类生存和发展的需要　自然资源是人类生存和发展的基本物质条件，自然资源一旦出现短缺乃至枯竭，就会直接威胁人类的生存和发展。因此，加强自然资源管理就是要合理地开发利用自然资源，保持人类与自然的和谐，以满足人类社会持续、稳定、健康的发展。

(2) 自然资源管理是实现社会再生产的客观要求　自然资源是进行社会再生产的基础，它为人类的生产活动提供源源不断的生产资料，使社会再生产得以顺利进行。而当资源遭到破坏，致使其退化甚至枯竭，就难以保证社会生产活动的原料供应，由此影响整个社会再生产过程的顺利进行。

因此，加强自然资源管理就是要坚持“谁开发谁保护”的方针，控制自然资源的开发强度，使其与资源的再生增殖相平衡，使资源的开发与社会再生产的需求相平衡，从而使自然资源的再生产和社会再生产实现良性循环。

(3) 自然资源管理是保护环境的需要　自然资源构成了环境的基本要素，当这些要素遭到破坏，生态就要失调，环境质量就要恶化。因此，加强自然资源管理就是要保护自然生态的强大活力，维护自然生态的良性循环，不断改善环境质量，从而使自然资源管理发挥应有的环境效益。

三、自然资源管理对策

1. 改善传统的资源利用方式

中国正处在自然资源开发利用向上发展的时期，今后，人均资源需求量将会继续较快地增长，人口增长和人均需求量增长的叠加，使资源需求将长期处于增长的状态。以水资源为例，据国家统计局公布的统计数据显示，2013年至2018年，全国总供水量为从6183.45亿立方米下降到6015亿立方米，人均用水量由455.54立方米下降为431.92立方米，总供水量和人均用水量的持续下降表明了水资源紧缺是一个不争的事实。因此，在资源总储量十分有限的情况下，必须执行一条充分而合理地开发利用资源的方针，扩大资源产品的供给，使资源能比较迅速而有效地转化为现实的国民财富。同时，也非常有必要积极执行集约利用资源的技术路线，适当压缩需求，使供需缺口尽可能减少。

2. 要特别强调节约资源

首先要特别强调节地、节水、节能、节煤，不仅要把它看成是主管部门的职责，而且要把它看成是各级政府的职责，看成是全民的义务。

其次要建立健全节约资源的宏观经济调控体系。

（1）制定有利于节约资源的产业政策，刺激经济由资源密集型结构向知识、劳动密集型结构转变。

（2）把资源利用效率作为制定计划、安排投资的重要准则和指标，在制定计划、安排投资时，应优先安排有关节约资源、能提高利用效率的项目，强化对资源利用的计划监督。

（3）逐渐消除变相鼓励资源消耗的经济政策，特别是价格、税收、信贷、外贸等方面对资源或资源产品的使用者给予补贴或变相补贴的政策，强化对节约和综合利用资源的经济优惠。

再次，根据各部门各行业工艺技术特点和发展方向，建立和完善节约资源的技术政策和技术规范体系，把它们列为国家技术政策体系的重要组成部分。要有重点地在那些资源密集的产业部门（如能源、冶金、化工等部门）开展这项工作，以有效地规划和指导各部门节约资源的活动。

3. 建立和完善资源产权制度

首先，要树立资源资产观念，建立资源资产管理制度，强化资源所有权，特别是国有资源的国家所有权。

其次，加强产权管理，实行资源所有权和使用权分离，对资源使用可以实行资源有偿使用和转让。

建立和完善资源产权制度，是改善资源利用的必要社会条件。明确产权关系，强化对资源资产的管理，实现资源有偿占有和使用，是实现资源保护的重要步骤。

4. 理顺价格，发展市场

事实证明，要促进基础材料产业的发展和节约利用资源，必须依靠价格这个有力的调节杠杆。过去那种“产品高价、原料低价、资源无价”的严重价格扭曲现象，只会使资源市场无法启动和运转。

在理顺价格过程中，要同全面统一市场的发展相匹配，建立和完善资源产品和资源市场。由于资源的自然和经济特性复杂多样，相应的市场体系也必然是多层次、多种多样的。

5. 发展资源产业，补偿资源消耗

节约资源，控制资源过度消耗是中国应该实行的重要战略方针。同时，保护、恢复、再生、更新、积累自然资源，进行自然资源社会再生产，作为扭转资源、环境危机的主动和积极的措施，也应该是中国长期实行的重要战略方针。

首先，要实现管理职能的转变，在增加政策、资金和科技投入的同时，对资源产业生产

活动的管理，要逐渐减少行政手段，多用经济手段；减少直接管理办法，多用间接管理办法。按照商品经济的要求，逐步推进商品化，资源投入多渠道化，提高经济运行效率。

其次，要建立市场机制，采取多种形式促使资源产业产品价值的实现。由于资源产业是周期长、风险大的产业，资源产业的产品又表现为实物资源和环境资源的两重性。所以，交换形式不能完全等同于一般产品交换，需要建立特殊的交换关系。同时，资源产业对经济建设和社会发展的作用，也不只是短期市场价格所能体现的，它还具有很多长远的公共效益。

再次，转变投资机制，资源产业的资金投入不再按部门分配，而以国家专业银行或专业投资公司为中介进行。这些中介组织作为经济实体，独立于政府部门，面向全行业，负责部门项目招标和咨询服务，按项目成果考核投资收益。这种投入产出机制的转变，对于增强资源产业生产单位的活力，提高资源产业生产效率，实现资源产业投入-产出的良性循环，促进产业之间的协调发展，均有十分重要的意义。

6. 建立自然资源核算制度

自然资源核算是对自然资源的存量、流量以及自然资源的财富价值进行科学的计量，并纳入国民经济核算体系，以正确地计量国民总财富、经济产值及其增长情况，以及自然资源的消长对经济发展的影响。建立资源核算体系，通过资源实物量和价值量核算，就能合理评价经济发展的进程和效果，正确评价国民经济长期发展的潜力，有利于资源开发利用的科学化决策，有利于加强对资源的管理。同时，资源核算也是确定自然资源资产所有权，建立资源有偿占有和有偿使用制度的有效工具。

四、自然资源开发的环境影响评价

1. 概述

由于资源开发对生态环境影响的复杂性、潜在性和长期性，因此，资源开发的环境影响评价工作难度很大。但是它对于合理开发利用资源，克服开发中的盲目性和破坏性，保证自然资源的永续利用，实现资源开发的持续、稳定、协调发展十分重要，必须引起高度的重视。

2. 资源开发环境影响评价的基本内容

(1) 工作程序　资源开发环境影响评价主要包括资源开发项目的性质、范围、意义、项目建议书的基本内容，评价的目的、范围、大纲、拟采用的标准等。资源开发环境影响评价技术工作程序如图 6-1 所示。

(2) 资源开发项目的基本情况　主要包括以下内容。

① 资源开发的方式、深度；

② 资源开发的时限；

③ 资源开发中可能产生的废水、废气、废渣和其他污染的种类、污染物的排放方式等；

④ 废弃物回收利用、综合利用和污染物处理方案、设施和主要工艺原理；

⑤ 资源开发的主要工艺或工程。

(3) 资源开发项目周围的环境状况调查　调查的主要内容如下。

① 地理位置、资源分布；

② 地质、地形、地貌和土壤情况，河流、湖泊（水库）、海湾的水文情况，气候与气象状况；

③ 矿藏、森林、草原、水产和野生动物、野生植物、农作物等状况；

④ 自然保护区、风景游览区、名胜古迹、温泉、疗养区以及重要政治文化设施状况；

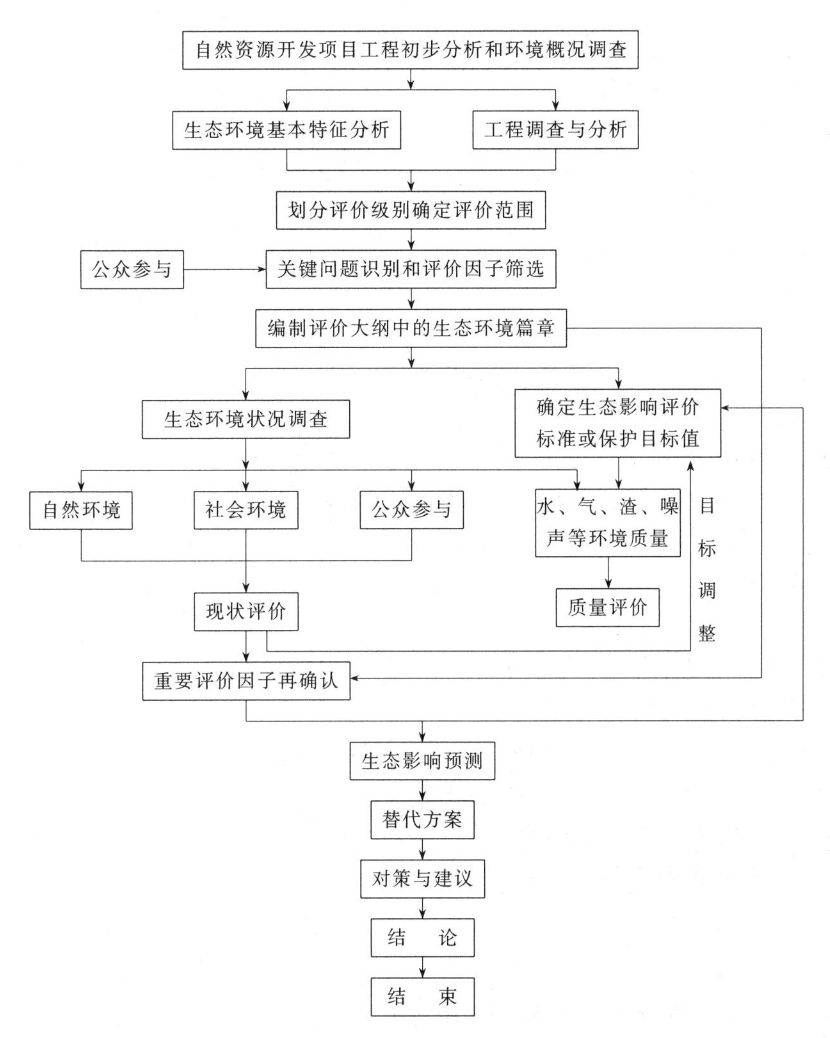

图 6-1 资源开发环境影响评价技术工作程序图

⑤ 大气、地面水、地下水和土壤的环境质量状况；

⑥ 人群健康状况和地方病等情况；

⑦ 社会经济状况，包括现有工矿企业和生活居住区的分布情况、人口密度、农业概况、土地利用情况、交通运输情况及其他社会经济活动情况；

⑧ 其他环境污染、环境破坏的现状资料。

(4) 资源开发项目对生态环境的影响预测　这是资源开发的环境影响评价的重点和难点，这部分内容如下。

① 资源开发项目可能对生物物种的影响，对生物栖息环境的影响及相应的防范措施；

② 资源开发对周围地区的地质、水文、气象可能产生的影响，防范和减少这些影响的措施；

③ 资源开发对周围地区其他自然资源可能产生的影响，如矿产资源开发对森林、土地、生物物种、水资源等的影响，防范和减少这类影响的措施；

④ 资源开发对周围地区自然保护区、风景游览区、名胜古迹、疗养区等可能产生的影响，防范和减少这类影响的措施；

⑤ 资源开发对周围生活居住区的影响范围和程度以及防范措施；

⑥ 资源开发产生的各种污染物的排放量、排放方式，对周围大气、水、土壤的环境质量的影响范围及程度；

⑦ 绿化措施，包括防护地带的防护林和项目开发区的绿化；

⑧ 各种防范措施的投资估算。

（5）资源开发的环境管理措施

① 制定管理规划；

② 设立合理的管理机构；

③ 落实监测人员、设备、项目及布点；

④ 确定正常管理的资金渠道；

⑤ 主要的管理制度建议。

（6）资源开发的经济损益简要分析　经济损益分析要尽量做到定量，以保证分析结果的准确性和说服力。主要包括以下内容。

① 资源成本核算；

② 资源开发的经济效益分析；

③ 资源开发对生态环境的损害分析；

④ 资源开发的费用-效益综合分析及评价。

（7）评价结论　主要包括以下内容。

① 资源开发对生态环境影响的简要分析；

② 资源开发的范围、性质、强度、方式、规模是否符合生态环境保护的要求；

③ 各种防范措施经济上是否合理、技术上是否可行；

④ 是否需要进一步评价。

3. 资源开发环境影响评价的发展和完善

（1）要强调评价的综合性　资源开发环境影响评价与单个工业项目的环境影响评价相比，最显著的特点是区域性和综合性。因此，资源开发的环境影响评价应打破传统评价的界限，应从工业、农业、林业、水利、交通和区域建设等全面综合的角度去评价，以促使资源、人口、环境与生产开发之间的和谐发展。

（2）定量与定性相结合　与单项目环境影响评价相比，资源开发项目环境影响评价很难做到完全定量，这就要求在评价过程中，要大量吸收现代科学技术，运用现代化方法，能定量的一定要求定量，暂时不能定量的，也应全面、系统地定性分析。

（3）要特别强调预防性措施　单项目环境影响评价中往往要采取很多污染治理措施，但在资源开发项目的环境影响评价中则应特别强调预防性措施，要保证资源开发的各个环节尽量不出或少出生态环境问题。

（4）资源的开发与保护并重　要采取边开发、边保护，开发与保护并重的策略对待资源开发项目。对没有保护措施的资源开发项目，应否定其环境影响评价报告书。

第二节　大气环境管理

大气是环境系统的重要组成要素之一，是维持生命所必需的物质，因此，大气又是一种资源。大气环境质量的优劣，直接关系到生态系统和人群健康。由于人类活动的加强和某些自然的作用，释放出的物质和能量与大气之间进行着交换，直接影响着大气环境质量，所以大气环境管理是资源管理的重要内容之一。

一、大气环境质量标准

对大气污染物排放进行控制，除依靠行政手段、经济手段和法律手段外，还必须有各种标准。它是大气环境管理的重要环节，是执法的科学依据。大气污染防治标准，大致可分为大气环境标准、大气质量标准、污染物排放标准、防治污染设备标准、燃料标准等。大气环境质量标准是中国规定的各类地区大气中某些污染物量在一定时间内不许超过的限值。

1. 制定大气环境质量标准的依据

（1）国家环境保护政策、大气保护法规和能源政策；

（2）污染物对人体健康和生态系统影响的基准资料；

（3）经济技术条件。

2. 中国的大气环境质量标准

6-1《环境空气质量标准》

中国现行《环境空气质量标准》（GB 3095—2012）将环境空气功能区分为二类：一类区为自然保护区、风景名胜区和其他需要特殊保护的区域；二类区为居住区、商业交通居民混合区、文化区、工业区和农村地区。环境空气质量标准分为二级：一类区执行一级标准；二类区执行二级标准。该标准规定了各项污染物不允许超过的浓度限值，见表 6-1。

表 6-1　环境空气污染物项目浓度限值

污染物项目	平均时间	浓度限值		单位	备注
		一级	二级		
二氧化硫（SO_2）	年平均 24 小时平均 1 小时平均	20 50 150	60 150 500	μg/m³	环境空气污染物基本项目浓度限值
二氧化氮（NO_2）	年平均 24 小时平均 1 小时平均	40 80 200	40 80 200	μg/m³	环境空气污染物基本项目浓度限值
颗粒物（粒径小于等于 10μm）	年平均 24 小时平均	40 50	70 150	μg/m³	环境空气污染物基本项目浓度限值
颗粒物（粒径小于等于 2.5μm）	年平均 24 小时平均	15 35	35 75	μg/m³	环境空气污染物基本项目浓度限值
臭氧（O_3）	日最大 8 小时平均 1 小时平均	100 160	160 200	μg/m³	环境空气污染物基本项目浓度限值
一氧化碳（CO）	24 小时平均 1 小时平均	4 10	4 10	mg/m³	环境空气污染物基本项目浓度限值
总悬浮颗粒物（TSP）	年平均 24 小时平均	80 120	200 300	μg/m³	环境空气污染物其他项目浓度限值
氮氧化物（NO_x）	年平均 24 小时平均 1 小时平均	50 100 250	50 100 250	μg/m³	环境空气污染物其他项目浓度限值
铅（Pb）	年平均 季平均	0.5 0.5	1 1	μg/m³	环境空气污染物其他项目浓度限值
苯并[*a*]芘（B[*a*]P）	年平均 24 小时平均	0.001 0.0025	0.001 0.0025	μg/m³	环境空气污染物其他项目浓度限值

二、大气污染综合整治宏观分析

所谓大气污染综合整治宏观分析就是在制定大气污染综合整治规划时，根据大气污染和大气环境特征，从生态系统出发，对影响大气质量的多种因素进行系统的综合分析。从宏观上制定大气污染综合整治的方向和重点，从而为具体制定大气污染综合整治措施提供依据。

1. 影响城市大气质量的因素分析

城市大气质量受到多种因素的影响，一般包括气象条件、工业生产、工业结构与布局、居民生活和社会消费活动等。

影响因素的分析最好能做到定量，其分析步骤如下。

(1) 先进行类比调查，查清本市的各有关因素指标与本省、全国平均水平的差距，或与有关指标原设计能力的差距。如调查除尘效率、能源结构、净化、回收设施处理能力、型煤普及率、热化和气化率等与全省、全国平均水平的差距等。

(2) 计算各因素指标达到全省、全国平均水平或原设计能力时，所能相应增加的污染物削减量。

(3) 计算和分析各因素指标在平均控制水平下的污染物削减量比值，从而确定主要的影响因素；或计算各因素指标在本市条件下所应达到水平的污染物削减量比值，从而确定主要的影响因素。

2. 确定大气污染综合整治的方向和重点

通过对大气质量影响因素的综合分析，可以明确影响大气质量的主要因素和目前在控制大气污染方面的薄弱环节。在此基础上，就可以根据加强薄弱环节，控制环境敏感因素的原则，确定城市大气污染综合整治的方向和重点。

通过对大气污染综合整治方向和重点的宏观分析，可以避免制定大气污染综合整治措施中面面俱到、没有重点或抓不住重点的弊病，并可为系统分析，整体优化大气污染综合整治措施提供条件。

三、大气环境管理对策

大气污染综合整治是大气环境管理的核心。由于各地区大气污染的特征、条件以及大气污染综合整治的方向和重点不尽相同，因此，对策的确定具有很大的区域性，很难找到适合于一切情况的通用对策，这里仅简要介绍中国大气环境保护的通用对策。

1. 加强项目管理，实行源头控制

向大气排放污染物的新建、扩建、改建项目，必须遵守国家有关建设项目环境保护管理的规定。建设项目的环境影响报告书，必须对建设项目可能产生的大气污染和对生态环境的影响作出评价，规定防治措施，并按照规定的程序报环境保护行政主管部门审查批准。建设项目投入生产或者使用之前，其大气污染防治设施必须经过环境保护行政主管部门验收，达不到国家有关建设项目环境保护管理规定要求的建设项目，不得投入生产或者使用。

向大气排放污染物的单位，必须按照国务院环境保护行政主管部门的规定向所在地的环境保护行政主管部门申报拥有的污染物排放设施、处理设施和在正常作业条件下排放污染物的种类、数量、浓度，并提供防治大气污染方面的有关技术资料。排污单位排放大气污染物的种类、数量、浓度有重大改变的，应当及时申报；其大气污染物处理设施必须保持正常使

用，拆除或者闲置大气污染物处理设施的，必须事先报经所在地的县级以上地方人民政府环境保护行政主管部门批准。

2. 合理利用大气环境容量

中国有些地区大气环境容量的利用很不合理，如一方面局部地区“超载”严重；另一方面相当一部分地区容量没有合理利用，这种现象是造成区域大气污染的重要根源。合理利用大气环境容量要做到以下两点。

（1）科学利用大气环境容量　在制定大气污染综合整治措施时，应首先考虑这一措施的可行性。根据国家对不同功能区的大气环境质量标准，确定环境目标，并计算主要污染物的最大允许排放量。在保证大气中污染物浓度不超过要求值的前提下，根据大气自净规律（如稀释扩散、降水洗涤、氧化还原等），定量（总量）、定点（地点）、定时（时间）地向大气中排放污染物，从而合理地利用大气环境资源。

（2）结合工业布局调整，合理开发大气环境容量　工业布局不合理是造成大气环境容量使用不合理的直接因素。例如，大气污染源分布在城市主导风向的上风向，使得城市市区上空有限的环境容量过度使用，而城郊及广大农村上空的大气环境容量未被利用；再如污染源在某一小的区域内密集必然造成局部污染严重，并可能导致污染事故的发生。因此，在合理开发大气环境容量时，还应该从调整工业布局入手。

3. 以集中控制为主，降低污染物排放量

多年的实践证明，集中控制是防治污染、改善区域环境质量，实现“三个效益”统一的最有效的措施。在中国城市，大气污染主要是煤烟型污染，污染物主要是尘和二氧化硫。因而，大气污染综合整治措施，以集中控制为主，并与分散治理相结合。所谓集中控制就是从城市的整体着眼，采取宏观调控和综合防治措施。如调整工业结构、改善能源结构、集中供热、发展无污染或少污染的清洁能源（如太阳能、风能、地热能等）以及集中加工和处理燃料，采取优质煤（或燃料）供民用的能源政策等。

对局部污染物，如工业生产过程排放的大气污染物，工业粉尘、制酸及氮肥生产排放的 SO_2、NO_x、HF 等，以及汽车尾气，则要因地制宜，采取分散防治措施。

集中控制的内容非常丰富，实践证明，在中国现有条件下实施以下政策，对提高能源利用率，改善大气环境质量，效果非常显著，应积极推广。

① 发展气体燃料，提高城市燃料气化率；

② 发展城市集中供热；

③ 改进燃烧设备，提高烟气净化效率；

④ 积极推广型煤。

4. 建立并逐步扩大城市烟尘控制区

城市烟尘控制区是指在以城市街道和行政区为单位划定的区域内，对各种锅炉、窑炉、茶炉、营业灶和食堂大灶排放的烟气黑度，各种炉窑、工业生产设施排放的烟尘，进行定量控制，使其达到规定的标准。

（1）建设烟尘控制区的基本标准

① 烟尘控制区内各种炉、窑、灶排放的烟气黑度以排放台（眼）计算，分别有 80%以上达到国家或地方规定的排放标准，其余的部分烟气黑度必须控制在林格曼三级以下。

② 烟尘控制区内的各种炉窑、工业生产设施排放的烟尘浓度，以排放台（眼）计算，分别有 70%以上达到国家或地方规定的排放标准。

③ 环境保护重点城市和非采暖地区的大中城市，排放的烟气黑度和烟尘浓度，其达标率应分别提高10%。

（2）建立烟尘控制区的基本原则

① 发展集中供热、联片采暖，避免新建分散的采暖锅炉；

② 利用工业余热发展集中供热；

③ 城市新建燃煤电厂应当热电结合；

④ 利用多种气源，发展城市燃气，提高气化率；

⑤ 发展煤炭加工和选洗脱硫技术，将低硫分、低挥发分煤优先供给民用；

⑥ 大力推广民用型煤，积极发展工业型煤；

⑦ 改革生产工艺，减少烟尘排放；

⑧ 运用行政、经济和法律手段，加强排污管理，促进烟尘控制区的建设和巩固。

5. 按功能区实施大气环境目标管理

实施大气环境目标管理的具体做法如下。

（1）根据国家对不同功能区的大气环境质量标准，确定环境目标，并计算主要污染物（如尘、二氧化硫）的最大允许排放量；

（2）按污染源的排污分担率（或污染分担率）逐年分配削减污染物排放量指标，并将该指标与经济、社会发展计划结合下达；

（3）签订目标责任状，制定奖惩制度。

6. 发展植物净化

植物具有美化环境，调节气候，截留粉尘，吸收大气中有害气体等多种功能，可以在大面积的范围内，长时间连续地净化大气。因此，在大气污染综合整治中，结合城市绿化，选择抗污物种，发展植物净化是进一步改善大气环境质量的重要措施之一。

7. 强化污染源治理、降低污染物排放

在中国能源结构、燃烧技术等条件下，很多燃烧装置不可能完全消除污染物排放，加上一些较落后的工艺技术，不进行污染源治理，就不可能彻底控制污染，因此，在注意集中控制的同时，还应强化污染源治理、降低污染物排放。

第三节　水资源管理

一、水环境质量标准

水环境质量标准（即水质标准）比大气环境质量标准涉及面广，内容复杂，主要包括地表水环境质量标准、海水水质标准、生活饮用水水质标准、渔业水质标准、农田灌溉水质标准、工业用水水质标准、地下水环境质量标准等。

1. 制定水质标准的依据

（1）按照国家确定的环境规划目标，考虑到各类水域的不同用途，在保证人体健康和生态要求的前提下，以各类水环境基准为依据。

（2）要从实际出发，符合本国的经济技术发展水平。

（3）要便于监测管理。

2. 中国的地面水环境质量标准

《地表水环境质量标准》（GB 3838—2002）是按水域功能分类制定的。适用于中华人民共和国领域内江河、湖泊、运河、渠道、水库等具有使用功能的地表水域。

依据地表水水域使用目的和保护目标将其划分为五类：Ⅰ类主要适用于源头水、国家自然保护区；Ⅱ类主要适用于集中式生活饮用水水源地一级保护区、珍稀水生生物栖息地、鱼虾类产卵场、仔稚幼鱼的索饵场等；Ⅲ类主要适用于集中式生活饮用水水源地二级保护区、鱼虾类越冬场、洄游通道、水产养殖区等渔业水域及游泳区；Ⅳ类主要适用于一般工业用水区及人体非直接接触的娱乐用水区；Ⅴ类主要适用于农业用水区及一般景观要求水域。

6-2《地表水环境质量标准》

对应地表水上述五类水域功能，将地表水环境质量标准项目标准值分为五类，不同功能类别分别执行相应类别的标准值，见表 6-2。水域功能类别高的标准值严于水域功能类别低的标准值。同一水域兼有多类使用功能的，执行最高功能类别对应的标准值。

表 6-2　地表水环境质量标准基本项目标准值　　单位：mg/L

序号	项　目		分　类				
			Ⅰ类	Ⅱ类	Ⅲ类	Ⅳ类	Ⅴ类
1	水温/℃		人为造成的环境水温变化应限制在： 周平均最大温升≤1 周平均最大温降≤2				
2	pH(无量纲)		6～9				
3	溶解氧	≥	饱和率 90% (或 7.5)	6	5	3	2
4	高锰酸盐指数	≤	2	4	6	10	15
5	化学需氧量(COD)	≤	15	15	20	30	40
6	五日生化需氧量(BOD_5)	≤	3	3	4	6	10
7	氨氮(NH_3-N)	≤	0.15	0.5	1.0	1.5	2.0
8	总磷(以 P 计)	≤	0.02 (湖、库 0.01)	0.1 (湖、库 0.025)	0.2 (湖、库 0.05)	0.3 (湖、库 0.1)	0.4 (湖、库 0.2)
9	总氮(湖、库,以 N 计)	≤	0.2	0.5	1.0	1.5	2.0
10	铜	≤	0.01	1.0	1.0	1.0	1.0
11	锌	≤	0.05	1.0	1.0	2.0	2.0
12	氟化物(以 F^- 计)	≤	1.0	1.0	1.0	1.5	1.5
13	硒	≤	0.01	0.01	0.01	0.02	0.02
14	砷	≤	0.05	0.05	0.05	0.1	0.1
15	汞	≤	0.00005	0.00005	0.0001	0.001	0.001
16	镉	≤	0.001	0.005	0.005	0.005	0.01
17	铬(六价)	≤	0.01	0.05	0.05	0.05	0.1
18	铅	≤	0.01	0.01	0.05	0.05	0.1
19	氰化物	≤	0.005	0.05	0.2	0.2	0.2
20	挥发酚	≤	0.002	0.002	0.005	0.01	0.1
21	石油类	≤	0.05	0.05	0.05	0.5	1.0
22	阴离子表面活性剂	≤	0.2	0.2	0.2	0.3	0.3
23	硫化物	≤	0.05	0.1	0.2	0.5	1.0
24	粪大肠菌群(个/L)	≤	200	2000	10000	20000	40000

二、水资源保护

【案例十四】

背景

2018 年 1 月，张某和石某在洛阳市伊滨区李村镇开办裕丰粽叶加工厂。2021 年 4 月，该加工厂在未办理排污许可证、食品生产加工许可证、卫生许可证的情况下，张某朵从化工市场购买工业盐酸、电镀用硫酸铜等化工原料，石某具体操作，制作混合药剂浸泡蒸煮粽叶，加工生产的废水未经任何处理直接通过暗管排入雨水网管。

经检测，按照 GB 8978—1996 污水综合排放标准，该废水污染物中铜超标 50.5 倍。洛阳铁路运输法院一审认为，公诉机关指控被告人张某、石某犯污染环境罪罪名成立。被告人张某犯污染环境罪，判处有期徒刑八个月，缓刑一年，并处罚金人民币 10000 元；被告人石某犯污染环境罪，判处有期徒刑六个月，缓刑一年，并处罚金人民币 8000 元。

思考

1. 乡村振兴战略是破解我国“三农”问题的金钥匙，是党中央为满足亿万农民对美好生活向往作出的重大决策部署，而村镇小微企业又是实现乡村振兴的重要组成部分，既要鼓励农民积极发展村镇小微企业，也要加强对企业经营者的监督管理，杜绝以污染环境为代价的经济发展，实现村镇企业健康良性发展，推动农村经济发展和就业稳定。

2. 本案的两名被告人法律意识、环保意识淡薄，开办村镇企业未取得任何行政许可，用化学制剂蒸煮粽叶，排放废水严重超标，对农村生态环境造成严重损害，不仅污染当地群众饮用水水源，而且对当地群众赖以生存的土壤造成污染，极大威胁人民群众生命财产安全，最终受到刑事制裁。

3. 本案的审理有利于警示村镇小微企业、家庭作坊从业者自觉遵守国家法律法规，规范危险废物处置行为，教育引导社会公众增强环境保护意识，从自身做起，从日常生产生活做起，主动参与到生态环境保护中来。

水资源保护是水环境管理的第一步。其主要目的是通过水资源的可开采量、供水及耗水情况，制定水资源综合开发计划，做到计划用水、节约用水。

1. 根据水环境功能区的划分结果确定各功能水域的保护范围和保护要求

在水资源保护中，首先应该明确的是饮用水源的保护问题，这是水资源保护的重点。对饮用水源的保护，主要体现在取水口的保护上。应该明确划分出保护界限，即对于水环境功能区划定的饮用水源地设一级、二级保护区。

2. 根据城市耗水量预测结果，分析水资源供需平衡情况，制定水资源综合开发计划

（1）全面调查、测定、汇总城市淡水储量，为计划用水、节约用水提供重要依据。

（2）确定城市淡水可开采量。在探明城市淡水储量之后，还要结合水文地质特征和开采的技术装置水平，分析确定城市淡水的可开采量。

（3）调查目前城市用水量。根据水量调查的结果，做出水量平衡分析，为制定水资源开采和分配计划提供依据。

（4）根据城市的经济社会发展战略，预测城市耗水量。

（5）根据水资源供需平衡分析，制定水资源开采计划。以城市水量能满足生产、生活活

动所需及节约为原则，保证采、供、需水量的平衡，对水资源有计划的开采。对于缺水城市，更应严格制定开采计划，严格控制水资源的污染贬值，并制定措施弥补水资源的不足，以求达到水资源的供需平衡。

3. 合理利用和保护水资源的措施

要因地制宜，从以下几方面去制定措施。

(1) 统一管理，控制污染，防止枯竭。

(2) 合理利用，降低万元产值耗水量。提倡一水多用，积极推广和采用无水或少水的新工艺、新技术、新设备。

(3) 限制冶金、化工、食品加工等三大污染行业的工业用水指标，调整工业结构，努力发展纺织、服装和其他深加工的节水型企业，采取有奖有罚的工业用水经济手段，提高工业用水循环率。

(4) 严格控制生活用水指标，大力提倡节约用水。加强城市基础设施建设，提高下水道普及率。

三、水污染综合整治宏观分析

宏观分析的目的就是要对城市取水、用水、排水及水的再利用、处理等各个环节进行全面系统的分析，从宏观上确定水污染综合整治的方向和重点。

1. 水污染综合整治主要相关因素分析

相关因素主要包括生活用水和生产用水，其中生产用水又包括间接冷却水、工艺用水和锅炉用水。

主要相关因素的定量分析方法可参照大气污染综合整治宏观分析的有关内容。

2. 确定水污染综合整治的方向和重点

通过主要相关因素的分析，可以明确水环境的主要问题和管理的薄弱环节，从而可从宏观上确定水污染综合整治的方向和重点。确定时要考虑以下两点。

(1) 确定城市水资源供需情况及矛盾所在。中国大部分城市一方面水资源缺乏，另一方面水污染和水资源浪费又相当严重，因此，在制定水污染综合整治措施时，应该充分考虑水资源的合理利用和计划利用，解决目前存在的供需矛盾或指出解决矛盾的方向和重点。

(2) 城市工业废水和生活污水的取向分析。城市工业废水和生活污水的取向问题是水污染综合整治的核心问题。在考虑工业废水和生活污水的取向时，应从以下几个方面分析。

① 废水资源化的可行性。主要是从城市的性质（如是否缺水或严重缺水），城市的水文、地理、气象条件（如水域条件、土地条件、气温条件等），城市的经济社会条件（如投资承载力、社会需要）以及城市所处的流域条件和环境要求等，综合分析废水资源化的问题。

② 合理利用环境容量消除污染的可行性。如果城市所处的区域为水域丰富区，如靠近大江、大河，包括近海，则可以考虑合理利用水环境容量大的优势，在近期环保投资困难的情况下，分析通过调整水污染源分布和污染负荷分布，利用水体自净消除污染的可行性。

③ 正确处理厂内处理与污水集中处理的关系。从改善区域环境质量和节省投资看，集中处理是污水处理的发展方向，但也不可忽视厂内分散处理的作用。对大多数能降解和宜集中处理的污染物，应该以集中处理为主。而对一些特殊污染物，如难降解有机物和重金属应以厂内处理为主。

四、制定水污染综合整治措施

水污染综合整治是指应用多种手段，采取系统分析的方法，全面控制水污染。水污染综合整治措施的内容非常丰富，这里仅介绍几种主要的措施。

1. 合理利用水环境容量

水体遭受污染的原因有两点：一是因为水体纳污负荷分配不合理；二是因为负荷超过水体的自净能力（环境容量）。针对这两方面原因，应该分别采取对策。

（1）科学利用水环境容量　就是根据污染物在水体中的迁移、转化规律，综合计算和评价水体的自净能力，在保证水体目标功能的前提下，利用水环境容量，消除水污染。水污染自净除了利用水体本身的稀释净化作用外，还可利用水生植物的净化作用（如人工养殖凤尾莲等）、土壤对污染物的净化作用（如污灌、土地处理系统等）等。因此，在评价和应用水环境容量时，要考虑到这些相关因素，做到科学利用。

（2）结合调整工业布局和下水管网建设，调整污染负荷的分布　污水就近排放、盲目排放是造成城市地面水污染的一个重要原因，尤其是上游污水的排放，对城市地面水水质影响更大。因此，在调整城市工业布局和城市下水管网建设中，应该充分考虑这些因素，以保证城市水污染负荷的合理分布。

2. 节约用水、计划用水、大力提倡和加强废水回用

综合防治水污染的最有效、最合理的方法是节约用水，组织闭路循环系统，实现废水回用。实践证明，城市污水的再利用优点很多，它既能节约大量新鲜水，缓和工业与农业争水及工业与城市争水的矛盾，又可大大减轻接受污水水体的受污染程度，保护天然水资源。因此，全面节流、适当开源、合理调度，从各个方面采取节约用水措施，不仅关系到国民经济的持续、稳定发展，而且直接关系到水污染的根治。

3. 强化水污染治理

（1）城市污水处理　根据污水流量和受纳水体对有机污染物（以 BOD_5 计）的允许排放负荷或浓度来确定污水的处理程度和规模。

（2）工业废水处理　工业废水的成分和性质相当复杂，处理难度大，而且费用昂贵，必须采用综合防治措施。

4. 排水系统的合理规划

为及时地排除城市生活污水、工业废水和大气降水，并按照最经济合理的方案，分别把不同的污水集中输送到污水处理厂或排入水体，或灌溉土地，或处理后重复使用，需要建设排水管网系统。因此，必须结合本地区的自然条件和社会条件，考虑各分片的污水收集方式、采用各种污水的分流制（生活污水、工业废水、雨水分别建管网系统）还是合流制（各种污水合建管网系统）或两种体制适当结合的混合制、排放口位置的选择、近期建设和远期规划的结合，以及管径、坡降、管网附属构筑物、施工工程量、运行维护费等，做出技术经济比较，以制定正确的排水系统统一规划。对于城市原有管道系统的扩建和改建，也需要结合已有设施，统一安排。

5. 水域污染综合防治工程

水域污染综合防治工程根据城市和工矿区沿水系分布情况，分段（河川）或分区（湖、海）调查研究它们各自的自净能力和自净规律，确定它们的污染负荷，从而确定它们对污染物的去除程度，以修建相应的处理设施。

6. 综合整治、整体优化

水污染综合整治的发展方向，是按功能水域实行总量控制，优化排污口分布，合理分配污染负荷，实施排污许可证制度，定期进行定量考核。

要达到上述要求，必须把技术措施与管理措施相结合；集中控制与分散治理相结合。各种方案合理组合，运用优化技术进行整体优化，综合分析，确定“三个效益”相统一的水环境综合整治对策。

第四节 土地资源管理

一、土地资源的概念与特点

1. 土地资源的概念与属性

（1）土地资源　土地资源是指目前或未来（可预见的）能够产生价值的土地。地球上人类生存所需食物都直接或间接地来源于土地资源，而且相当多的工业原料和部分能源也都是出自土地。所以，土地资源是人类最基本的，也是最重要的综合性自然资源。

土地是自然综合体。它是由气候、地貌、岩石、土壤、植被以及水等自然要素共同作用而逐渐形成的。土地是地球表面人类生活和生产活动与地理环境相互作用最为活跃的主要空间场所。

土地是历史综合体。土地包含着过去和现在人类活动对自然环境的影响，也就是说土地具有发生和发展的过程。由于地貌过程、地表水热、土壤及动植物群落等都会随时间而变化，所以，某一地带的土地特征只是某一时间的特定状况。

（2）土地资源的属性　土地还是自然-经济综合体，即土地既有自然属性，又有经济属性。

从土地的自然属性上看，它不是人类劳动的产物，而是大自然历史的产物。土地的自然属性突出体现在其生物生产能力和有用性上，具体有三个方面：①土地具有不可取代性与土地数量的有限性；②土地具有永久性；③土地具有生产性。

从土地的经济属性上看，它除了作为自然物外，还是极为重要的生产资料。它包含两个方面：①土地具有利用上的制约性；②土地具有可改良性。

2. 中国土地资源的基本特点

（1）土地资源人均占有量少；

（2）土地类型多样化；

（3）难以开发利用与质量不高的土地比例较大。

3. 中国土地资源存在的问题

从总体上看，土地资源的破坏范围在扩大、程度在加剧、危害在加重。突出表现如下。

以水土流失、土地荒漠化、盐渍化为主的土地退化不断扩大，耕地大量减少，江河湖泊泥沙淤积愈加严重；以江河断流、湖泊干涸、区域性地下水位持续下降和湿地破坏为主要特征的水生态平衡严重失调、旱涝灾害日趋频繁。

（1）水土流失面广量大　水土流失是一个世界性的严重问题，据联合国组织的统计，全世界水土流失面积占陆地总面积的16.7%，占全球耕地和林草地总面积的29%，每年大约有$1\times10^{8}hm^{2}$耕地流失入海，$6\times10^{10}t$表土被剥离转移。

中国水土保持工作虽然卓有成效，但人为造成的水土流失仍不断产生，并已成为世界上水土流失最严重的国家之一。20 世纪 50 年代全国统计水土流失面积为 $1.5\times10^6 km^2$，到 90 年代末已发展为 $1.794\times10^6 km^2$，占国土面积的 18.6%，全国每年流失土壤超过 $5\times10^9 t$，占世界陆地剥离泥沙总量的 8.3%。

(2) 土地荒漠化速度加快　由于气候变异和人类活动在内的种种因素所造成的干旱、半干旱和具有干旱影响的半湿润地区的土地退化就是荒漠化。荒漠化已涉及全球大约 9 亿人口、100 余个国家与地区和 $3.6\times10^9 hm^2$ 土地（或占全球陆地面积 1/4 的地区）。据联合国环境规划署的资料报道，全球因荒漠化年均直接损失 423 亿美元。另据资料报道，中国已经荒漠化的土地面积为 $8.37\times10^5 km^2$，占全国面积的 8.7%。

(3) 土壤盐渍化问题严重，耕地减少　土壤盐渍化导致可利用土地面积减少，农产品产量下降，是农业生产的严重制约因素，中国目前盐渍土地面积约 $8.177\times10^7 hm^2$，占国土面积的 8.5%，另外还有潜在盐渍土地约 $1.733\times10^7 hm^2$。

二、土地资源管理的原则

土地资源管理的原则实质上就是土地如何持续利用的思想与途径。土地持续利用主要有以下四个基本原则。

(1) 保持和增强土地的生产功能　土地持续利用的趋势应该是利用某种土地获得的物质产量呈不断增加态势或能维持原有水平，而不应该是导致土地的生产功能下降。

(2) 降低生产风险程度　土地持续利用的另一方面是降低生产风险程度。在土地利用过程中，有许多不确定因素，如气候灾害以及病虫害等。

(3) 防止土壤与水质的退化，保护土地资源　在土地利用过程中，保护土壤和水资源不受污染或将污染降到最低程度。

(4) 具有经济活力性　所有土地利用活动都受制于市场经济规律，人类利用土地的目的在于要获得一定的经济收益。所以，如果一种土地利用活动是能持续的，那么，它的收益必须大于投资成本。反之，如果某种土地利用方式在经济收益上小于投资成本，那么此种方式则不能持续。

三、土地资源管理的方法

土地资源管理的方法主要有土地资源的开发和土地资源的治理两大方面。

1. 土地资源的开发

土地开发是人类借助于一定的手段，挖掘与扩大利用土地的有效范围以及提高土地利用的深度，充分发挥土地在生产和生活中的作用的过程。

土地开发一方面指把尚未利用的荒山、荒滩、滩涂等转化为可以利用的土地；另一方面指把现已利用但利用尚不充分，生产效益低下的土地或者是城镇基础设施陈旧不配套的城区等加以改造，使其利用效益提高。

土地资源开发是随社会经济的发展而不断变化的。就目前社会经济发展条件和已开发与正在开发的土地来看，土地开发主要有以下四种。

(1) 农业低利用率土地的开发　农业低利用率土地主要是指已作为农业用地利用，但产出效益仍较低的土地，如中、低产田，自然生长的牧草地等。对农业低利用率土地的开发，就是利用现有的经济技术水平对其进行技术改造，使利用条件得以改善。

(2) 沿海滩涂的开发　沿海滩涂主要指分布于沿海潮间带的那些涨潮淹没，退潮裸露的土地。对这部分土地利用一定的工程技术措施，将尚未利用的滩涂开发成可利用土地的过程。滩涂的开发形式多样，既可围垦造田，又可围海养殖；还可利用海滩作工业排废处理场以及填海进行城市建设，开发价值较高。因此，沿海滩涂的开发在未来土地开发中占有相当重要的地位。

(3) 城市新区的开发　城市新区的开发是指将新建城区内的农业用地转化为城市用地，并进行城市基础设施配套建设以适应城市发展建设需要的过程。开发重点在城市规划的基础上进行，包括城市道路、供水、供电、供热、供气、防洪、排洪等基础设施建设。城市新区开发是城市发展用地的重要来源，但因其需要占用较高水平的农业用地，因此，开发前要进行充分论证、规划和严格审批程序，以此控制减少农业用地的速度。

(4) 城市土地的再开发　随着城市建设的发展和科技水平的不断进步，需对原有城市建筑地段中不能满足现代城市生活发展需要的方面进行再加工、再改造的过程，就是城市土地的再开发。主要包括旧城改造和道路、供水、排水、供气等基础设施的局部改造。

2. 土地资源的治理

土地资源的治理是指对土地退化现象予以消除与预防。对未退化土地而言，土地治理的目的就是要维持土地原有的良好性状并使其保持持续的利用能力；对已退化的土地而言，土地治理的目的是要消除其不良性状，从而提高土地的利用能力。退化土地的治理通常通过以下两种途径来进行：一是从自然条件着手，人为地改造土地条件，使地形、土壤、水、植被、热量等自然因素处于较好的组合状态；二是从人类活动自身着手，采取有利于包括土地的开发利用技术和方法。

土地资源整治分为水土流失土地的治理、荒漠化土地的治理、盐碱化土地的治理、污染土地的治理等。

(1) 水土流失土地的治理　主要有工程措施、植物措施与耕作措施。

① 工程措施是指通过修筑人工建筑物来防治水土流失。常用的有治坡工程、治沟工程和小型水利工程。

② 植物措施是指通过植被冠层和根系对地表的屏障来达到蓄水、保土、改土、围土的措施。主要种类有封育树林、防护林、建立自然保护区等。

③ 耕作措施是指通过改进耕作方法和技术来防治坡耕地流失的措施。主要种类有间作套种、耕地覆盖等。

(2) 荒漠化土地的治理　荒漠化土地主要指土地沙漠化，治理措施主要有工程措施与植物措施。

① 工程措施是指在干旱地区沙漠化土地上设置工程沙障，以固定流动沙丘。但因生态条件差的缘故，此措施必须与其他措施相配套。

② 植物措施是治理沙漠化土地的关键措施。主要是通过封沙育草、种草、飞播、建造防护林带、人工草场等。

(3) 盐碱化土地的治理　盐碱化土地的治理必须采取集合治理措施。主要有水利改良措施、农业与生物改良措施、化学改良措施。

① 水利改良措施是指通过一定的农田水利工程来排除地层积水和降低地下水位或引淡排盐排碱来达到治理盐碱的目的。主要有沟渠排水、井灌井排、沟排井排相结合、健全灌排系统等措施。

② 农业与生物改良措施是指通过一定的农业、生物措施，如增加有机肥、培肥能力、

植树造林、调整农业用地结构来改善土壤理化性状，加速土壤淋盐和防止返盐的作用。

③ 化学改良措施是指对一些重碱地除上述措施外，还应配合施用化学改良物质，如用富含钙的石膏、亚硫酸钙等作为土壤改良剂施入土壤后，可改善土壤胶体中钙钠、钙镁离子的比例关系。从而利用这些改良物质中含有的游离酸来中和土壤的碱性，达到治碱的目的。

(4) 土地污染的治理　土地污染是指大量的工业废气、废水、废渣和农药、化肥直接或间接地进入土壤而引起土地质量下降，抑制作物生长、产品质量下降恶化，危害人类健康。

土地污染分为工业污染、化学污染和生物污染三大类，可通过以下措施加以防治：①控制、消除工矿企业“三废”的排出，改进工艺流程、减少与消除污染物质；②加强污染区的监测、管理，控制污水灌溉量；③控制化学农药的使用；④合理施用化肥。

第五节　生物资源管理

一、森林资源的管理

森林是陆地上最复杂的生态系统，是陆地生态的主体。森林既能为人类提供木材、药材、食物、饲料等丰富的生物资源，又构成和维持了人类的生存环境。森林还具有巨大的生态价值。在环境保护方面有着举足轻重的作用，诸如蓄水、保土、涵养水源、净化大气、防风固沙、保护生物多样性和栖息地及生态旅游等多方面。

中国地域辽阔，有着多样化的森林类型和丰富多彩的森林生物区系。但中国传统的森林开发与管理，偏重于直接的经济价值，而对森林巨大的生态价值认识不足，导致出现了林地生产力低下，质量下降、森林病虫害等退化现象。中国政府已高度重视森林资源的综合功能特性，并强调尽快采取多种保护措施以确保森林资源的多种作用。

1. 中国森林资源现状

截至2018年底，中国森林面积约为2.2亿公顷，森林覆盖率已由20世纪50年代的8.6%上升到23%，人工造林保存面积达8003万公顷。

2. 中国森林资源特点与分类

(1) 中国森林资源特点　与世界其他国家的森林资源相比，中国森林资源有如下特点。

① 森林资源少、覆盖率低；森林资源分布不均；

② 森林资源结构不理想；

③ 森林质量不高。

(2) 中国森林资源分类按功能划分具体如下。

① 用材林　以生产林木为主的各类森林、林木及竹林。

② 防护林　以防护为主要目的的森林、林木及灌木丛，包括水土保护林、农田防护林、草场防护林、防风固沙林、护堤林、护路林等。

③ 经济林　以生产果品、油料、调料、工业原料和药材的森林及林木。

④ 薪炭林　以生产燃料为主的林木。

⑤ 特种用途林　包括环境保护林、风景林、名胜古迹和革命纪念地的林木以及自然保护区的森林。

3. 森林资源的管理与保护

中国森林业面临的主要任务是，保护和发展现有的森林资源，实现森林资源的综合功能和确保森林资源的多种作用的可持续发展。

（1）重视维护森林生态系统　维护森林生态系统是保护生态环境良性循环的主体。由乔木、灌木和草本植物组成的主体空间覆盖地面可以减弱风雨及阳光对地面的影响，构成特殊环境，是珍稀动、植物的天然基因库。森林还是生产和贮存有机物质效率最高的陆地植物群落。

（2）重视发展速生丰产用材林的作用　中国地域辽阔，自然条件优越，速生树种多，加之在进行速生丰产引种、育种、栽培、培育管理、采伐等诸方面都积累了丰富的经验和技术力量，为营造速生丰产林奠定了良好的基础。通过树种选择、集约化经营、科学管理等手段在较短时间内，利用较少量的林业用地获得较多的木材，是目前中国林业建设中用以解决后备森林资源，较快地缓解木材供需矛盾的有力途径。

（3）重视农业林的营造，积极发展推进生态林业　注重在农业区所营造的森林、林木，包括乔木、灌木、草本作物混种间作的林木及农田防护林等。可以克服单纯农业或林业的缺点，利于保土、保肥，生产多种产品，提高单位面积的生物产量。

积极发展生态林业。按照生态经济学原理，创造最佳环境状态的林业，包括农业和多用途混交林。这样能协调环境与经济的发展，兼顾到林业和社会多方面的利益。

（4）重视大力营造防护林　为充分发挥森林改造自然和维护生态平衡，实现森林资源永续利用的作用，中国十分重视防护林带的建设。如从 1978 年起，先后实施了“三北”（西北、华北北部、东北西部）防护林体系工程，被国际组织誉为“绿色长城”。使中国部分地区生态环境逐步得到改善。防风林采用乔灌草结合，合理搭配各树种比例，以带状形式营造的森林。包括有防风固沙林带、水土保持林带、农田牧场防护林带、护堤护路林带等。各类防护林带，可减免水、旱、风沙等自然灾害，调节气候，为农业高产、稳产创造适宜条件，对水利、交通起保护作用，还可为社会提供少量木材和薪炭。

（5）重视发展经济林　经济林包括木本粮油林、果树林和特种经济林（如芳香油、药用、纤维和能源及其他特殊工业原料林等）。经济林具有生产周期短、经济效益高且又适于家庭种植、经营分散的特点。中国的经济林中有不少属名、优、特出口产品（如广西的八角和玉桂）。应充分利用其生产周期短、资金积累快的特点，以补用材林生产周期长的不足，同时，经济林生产的发展对于贫困、欠发达地区或山区的经济繁荣亦有着重要意义。

（6）注重森林业的可持续发展　为了保护森林资源与林业建设的可持续发展，中国政府在 20 世纪 90 年代前期即在全世界所有国家中率先制定了国家级的实施可持续发展战略的纲领——《中国 21 世纪议程》，对资源的利用与发展采取了一系列相关对策和措施。根据中国国情，选择了坚持资源开发与节约并举的方式。政府数十年组织开展了全国范围的大规模的植树造林，加强对森林资源的培育、保护与管理，正在初步扭转长期以来森林蓄积量持续下降的局面，开始进入森林面积和蓄积量“双增长”阶段。全国已有 12 个省（自治区）基本实现了消灭宜林荒山的目标，福建、广东两省基本实现绿化。

二、草原资源的管理

草原是陆地上另一主要的生态系统，是内陆半干旱到半湿润气候条件下特有的自然类型。草原辽阔无林，旱生、多年生禾草占绝对优势，半灌木及多年生杂类草也有所分布。天然草原是人们饲养放牧各种家畜及取得畜产品的主要场所，亦是各种善于奔跑或穴居生活的哺乳动物的栖居地。

草原是重要的可更新生物资源，它既是重要的草地畜牧业基地，又在维持地球生态平衡中起着重要作用。

1. 中国草原资源现状

中国草原总面积约为3.9亿公顷，大致为现有耕地面积的3倍。中国属世界上草原资源最丰富的国家之一，位居世界第2位（仅次于澳大利亚）。

2. 中国草原资源特点与分类

中国草原资源面积大，且分布也极为广泛。从东北、华北起，呈带状向西南延伸，经内蒙古高原、黄土高原、新疆，达青藏高原的南缘，绵延4500多千米，将中国草原分为东南、西北两部分。

中国草原资源有如下特点。

（1）草原生物资源丰富。

（2）草原资源存在明显的不平衡现象。主要表现在以下几方面。

① 优质草场比例低，且地区间分布不平衡；

② 季节性不平衡；

③ 生产力不平衡与年际不平衡。

中国草原资源按生态环境和利用价值划分为四大类。

（1）草甸草原　分为平原草甸、山地草甸和高原草甸三类。主要分布于东北三省、内蒙古东部及青藏高原。此类草原草质良好，适于牛、羊等家畜利用。

（2）典型草原　分为平原草原、山地草原和高原草原三类。主要分布于内蒙古高原、黄土高原、青藏高原和北方各山地。此类草原产草量中等、草质良好，适于各类家畜利用。

（3）荒漠草原　分为山地荒漠、高寒荒漠和干荒漠三类。此类草原主要分布于西北地区，以超旱生的小灌木和小半灌木为主，产草量很低。

（4）草丛草原　分为草丛、灌木草丛和疏林草丛草原三类。此类草原主要分布在东南部广大农区，以禾本科饲用植物为主。

3. 草原资源的管理与保护

草原资源在国土资源中占有很重要的地位。而且作为可更新资源，各地草原的基本性质都相似。为杜绝无节制地利用，必须加强因地制宜地科学管理与合理利用。在草原资源利用与开发上应努力做到以下几点。

（1）加强北方牧草草地资源的合理利用　一方面应严格控制提高数量，杜绝超载过牧，防止草原退化；另一方面应大力加强人工草地建设，并与大面积天然草地相结合进行集约经营。大幅度提高畜产品的有力措施是建立人工饲草、饲料地等。

（2）开发南方草山草坡　通过改造荒山，种植人工草地，同时在耕地中发展草地轮作。这样可使中国草原畜牧业的生产格局更为合理。

（3）保护天然草地资源，维护生态平衡　遵循“以草定畜”的原则，控制载畜量和放牧强度，制止滥垦、过牧，恢复退化草场；有计划地实行季节轮牧，建立围栏封育，并加强草地基本建设；采取粮草轮作、农牧结合，用种植多年生豆科牧草培养地力的方式恢复草原区农田肥力，提高生产力。

（4）坚持科学管理，实现草原资源的可持续发展　对于天然草场的利用应以维护自我更新为前提，建立科学使用体系。目前，中国草原建设采用国家、集体、个人相结合形式，加大了草地建设和治理草地沙化、退化的力度。在广大牧区和南方草山草坡实施的飞播种草、灭鼠治虫、防灾基地建设等有力措施均已收到良好成效，为荒漠、干旱、水土流失严重地区发展畜牧业和保护生态环境开辟了新路子。

三、动物资源的管理

中国幅员辽阔，地跨热带、亚热带和温带，植被类型多样，地形复杂，为野生动物的繁衍生息提供了极为有利的自然生存环境。

1. 中国动物资源现状

中国的陆地面积不到世界陆地面积的7%，却有着两栖爬行类500多种，鱼类2400种，鸟类1186种（占世界总数的13%），哺乳类430种（占世界总数的10.5%）。其中，具有重要经济价值的鸟类和哺乳类分别为329种和188种。

中国所产陆栖脊椎动物大约有2000余种，约占世界总种数的10%（鸟类所占比例最多，兽类次之，两栖类及爬行类居后）。

2. 中国动物资源特点与分类

中国动物资源有如下特点。

（1）特有动物种类或珍奇动物种类较多　中国野生动物数量多，分布广，而且有不少属世界上著名的珍贵动物，有不少种类为中国所特有或主要分布于中国，如哺乳类有金丝猴、大熊猫、羚羊、华南虎、雪豹、紫貂、扬子鳄、白鳍豚、双峰驼、野牦牛等；鸟类有天鹅、丹顶鹤、朱鹮、藏马鸡、褐马鸡、鸳鸯、斑头雁、雉鹑等。

（2）动物毛色色彩变化丰富、皮毛质量优良　中国华中、华南区所产动物的毛色色彩绚丽，光泽强，毛皮兽的皮毛较短、底绒较薄。东北区、青藏区所产动物的毛色淡雅，毛皮兽的皮毛厚密，底绒较长，御寒性强。西南区所产动物的毛色及皮毛特点兼具南方、北方的优点，即毛色艳丽有光泽，皮毛厚而柔软。

（3）动物资源数量分布明晰　中国动物资源按地域划分属于古北界和东洋界两大动物区系。喜马拉雅山北翼、秦岭山地以北和黄河流域以北的资源动物属于古北界；上述界限以南，尤其是长江流域以南的资源动物属于东洋界。再根据两大世界动物资源特点，可初步分为7个区。古北界：东北区、华北区、蒙新区、青藏区。东洋界：西南区、华中区、华南区。

中国动物资源按主要用途划分，又大致归为八类，即珍贵特产动物、食用动物、药用动物、实验动物、工业用动物、观赏动物、害虫害兽的天敌动物，以及有其他作用的动物。

3. 动物资源管理与保护

动物资源是人类的宝贵财富，是可再生的资源，但这种可再生能力是有限度的，一旦超过限度，生物资源会遭到毁灭性的破坏。在中国，目前由于滥捕滥猎、偷猎盗猎野生动物现象严重，动物栖息环境由于森林采伐过度、滥垦草原、农耕土地的扩大、城镇及工业区的不断发展、农药污染等人为因素而遭破坏，动物分布区面积缩小。为使中国野生动物资源能得到人类积极保护与科学合理地开发利用，能永续为人类服务与造福，应当采取以下几方面举措。

（1）开展野生动物资源调查　全国各省区应有重点、有计划地对珍稀、特有动物及主要动物资源进行实地考察，调查资源物种的组成、分布、栖息环境、种群数量、利用现状等，作为自然保护和经营管理的科学依据。

(2) 建立各类自然保护区　在珍稀、濒危物种的重要栖息地、繁殖地或越冬地建立各种自然保护区。目前，中国已有646种国家级珍稀濒危动物被列为重点保护对象，其中野生动物258个种和种群；60多种珍稀濒危野生动物人工繁殖成功；麋鹿、野马、高鼻羚羊等动物经引种繁殖已初步得到恢复，此外，国家还对一些濒危和数量急剧下降的畜禽品种进行优先保护。建立各种野生动物繁殖中心（场）230多个。

(3) 加强野生动物资源物种的驯养繁殖工作　驯养野生动物是将经济价值高或珍稀动物采用科学、人工方法进行驯化、饲养。可采用建立实验用动物、肉用动物或毛皮用动物的驯养繁殖场（包括引种驯养）进行驯养。目前，中国已驯养成功的野生动物有紫貂、狐、马鹿、梅花鹿、黄鼬、果子狸、大灵猫、小灵猫等。引种驯化的动物有水貂、海狸鼠、银狐等种类。

(4) 制定狩猎法、严禁滥捕乱猎　各省区应当遵循"加强资源保护、积极繁殖饲养、合理猎取利用"的方针来进行狩猎生产（即利用兽类资源的一种方式）。应因时因地制宜，制定出有利于保护动物资源的狩猎法（包括狩猎区、禁猎区、猎取量及猎具的使用问题等）。只有重视对动物资源的合理保护和科学驯养繁殖，人类才能达到长期稳定地利用野生动物资源的需要。

(5) 加强法制、严格执法　中国已制定实施《中华人民共和国野生动物保护法》，使野生动物的保护工作有了法律保障。公民应以国家关于动物保护法为准绳，增强动物保护法制意识，严禁捕杀国家重点保护的珍贵、濒危野生动物及严禁收购重点保护动物的一切产品。公民还应自觉遵照国际公约规定，严禁珍稀、濒危物种的任何产品随意出口，杜绝资源外流。此外，通过各种媒体等宣传途径对国民进行宣传教育，大幅度提高人们保护、珍爱动物资源的自觉性，也具有极其重要的意义。

四、生物多样性的保护与管理

1. 生物多样性概述

地球上的动物、植物和微生物彼此间相互作用并与其所生存的环境间相互作用，共同形成了地球上的生物多样性。

在自然界中，生物是指个体（遗传基因）、物种（种群）和多种生物，在一定的生存空间中共同生活的生物群落。因此，生物多样性就概括为遗传多样性、物种多样性以及生态系统多样性三方面。

① 遗传多样性：指物种内基因的变异（包括同一物种的不同种群和一种种群内的遗传变异）。

② 物种多样性：指某一地区内物种的种类。

③ 生态系统多样性：指物种群落的不同空间存在方式。正是因为生态系统生物多样性才保证了物种多样性的存在。

生物多样性是生物在长期的环境适应中所逐渐形成的一种生物生存本能，正是生物多样性构成了地球上丰富的生物资源。生物多样性维持着自然生态系统的平衡，是人类基本生存及实现可持续发展必不可少的基础。

2. 生物多样性特点与存在问题

生物多样性的主要特点，在于其具有不可替代的重要价值。

(1) 巨大的农业价值　生物多样性的农业价值十分巨大，正是由于生物资源和遗传资源的多样性，使农林作物、蔬菜、畜乳产品为人类带来了极大的经济利用价值。但目前，限于人类认识水平和科技手段的局限，对生物资源和遗传资源价值的利用还只停留在生物资源的直接消费价值上（食物、医药、原料等），目前，在成千上万种植物中，大约只有150种植物被广泛用作食物。

（2）不可估量的医药价值　生物多样性还具有十分可观的医药价值。随着生物技术的进步以及制药设备和工艺的更新，动物、植物、微生物在药用方面的价值正在不断提高和扩展。利用生物资源丰富的生物多样性可以促进制药工业的进步，增进和改善人类的健康。

（3）旅游经济价值　生物资源（特别是珍稀物种）的旅游观赏价值往往可以给所在地区经济和国家经济以巨大的推动力。发展生物资源和生物多样性的旅游事业可以为地方（地区）提供大量的就业机会，刺激地方经济增长，赚取高额外汇，用以改善地方交通状况，完善各种游艺娱乐场所设施等。

生物多样性面临的主要问题有：①生物资源过度利用，生物多样性急剧降低；②生态环境恶化，加剧了生物多样性的降低。

3. 生物多样性保护与管理

长期以来，中国政府在生物多样性保护方面做出了不懈的努力，制定了一系列法律和政策。如制定了《中国自然保护纲要》《中国生物多样性保护行动计划》，编制了《中国生物多样性国情研究报告》等，确定了生物多样性保护的方针、战略以及重点领域和优先项目。

目前，中国已有600余种国家级珍稀濒危动、植物列为重点保护对象，其中有野生动物258个种和种群，植物350余种。共建立动物园和公园动物区175个、各类野生动物繁殖中心（场）227个，建立大型植物园60余个、野生植物引种保存基地225个。此外，国家还建立了10多个标本馆，1个基因库和2个野生动物细胞库。

第六节　自然保护区管理

一、自然保护区概述

自然保护区，指人类为了保护自然和自然资源，保护珍稀、濒危物种生存的环境，保护与恢复不同生态类型中具有代表性的自然生态，保存自然历史遗产，而人为地在自然界中划出一定的面积和固定范围（包括陆地、水域以及一定高度的大气层），并有立法保障的特殊地域。建立自然保护区是国家自然保护事业的一项重要措施。

1. 自然保护区的基本任务

自然保护区是具有多种功能的自然-社会-经济的实体。概括为以下几方面的基本功能。

（1）保护生物多样性。自然保护区的最大功能是保护多种典型的自然生态系统、生物物种以及各种有价值的自然遗迹。此外，自然保护区还兼具有保护所在地丰富的水资源、植被资源和土地资源的作用。

自然保护区是就地保护生物多样性（生态系统物种及遗传多样性）的极其有效手段。保护好这类生态系统，就是保护好了自然界珍贵的天然“本底”的代表。

自然保护区是各种生物物种资源天然基因库（贮存库）。自然界中的野生物种是珍贵的种质资源。人类在发展生产、创造自然财富的过程中，要选育出更多优质高产的动、植物新品种，就需要在自然界中寻找到新的野生物种或近亲物种资源。

（2）开展科学研究的天然基地（实验室）。自然保护区保存有完整的生态系统、丰富的物种、生物群落和生境，以及具有长期性和天然性的特点，为人类准确掌握生态系统的动态规律而进行的长期监测等相关学科的科学研究提供了理想的基地和天然实验室。

（3）开展自然科学普及教育的自然博物馆。

（4）发展生态旅游事业的场所。

2. 自然保护区的分类与现状

中国由于自然条件复杂，生态系统类型及生物种类很丰富，除有着北半球除赤道雨林外的各种生态系统外，还有一系列特有的类型。为了结合中国的具体情况，利于促进自然保护区的建设和管理，按照保护对象及保护目的的不同，将中国自然保护区分为六大类。

① 保护自然生态系统的自然保护区；

② 保护珍贵动物资源的自然保护区；

③ 保护珍稀孑遗植物及特有植被类型的自然保护区；

④ 保护自然风景的自然保护区和国家公园；

⑤ 保护特殊地貌类型的自然保护区；

⑥ 保护沿海自然环境、自然资源的自然保护区。

上述分类具有一定相对性，而实际上，大部分自然保护区均具有多方面的属性及功能。例如，四川省九寨沟自然保护区既以其美丽的自然景观令国内外游客流连忘返，而成为著名的风景区，又因为此地区有着大熊猫栖息的自然生态环境，所以又兼具有保护珍稀动物的作用。

中国已建立国家级自然保护区474个，各类陆域保护地面积达170多万平方公里，全国的森林覆盖率也由新中国成立之初的约8%提高到22.96%。美国宇航局卫星监测数据显示，近20年中国新增植被覆盖面积约占全球总量的25%，居全球首位。

中国自1956年建立了第一个自然保护区以来，其发展已有60多年的历史。这些年间，全国已建立各类自然保护区2700余个，面积约为170万平方公里，约占陆地国土面积的15%，高于世界12.7%的平均水平。其中，有国家级自然保护区474个，大熊猫等珍稀濒危物种种群逐渐恢复。在生物多样性保护国际交流方面，我国有32处自然保护区加入联合国教科文组织“人与生物圈”保护区网络，44处列入国际重要湿地名录，32处成为世界自然遗产地，30处加入世界地质公园网络。武陵源、九寨沟、黄山、黄龙等风景名胜区被联合国教科文组织列为世界自然与文化遗产。生物多样性保护重点区域主要是三类：生物多样性富集区；典型生态系统与关键物种分布区；生态功能重要与生态环境脆弱区。保护好这些重点区域，也就保护了我国绝大部分生物多样性。建设自然保护区是保护生态环境、自然资源和生物多样性的有效措施，是推进生态文明建设的必然要求，是促进经济持续健康发展的基础保障，是严守生态保护红线的有力抓手。我国具有重要生态功能的区域、绝大多数国家重点保护珍稀濒危野生动植物和自然遗迹都在自然保护区内得到了保护。

二、自然保护区的管理

在各类自然保护区的建设中，自然保护区的管理都占有非常重要的地位。科学和有效的管理，对实施自然保护区全面正常的建设是至关重要的，只有实行了行之有效的科学管理，才能实现对保护区中各种资源和特有保护者真正的保护，从而使自然保护区的各种功能得以完全发挥。

自然保护区管理的主要范围（内容）有以下五个方面。

（1）建立健全高效的行政管理机构与管理的人员配置　强有力的行政管理机构对自然保护区实施组织、计划、人事宣传、科研、公安、基建、财务、开发利用等部门的职责，起着极为重要的协调作用。

（2）科学研究与科学普及管理　自然保护区内通常有完整的生态系统、丰富的动植物物种和良好的生境以及一些历史遗迹。可为研究各类自然学科及生态监测提供非常有利的条件。自然保护区的科学研究大致分为一般性研究和专题性研究两类。

自然保护区的管理人员除要搞好区内各项事业建设外，还负有向参观旅游者或当地群众大力开展科学普及教育的重任。

（3）严格的法制管理　自然保护区法制管理的宗旨是由国家运用法律手段对保护区内的建设与管理加以保护。自然保护区的法制管理是加强区内管理的重要手段。一方面法制管理包括要严格执行《中华人民共和国环境保护法》《中华人民共和国森林法》《中华人民共和国草原法》《中华人民共和国海洋环境保护法》《中华人民共和国野生动物保护法》等相关法律规定；另一方面也包括由本地区根据管理的需要所制定的管理规定、办法、制度等。

由于各类自然保护区在分布特点、保护对象、性质和任务上有所区别，故在管理方法上也就不尽相同，但有下列几项须共同遵守的管理原则。

① 自然保护区的管理机构要统一管理区内的自然环境和资源。未经主管部门审核批准，任何单位与个人不得在保护区内擅自建立机构或修筑设施。

② 凡需进入国家级自然保护区内的实验区从事科学考察、研究、教学实习、摄影、登山等活动的单位或个人，须经省、自治区、直辖市人民政府有关自然保护区行政主管部门审核后，报国务院有关自然保护区行政主管部门批准；进入地方级自然保护区的，经省、自治区、直辖市人民政府有关自然保护区行政主管部门批准。

③ 国内外旅游观光人员均不得在自然保护区超越规定的旅游范围，不得污染环境、损害自然资源和各类设施。

④ 自然保护区的居民，应遵守有关规定，在不破坏自然资源的前提下，从事各种生产、生活活动。

⑤ 自然保护区公安机构的主要任务是：保护自然保护区的自然资源和国家财产，维护当地社会治安秩序，依法查处破坏自然保护区的各类刑事案件。

（4）自然保护区各类资源的保护与合理适度的开发利用　自然保护区资源主要由气候资源、土地资源、水资源、矿产资源、生物资源等构成，尤以生物资源最为丰富多样，是保护区内重点保护对象。

（5）自然保护区旅游资源的管理。自然保护区的管理部门应根据所在地旅游条件和旅游容量制定其相应的旅游规划和年度接待计划，经主管部门批准后，纳入地方人民政府和旅游部门的统一规划。

进入自然保护区的任何游客都必须遵循保护区内的有关法规和管理章程，不得随意破坏自然景观、私自采集标本，禁止打猎和惊吓野生动物以及违章用水。

思考题

1. 什么是自然资源？
2. 自然资源是如何分类的？各有何特点？
3. 描述中国自然资源的概况。
4. 自然资源管理的特点和意义是什么？
5. 如何理解自然资源管理的对策？
6. 中国资源开发中存在哪些主要的环境问题？
7. 如何进行资源开发的环境影响评价？
8. 如何进行城市大气质量的影响因素分析？
9. 如何确定大气污染综合整治的方向和重点？
10. 大气环境管理的对策有哪些？
11. 水资源保护有哪些方面要注意？
12. 如何确定水污染综合整治的方向和重点？
13. 如何制定水污染综合整治的措施？
14. 中国土地资源存在的问题有哪些？
15. 土地资源管理的原则和方法是什么？
16. 生物资源包括哪些方面？管理中应各自遵循什么样的原则？
17. 自然保护区的任务是什么？如何进行管理？

讨论题

通过广泛调查、查阅资料等方式，了解本地区自然资源的历史和现有状况，当前在开发利用自然资源中存在的问题，探讨本地自然资源的开发与保护应采取的措施。

要求：收集本地区的自然资源状况、社会发展状况、目前严重制约本地区经济发展的主要自然资源问题等方面的素材，结合所学理论进行分析。在此基础上提出自己的意见，并在一定范围内展开论证，最后得出大多数人认可的结论。

目标：通过讨论，加深对保护自然资源，处理好开发与保护关系重要性的认识，树立用可持续发展的思想来指导开发和保护自然资源的观念。

第七章 环境工程管理

学习指南

掌握环境工程管理的含义、任务和要求，不同产业结构和行业的排污特征，污染防治工程的基本要求和运行管理。熟悉总量控制的4个基本量和负荷分配、技术关键，环境工程优化决策的一般程序。了解三次产业分类法和中国目前的国民经济部门分类法，从环境要素对污染防治工程进行的分类，以及每一类防治工程的常用方法。

第一节 概 述

一、环境工程与环境工程管理

1. 环境工程

环境工程是环境科学的一个重要分支，是运用工程技术和有关原理及方法，保护和合理利用自然资源，防治环境污染，改善环境质量的一门学科。环境工程又是一门新兴的综合性学科和技术，它是在人类致力于解决各种环境问题和保护生存环境的过程中逐渐形成和发展起来的。

环境工程的目的和任务主要是：①搞好自然资源和能源的保护，消除浪费，控制和减轻污染；②寻求防治环境污染的机理和有效途径，保护和改善环境，保护人类的身体健康；③综合利用“三废”，促进工农业生产的发展。

关于环境工程的内容，目前仍存在一定的争议。但从环境工程的产生和发展过程来看，主要包括三个方面的内容，即环境污染防治工程、环境系统工程和环境质量评价工程。另外，围绕环境工程的经济工程、监测技术和卫生工程，也是环境工程的重要内容。具体如下。

（1）环境污染防治工程　主要解决从污染产生、发展，直至消除的全过程中存在的问题和应采取的防治措施。它既包括单个污染源或污染物的防治，也包括区域污染的综合防治。按照不同的专业，它又分为大气污染防治工程、水污染防治工程、土壤污染防治工程等。通常，一项污染防治工程大体分为下列几个步骤：①污染源的调查、测定和污染情况分析；②根据国家有关标准和规定，确定防治技术方案，设计防治污染工艺流程；③选择或设计有关的设备、仪表和控制系统；④污染防治工程的施工；⑤系统的调试、验收和效果评定。

（2）环境系统工程　环境系统工程是运用数学、物理学和生物学的基本原理，对环境污染防治工艺、实验室模拟试验结果及污染系统实测数据进行系统分析，并应用现代方法，建立数学模型和污染控制模型等，从而对污染防治系统及其有关参数进行分析和描绘，表达出它们之间的相互关系，为合理控制污染物排放，正确选择污染防治工艺流程，提供科学依据。

（3）环境质量评价工程　环境质量评价就是对环境质量的好坏，即环境对人体健康、工农业发展及生态系统的影响情况，做出定量或半定量的描述和评定，以便为制定规划、采取措施和加强管理提供科学依据。

环境工程的其他内容主要包括从技术经济的角度研究环境污染造成的影响，选择效果最好、费用最低的控制措施。还包括对环境工程进行的监测，以便为环境工程的研究和设计提供资料和数据，检查环境工程项目的效果，评价工程项目对周围环境造成的近期和长期影响。

2. 环境工程管理

环境工程是以工程手段防治污染、保护环境的。从其内容来看，它在运行过程中，同样有可能因为技术不合理、标准执行不严、综合治理不足、资源化程度不高等原因，给环境带来不良的影响，甚至造成二次污染。环境工程又是一门以多学科为基础发展起来的综合性学科和技术。在解决环境问题时，各学科都有其侧重方面，如果缺乏协调而系统的管理，它们都难以发挥各自的作用。

环境工程管理也是在人类解决环境问题的工程实践中逐步产生和发展起来的。其含义应该是：在可持续发展观念的指导下，按照规划，协调发展与环境的关系，运用经济、法律、技术、行政等手段，促使它不仅研究防治环境污染和公害的工程技术措施，而且研究自然资源的保护和合理利用，探索废物资源化的技术、改革生产工艺、推行少害生产系统或清洁生产技术，并且按照区域环境进行运筹学的管理，以获得较大的环境效益和经济效益。

二、环境工程管理的任务和要求

【案例十五】

背景

某化工总厂主要生产碳铵和尿素，在加拿大国际开发署（CIDA）的资助下，通过开展清洁生产审计，提出无费和低费清洁生产方案。内容主要包括：减少水的消耗，有效利用原材料和能源，循环利用物料，提高管理水平，并仔细而安全地处理原材料、中间产品和最终产品等内容。在第一年实施后，产品的产量提高了3%，同时，节省了150万元人民币。

相关知识

清洁生产方案制定及实施

1. 准备工艺流程图

进行清洁生产审计的第一阶段是准备工艺流程图。工艺流程图是找出清洁生产解决办法的基础，每幅图描述一个特定的工艺流程。利用来自工艺流程图的技术信息，系统评估从每个装置排放的环境污染物，编制出详细的污染物排放清单，指示出污染源（设备）、性质（污染物种类），排放点及排放频率。

2. 采样和流量测量

第二阶段通过采样和流量测量，确定生产工艺中排放的污染物种类、数量和规模。

3. 水和物料平衡

第三阶段是水平衡和污染负荷分析。通过水和物料平衡，确定了两个重点生产工序和7股流体，这7股流体包含了排放到大气或下水道的氨污染负荷总量的60%以上，这是导致环境污染问题的主要原因，是清洁生产方案的重点。

4. 清洁生产方案

根据工艺流程图研究循环/回收的可能性。为了评估清洁生产解决办法的技术可行性，使用计算机工艺模拟程序，提出并实施了6个无费低费方案。具体内容列于表7-1。

表7-1 化工总厂清洁生产措施清单

编号	流体描述	清洁生产措施	目标	费用
1	母液槽气体中氨的排放	收集废气，送到洗气塔	减少废气排放 提高职业健康 从气体中回收氨	低费
2	从包装工序中气体的排放	通风，收集废气，送到洗气塔	少废气排放 提高职业健康 从气体中回收氨	低费
3	清洗液	在其他工艺中循环	禁止排入下水道	低费
4	综合塔排放液	在其他工艺中循环	禁止排入下水道	低费
5	精炼排放液	在其他工艺中循环	禁止排入下水道	低费
6	等压吸收塔排放液	在其他工艺中循环	禁止排入下水道	中费
7	脱硫工序中的硫泡沫	安装新设备回收硫，提取和循环利用稀氨水	变硫废物为可销售的产品减少氨排入到环境	中费
8	在包装工序中收集的被污染了的气体的氨冷凝液	在其进入下水道前，手工收集冷凝液后送去 回收	阻止排入下水道 回收和重新利用氨	无费

5. 效益评估

上表中1～6项清洁生产方案实施后的效益：减少氨排入到环境中（大气或水）4500t/a，估计回收流失氨的收入300万元/年；上表所列第7清洁生产方案的潜在效益，减少氨排入到环境中（大气或水）250t/年，估计回收流失氨和销售硫黄的收入40万元/年。

思考

实施清洁生产的主要切入点在哪里？

1. 环境工程管理的任务

类似于前面所谈到的关于环境管理的任务，环境工程管理的任务也是通过对可持续发展思想的传播，使环境工程的组织形式、运行机制、决策和计划等各种活动，符合人与自然和谐发展的要求，并以规章制度、法律法规等形式体现出来。从而达到建设一种全新的环境文化，转变人们关于环境工程的观念、调整人们在环境工程中行为的目的。

依据这样的目的，环境工程管理的根本任务是：通过制定工程技术标准、技术规范和相关政策，对工程技术路线、方法、生产工艺等进行技术经济和环境影响评价，限制损害人类环境质量的生产、技术活动；鼓励开发清洁生产技术、节能降耗技术等一切有利于改善环境质量的工程技术，以便获得良好的环境经济效果。

2. 环境工程管理的要求

(1) 按照可持续发展的观念，参照国际通行的先进标准，通过制定完善而系统的各种标准、环境监测规范等工作，维护和改善环境质量。

(2) 将环境保护的要求纳入各个行业、地区的产品设计标准、设计规范中，使新产品、新装置、新工厂的设计、制造、建设有利于保护和改善环境质量。

（3）开展对工程技术路线、生产工艺的环境影响评价，综合经济、环境、社会三个方面分析工程技术路线的环境影响及其经济效益。

（4）对环境工程技术进行综合评价，推荐防治污染的最佳可行技术，进行环境工程的优化决策。

（5）对各种环境问题提出综合防治途径和对策。

三、产业结构与行业排污特征

1. 产业结构

以中国经济发展的过程和现状分析为基础，参照国际通行的惯例，从有利于经济结构合理化和社会经济的协调发展出发，许多学者提出对中国的三次产业结构划分如下。

第一产业：包括农业、畜牧业、渔业、林业。

第二产业：包括工业（矿业、制造业、煤气、电力、自来水）、建筑业、地质普查与勘探业。

第三产业：指第一、第二产业以外的其余部门。按它们在社会经济中的不同作用，又可分为以下两个层次。

① 第一层次，指直接为生产和生活服务的部门，包括运输与邮电通信，商业、饮食业、物资供销，房地产管理、公用事业（市内公共交通、园林绿化、清洁卫生、市政工程管理、殡葬及其他公用事业），居民服务业（包括宾馆、旅游业、理发、摄影、日用品修理及其他服务），金融、保险业，其他各种综合性专业技术服务业（如气象、地震、测绘、海洋环境、环境保护、科技咨询、电子计算机事业、律师事务所、会计师事务所等）。

商业、饮食业和运输、邮电通信业，虽然是物质生产部门，但与农业、工业和建筑业不同，它们不生产有形产品，从其为生产流通和人民生活提供服务着眼，把它们列入“第三产业”。

② 第二层次，指为社会公共需要服务的部门，包括政府机关、人民团体、军队和警察等。

以上分类方法虽然把产业做了高度汇集，但在经济结构研究中，有时仍感到过于烦琐。因为一个国家的经济发展状况如何，往往以其产业结构从低级向高级的变化情况来作出判断，而产业结构的变化如何，又是根据各产业部门的就业人数和附加价值额的变化来作出判断的。随着国际经济、贸易的不断发展，产业结构也在不断变化。从当今世界上经济发达国家的产业结构来看，尽管对个别城市和局部地区有所不同，但就一个国家而言，一般第一产业约占5%左右，第三产业约占60%～70%，第二产业约占30%左右。

这种“三次产业”结构的划分，在中国还是一个新的概念，人们在使用时常常与中国当前实行的国民经济部门分类法相混淆。中国现行的分类方法是将整个国民经济划分为物质生产部门和非物质生产部门两大类。从图7-1可以看出，这种分类方法与“三次产业”分类法在部门结构的划分上有很大的区别。

2. 行业排污特征

（1）产业结构的排污特征　按照“三次产业”划分法，第一产业主要是农、林、牧、渔四大行业。当今因大量的农业生产新技术的不断引入，使农业和林业环境与纯自然环境的差异越来越大。例如农药和化肥的使用，通过雨水的冲刷，造成由地面径流带来的水体和土壤污染。渔业生产的现状是越来越多的水产品依赖于人工养殖，使用的人工饲料、药物、粪便也会给水体带来污染。牧业主要是粪便等带来的土壤和水体污染及恶臭。由此可见，第一产业主要是以有机污染为主，造成水体中的BOD_5和N、P含量升高。

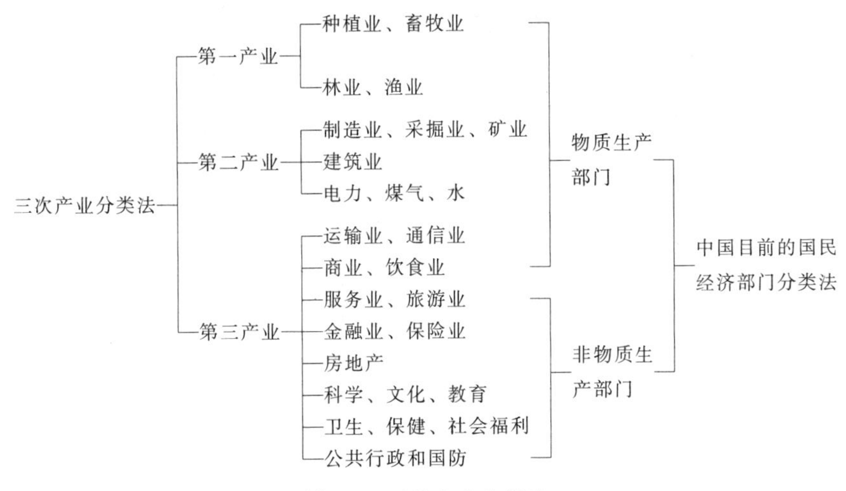

图 7-1 两种产业分类法

第二产业主要是工业、建筑业和矿业。许多工业生产过程中排放出大量的废水、废气和固体废物，建筑业则容易产生噪声、粉尘等污染，采矿除破坏植被等生态环境外，选矿过程也会排放大量的污染物。由于工业行业众多，产品品种繁杂，生产过程中排放的污染物也多种多样，其中有有机污染物，也有无机污染物，甚至有很多有毒有害物质。这些是环境的主要污染物来源，是环境工程治理的重点。

第三产业中存在的污染主要集中在服务性行业，如运输业、饮食业、宾馆饭店、医院、洗涤等行业，除运输行业排放大量的废气外，大部分为生活性污染物的排放，其中医院排放的污水因含有大量的致病菌，危害特别大。这些行业排放的主要是有机污染物。

上述三次产业中，以工业企业排放的污染物量大、面广、种类多，是造成环境污染的主要来源。

(2) 行业的排污特征 根据国家统计局关于国民经济部门分类的文件《国民经济行业分类》(GB/T 4754—2017)(2019 年修改版)指出，我国目前的行业分成大、中、小三类，共有 97 个行业大类，330 多个行业中类和 2000 多个行业小类，各行各业都有其特定的生产工艺和产品，在生产过程中或多或少都要排放所谓的废物，这些废物一般都以废气、废水、废渣的形式排入周围的环境中，造成环境污染。

各行业在原料、加工层次、工艺技术、产品种类等方面存在很大的差异，因此排出的污染物也各不相同，从而造成了不同行业的排污特征，这种特征一般用排污系数来表示。排污系数一般可分为两类：一类称为价值型排污系数，即某行业每万元产值排出各种主要污染物的绝对数量；另一类称为实物型排污系数，即某行业在生产每单位产品过程中排出各种主要污染物的绝对数量。价值型排污系数因受到市场价格变化和国际货币不同的影响，缺乏一定的可比性，所以实用性不强。而实物型排污系数仅受生产工艺和技术进步因素的影响，国内外具有一定的可比性（在生产工艺相近、技术进步因素相当的条件下）。

第二节 污染防治工程管理

一、污染防治工程的分类

按环境要素划分，污染防治工程大致可分为四类，即大气污染防治工程、水污染防治工程、固体废物处理与处置工程、噪声和振动控制工程。

1. 大气污染防治工程

大气污染防治具有技术复杂、涉及范围广的特征，是环境污染防治工程中的一个重要方面。大气污染防治工程的内容主要包括大气污染源及主要污染物的发生机制，大气污染物的治理技术以及大气污染的综合防治。

大气污染物主要来源于人类的生活及生产活动，包括生活污染源、工业污染源、交通污染源等。大气中主要污染物包括总悬浮微粒（TSP）、可吸入颗粒物（PM_{10}、$PM_{2.5}$）、二氧化硫（SO_2）、氮氧化物（NO_x）、一氧化碳（CO）和光化学氧化剂（O_3）等。大气污染物治理技术就是通过诸如脱硫、脱氮、除尘等手段，使排放的气体中污染物的含量降至符合国家的排放标准。

大气污染按其影响范围可分为局部污染、地区污染和广域污染，而且一般由多种污染源所造成，污染程度还受该地区的地形、气象、植被面积、能源的构成、工业结构和布局、交通管理和人口密度等自然因素和社会因素的影响。因此，大气污染防治具有区域性、整体性和综合性的特点。在制定大气污染防治对策时，要充分考虑地区的环境特征，从地区的生态系统出发，对影响大气质量的多种因素进行系统的综合分析，找出最佳的对策和方案，进行综合防治。

大气污染综合防治的措施，主要包括充分利用大气的自净能力，植树造林，发展植物净化，大力推行清洁生产，改进工艺和更新原料、产品，发展最佳防治技术等，以减少或防止污染物的排放。

2. 水污染防治工程

水体污染物及其来源可以分为化学污染物、物理污染物和生物污染物，表征水污染的指标一般有溶解氧（DO）、生化需氧量（BOD）、化学需氧量（COD）、悬浮物（SS）、大肠杆菌、氢离子浓度（pH）、特殊有害物质。水污染防治工程就是用各种方法将废水或污水中所含的污染物质分离回收，或将其转化为无害的物质，使废水或污水得到净化。由于不同行业排放的主要污染物差异很大，所采用的处理方法也就不同。至今，针对不同污染物质的特性，发展了各种不同的处理方法和技术。这些处理方法按其作用原理大致可分为四类。

（1）物理处理法　借助于物理作用分离和除去废水中不溶性悬浮状态的污染物质，在处理过程中不改变污染物的化学性质。如沉淀、浮选、过滤、离心、蒸发、结晶等处理过程都属于物理处理法。

（2）化学处理法　通过向废水中投加化学药剂，使其与污染物发生化学反应，或混合两种以上所含污染物可以相互反应的废水，从而使有害物质转化为无害物质或者是易分离形式，达到除去污染物的目的。主要方法有混凝、中和、氧化还原等。

（3）物理化学处理法　利用物理化学作用去除废水中的污染物质。主要有膜分离法、吸附法、萃取、离子交换等。

（4）生物化学处理法　利用微生物的新陈代谢作用，将废水中复杂的有机物分解为简单物质，将有毒物质转化为无毒物质，使废水得到净化。根据是否供氧，生化处理法分为好氧生物处理法和厌氧生物处理法。实际应用中主要有活性污泥法、生物膜法、生物塘及土地处理系统等。

废水中的污染物往往不止一种，不可能用一种方法就能够把所有的污染物质都去除干净。绝大部分情况下都需要通过几种方法组成的处理系统，才能达到处理的要求。

从世界上许多国家保护城市与水系水体资源的历程看，大都经历了从局部治理发展到区域治理，从单项治理发展为综合防治的过程，这对中国大规模进行城市与水系水体污染防治工作是一个值得借鉴的经验。区域性综合防治应该成为目前和今后城市与水系环境保护工程的发展方向。

3. 固体废物处理与处置工程

固体废物，是指在生产建设、日常生活和其他活动中产生的污染环境的固态、半固态废弃物质。人类在开发资源、制造产品和改进环境的过程中都会产生固体废物，而且任何产品经过消费后也会变成废弃物质，最终排入环境中。主要包括工业废物、矿业废物、农业废物和生活垃圾等。随着人类生产的发展和生活水平的提高，固体废物的排放量日益增加，它们占用大量的土地，污染水体、土壤和大气。但是固体废物具有两重性，对于某一生产或消费过程来说是废物，而对于另一过程来说可能是有用的原料。所以，针对不同的固体废物，要采取不同的处理或处置方式。既要对暂时不能利用的废物进行无害化处理，如对城市垃圾采取填埋、焚烧等方法予以处置；又要对固体废物采取管理或工艺措施，实现固体废物资源化，如利用矿业固体废物、工业固体废物制造建筑材料，利用农业废物制取沼气等。

4. 噪声和振动控制工程

在许多情况下，噪声和振动是同时发生的，例如在锻压车间、建筑工地等。噪声和振动控制工程就是采取技术措施，控制噪声源和振动源的声波和振动波的输出。

不同于水污染、大气污染和固体废物污染，噪声和振动污染是一种物理性污染。它们的特点是局部性和没有后效性。解决这两种污染的一般程序是首先进行现场调查，测量现场的噪声或振动强度，然后根据有关的环境标准确定现场容许的强度，进而制定技术上可行、经济上合理的控制方案。

（1）噪声控制　分为声源控制和传声途径控制。控制声源有两种方法，一是改进结构，提高其中部件的加工精度和装配质量，采用合理的操作方法等，以降低声源的噪声发射功率；二是利用声的吸收、反射、干涉等特征，采用吸声、隔声等技术，或者安装消声器等，控制声源的辐射。

传声途径控制的措施主要有：①使声源远离需要安静的地方；②控制噪声的传播方向，可以有效降低噪声尤其是高频噪声；③建立隔声屏障，或利用天然屏障，以及利用其他隔声材料和隔声结构来阻挡噪声的传播；④应用吸声材料和吸声结构，将传播中的噪声声能转变为热能等；⑤在城市建设中，采用合理的城市防噪声规划。此外，合理的控制噪声的措施，是根据噪声控制费用、噪声容许标准、劳动生产效率等有关因素进行综合分析确定的。

（2）振动控制　振动控制主要是对振动源的控制，通过阻尼防振、隔振器隔振、动力吸振器吸振等措施降低振动强度。另外，在城市规划和工厂设计中，尽可能将振动源布置在远离需要安静的区域。应用法规，限制在人口居住区使用大功率振动设备。

二、污染防治工程的基本要求

虽然对不同污染物的防治工程类型千差万别，防治的措施和技术手段各不相同，但对污染防治工程的基本要求是一致的。

1. 防治结合，以防为主，综合治理

人类在对污染物的防治中，从早期把注意力放在排放口治理，到重视污染的预防，经历了一个相当长的过程。实践证明，对环境污染的“防”重于治。减少能源、水资源、原材料

的消耗，重视资源回收、循环利用，是提高经济和社会效益、保护环境的最佳选择。当前大力开发无污染物排放的清洁生产技术，已受到国内、国际的普遍关注。中国环境保护工作的一项重要原则就是预防为主，它具体体现在以下几个方面。

（1）在计划、设计过程中，要注意防止环境污染　用法律的形式确定了发展经济与保护环境的关系，确保将环境保护纳入国民经济计划这一防止环境污染和破坏的根本措施得以落实。在项目建设和技术改造中的“三同时”规定是要求充分考虑地区的自然环境特征和社会环境特征，事先应进行环境影响评价，通过综合分析，力求环境效益与经济效益的统一。在设计规范中应明确规定，大型工程的选址、设计要以环境影响评价为基础，充分考虑保护环境，防止环境污染与破坏的要求。

（2）在生产过程中消除或减少污染　积极开发无污染或少污染的新工艺、新技术和新设备，努力实现清洁生产。应合理组织生产，加强工业环境管理。通过合理规划、设计生产地域综合体，研究各类企业的物质流与能量流，把不同类型的企业在一定地区内组合起来，使某企业的废弃物或副产品成为另一企业的原料，做到资源、能源的充分利用，把排入环境的污染物量降至最低限度。在一个企业内要合理组织生产，把环境管理纳入生产调度，尽量使部分生产过程实现闭路循环，达到减少污染，提高资源利用率的目的。

按照对产品全过程控制的原则，把原料开采、生产加工、运输分配、使用消费、废弃处置等这一产品生命全过程中的环境保护问题都要纳入产品的设计思想中。积极设计、生产无污染或低污染的新产品，防止加工、运输、销售过程中造成污染。在产品的设计和制定产品标准时，就重视防止由产品造成的环境污染，禁止或限制污染环境的产品进入市场，用登记和颁发许可证的办法限制其销售和使用，不但可以促进新产品的生产，而且有利于保护环境。

要对生产过程造成的环境污染实行综合治理，从污染控制系统的整体出发，进行综合分析，在此基础上综合运用各种防治措施，组成各种能满足环境目标要求的方案，然后进行经济效益分析，选取最优方案。

2. 合理利用环境自净能力，人工治理与自然净化相结合

实践证明，合理地利用环境自净能力，既可以达到保护环境的目的，又能节约环境治理的投资，并从根本上消除治理过程中的二次污染。从这种意义上来说，环境自净能力、环境容量是一种资源，应高度重视其合理利用价值。在一定的时间和空间内环境容量是有限的，比如某一河段，在一定的物理、化学、生物条件下，向该河段不断排放耗氧有机物（以 BOD_5 计），排污量在某一限度内，河水靠自净能力（生物氧化分解）就可将其净化。但是当排污量超出环境容量，就会造成污染，破坏环境的自净能力。一旦出现这种情况，要恢复河段的清洁状态，恢复其正常的自净能力，就要花费较高的代价。当然，在利用环境的自净能力时，要以各种类型污染物的自净规律和生态毒理的研究为基础，并对其可能造成的环境影响进行预测。总之，要慎重对待人工治理和自然净化相结合。概括起来有下列几点具体要求。

（1）通过全面规划、合理布局，合理利用环境自净能力　参考区域的环境特征，污染物的稀释、扩散等自净规律，结合生产力的合理布局来制定区域经济规划和环境规划，使污染源合理分布，把污染严重的工厂安排在环境容量较大的地区，同时控制污染源密度。

（2）根据区域环境特征，大气、水体、土壤的自然净化能力，制定经济合理的污染物排放标准和排放方式　在制定污染物排放标准时，要充分考虑区域的地形、气象、水文等环境特征，还要兼顾地区的功能和污染源密度，确定合理的标准。要在保证环境质量逐步改善的前提下，合理地利用大气、水体、土壤的自净能力。要通过扩大林地面积、种植抗污染植物来改善大气质量。将水利工程与水污染控制结合起来，调节枯水期流量，增加区域的水环境容量。

（3）人工治理措施与利用环境自净能力相结合　区域污染综合防治中的一个重要原则就是对环境自净能力与人工治理措施综合考虑，组合成不同的方案，然后综合环境效益和经济效益，选择出最佳方案。

3. 分散治理与区域防治相结合

控制污染源是防治环境污染最根本而有效的措施，但在当前的技术条件下，分散治理往往存在投资大、运行费用高的弊端，而且整体环境治理效果不理想。具体分析如下。

（1）工业污染控制必须把厂内治理与区域污染防治相结合　以水污染控制为例，小型企业的污染控制应该以社会化为主，大中型企业应以厂内防治为主。但不管哪种方式，对有些污染物，如 BOD_5、酚、氰等，要求厂内治理达到的程度应从区域的整体防治规划加以考虑。如不从实际情况出发，一律要求以厂内防治为主，各厂分散处理达到排放标准，可能会造成不必要的浪费。中国某些地区曾经出现过这样一种情况，有些厂为了使酚达到排放标准，采用了二级处理。原来含酚约 100 mg/L 的废水，由于在一级处理时采用的加压浮选效果较好，废水含酚量降至 20～30 mg/L 甚至更低，再用生物处理法进行二级处理，经济上就很不合理了。有时因废水含酚量低，生物处理法难以运转，不得不再向系统中加一些酚或其他营养物质以维持微生物的生长繁殖，保证生物处理系统的正常运行。所以，不能要求所有的企业分散处理达到排放标准，而应该统一规划，进行全面的经济效益分析，在各厂处理达到一定要求的基础上，再统一进行集中处理后达标排放。

（2）要以企业分散防治为基础进行区域污染综合防治　具体区域的环境特征和功能必须在制定区域污染综合防治规划过程中作为重要的参考因素，并以此为基础确定环境目标，计算出主要污染物应控制的排放总量，统一规划出集中处理与分散处理的负荷，把分散处理的指标分配到各个污染源（企业）。如果各企业分散防治达不到要求，集中处理便难以正常运转。所以，集中处理不能代替分散处理，而是以分散处理为基础。只是通过集中与分散的科学组合、合理分担，使污染防治更加经济合理，达到环境效益与经济效益的统一。

4. 综合利用与无害化处理相结合

按照可持续发展的观念，提高资源的利用率是保护自然环境的一项根本措施。对各种废物进行综合利用，化害为利也是中国环境保护工作的方针。由于一定时期科学技术水平和经济条件的限制，资源的利用率、废物的综合利用率有一定的限度。因此，当前在污染防治工作中，要把综合利用与无害化处理结合起来，在全面经济效益和环境效益分析的基础上，科学地组合各种防治方案。综合利用的具体途径有下列几个方面。

（1）提高自然资源利用率、减少污染物的流失　主要通过产业的合理布局，合理开发、综合利用矿产资源。通过改进加工工艺和设备，减少原材料的消耗，尽可能回收副产品，提高资源的循环利用率。重视研究和开发闭路循环工艺等。

（2）实现工业“三废”及其他废物的资源化　包括含二氧化硫气体、废酸、废碱的回收利用；高炉渣、粉煤灰、煤矸石等工业废渣的资源化。进一步做好废旧物资的回收利用，大力推广分类回收技术，促进废旧物资回收加工产业，提高废旧物资的回收率和资源化率。采用经济手段鼓励充分利用工业生产过程中排出的可燃气体和余热等二次能源，提高能源利用率，减少污染物的排放总量。针对中国能源构成中煤的比重较大的实际情况，积极开发清洁用煤技术，改进消烟除尘工艺，也是综合利用的重要内容。

为了促进综合利用水平，中国制定了一系列经济上的奖励政策。然而，并不是所有资源都可以循环利用、综合利用，也不是所有“废物”都能资源化。受技术水平、经济效益和废物数量等诸多因素的影响，还有很多废物在短时期内甚至很长时期内无法得到利用。所以，要进一步开展无害化处理的研究，它包括安全堆存作为后备资源，采取“隔离”措施以免污染环境，净化处理后排放等。总之，把综合利用和无害化处理结合起来，仍然是今后环境保护工作的出发点。

5. 结合区域实际，把环境效益与经济效益相结合

环境污染防治的特点之一是具有区域性，要想获得良好的环境效益和经济效益，就必须结合当地的环境特征，如地形、气候、气象条件、环境容量、人口密度、经济密度等因素，因地制宜地选择防治措施。

与所有的工程类似，污染防治工程也必须进行费用-效益分析。在一定的污染程度下，增加污染防治费用，由污染造成损失的费用会相应降低。例如，在污染相当严重时，如不采取防治措施，就会造成巨大的经济损失。但当污染减少到一定程度后，再继续要求降低污染，就要付出巨大的代价。也就是说，在一定的污染治理效果范围内，污染控制费用增加的比例，小于或等于环境效益增加的比例，但超出这一范围后，虽然污染控制费用增加很多，环境效益的增加却极不明显。所以确定两者的最佳结合点是环境污染防治工程在设计、运行中必须予以考虑的。

三、污染防治工程的运行管理

从规模来看，可以将污染防治工程分为单元环境工程和系统的环境工程。这里的单元是指一组或一套污染治理装置，单元环境工程运行管理就是对这类装置分别进行的运行管理。而系统的环境工程运行管理要复杂得多，它既涉及污染源的管理，还涉及大环境和一系列管理方法。下面对这两个方面作简单介绍。

1. 单元环境工程运行管理

（1）分析产生污染物的生产工艺和现有的治理技术状况　针对某些污染源的单元污染防治工程，应从产生污染物的生产工艺进行全面分析，掌握污染源的分布及其现状。同时对这些污染物治理的方法和技术水平进行广泛的调查研究，综合分析各自的利弊、工程技术效益、经济效益和社会效益。用这两方面的分析结果作为制定新建或改建、扩建治理工程计划的主要依据。

（2）重视对现行生产工艺的改进，减少污染物的排放量　确定污染治理工程的方案应与现行生产工艺的改进结合进行。首先要在全面分析现行生产工艺的基础上，确定生产工艺的改进方案，尽可能用先进的生产工艺取代落后的生产工艺，提高劳动生产率、资源利润率，降低能耗和污染物的排放量。这不仅可以大幅度减少污染治理工程的负荷，而且可以提高经济效益和社会效益。

（3）掌握污染物排放量、性质（组分）、浓度　在确定治理路线和工艺、治理装置的处理能力时，主要依据就是污染源污染物的排放量、排放规律，以及污染物的组分、性质、浓度、流量等。

（4）确定污染治理工艺、设计参数、配方、装置等　这是污染防治工程运行管理的重要环节，直接关系到投资额、治理效果、运行的经济性等。正如在确定污水处理工程中所遇到的处理级数的选择、处理药剂的配方、处理设备选型等问题，不但直接影响整个工程的投资和日常运行费用，还会影响污染物的处理效果和运行的可靠性。另外，选择不同行业不同工艺条件下的污染防治工程的最佳可行技术，是目前单元环境工程的管理热点。

(5) 严格工艺操作条件，确保达到处理效果和技术经济指标　制定科学的工艺操作规程，在操作中严格控制各项参数，是保证治理装置的运行效果达到设计要求的关键。除此以外，还要有一整套其他配套规定，如设备维护规程、安全规程等，并且确保在实际操作中得到认真的落实，这样才能保证治理系统的正常运行，发挥其应有的作用。实际工作中常常出现这样的情况，污染处理装置建成后，初期运行效果良好，但经过一段时间后，由于污染物排放量随产量逐年增加，超过了装置处理能力，或者某些设备出现故障不能及时得到维修，甚至因人员变动而不认真执行操作规程等各种原因，造成处理效果达不到要求。所以，管理并使用好现有的污染治理装置，是当前污染防治工程运行管理中不容忽视的问题。

2. 系统的环境工程运行管理

系统的环境工程运行管理是用系统方法来解决和处理环境工程问题，它不仅包括一般的单元环境工程，还包括环境规划和环境污染控制方案等综合防治问题。而实施总量控制是现代系统的环境工程管理的主要体现。限于篇幅，这里只就总量控制管理作简单介绍。

(1) 总量控制的4个基本量

① 环境容量　是在环境使用功能不受破坏的条件下，受纳污染物的最大数量。对于水环境来说，水环境容量由稀释容量与自净容量两部分组成。只要有稀释水量就存在着稀释容量；只要有综合衰减系数，就存在自净容量。通常稀释容量大于自净容量，在净污比大于10～20倍的水体，可以计算稀释容量。

② 受纳水域允许纳污量　根据水环境管理要求，划分水环境保护功能区范围及水质标准，根据给定的排污地点、方式与数量，把满足不同设计水量条件，单位时间内保护区所能受纳的最大污染物量称为受纳水域容许纳污量。

③ 控制区域容许排污量　按照水污染控制目标，根据控制区域内排污总量的控制要求，选定代表年或削减率，在经过技术、经济可行性论证后确定的污染物排放总量控制目标，称为控制区域容许排污量。

④ 排放口总量控制负荷指标　根据污染源位置、排放量、排放方式、排放污染物种类，以及污染物管理水平，技术与经济承受能力，环境容量利用条件，逐个企业、逐个排放口分配控制区域内容许排污总量负荷，并经相关行政主管部门批准的各排污口容许排污总量，称排放口总量控制负荷指标。它针对每一具体的排放口给出控制要求，既限定排污水量和浓度，又限定一次瞬时排放水量和浓度的容许上限。

(2) 总量控制的负荷分配

① 总量控制的核心是将负荷分配到源　实质上总量控制就是根据排污地点、数量和方式，对各控制区域不均等分配环境容量资源。依据每一污染源排放总量削减的优先顺序和技术、经济的可行性，不均等地分配技术、经济投入。通过在流域范围内不均等地分配环境容量资源，在区域范围内不均等地分配技术、经济投入，实现最小投资条件下的最大总量负荷削减，或在最小投资条件下实现环境目标，并将实施方案落实到源。

② 环境容量资源分配　它是环境容量资源有偿使用的体现，是流域范围内各控制区域的合理布局与负荷分担率。例如各控制区域间水质控制断面的位置与标准；上、下游分担削减负荷与治理投资的政策与标准；未来经济技术开发区的布局与负荷预测和容量分配原则，都要通过环境容量资源分配来解决。常用的方法是通过建立源与目标的输入响应关系，模拟不同输入值的环境响应，比较不同分配方案的优劣。

③ 污染负荷的技术、经济优化分配　总量控制负荷指标可操作性的体现是对区域范围内各主要污染源排污总量削减方案进行可行性比较及实施先后顺序的决策。如各控制区域内点源优先治理方案；集中控制工程方案；重大综合利用工艺改造方案；加强管理方案等，都要按照区域排污总量控制目标进行技术、经济优化分配，以及实施顺序的时间分配。常用的方法是通过建立各控制方案的削减量与投资、效益的关系，优化比较不同控制方案组合后的成本效益比值，比较不同分配方案的优劣。

④ 总量控制中两步分配的特点　环境容量资源分配的基点在于合理布局。总量负荷技术、经济优化分配的基点在于实施。资源分配建立在水环境容量定量化，水质模拟程序化的基础上，是国外负荷分配技术的应用。负荷技术、经济优化分配建立在污染源最佳生产工艺与实用、可行处理技术成本、效益分析定量化、模拟化的基础上，对主要污染源施行逐个优化比较，体现中国国情，即污染源生产工艺与处理工艺问题交叉；生活污水与工业废水混杂；点源控制与集中控制方案需要灵活决策，这是中国自己发展的负荷分配技术。

(3) 总量控制的技术关键——源与目标间的输入响应

① 目标管理的实质　是系统论思想在环境管理中的具体应用。目标管理的提出是基于环境保护目标的多样性、阶段性和区域性，以及实现环境保护目标可行途径的投资可支持性、工程措施有效性。这要求在多目标选择、多条件制约中实现目标管理，必须采用系统分析方法。目标管理的实质可以用图7-2表示，它表现了污染源和环境保护目标之间的定量关系。

第一个定量关系是污染源排放量与环境保护目标之间的输入响应关系，它限定了污染源调查的项目及迁移、转化规律必须与保护目标紧密相连，区域、项目、时间均应配套吻合，从而实现不同污染源对环境目标贡献率的定量评价。

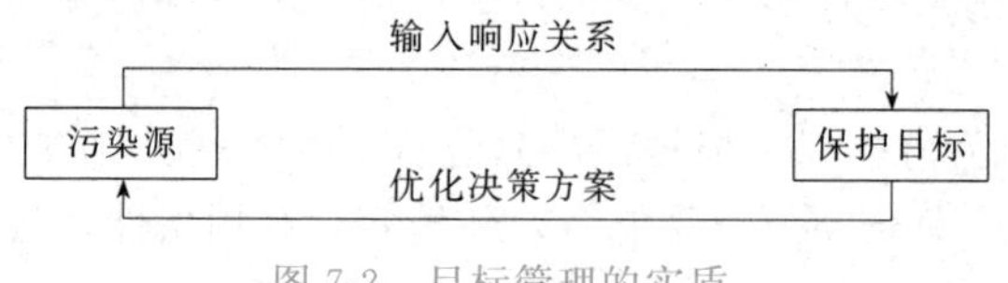

图7-2　目标管理的实质

第二个定量关系是实现某一环保目标，在限定时间、投资条件下，区域治理费用最小的优化决策方案。此定量关系对环境目标的可达性、对污染源的可控性都作了技术、经济限定。

由此可见，目标管理一方面对源和目标进行配套评价，另一方面运用迁移、转化规律和优化理论使源和目标之间相互关联，最终把认识环境、找出需要解决的主要问题和改造环境、提出可行的管理与工程措施置于一个统一的整体。

② 环境目标　凡对环境管理的不同阶段、不同范围提出的定量评价指标，统称为环境目标。环境目标按环境质量和污染源排放分为两大类。环境质量类目标是按环境质量

标准，保护区禁排要求，综合整治定量考核评分等指标，确定环境目标。污染源排放类目标是按容量排放总量、排污总量削减率、污水处理率与达标率、水回用率等指标确定环境目标。

③ 污染源与环境目标的输入响应关系　图 7-2 所揭示的两个定量关系反映了总量控制中的两步分配。源与目标间的定量关系，反映了环境容量资源分配。控制污染源的优化分配关系，反映了负荷技术、经济优化分配。这是典型的容量总量控制过程。

目标总量控制同样需要这两个定量关系，以便反映不同输入响应方案的效益比较。即通过源的不同方案输入值，寻求满意的环境响应。做到既不“过保护”，也不“不足保护”。再通过给定的不同环境目标值，寻求效益最佳的污染源控制组合方案，保证方案实施的可行性。

行业总量控制则是先寻求资源与能源的最佳利用率，再寻求实现这一最佳利用率的污染源调控方案。

综上所述，把源和目标间评价与控制两大问题解决好，是把握总量控制的技术关键。

第三节　环境工程优化决策

一、环境工程优化的一般程序

环境工程优化有多种方法、多个方面，但各种优化技术都遵从一套一般程序，下面以水环境工程为例加以介绍。

1. 确定行业控制目标

行业控制目标的确定主要从以下几个方面考虑。

(1) 绘制主要产品生产工艺流程图、物料流失平衡图；

(2) 确定重点排污位置，进行水质水量验证；

(3) 分析有代表性的生产周期污染物变化、水量变化图；

(4) 考察排污量与水质现状的定量关系，绘制排污曲线；

(5) 与同行业进行对比，提出控制措施。

2. 确定污染源最佳生产工艺下废水排放浓度及最佳处理技术

(1) 对污染源控制措施进行技术、经济可行性分析，具体如下。

① 调整产品结构、控制污染大企业生产发展的规模；

② 进行生产技术改造，从根本上减少污染物的排放；

③ 加强企业内部管理，制定控制污染物排放的目标责任制；

④ 积极开展综合利用；

⑤ 降低原材料消耗；

⑥ 选择合理的治理技术；

⑦ 建设项目“以新代老”；

⑧ 不断提高设备运转率；

⑨ 加强宏观调整，减少污染物转移。

(2) 调整污染源最佳生产工艺下污水排放浓度。

(3) 确定最佳生产工艺下，最佳废水处理方案。

3. 区域集中控制工程

根据不同区域的具体情况，尽可能实现区域集中控制，提高环境效益和经济效益。具体途径如下。

(1) 通过调节枯水流量，实施局部人工充氧、清浊分流、土地处理等措施改善水质，尽可能建立区域污水厂实现区域联片治理。

(2) 实施城市环境综合治理，改变工业布局，关、停、并、转污染严重的企业。

(3) 选择污水排放去向，将排入重要区域的污水改为排入次要区域的土地处理系统，或城市污水处理系统，或排入江、海等大水体稀释等。

4. 总量控制方案的环境、社会、经济效益及分期实施的可行性

这种可行性评价是针对容量总量控制的环境目标，特别提出的评价指标。这种评价要求将每一个总量控制方案都进行环境目标的可实现性，技术、经济可行性的评价，并加以比较，最后根据投资条件实施时间分解。

5. 环境目标可达性评价

进行环境目标可达性评价主要从下列几个方面考虑。

(1) 功能区功能改变或调整、混合区利用是否可行，是否有不可挽回的环境影响。

(2) 提高水环境质量与加强给水处理两条不同途径的成本效益比较。

(3) 各专业用水区的水质是否得到了更有效的保护。

(4) 通过工程措施、排放标准、排污许可证制度及其他管理措施，能否保证污染物削减方案分期实施。

(5) 削减污染物治理方案的经济承受能力和分期实施计划。

(6) 将环境保护目标与负荷分配目标怎样落实到环境综合整治定量考核和目标管理责任制。

6. 优化决策

为了获得优化重点控制的区域或单元信息，可从三个方面加以考虑。

(1) 削减某一指定负荷量的最优组合治理方案。

(2) 参照某水平年排放量的削减控制方案。

(3) 达到治理目标的投资最小。

7. 政策协调和行政决策

(1) 解决理论优化和实际的关系。

(2) 解决政策配套中新与旧的矛盾。

(3) 确定分期实施方案。

(4) “三同时”政策协调。

(5) 排污征税政策协调。

8. 审核发放许可证

(1) 确定许可证发放范围、许可证内容及类型。

(2) 建立许可证监督管理办法、管理体制、经费补偿办法。

※二、几种典型的环境工程优化技术

1. 污水处理系统的最优设计——复合形法

优化技术的种类很多，同样，对污水处理系统的最优设计方案也可以用多种优化技术选

出。这里简要介绍利用复合形法进行污水处理系统优化设计的过程。

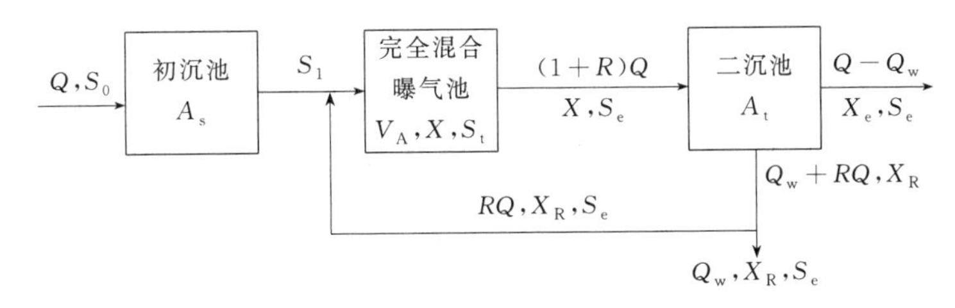

图 7-3　完全混合活性污泥处理厂工艺流程

图 7-3 中各符号的意义如下。

Q——原水流量；

S_0——原水中的底物浓度；

A_s——初沉池面积；

S_1——曝气池进水中底物浓度；

V_A——曝气池容积；

X——曝气池中活性污泥浓度或混合液悬浮固体浓度；

S_t——二沉池水中的底物浓度；

A_t——二沉池面积；

Q_w——剩余污泥排放量；

S_e——出水中的底物浓度；

R——污泥回流比；

X_e——出水中活性污泥浓度；

X_R——回流污泥中的活性污泥浓度。

图 7-3 所示的是活性污泥污水处理系统的流程示意图，整个系统由一系列承担不同作用的单元过程组成。对这种处理系统进行最优化设计，就是在规定的处理设备使用期限内，通过最优化的方法，找出使整个处理系统在满足给定出水水质要求的前提下达到费用最低（或其他既定目标）的设计方案。以总费用最小为目标时使用的最优化公式为：

$$F=f(x_1, x_2, \cdots, x_n) \rightarrow \min \tag{7-1}$$

$$g_i(x_1, x_2, \cdots, x_n) \leqslant b_i, i=1,2,\cdots,m \tag{7-2}$$

式(7-1) 中的目标函数为处理系统的总费用，它由系统的基建投资与运转费用两项构成。式中的 $x_1, x_2, \cdots, x_n$ 表示系统中的各项设计决策变量。式(7-2) 表示由处理系统中各项具体条件给出的约束方程。满足这些约束方程的设计决策变量称为式(7-1) 的可行解。能使目标函数 F 取得极小值的可行解即为该系统的最优设计决策变量。

以总费用最小为目标进行污水处理系统优化设计的基本步骤如下。

① 建立各单元处理过程的数学模型；

② 确定处理系统的设计决策变量；

③ 根据有关费用资料建立目标函数；

④ 根据处理系统特性确定约束方程；

⑤ 进行最优值的求解。

按照上述基本步骤讨论图 7-3 所示处理系统的优化设计过程。

(1) 处理系统的单元过程模型

① 初沉池　设置初沉池的目的是去除污水中所含的较大悬浮固体颗粒。根据沉降的有关原理，沉淀池中悬浮固体颗粒的去除率是沉淀池过流率的函数。沉淀池的面积可以由下式计算：

$$A_s = \frac{Q}{q} \tag{7-3}$$

式中　A_s——沉淀池面积，m^2；

q——沉淀池过流率，$m^3/(m^2 \cdot d)$。

② 曝气池　完全混合活性污泥处理系统曝气池的数学模型如下。

$$S_e = \frac{1+b\theta_c}{\theta_c YK}$$

$$P_X = \frac{YQ\theta_c(S_0-S_c)}{1+b\theta_c}$$

$$R = \frac{X(V_A-Q\theta_c)}{(X-X_R)Q\theta_c}$$

$$V_A = \frac{QY\theta_c(S_0-S_c)}{X(1+b\theta_c)}$$

③ 二沉池　适用于二沉池的模型为：

$$A_t = \frac{RQ+Q_w}{g(h-1)}\left(x\,\frac{h-1}{h}\right)^h \tag{7-4}$$

④ 机械曝气设备　机械曝气设备的动力消耗由曝气池的需氧量决定。需氧量确定后，可以根据曝气设备的氧传递效率和机械效率计算出相应的动力消耗值。

⑤ 循环泵　污泥循环泵的动力消耗由流体力学公式计算。

(2) 决策变量　所谓决策变量就是可以由设计者在一定范围内自由选择的设计变量。一个处理系统中设计决策变量的个数及其取值范围，由该系统的具体条件决定。对于图 7-3 所示的处理系统来说，它的设计决策变量为 q，θ_c，X，X_R，只要确定了这 4 个变量值，该系统中其余的变量值也就随之被确定。

(3) 目标函数　求优运算的目标函数由系统的基建费用函数和运转费用函数按一定方式构成。下面首先讨论处理系统基建费用函数和运转费用函数的构成形式。

处理系统的基建费用（包括构筑物及各种机械设备）如下。

① 沉淀池　沉淀池的基建费用为沉淀池面积的函数，目前使用最广泛的函数关系表达式为指数形式。初沉池和二沉池的基建费用函数表达式分别为：

$$K_1 = f(A_s) = \alpha_1 A_s^{\beta_1} \tag{7-5}$$

式中　K_1——初沉池基建费用，万元；

α_1，β_1——费用统计常数。

$$K_2 = f(A_t) = \alpha_2 A_t^{\beta_2} \tag{7-6}$$

式中　K_2——二沉池基建费用，万元；

α_2，β_2——费用统计常数。

② 曝气池　曝气池的基建费用为曝气池容积的函数，常用的函数表达式为指数形式，即

$$K_3=f(V_A)=\alpha_3 V_A^{\beta_3} \tag{7-7}$$

式中　K_3——曝气池基建费用，万元；

α_3，β_3——费用统计常数。

处理系统的运转费用函数如下。

曝气设备的运转费用为曝气池需氧量的函数，其函数表达式为：

$$C_1=f(O_2)=\alpha_4(O_2) \tag{7-8}$$

式中　C_1——曝气设备运转费用，万元/年；

α_4——根据动力消耗计算的常数。

污泥循环泵的运转费用为污泥回流量的函数，其函数表达式为：

$$C_2=f(RQ)=\alpha_5(RQ) \tag{7-9}$$

式中　C_2——循环泵运转费用，万元/年；

α_5——根据动力消耗计算的费用常数。

在确定了以上各项费用函数的表达式后，可以进一步建立求优运算时使用的目标函数表达式。目标函数表达式具有如下形式。

$$F=\frac{1}{T}\sum_{i=1}^{n}K_i+\sum_{j=1}^{m}C_j \tag{7-10}$$

式中　K_i——各项基建投资费用函数，万元；

C_j——各项年运转费用函数，万元/年；

T——基建投资偿还年限，年。

将各项费用函数表达式整理得

$$F=\frac{1}{T}(\alpha_1 A_s^{\beta_1}+\alpha_2 A_t^{\beta_2}+\alpha_3 V_A^{\beta_3})+\alpha_4(O_2)+\alpha_5(RQ) \tag{7-11}$$

即

$$F=f(A_s, A_t, V_A, O_2, RQ)$$

利用各个单元处理过程的数学模型，可以将上式中的变量 A_s，A_t，V_A，O_2，RQ 分别用决策变量 q，θ_c，X，X_R 的函数形式代替。可以将式(7-11) 中的变量 V_A 表示为 θ_c，X 的函数：

$$V_A=\frac{QY\theta_c(S_0-S_c)}{X(1+b\theta_c)}=f(\theta_c,X)$$

利用同样的方法可以将式(7-11) 中的变量 A_s，A_t，O_2，RQ 分别表示为决策变量 q、θ_c、X、X_R 的函数。因此可以将目标函数 F 记为：

$$F=f'(q,\theta_c,X,X_R) \tag{7-12}$$

这样就得到了以决策变量 q，θ_c，X，X_R 为自变量的目标函数。

(4) 约束方程　运转经验表明，各个决策变量都只能在一定范围内变化，根据这一条件可以写出如下约束方程：

$$\begin{aligned} q_{min} &\leqslant q\leqslant q_{max} \\ \theta_{c_{min}} &\leqslant \theta_c\leqslant \theta_{c_{max}} \\ X_{min} &\leqslant X\leqslant X_{max} \end{aligned} \tag{7-13}$$

$$X_{R_{min}} \leqslant X_R \leqslant X_{R_{max}}$$

式中标有“min”和“max”下标的字母分别表示有关变量取值范围的下限和上限。

此外，一个处理系统中的各种物理、化学及生物化学特性也将对决策变量的取值范围产生一定的限制，根据这些限制条件也可以写出一些对决策变量加以限制的约束方程。对于图7-3所示处理系统可以写出如下约束方程。

① 根据曝气设备的充氧能力

$$0 \leqslant a' \frac{1+b\theta_c}{Y\theta_c} + b' \leqslant R_{r_{max}} \tag{7-14}$$

式中 $R_{r_{max}}$——曝气设备的最大供氧速率，kg/d。

② 根据给定的出水水质

$$0 \leqslant \frac{1+b\theta_c}{\theta_c YK} \leqslant S_c \tag{7-15}$$

③ 根据回流比的取值范围

$$0 \leqslant \frac{X(V_A - Q\theta_c)}{(X-X_R)Q\theta_c} \leqslant R_{max} \tag{7-16}$$

式中 R_{max}——设计时允许选用的最大回流比。

(5) 最优值的求解　根据最优化的理论，从式(7-12) 至式(7-16) 已经构成一个四元函数在不等式约束条件下的最优化问题，对于这样的问题可以应用复合形法、罚函数法以及枚举法等各种最优化的方法求解最优值。

2. 污水处理系统最优化设计——动态规划法

动态规划法是进行污水处理系统优化设计的有效方法之一。这种最优设计方法的突出特点是，在考虑了整个处理系统的各种变化后求得最优状态和决策。这一点是传统的经验设计法所不能达到的。所以，利用动态规划法进行污水处理系统最优设计具有更大的优越性。

三、实例分析

1. 区域性污水处理系统的最优规划

【问题】 对某市郊区一条河流沿岸的区域污水处理系统，进行下述四类问题的厂群规划计算（包括污水处理厂的位置、容量、处理效率、基建投资、输水管线的管径、坡度、基建投资以及区域总基建投资）。

① 排放口均匀处理（各排放口采用同一处理效率）。

② 排放口最优化处理（在各原有排放口条件下，求解各处理厂的最佳处理效率组合）。

③ 最优化均匀处理（各处理厂处理率取相同的定值，确定区域内处理厂的最佳位置和容量）。

④ 区域最优化处理（既要确定最佳位置和容量，又要确定各处理厂的最佳处理效率）。

(1) 资料与数据

① 河流长 50km，划分为 10 个区段、11 个节点，有关参数及水质约束分别见表 7-2～表 7-4。

表 7-2 河流起点参数值

$Q/(m^3/s)$	$BOD_5/(mg/L)$	DO/(mg/L)	$K/(1/d)$	$R/(1/d)$	t/d
5.49	4.0	8.0	0.3	0.7	0.02

注：Q 为径流量，K 为河流有机物耗氧速度系数，t 为节点 0 至 1 的流行时间，R 为河流复源氧速度系数。

表 7-3 河流各节点、各河段参数

项目＼节点编号	1	2	3	4	5	6	7	8	9	10	11
污水流量/(m^3/s)	1.5	0.203	1.20	0.095	0.355	0.095	0.095	1.53	0	0.217	0
取水流量/(m^3/s)	0	2.97	0	0.215	0.30	0.10	0.97	0	1.65	0	0
地面高程/m	41.2	37	36.5	35.5	32.2	30	25.1	24	22	20	19.2
$K/(1/d)$	0.30	0.30	0.30	0.30	0.30	0.30	0.30	0.30	0.30	0.30	
$R/(1/d)$	0.70	0.70	0.70	0.70	0.70	0.70	0.70	0.70	0.70	0.70	
t/d	0.25	0.084	0.12	0.052	0.14	0.29	0.104	0.13	0.43	0.31	
L/km	6.2	2.2	2.9	1.3	3.5	4.2	2.6	3.2	7.9	6.0	

表 7-4 河流水质约束

项目＼节点编号	1	2	3	4	5	6	7	8	9	10	11
$BOD_5/(mg/L)$	10										
DO/(mg/L)	3										

② 污水处理厂的费用函数

采用
$$C_1=k_1Q^{k_2}+k_3Q^{k_4}\ln\left(\frac{x_0}{x}\right) \tag{7-17}$$

式中 C_1——处理厂基建费用，万元；

Q——处理厂规模，即被处理的污水流量，m^3/s；

x——出水的 BOD_5 值，mg/L；

x_0——进水的 BOD_5 值，mg/L；

k_1,k_2,k_3,k_4——需要估值的参数。

据当地污水处理厂基建投资数据的估值分析，得：$k_1=1000$，$k_2=0.90$，$k_3=200$，$k_4=0.79$。

③ 输水管道的费用函数

$$C_2=(k_6+k_7D^{k_8}+k_{11}D)L+\frac{k_9}{(I-I_0)(k_{10}+1)}\{[H_0+(I-I_0)L]^{(k_{10}+1)}-H_0^{(k_{10}+1)}\}+\frac{k_{12}}{(I-I_0)(k_{13}+1)}\{[H_0+(I-I_0)L]^{(k_{13}+1)}\} \tag{7-18}$$

当管道坡降 I 小于地面坡降 I_0 时，取 $I=I_0$，则

$$C_2=(k_8+k_7D^{k_8}+k_9H_0^{k_{10}}+k_{11}D+k_{12}DH_0k_{13})L$$

式中 D——管径，m；

L——管长，km；

H_0——起点埋深，m。

根据当地数据，经回归分析，得：$k_6=-1.88$，$k_7=3.25$，$k_8=2.43$，$k_9=164$，$k_{10}=1$，$k_{11}=3.51$，$k_{12}=1.23$，$k_{13}=1$。

（2）计算方法，目标函数

$$Z=\sum_{i=1}^{n} f_i(Q_i,\eta_i)+\sum_{i=1}^{n}\sum_{j=1}^{m} g_{ij}(Q_{ij}) \tag{7-19}$$

$$i=1,\cdots,n;\ j=1,\cdots,m$$

式中 Z——总基建投资，万元；

Q_i——在 i 节点处接受处理的污水流量；

η_i——节点 i 处的污水处理程度；

Q_{ij}——由节点 i 输送到 j 的污水流量。

约束条件

$$A\vec{X}+\vec{m}\leqslant\vec{X}_0$$

$$C\vec{X}+\vec{n}\geqslant\vec{Y}_0$$

$$X_i\geqslant 0 \quad i=1,2,\cdots,n$$

式中 $\vec{X}$——由每个节点输入河流的 BOD_5 浓度组成 n 维列向量；

$\vec{Y}_0$——由各节点的河流 DO 约束组成的 n 维列向量；

$\vec{X}_0$——由各节点的河流 BOD_5 约束组成的 n 维列向量；

A，C——水质传递方程中的系数矩阵。

对上述两组多变量的非线性规划问题，即使采取复杂技术，往往也只能获得局部最优解。下面介绍一种试探法与微分算法相结合的最优化方法。

① 利用试探法使一个区域最优化处理的问题变为一个排放口最优化处理问题和输水管线的最优计算问题。试探法是一种直接最优化方法，它通过一定的程序形成不同的流量组合方案，计算每一方案的总费用，与前一次试探中所保留下来的费用最低方案相比较，存优舍劣，作为下一次试探比较的依据。通过反复比较，目标值不断获得改进，可以保证取得一个高度满意的解，如果在试探搜索过程中包含了最优的流量组合，就一定可以得到区域的最优解。

② 利用微分算法求解排放口最优化处理问题。应用试探法做出的每个决策，使原问题分解成两个问题：排放口处理问题与输水管线问题。排放口处理问题可以写成：

在

$$A\vec{X}+\vec{m}\leqslant\vec{X}_0$$

$$C\vec{X}+\vec{n}\geqslant\vec{Y}_0$$

的约束下，求解

$$Z_2=\sum_{i=1}^{n} K_i \ln X_i$$

的最大值。此时，目标函数 Z_2 是严格单调的凸函数，存在唯一的极大值，用微分算法（雅可比法）可求得整体的最优解。

③ 利用枚举法求解最优的输水管道。

（3）计算结果 按照上述计算方法编写成计算机程序，用计算机进行计算，结果如表7-5所示。计算结果说明区域性最优化处理的规划方案投资最低。它较排放口均匀处理可以节省1387万元（即15.95%）。

表7-5 各类规划方案的总费用及其比较

方案 基建投资	排放口均匀处理效率/%			排放口最优处理	最优化[2]均匀处理	区域最优处理
	85[1]	90[1]	95[1]			
处理厂/万元	7489	7934	8694	8051	7038	6718
输水管线/万元	—	—	—	—	589	589
合计/万元	7489	7934	8694	8051	7627	7307
相对比值			100%	92.61%	82.74%	84.05%
各方案特点	不考虑河流自净能力，不考虑规模的经济效应			考虑河流自净能力	考虑处理规模经济效益	考虑河流自净和规模经济性

① 多数河流节点的水质不满足约束条件。

② 处理效率为95%。

区域最优化处理的计算结果是在节点3和10处建立两座污水处理厂。节点1至8的污水集中在3点处理，节点10的污水单独处理。

（4）几种影响因素的灵敏度分析 河流径流量变化对系统费用的影响见表7-6，由表中看出，径流量小（$Q=5.49m^3/s$）时，考虑自净能力以后，系统总费用为最优化均匀处理费用的92.5%，流量扩大到10倍以后（相当于中型河流），总费用降为72.25%，因此对于径流量小，污水量大，排出口相距较近的区域性污水处理系统，应着重研究规模的经济性问题。相反，则应着重研究河流的自净作用的影响。

表7-6 河流径流量变化对系统费用的影响

方案 基建投资	排放口均匀处理	最优化均匀处理	区域最优化处理	
			径流量5.49	径流量54.9
处理厂/万元	8694	7038	6718	5117
输水管线/万元	—	589	589	589
合计/万元	8694	7627	7307	5706

河流水质约束的变化对系统费用也有较大的影响，其影响如表7-7所示。

表7-7 河流水质约束的变化对系统费用的影响

约束条件	$BOD_5 \leqslant 10, DO \geqslant 3$	$BOD_5 \leqslant 9, DO \geqslant 4$
基建投资/万元	8052	8273

2. 黑龙江省松花江沿岸有机污染物允许排放量的确定

（1）问题简介、资料及模型 松花江是黑龙江省内的主干河流，沿河有拉哈、齐齐哈尔、哈尔滨及佳木斯四大城市主要有机污染源。如何科学确定各污染源的有机污染允许排放量，从而控制全江水质，是本例研究的问题。

按照主干河流、支流、污染源分布状况以及水文水质监测站位置，结合数学模型对划分河段的要求，将全江典型化为一个污染分析的线性系统，示意如表7-8所示。

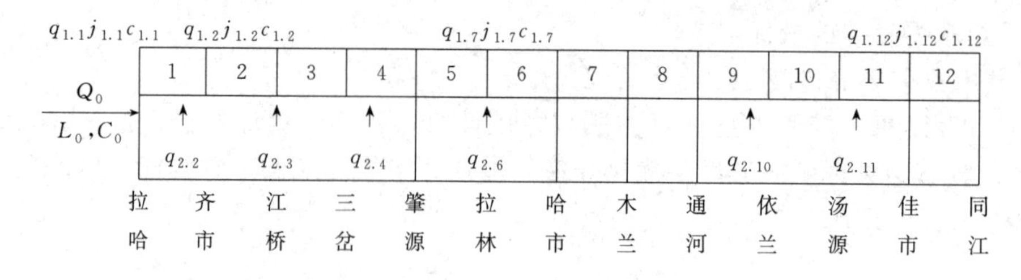

图 7-4 典型化的污染分析线性系统

图 7-4 中上部 4 个输入表示污水输入；下部 6 个输入表示支流汇入。吉林省松花江上游、黑龙江、牡丹江等均视为支流汇入。

鉴于松花江枯水期冰封河面，复氧能力较低，污水成分中含有大量悬浮的可沉淀有机物，沉淀作用在 BOD_5 的去除中占有较大比重，选用 Thomas 修正的 Streeter-Phelps 方程，描述有机污染在水体中的迁移转化规律。

BOD_5 方程
$$\frac{dL}{dt}=-(K_1+K_3)L \tag{7-20}$$

DO 方程
$$\frac{dc}{dt}=-K_1L+(C_s-C)K_2 \tag{7-21}$$

在流速、断面定常的河段 i 上，其解析解为：

$$L_i^T=L_i e^{-(K_{1i}+K_{3i})t_i} \tag{7-22}$$

$$C_i^T=C_{is}-(C_{is}-C_i^0)e^{-K_{2i}t_i}+\frac{K_{1i}L^0}{K_{1i}+K_{3i}-K_{2i}}[e^{-(K_{1i}+K_{3i})}t_i-e^{-K_{2i}t_i}] \tag{7-23}$$

式中 L、C 分别代表 BOD_5、DO 浓度值；K_1、K_2、K_3 分别表示 BOD_5 衰减常数、复氧系数及 BOD_5 沉淀速率；t 表示流经时间；C_s 表示饱和溶解氧值。“0”“T”上标分别表示河段起始、末端位置，“i”下标表示河段标号。

各段起始处，假定完全混合，符合流量及污染物质、溶解氧平衡原理。

$$Q_i=Q_{i1}+q_{1i}+q_{2i} \tag{7-24}$$

$$Q_iL_i^0=Q_{i-1}C_{i-1}+q_{1i}L_{1i}(1-\eta_i)+q_{2i}L_{2i} \tag{7-25}$$

$$Q_iC_i^0=Q_{i-1}C_{i-1}+q_{1i}C_{1i}+q_{2i}C_{2i} \tag{7-26}$$

式中，q_{1i}、L_{1i}、C_{1i} 及 q_{2i}、L_{2i}、C_{2i} 分别表示污水及支流的流量、BOD_5 浓度、DO 浓度；η_i 表示第 i 个污染源的减少排放率。

运用数值逼近等数学手段，可以由监测的 BOD_5、DO 值及上述式(7-22)～式(7-26) 进行 K_1、K_2、K_3 的参数识别，搞清各河段的自净规律。在监测值的运用上，要注意数据的完整性，尽可能消除或避免其随机性、间断性。

具有表 7-8 数值 K_1、K_2、K_3 的 Thomas 修正 Streeter-Phelps 方程，即作为松花江的水质数学模型。

(2) 允排量的确定是一个系统工程　如果人为给定各河段起始处 BOD_5 水质要求 S_{ei}，联解前述式(7-22)～式(7-26)，可以得到如下形式方程组。

$$\begin{aligned}&a_{11}\eta_1\leqslant b_1\\&a_{21}\eta_1+a_{22}\eta_2\leqslant b_2\\&\cdots\\&a_{n1}\eta_1+a_{n2}\eta_2+\cdots+a_{nn}\eta_n\leqslant b_n\end{aligned} \tag{7-27}$$

式中，a_{nn}、b_n 都是可以求定的比常系数。一般情况下，这是一个无穷多组解的不等式方程组，它说明 n 个污染源具有无穷多组减排率 η 的组合形式，都可以满足给定的水质要求 S_{ei}。但是，由于不同的污染源进行减少排污的处理，具有不尽相同的经济性，不同种类的减排率组合导致不同的成本代价。因此，有必要在无穷多种减排率的组合中，寻找一种或几种减排率的组合，使之既满足各段 BOD_5 水质要求，而又使花费的总费用最低或较低。

表 7-8　黑龙江省松花江水系水质参数表

断面名称	段　号	$K_1/(1/d)$	$K_2/(1/d)$	$K_3/(1/d)$
拉哈	1	0.070	0.0006	0.00858
齐齐哈尔市	2	0.065	0.0395	0.01193
泰来江桥	3	0.025	0.0070	0.03744
三岔河	4	0.50	0.0014	0.04125
肇源	5	0.015	0.0026	0.01141
拉林	6	0.020	0.0026	0.04082
哈尔滨市	7	0.130	0.0777	0.15802
木兰	8	0.090	0.0091	0.05182
通河	9	0.070	0.00069	0.03308
依兰	10	0.040	0.00058	0.01669
汤源	11	0.040	0.00031	0.02810
佳木斯市	12	0.050	0.0254	0.02042

这就使允排量的确定问题，在考虑经济性时，成为典型的系统工程问题，人们称之为水质规划。

通过大量的分析，得到 4 个污染源实行减排处理的费用函数，具有如下形式。

拉哈处理费用$=133\eta_{11}+400\eta_{12}$；　　$\eta_{11}\leqslant 0.30$，$\eta_{12}\leqslant 0.50$；

齐齐哈尔处理费用$=833\eta_{21}+3341\eta_{22}$；　　$\eta_{21}\leqslant 0.36$，$\eta_{22}\leqslant 0.51$；

哈尔滨处理费用$=25895\eta_{31}+57031.3\eta_{32}$；　　$\eta_{31}\leqslant 0.32$，$\eta_{32}\leqslant 0.48$；

佳木斯处理费用$=14138\eta_{41}+31250\eta_{42}$；　　$\eta_{41}\leqslant 0.29$，$\eta_{42}\leqslant 0.40$。

于是，可以将问题描述为线性规划形式。

$$Z=\min\sum(\phi_{j1}\eta_{j1}+\phi_{j2}\eta_{j2}) \quad \text{——目标函数}$$

$$L_i^0\leqslant S_{ei}, i=1,2,\cdots,n \quad \text{——水质约束}$$

$$\text{满足} \quad 0\leqslant\eta_{j1}\leqslant\eta_{j1,\max} \quad j=1,2,3,4$$

$$0\leqslant\eta_{j2}\leqslant\eta_{j2,\max} \quad j=1,2,3,4 \quad \text{——技术约束}$$

式中，ϕ_{j1} 是第 j 个污染源减排费用函数的系数。

应用单纯形法，在电子计算机上，可以很快地求解这一线性规划问题。

(3) 结论　优化计算的结果如表 7-9 所示。对于相同的 BOD_5 水质要求（或称标准），如果不采用优化技术，而采用“均一”减排的方法，可以发现：由于第 1 段（拉哈）的水质

表 7-9　优化计算结果

污染源	水质标准 $BOD_5/(mg/L)$	现排放量 $BOD_5/(t/d)$	80%保证率流量下	
			优化削减率/%	BOD_5 削减量
拉哈	6	5	54.71	2.74
齐齐哈尔	6	11.1	27.61	3.06
哈尔滨	8	166	30.41	50.46
佳木斯	6	164	31.11	51.00

注：总费用为 1.29895 亿元。

要求限制，η_i 取为55%时总的费用达到2.9588亿元，为优化减排总费用的2倍之多。可见，优化减排合理利用了河流自净能力，充分考虑了各污染源实行减排处理的经济性，比较科学而合理。

思考题

1. 从环境工程管理的含义、任务和要求出发讨论环境工程管理在实施可持续发展战略中的地位和作用。

2. 从两种分类方法评述行业排污特征以及实现清洁生产的可能途径。

3. 按环境要素划分的污染防治工程，各自常用的治理方法的优劣评述。

4. 为什么说总量控制是现代环境系统工程管理的主要体现？它的四个基本量及其含义是怎样表述的？

5. 环境工程优化的一般程序有哪些？应用污水处理系统的最优设计——复合形法的基本步骤有哪些？具体应用中如何实现？

讨论题

1. 结合本地的一个环境工程企业或排放污染物的企业的实际情况，从资源综合利用或实现清洁生产的角度，提出合理的建议及初步方案。

要求：选择一家相关的企业，对其排放的污染物和排放量进行调查，论证该污染物的资源化可行性和途径，提出进行资源化综合利用的具体方案，指出该企业实现清洁生产的具体措施。

目标：对污染物既对环境造成污染，同时大部分又是宝贵资源这种属性有一个实地了解，树立污染物的完全资源化是污染控制工程的最高追求，同时也是实现“零排放”的清洁生产方式的最佳选择的可持续发展观念。

※2. 调查本地区主要河流的污染状况和主要的污染源，应用污水处理系统的最优设计——复合形法的基本原理提出优化的基本步骤，同时制定出详细的实施方案。

要求：对河流的主要污水排入口进行现场调查，大致测出排污流量和污染物浓度，根据区域确定的该河流的总量控制方案，或者根据国家关于地表水的有关水质标准确定的污染物含量，设计出污染物总量控制方案，在此基础上提出优化设计的具体步骤。

目标：通过调查和讨论，以及污染控制工程的优化设计初步实践，使每个人都认识到实行科学的环境工程管理所带来的社会和经济效益，进一步加深对当地环境污染程度的认识，树立保护环境要从具体工作做起的意识。

注：※为选做题目。

第八章　区域环境管理

学习指南

掌握区域环境管理的主要原则和各区域环境管理的基本途径和方法，熟悉现阶段各区域环境综合整治的常用措施，了解各区域环境的特征和存在的问题。本章重点介绍了三类常见区域即城市、农村、流域的环境管理。

习近平总书记指出，要坚持精准治污、科学治污、依法治污，保持力度、延伸深度、拓宽广度，深入打好污染防治攻坚战，有效防范生态环境风险，建设天更蓝、山更绿、水更清、环境更优美的美丽中国。统筹山水林田湖草沙系统治理，加强生物多样性保护，提升生态系统质量和稳定性，着力建设健康宜居的美丽家园，还自然以宁静、和谐、美丽，让良好生态环境成为人民幸福生活的增长点、成为经济社会持续健康发展的支撑点、成为展现我国良好形象的发力点，不断提升人民群众生态环境获得感、幸福感、安全感。

区域是个相对的地域概念。相对于全球而言，一个国家或一个地区（如“亚太地区”等）就是一个区域。相对于国家而言，一个省、一个市、一个流域、一个湖泊就是一个区域。相对于一个市而言，一个乡镇也是一个区域。但区域的概念又不可无限制地缩小，以至把一块地、一间房也称为一个区域。因此，区域面积必须有一定的大小，同时在这个地域中还必须有相对独立的自然生态系统。

区域环境问题错综复杂，不同的区域环境问题类型决定了有不同内容的区域环境管理。因此，开展区域环境管理要坚持以下原则，采取综合的措施进行综合治理。

①“以新带老”原则　实行新项目管理与老污染治理相结合，通过建设项目的环境管理促进区域污染治理。

②“先重后轻”原则　解决区域环境问题要先重点后一般、以点带面，重点问题要优先考虑、优先解决。一般的、较轻的环境问题要放在稍后的顺序来考虑和解决。

③“先急后缓”原则　急迫的环境问题要放在优先的位置和顺序来考虑和解决，非急迫环境问题的解决要服从于急迫环境问题的解决，放在稍后的顺序加以考虑和解决。

④“难易并举”原则　在所有的环境问题中，不论是急迫的环境问题，还是非急迫的环境问题；不论是重点的环境问题，还是非重点的环境问题，都存在着难解决和容易解决两种情形。“难易并举”就是把难解决的环境问题控制住，不让其继续发展，容易解决的环境问题要根治。

以上四项原则是开展区域环境管理，正确处理环境保护中重点与一般、急迫与平缓、新与老、难与易等关系的四个最基本的准则。

为便于结合中国实际，掌握环境管理学的核心内容，本章着重介绍三种具有典型意义的区域环境管理。

第一节 城市环境管理

城市是人类技术进步、经济发展和社会文明的标志，也是人类自然、社会、经济发展变化的矛盾焦点。城市还是人类为着某种政治、经济或军事目的而集聚的结果，城市人口的集聚给城市提供了高效的生产环境、便利的生活条件和丰富的信息来源。

但随着城市化模式在全球范围的迅速发展，城市作为一个特殊的生态系统，在显示出对经济发展和社会进步巨大推动作用的同时，也不断暴露出一系列由它引发的严重环境问题。城市环境保护是中国环保工作的重点之一，是今后一项长期的任务。因此有必要把城市环境管理作为一个专门问题进行研究。

一、城市环境管理概述

1. 城市环境及特征

（1）城市环境 城市环境是人类按照自己的意愿，运用自己的智慧，在自然环境的基础上创造的一种高级形式的人工环境，是人口高度密集、经济活动频繁、对自然环境改变最明显的区域，是人类与自然共同组成的空间。因此城市环境是人类作用影响最强烈的地区，是生产力发展到一定水平的产物，是生产和生活集中的场所。

（2）城市环境的主要特征 城市是一个复杂的巨大系统，它包括自然生态系统、社会经济系统与地球物理系统，这些系统相互联系、相互制约，共同组成庞大的城市系统。它主要有以下特点。

① 在城市环境中，社会经济系统起着决定性的作用，它使原有的自然生态系统组成和结构发生了巨大的变化。

② 城市环境中的自然生态系统是不独立和不完全的生态系统。由于该系统内部的生产者有机体与消费者有机体相比数量显著不足，分解者有机体严重匮乏，因此大量的能量与物质，需要靠人力从外部输入。实践证明，对这样的生态系统，也必须依靠人的技术手段，通过向其他生态系统输出，利用其他生态系统的自净能力，才能消除其不良影响，保证其物质循环的畅通。

由于人类活动对环境的多种影响，城市还表现出一些明显的其他特征。

① 城市的环境质量与城市社会经济的发展紧密相关 城市是由社会-经济-环境组成的复杂人工生态系统，经济、社会的发展与环境发展相互依存，相互作用。社会为发展经济、满足人民生活需要而开发环境，又为了更好地利用，还必须保护环境。环境作为一种资源，是人类社会经济发展的自然基础，所以环境问题的实质是经济问题。若为了发展经济，以污染环境作为代价，这种发展是脆弱的，最终将限制生产，制约经济发展。城市作为一定地域范围内的政治、经济、文化中心，其居民从事的社会活动与经济活动是城市的主要行为，这些人类行为对环境的影响是巨大的、不可忽视的。因此，一个城市的规模和性质往往可以支配城市环境质量的好坏。而有目的地调整城市产业结构是改善城市环境的重要手段。

② 城市环境污染大多属于复合性多源污染 城市以人口密集，工业高度集中为特点。城市每时每刻都进行着大量的物质流动和转化加工，包括各类原料、产成品、日用品和废弃物，同时消耗大量的能源，如煤、油、电等。城市内部的分工愈来愈细，各系统功能日益复

杂，一旦有某一环节失效或比例失调，都会造成污染物的流失。特别是在工业、交通职能日益增加的情况下，城市环境的污染性质已由过去单一的生活性污染变成工业、交通多源性污染，污染物繁杂，而且各种污染物的联合作用，加重了城市环境问题的复杂性。城市人口密集，污染物对人体心理和生理的危害最为严重，如所谓“现代城市病”，甚至侵害到人类生物基因的变化。

③ 城市环境问题可以通过调整人类行为得到改善　人类是智慧的、理智的生物。既然城市环境问题是由于人类自己的过失行为引起的，必然可以通过合理的管理、调整人类的需求欲望与行为准则，把病态的城市环境医治成优美、宁静、适宜人类长久生存的生态环境。

2. 城市环境问题及其产生原因

城市化是20世纪以来人类社会最引人注目的发展之一，现在全球人口中超过30亿人生活在城市地区。中国的城市化进程仍在加速进行之中。国家统计局的统计数据表明，截至2021年底，我国城镇人口数量已超过9.14亿，约占全国人口总数的65%左右。城市利用和消耗着大量自然资源，相应地产生大量的污染物，使城市环境超过了自身及其周围的净化能力，从而受到了严重的破坏和污染，更由于我国长期奉行“变消费城市为生产城市”的政策，忽视了生活环境的保护与改善，致使城市环境的结构和功能不尽合理和极不完善。这是造成我国城市自然生态系统超负荷承载，城市环境质量严重恶化的根本原因。具体分述如下：

（1）城市大气环境污染　我国大气污染的主要来源包括燃煤、机动车尾气排放、工业生产、地面扬尘等。我国城市（尤其是北方城市）的能源消耗曾经以煤炭为主，城市大气污染物主要来源于煤炭的燃烧，燃烧排放的污染物占城市全部大气污染的85%，其中烟尘占城市大气污染物总排放量的80%左右，SO_2 占城市 SO_2 总排放量的90%左右。1994年，全国85个城市颗粒物24小时平均浓度为89～849μg/m^3，北方城市平均为407μg/m^3，南方城市平均为250μg/m^3，有45个城市平均值超过国家二级标准。同年，全国88个城市二氧化硫的24小时平均浓度为2～247μg/m^3，北方城市平均为89μg/m^3，南方城市平均为83μg/m^3，48个城市超过国家二级标准。2000年，全国二氧化硫排放量1995万吨，开展监测的338个城市中，63.5%的城市超过国家空气环境质量二级标准，处于中度或严重污染状态。区域性酸雨污染严重，61.8%的南方城市出现酸雨，酸雨面积占国土面积的30%，是世界三大酸雨区之一。

近年来，我国为治理大气环境污染问题，打赢“蓝天保卫战”，修订了《大气污染防治法》和相关大气污染防治技术标准。实施了《大气污染防治行动计划》，不断改善能源结构，逐步推出集中供热和城市燃气化建设、发展无污染或少污染的清洁能源、集中加工和处理燃料、采取优质煤（或燃料）供民用、提高机动车尾气排放标准、提高燃油质量标准、工业废气净化处理达标排放以及建筑施工项目扬尘管控等大气污染治理政策，已经取得了显著的成效。据国家生态环境部公布的数据，2013-2019年，全国74个新标准第一阶段监测实施城市（即74城市）$PM_{2.5}$、PM_{10}、SO_2、CO和 NO_2 浓度分别下降43%、40%、73%、39%和12%，平均重污染天数由29天减至5天。京津冀及周边地区“2+26”城市 $PM_{2.5}$、PM_{10}、SO_2、CO和 NO_2 浓度分别下降47%、38%、77%、49%

8-1《大气污染防治行动计划》

和11%，平均重污染天数由75天减至20天。实践证明，我国大气污染防治工作走出了“高质量、高效率”的中国道路，尤其是《大气污染防治行动计划》实施以来，一系列的治理工作取得了显著成效。2021年，全国339个地级及以上城市（以下简称339个城市）中，218个城市环境空气质量达标，占全部城市数的64.3%，比2020年上升3.5%121个城市环境空气质量超标，占35.7%，比2020年下降3.5%。若不扣除沙尘影响，339个城市环境空气质量达标城市比例为56.9%，超标城市比例为43.1%。339个城市平均优良天数比例为87.5%，比2020年上升0.5%。其中，12个城市优良天数比例为100%，254个城市优良天数比例在80%～100%之间，71个城市优良天数比例在50%～80%之间，2个城市优良天数比例低于50%。平均超标天数比例为12.5%，以$PM_{2.5}$、O_3、PM_{10}、NO_2和CO为首要污染物的超标天数分别占总超标天数的39.7%、34.7%、25.2%、0.6%和不足0.1%，未出现以SO_2为首要污染物的超标天。

(2) 城市水环境污染　我国的水质污染问题曾经非常严重，无论是地表水还是地下水，都呈现恶化趋势，其主要原因是城市工业和生活污水直接排入水体造成的。根据1998年对全国109700公里河流进行的评价，符合《地面水环境质量标准》Ⅰ、Ⅱ类标准的只占29.4%（河段统计），符合Ⅲ类标准的占33.0%，属于Ⅳ、Ⅴ类标准的占20.3%，超Ⅴ类标准的占16.9%。如果将Ⅲ类标准也作为污染统计，则我国河流长度有70.6%被污染，约占监测河流长度的2/3以上，可见我国地表水资源污染非常严重。城市水体的主要污染物有石油类、挥发酚、氨氮、化学耗氧量、生化需氧量和总汞等。城市河流的污染程度，北方重于南方。2000年，七大水系干流中，只有57.7%的断面达到或优于国家地表水环境质量Ⅲ类标准，城市河段污染相当突出。各大淡水湖泊和城市湖泊均受到不同程度的污染，一些湖泊呈富营养化状态。沿海河口地区和城市附近海域污染严重，赤潮发生频次增加，面积扩大。

近年来，我国为治理水污染问题，打赢“碧水保卫战”，修订了《水污染防治法》和水污染防治相关的技术标准，实施了《水污染防治行动计划》，水污染防治工作取得了显著成效。据国家生态环境部公布的数据，2021年1-12月，3641个国家地表水考核断面中，水质优良（Ⅰ～Ⅲ类）断面比例为84.9%，与2020年相比上升1.5%；劣Ⅴ类断面比例为1.2%，均达到2021年水质目标要求。主要污染指标为化学需氧量、高锰酸盐指数和总磷。1-12月，长江、黄河、珠江、松花江、淮河、海河、辽河等七大流域及西北诸河、西南诸河和浙闽片河流水质优良（Ⅰ～Ⅲ类）断面比例为87.0%，同比上升2.1%；劣Ⅴ类断面比例为0.9%，同比下降0.8%。主要污染指标为化学需氧量、高锰酸盐指数和总磷。其中，长江流域、西北和西南诸河、浙闽片河流和珠江流域水质为优；黄河、辽河和淮河流域水质良好；松花江和海河流域为轻度污染。

8-2《水污染防治行动计划》

(3) 城市固体废物　城市固体废物主要包括一般工业固体废物、工业危险废物、医疗废物和生活垃圾。随着人口增长和经济发展，工业固体废弃物和生活垃圾还将日益增多，这些固体废弃物的堆放、处理不仅要占用大量城市和农村用地，加剧已经非常紧张的人口与居住、绿地、城市空间的矛盾，同时，固体废弃物处置的不当还会给地下水、地表水、空气带来严重的二次污染。另外，塑料包装物和农膜所导致的“白色污染”问题十分突出。

党中央、国务院高度重视固体废物污染环境防治工作。党的十八大以来，以习近平同志为核心的党中央围绕生态环境保护作出一系列重大决策部署，国务院先后颁布实施大气、水、土壤污染防治行动计划，修订了《中华人民共和国固体废物污染环境防治法》和固体废物污染防治相关的技术标准，我国生态环境保护从认识到实践发生了历史性、全局性变化。特别是2018年6月，中共中央、国务院印发《关于全面加强生态环境保护坚决打好污染防治攻坚战的意见》，对全面禁止洋垃圾入境，开展“无 废城市”建设试点等工作作出了全面部署。固体废物管理与大气、水、土壤污染防治密切相关，是整体推进生态环境保护工作不可或缺的重要一环。固体废物产生、收集、贮存、运输、利用、处置过程，关系生产者、消费者、回收者、利用者、处置者等利益方，需要政府、企业、公众协同共治。统筹推进固体废物“减量化、资源化、无害化”，既是改善生态环境质量的客观要求，又是深化生态环境工作的重要内容，更是建设生态文明的现实需要。

近年来，我国为应对日益突出的城市固体废物问题。我国持续开展的限塑行动、推广可降解包装材料、固体废物无害化处理和回收利用、垃圾分类等行动，使城市固体废物问题得到明显改善。据国家生态环境部公布的数据，2019年，196个大、中城市一般工业固体废物产生量达13.8亿吨，综合利用量8.5亿吨，处置量3.1亿吨，贮存量3.6亿吨，倾倒丢弃量4.2万吨。一般工业固体废物综合利用量占利用处置及贮存总量的55.9％，处置和贮存分别占比20.4％和23.6％，综合利用仍然是处理一般工业固体废物的主要途径，部分城市对历史堆存的一般工业固体废物进行了有效的利用和处置。2019年，196个大、中城市工业危险废物产生量达4498.9万吨，综合利用量2491.8万吨，处置量2027.8万吨，贮存量756.1万吨。工业危险废物综合利用量占利用处置及贮存总量的47.2％，处置量、贮存量分别占比38.5％和14.3％，综合利用和处置是处理工业危险废物的主要途径，部分城市对历史堆存的危险废物进行了有效的利用和处置。2019年，196个大、中城市医疗废物产生量84.3万吨，产生的医疗废物都得到了及时妥善处置。2019年，196个大、中城市生活垃圾产生量23560.2万吨，处理量23487.2万吨，处理率达99.7％。

（4）城市噪声　城市噪声主要来源于城市交通、工业生产、建筑施工和社会生活等，尤其城市交通噪声污染最为严重。全国城市噪声扰民现象较为普遍，2000年，在开展道路交通噪声监测的214个城市中，有31.3％的城市处于中度或较重污染水平；在开展区域环境噪声监测的176个城市中，有55.6％的城市处于中度或较重污染水平。

近年来，国家有关部门和地方政府以《中华人民共和国环境噪声污染防治法》修订为契机，按照规划引领、源头预防、传输管控、受体保护的噪声污染防治思路，围绕加强法规制度建设、开展专项整治行动、优化调整声环境功能区、持续推进环境噪声监测、积极解决环境噪声投诉举报、加强环境噪声污染防治宣传和信息公开、加大环境噪声相关科研及推动噪声污染防治相关产业发展等方面开展了大量工作，共发布293份环境噪声污染防治有关的法规、规章和文件，使区域声环境得到明显改善。据国家生态环境部公布的数据，2020年，全国城市各类功能区共监测23546点次，昼间总点次达标率为94.6％，夜间为80.1％。上年全国城市各类功能区共监测22438点次，昼间总点次达标率为92.4％，夜间为74.4％。与上年相比，总监测点次增加1108个，昼间和夜间总点次达标率分别升高2.2％和5.7％。与2019年相比，4b类功能区昼间、夜间点次达标率下降，其他各类功能区昼间、夜间点次达标率均上升，昼间上升1.5％～3.0％，夜间上升2.4％～11.1％。

二、城市环境管理的基本途径和方法

【案例十六】

背景

银川市面积约9500平方公里，总人口为200多万，是宁夏回族自治区军事、政治、经济、文化科研、交通和金融商业中心，以发展轻纺工业为主，机械、化工、建材工业协调发展的综合性工业城市。近年来，银川市非常重视环境治理工作，积极响应国家提出的新政策，先后编制了《银川市环境保护“十三五”规划》和《银川市“十三五”生态环境建设规划》等。通过采取严守生态保护红线、深化水污染联防联治、强化大气污染联防联治、实施土壤分类管理等举措，使城市环境问题得到明显改善。2018年9月，银川印发《银川市“十三五”主要污染物总量控制规划》。“十三五”期间，对化学需氧量（COD）、氨氮（NH_3-N）、二氧化硫（SO_2）、氮氧化物（NO_x）实施总量控制，对重点工程减排量实施总量核算，统一要求，统一考核。

本规划的基准年为2015年，目标年为2020年。该区域污染物总量控制规划的目标：

规划到2020年：

化学需氧量排放量控制在41685吨以内，较2015年下降5.30%，重点工程减排量为9415吨；氨氮排放量控制在5344吨以内，较2015年下降4.68%，重点工程减排量为1153吨；二氧化硫排放量控制在57999吨以内，较2015年下降21.19%，重点工程减排量为12722吨；氮氧化物排放量控制在77516吨以内，较2015年下降18.34%，重点工程减排量为19082吨。

规划内容

（1）水污染总量控制规划。全面排查、评估工业水污染源排放情况，制定工业水污染源全面达标排放计划，确定年度达标率目标并逐年提高。深入开展造纸、印染、味精、柠檬酸、氮肥、啤酒、化工和食品加工等重点行业工业企业废水达标治理及清洁化改造。取缔工业企业直接入河湖排污口。工业园区全部建成、改造污水集中处理设施，或依托城镇污水处理厂处理工业废水，并达标排放。加快配套管网建设步伐，增加城镇污水管网覆盖率，提高污水收集能力和处理效率。2018年年底前，银川市城市建成区基本实现污水全收集、全处理；2020年，市县城区污水处理率达到85%。积极推进14个重点建制镇污水处理厂及配套管网建设，并稳定达标运行。2020年，实现农村生活污水处理率达到60%。深化流域污染综合防治，有效改善重点湖泊水体水质。综合治理重点入黄排水沟，稳步提升黄河断面水质。采取综合措施，加强工业企业异味污染的治理和管理。

（2）大气污染总量控制规划。全面排查、评估工业大气污染源排放情况，制定工业大气污染源全面达标排放计划，确定年度达标率目标并逐年提高。重点控制地区水泥、石油炼制、有色金属等重点行业污染物排放全部达到特别排放限值要求。“十三五”期间新投运的600兆瓦及以上燃煤发电机组，平均煤耗低于300克标煤，新建300兆瓦及以上供热机组和低热值发电机组平均煤耗低于320克标煤，大气污染物排放浓度达到燃气轮机组“特别排放限值”。“十三五”期间，全面实施生活和工业燃煤锅炉综合整治，实施煤炭消费总量控制，加快推进“东热西送”项目建设，实施热电联产、集中供热工程建设，积极推动散燃煤清洁利用和清洁能源替代，进一步优化能源利用结构，确保大气质量明显改善。通过油品标准升级、监管，加强高污染车辆环保管理、淘汰黄标车等举措，推进道路移动源污染防治，深化机动车总量减排。有效控制重点行业挥发性有机物排放。通过油气回收、石油炼制及煤化工企业有机废气综合治理、重点行业治理等举措，推进挥发性有机物污染防治。

(3) 固体废弃物总量控制规划。加强污泥无害化处理处置工作，要因地制宜地采用土地利用、工业协同处置、焚烧等装置，实现污泥的无害化处理处置。完善生活垃圾填埋场渗滤液处理设施，推动超滤、纳滤、反渗透等深度治理设施建设，采用蒸发、焚烧等方式妥善处理浓缩液，确保稳定达标排放。全面推进农村生活垃圾整治、畜禽养殖污染治理及废弃物综合利用设施的建设，大幅减少农业源污染物排放量。全面实施农村环境综合整治工程，深化农村生活、生产垃圾治理，制定收集、集中、转运和无害化处理的标准和方案。2020年，实现农村生活垃圾无害化处理率达到70%。

思考

城市环境管理要达到规划目标，重点应从哪些方面加强管理？

1. 污染物浓度指标管理

污染物浓度指标管理指控制污染源的排放浓度，其控制指标一般分单项指标、类型指标、综合指标三类。

单项指标一般有多种，任何一种物质如果在环境中的含量超过一定限度都会导致环境质量的恶化，因此就可以把它作为一种环境污染单项指标。水环境常用的单项指标有pH值、水温、色度、臭味、溶解氧、生化需氧量（BOD）、化学需氧量（COD）、挥发酚类、氰化物、大肠杆菌、石油类、重金属类等；大气环境常用的单项指标有气温、颗粒物、二氧化硫、氮氧化物、烃类、一氧化碳等。

类型指标一般分为化学污染指标、生态污染指标和物理污染指标三种，各类指标都是相应单项指标的集合。

综合指标一般包括污染物的产生量、产生频率等。水环境如丰水期、平水期、枯水期的污水排放量；大气环境如冬季或夏季主导风向下的烟尘排放量、最大飘移距离等。

污染物浓度指标管理和排污收费制度相结合，构成了中国城市环境管理的一个重要方面。这种管理方法对于控制环境污染，保护城市环境曾经发挥了很大的作用。

2. 污染物总量控制指标管理

污染物总量控制指标管理是指对污染物的排放总量进行控制。所谓总量控制，是在污染严重、污染源集中的区域或重点保护的区域范围内，通过有效的措施，把排入这一区域的污染负荷总量控制在一定的数量之内，降低排入区域的污染负荷总量，改善环境质量，使其达到预定的环境目标的一种控制手段。控制总量，必须与环境规划、“三废”治理、科研监测、环境管理以及生产技术等各方面联系起来，加以定量反映，从而使污染的程度数量化、指标化。因此，总量控制就在于对污染环境的污染物质实行从原料投入开始的全面定量控制和监督，使企业有计划、有步骤地减少向环境排放污染物质，最终达到环境质量的要求。

总量控制与浓度控制的比较如下。

① 总量控制的特点是根据环境容量（即环境所能接受的污染物限量或忍耐力极限）来控制污染物排放的质和量，从而能与环境质量目标（即环境质量规划目标）直接衔接起来，有利于环境质量规划目标的实现。浓度控制标准虽然也根据环境质量规划目标来制定，但它

仅仅控制排放浓度而不限制污染物的排放量，并且可随着生产的发展在排放浓度不变的情况下增加污染物排放的总量。实际上，它与环境容量是相分离的，这就不利于环境污染的控制，更不利于环境质量目标的实现。

② 总量控制的着眼点是控制污染物的绝对量，并根据环境容量来计算要削减的污染物总量，而浓度控制的着眼点是追求达标率。通常来讲，随着排放口环境污染物去除率的提高，为达到排放标准所花的单位投资和运行费用就越高，而实际削减的污染物总量很小。因此，实行总量控制有利于将有限的资金用来削减更多的污染负荷，有利于环境质量的改善和提高。

③ 总量控制不受排放浓度的约束，因而可以通过区域协调和优化，因地制宜，以最小的代价获得最佳的总量分配。不用像浓度控制那样，工厂要受到浓度标准的约束，甚至是不分地区污染程度、工厂的性质和规模大小而实行一刀切。

④ 总量控制实施要求有较深入、具体的调查研究以及科学合理的方法。总量控制的实施需要有一整套较为科学的、具体的措施加以保证，要求环境工作者实施科学管理。另外，总量控制的内涵即总量控制的要求和分配的方案不是一成不变的，应当随着环境质量的变化，环境质量目标的更新和因企业生产工艺改革、产品更新及生产发展等因素所带来的污染物排放的质和量的改变，适时地对总量控制要求和污染总量分配方案进行调整，所有这些都要求有较高的管理水平。

从总量上控制污染物排放量，是对企业污染源进行定量化、规范化、科学化的管理，要求工业企业逐步削减污染物的排放量，减轻对环境的污染压力以保证区域环境质量目标的实现。

在实际管理工作中，实施污染物排放许可证制度是实施污染物总量控制管理的重要措施。主要包括如下内容。

① 向环境中排放污染物质的单位，一律要向当地环境保护部门提出排污申请。申请中应注明每个排污口排放的污染物、浓度及削减该污染物排放的具体措施、完成年限。重点排放污染物的单位要按月填报排污月报。

② 总量审核首先由当地环保部门按照污染物排放总量控制的要求，核定排污大户和各地区允许排放的污染物总量，然后由下一级政府的环保部门核定辖区范围内其他排污单位的允许排污量。

③ 根据区域排放总量的分配方案，由当地环保部门向排污单位发放排放许可证，并对排污单位进行不定期的抽查。对排污量超过排放许可证规定指标的单位，予以罚款直至命令其停产。

3. 城市环境综合整治

城市环境综合整治，就是“在城市人民政府的直接领导下，从整体出发，综合考虑各部门的需要，以最佳的方式利用城市环境资源，通过经济建设、城市建设与环境建设的同步规划、综合平衡，达到‘三个效益’的统一，并综合运用各种手段，对城市系统进行调控、保护和塑造，全面改善环境质量”，亦即从最大限度地发挥城市整体功能出发，运用综合的对策、措施来整治、保护和塑造城市环境，以协调经济建设、城乡建设和环境建设之间的关系。

（1）城市环境综合整治的原则

① 城市环境综合整治指明了中国城市环境保护工作的方向，是一种新的城市环境管理

模式，这种模式就是要建立以市长为核心的城市环境管理体系，打破部门和条条块块的界限，以环境保护为基本国策的思想为指导，建立一个与改革相适应的城市环境管理体制。

② 以生态理论为指导，以合理开发利用资源为核心。城市环境综合整治是从系统的总体上来调控城市生态系统的运转过程，使自然再生产过程、经济再生产过程、人类自身再生产过程的物质流、能量流处于良性循环状态，所以必须按照生态规律，改善城市生态系统结构，建立良好的人工生态系统，从总体上考虑城市资源的合理开发和利用，提高资源利用率和转化率，这是减少资源浪费和流失、减轻城市污染的重要途径。

③ 建立明确的城市环境综合整治目标，并与城市的经济发展目标、城市建设目标等相协调。

(2) 城市环境综合整治的主要工作内容

① 科学确定和适当控制城市发展规模　城市性质是决定环境质量的因素之一，对环境产生一定影响，但影响的程度与城市规模密切相关。研究表明，城市规模控制在20万～50万人口之间，城市的聚积经济效益较高，生态环境问题也比较容易控制和治理，社会效益较高；当城市人口进一步膨胀，超过100万或更高时，虽然城市集聚效益更好，但城市污染、资源短缺、交通拥挤、住房紧张等一系列问题十分严重，聚积生态环境效益急剧下降，反过来又制约了城市聚积经济效益的提高。

控制城市规模就是调节城市的发展，使城市规模与城市生态承载力相适应。城市生态承载力是指在某一时空条件下，城市生态系统所能承受人类活动的阈值。这些条件是指现实或拟定的城市生态系统的组成与结构不发生明显改变，不影响生态系统发挥其正常功能；人类的社会经济活动，不超出包括土地资源、水资源、矿产资源、大气资源、水环境、土壤环境，以及人口、交通、能源、经济等各个系统的生态阈值。在城市的发展过程中，要分析、研究和掌握各个时期各系统的承载力，根据生产和生活的实际需要人为调控，控制人口规模、经济发展水平和资源消耗，进行有目的的改造，从而使城市发展在生态承载力限值内，实现理想的目标。

② 制定城市环境保护规划，合理工业布局　首先根据城市发展的总体规划确立环境保护目标及表征目标的指标体系，并进行环境现状调查，分析主要环境问题，进行城市环境发展的时空预测，从而制定城市环境保护规划及保证规划实施的有关环保法规和技术经济政策，这是实行城市环境目标管理的基础。

工业是城市经济活动中的主要部门。工业用地无论在哪种性质的城市都占有一定比例，尤其是工业及矿业城市。其他港口城市、综合性城市等也都有相当比重。一般城市工业用地约占城市总用地的25%～30%，高的达50%～60%，因此工业布局是极其重要的。各类工业对环境和资源要求不同，对环境的影响也不一样，按照对环境的影响程度，工业部门可分成隔离工业、严重污染工业、污染工业和一般工业等。各种不同工业在城市布局中，隔离工业一般布置在城市边远的独立地段上；严重污染工业布置在城市边缘地区；污染工业可组成工业小区或独立地段；一般工业方可分散布置，但尽量在独立地段。对于那些散发大量有害烟尘和毒性、腐蚀性气体的工业，如钢铁、水泥、炼铝、有色冶金等应布置在最小风频风向上风侧，而对于那些污水排放量大，污染严重的造纸、石油化工、印染等工业，应避免在地表水和地下水上游建厂。

③ 加快工业污染限期治理，促进产业结构调整　产业结构不合理是造成城市工业污染的一个主要原因，因此，从根本上解决城市的工业污染问题就要调整不合理的产业结构。

在当前，有利于产业结构调整的最直接和最有效的措施就是实施工业污染限期治理和污染强制淘汰。通过污染限期治理，落实国家的环保产业政策、行业政策和技术政策，通过强制淘汰落后的污染工艺和设备，促进城市产业结构的调整。实施工业污染限期治理要抓好四个结合。

a. 要和建设项目环境管理相结合，以建设项目管理促进污染限期治理，做到上一个新建项目，限期治理一些老污染企业。

b. 要和推广清洁生产相结合，通过实施清洁生产，促进企业技术改造，淘汰落后的污染工艺和设备，加快经济增长方式的转变。

c. 要和国家环境保护的重点任务与目标相结合，按照“一控双达标”的要求开展限期治理。对于一般城市而言，要实现工业污染源限期达标排放。对于46个国家重点城市而言，同时还要实现城市大气和地面水环境功能区达到国家规定的质量标准，即实现“双达标”的要求。以工业污染源限期达标排放为前提，积极创造条件实施大气、水和固体废物的污染物总量控制。

d. 要和推行ISO 14000环境管理标准体系相结合，通过加强企业内部的自主化管理，提高企业环境保护的内在潜力和积极性。

④ 加快城市能源结构调整，促进大气污染治理　大气污染是城市的一个主要环境问题，污染物主要由工业及民用燃煤排放的烟尘和SO_2、机动车排放的氮氧化物、建筑工地产生的扬尘所组成。涉及能源、工业、交通、建设等多个部门和领域，具有典型的综合性特征。

因此，解决城市的大气污染问题必须采取综合对策和措施，实施综合治理。具体包括如下措施。

a. 发展工业脱硫和除尘技术，强制淘汰能耗高、污染重的工业锅炉，提高工业能源利用率，努力发展天然气和电能等清洁能源，改善能源结构。

b. 建设清洁能源区、积极发展热电联产，实行城市集中供热，降低煤炭的使用。

c. 推广使用无铅汽油控制机动车污染，加快淘汰污染严重的机动车辆，推广环保型汽车。

d. 控制建筑扬尘。

e. 发展城市绿化，建设城市生态防护林。

⑤ 重视城市建设中的环境问题，加快基础设施建设　中国的城市发展速度较快，但基础设施建设如污水管网建设、城市污水处理设施建设、生活垃圾处理设施建设、城市公共绿地建设等投入不足，滞后于城市环境保护发展的需要。因此，开展城市环境综合治理要以城市的新区建设和旧城改造为契机，制定基础设施建设规划，加大基础设施建设的投入，加快工业布局的调整，实现城市建设和城市基础设施建设的“三同步”，为实施污染物集中控制和总量控制创造有利条件。

⑥ 重视服务性行业环境管理，加强生活垃圾污染治理　城市中的服务性行业发展迅速，随之而来的环境污染问题不断增加，生活垃圾污染、“白色污染”、社会噪声污染已成为城市环境综合治理的难点。特别是“白色污染”和“垃圾围城”现象十分突出，是仅次于水和大气污染的一类综合性环境问题，需要运用行政法规和经济手段加强对服务性行业的规范化管理。其主要措施包括：采用行政手段禁止销售和使用一次性难降解的塑料包装物，运用经济手段推广可降解的塑料餐具，加强垃圾分类、回收与管理并实行垃圾无害化处理，鼓励和强制回收废旧电池和废旧塑料制品，加强对车站等重点区域的环境治理，建设清洁住宅区等。

⑦ 加强城市水环境治理　水环境治理是城市环境综合治理的重要方面，特别是在工业比较发达的南方地区，水环境综合治理成为城市环境综合治理的首要任务。开展城市水环境

综合治理要紧密结合国家“一控双达标”的要求，按期完成一切工业污染源的水污染物达标排放。在加强排污口规范化治理的基础上，逐步实现由污染物浓度控制向总量控制的过渡。另外，开展城市水环境综合治理要与流域水环境综合治理相结合，按照流域水环境综合治理的规划要求，确定本地水环境综合治理的目标、对策和措施。

在城市水环境综合治理中，水源保护既是重点任务，又是急迫的任务。根据“先重后轻”和“先急后缓”的原则，水源保护要放在城市环境综合治理的首要位置予以优先考虑和优先解决。

第二节 农村环境管理

【案例十七】

背景

近年来，各地加大了对农村环境整治的力度，把农村环境整治工作作为加快乡村振兴、提高农民生活质量的一项重要惠民实事来抓，以改善农村人居环境“脏乱差”状况为突破口，重点开展了农村垃圾整治、镇容村貌整治、农村河塘整治等工作，取得了明显成效，农民的幸福指数不断攀升。然而，目前农村环境还面临一些问题亟待解决。

农村环境综合整治工作存在的问题：

1. 农民对环境综合整治的意识不强。目前，农民对整治工作的期望值不是很高，自主投工投劳的热情和积极性还不强。

2. 农村脏乱差问题还普遍存在。农村生活垃圾收集、清运不及时，生活污水任意排放，杂物乱堆乱放，畜禽乱跑、粪便到处拉，排水沟淤积比较严重。

3. 长效管理机制还没有建立健全。农村环境综合整治都需要资金投入，由于大部分乡镇财力比较薄弱，影响了整治工作的顺利开展，卫生保洁等长效管理所需经费难以足额到位。

产生农村环境问题的原因：

1. 传统生产方式不适应当前生产条件变化。

2. 传统生活习惯不适应当前环境容纳能力。

3. 社会管理与环境保护工作的不适应。

4. 知识认知能力与社会发展的不适应。

5. 建设条件与自然环境的不适应。

思考

通过调查分析，你认为解决农村环境问题就重点从哪些方面入手。

一、农村与农村环境

1. 农村

农村是与城市相对应的一种地域概念，它包括自然、社会、经济等各个方面，是进行农业生产、发展乡镇工业的基地。在这样一个广阔地域范围内，合理利用配置资源，发展农业生产，进行工业建设，保护和改善该区域的环境，是实现农村可持续发展，保证人类生存环境可持续性的重要组成部分。

2. 农村环境及其特征

农村环境，狭义地讲只指乡居、田园、山林和荒野，广义地讲则还包括小城镇。不论是广义还是狭义的理解，它们都与城市环境有很大差异。农村环境可以定义为："除城市建成区以外，人类集居并以农业或乡镇工业生产为主体的地域内的生产环境和居住环境的总体"。其统一体是一个复合生态系统，由自然、社会、经济三个子系统组成。因此，农村环境具有以下特征。

（1）具有显著的农村特征。即以第一产业为主体，农业生产与自然环境、自然再生产相联系，形成自然与人工相结合的农业生产系统。

（2）农村环境包含了主要的自然环境要素，如大气、水、土壤、岩石、阳光等，是农业环境的基本组成。其次，地域辽阔、人口分散。就组成生态系统的生产者、消费者和分解者三大类生物部分来说，生产者足够充分，多余的生产量也有足够的分解者进行分解。除太阳能外，它基本上不需要从外界输入物质和能量即可维持自身物质循环的平衡。因此，农村不会产生城市中那样的交通紊乱、废物堆积、污染严重等问题。

（3）第二产业发展迅速，农村工业化和农村城市化趋势加快。乡镇工业的环境污染迅速、复杂，污染多而分散，给农村环境产生较大的影响。

（4）大量农业生产新技术的不断引入，农药、化肥的广泛使用，使农村环境与纯自然环境的差异越来越大。

由此可见，农村环境也面临着一系列严重的问题，急需得到人类的重视和关注。

二、农村环境污染来源

1. 农业生产活动对农村环境的影响

（1）水土流失　水土流失是指在水力或风力作用下，地表物质发生剥蚀、迁移或沉积的过程。在自然状态下，这种过程进行得极其缓慢，表现很不明显。但是，由于人类对土地不合理的开发、利用和管理以及毁林、毁草和不适当的樵采、放牧等，破坏了植被，致使植被覆盖率日趋缩小，水土流失范围日益扩大。

我国是世界上水土流失最严重的国家之一。根据第一次全国水利普查水土保持情况普查结果，目前，我国土壤侵蚀总面积294.9万平方千米，占普查总面积的31.1%。其中，水力侵蚀面积129.3万平方千米，风力侵蚀面积165.6万平方千米。

水土流失是世界性的严重环境问题，不仅使土壤肥力减退，影响作物或植物生长，甚至会使整个表土层丧失掉，从而使生态系统完全毁灭。另外，由于流失的泥沙淤塞河道，或抬高河床，或沉积在水库或湖泊里，从而缩短水库或湖泊的寿命，增加洪水灾害的威胁。

（2）土地荒漠化　荒漠化是指由于人类不合理的开发利用活动，破坏了原有的生态平衡，使原来不是沙漠的地区，也出现以风沙活动为主要标志的生态环境恶化和生态环境朝沙漠景观演变的现象和过程。

土地荒漠化的最主要成因是干旱和强风，而人类过度的农牧业生产活动和其他经济活动则是促使土地迅速沙漠化的主要根源。因为人类的过度放牧、烧毁植被、樵采过度和不适当地利用水资源等，可在短时间内大面积毁灭地面植被，从而加剧和加速了沙漠、荒漠形成的过程，促使大片土地迅速沙化。

荒漠化的发展不仅使土地利用价值降低，而且由于沙化导致的气候恶化等影响，严重地威胁着邻近地区的农业生产，并对更大范围的环境产生不利影响。

沙漠化是全球性的重大环境问题之一。据联合国环境规划署（UNEP）统计，全球已经受到和预计会受到荒漠化影响的地区占全球土地面积的35%。荒漠和荒漠化土地在非洲占55%，北美和中美占19%，南美占10%，亚洲占34%，欧洲占2%。荒漠化严重威胁人类特别是发展中国家的生存与发展。我国也是世界上受沙漠化危害最严重的国家之一。根据我国第五次全国荒漠化和沙化监测结果，目前，全国荒漠化土地面积261.16万平方千米，沙化土地面积172.12万平方千米。根据岩溶地区第三次石漠化监测结果，全国岩溶地区现有石漠化土地面积10.07万平方千米。

（3）盐渍化和次生盐渍化　盐渍化就是土壤的盐化和碱化，亦即各种可溶性盐类在土壤表层或土体中逐渐积聚的过程。由于人类不合理的农业措施而发生的盐渍化称次生盐渍化。

盐渍化是土壤特别是干旱地区土壤的一个环境问题。地球陆地表面几乎有10%的土地为不同类型的盐碱土地覆盖，而且还以每年约增加$1\times10^{4}\sim5\times10^{4}km^{2}$的速度扩展。中国也有大量的盐碱土地，其中1/4是耕地，主要分布在黄淮海平原和北方半干旱灌溉平原；3/4是荒地，大部分在西北干旱、半干旱地区。

盐碱地的形成有自然的原因，也有人为作用的原因。农业上的灌溉不仅直接向土壤输入盐分，而且土壤毛细管作用也将地下水中的盐分带到地面，从而加速盐碱化的扩展。

（4）土壤污染日益加重　随着工业化发展，特别是乡镇工业的发展，在生产过程中排出大量的“三废”物质，通过大气、水、固体废渣的形式进入土壤。同时，农业生产技术的发展，人为地不断施入化肥、农药，并进行灌溉，使大量物质进入土壤并在其中积累，从而造成土壤污染，另外，国内各种农用薄膜生产及应用发展迅速，国家统计局的统计数据显示：2015年，我国地膜覆盖面积达2.75亿亩（15亩＝1公顷），使用量达145.5万吨。而据预测，到2024年，我国地膜覆盖面积将达3.3亿亩，使用量超过200万吨，均居世界第一。然而，全国范围地膜的广泛使用也带来了新的问题。据统计，我国农田每年会新增20万至30万吨不能降解的残留地膜，这些残留的农膜碎片会破坏土壤结构，使土地板结，影响作物的生长和产量，而且其在土壤中被降解需要200年之久，将形成长久性的污染，破坏生态环境。因此，农用地膜的大范围使用，对土壤造成的污染也不容忽视。

2. 乡镇工业污染对农村环境的影响

中国乡镇工业数量多、规模小、布点分散、行业复杂，是农村环境问题日益严重的又一重要原因。随着城市工业向农村的转移，农村环境问题将日益严重，必须给予充分的注意。乡镇工业引发的环境问题主要表现如下。

（1）废气污染　乡镇工业大气污染主要来源于建材行业，如小水泥厂、砖瓦厂、石灰厂等，是乡镇企业中产生废气的大户。如每生产1t水泥，排放废气约$5000m^{3}$、二氧化硫8～12kg。土法炼硫、炼焦，窑业以及小化肥等行业，污染物以二氧化硫和氟最为严重。大量的含硫废气排入环境，造成农作物大量减产，给农业生态环境造成了持久的影响。有的炼硫区已停产了多年，但农业生态环境还迟迟不能恢复生机。此外，水泥厂、玻璃厂、陶瓷厂生产过程中逸出的粉尘对农作物和林木也有严重的危害。

（2）废水污染　乡镇工业中，废水危害较严重的有小化肥、小化工、酿造、屠宰、冶炼、铸造、造纸、印染、电镀和食品加工业等行业。如味精厂每生产1t味精，排放污水在30t以上；小造纸厂每吨纸产品的废水量都在200t以上，排放的废水占乡镇工业总废水量的20%左右，是所在地区的主要污染源。

（3）废渣污染　据1998年统计，乡镇工业的固体废物产量达到1.6×10^{8} t。乡镇工业的废渣主要来自采掘业。由于采掘方法落后，矿石、废石、尾矿大量产生，有的向湖泊、江河、洼地倾倒，有的占用了大量农田，对土壤、水体和大气都造成了不同程度的严重污染。在乡镇工业中废渣还来源于冶炼厂、铸造厂、化工厂、电镀厂、建材及各种炉窑，如年产 500×10^{6} t的钢铁厂，每年炉渣可达 1×10^{6} t。

乡镇工业环境污染的特点如下。

① 环境污染迅速蔓延，局部地区污染严重；

② 污染企业数量大，行业多，规模小，分布散；

③ 污染类型复杂；

④ 工业技术水平低，防治技术跟不上，恢复和改善环境困难。

三、农村环境的改善途径与管理方法

1. 制定农村及乡镇环境规划

开展农业环境综合治理要制定农业环境保护规划，并纳入农业发展规划之中。通过规划明确政府及各部门环境保护的职责和权限，在地方政府的统一领导下各部门采取协调一致的行动。

农业环境综合治理规划要以县为主体、以行政乡镇为环境区划实施单位，制定各乡镇的农业环境综合治理目标和措施。制定乡镇环境规划时，要对乡镇环境和生态系统的现状进行全面的调查和评价，要依据社会经济发展规划、界域发展规划、城镇建设总体规划以及国土规划等，对规划范围内环境与生态系统的发展趋势，以及可能出现的环境问题进行分析和预测；要实事求是地确定规划期内要达到的目标和所要完成的环境保护任务，并据此提出切实可行的对策、措施，行动方案和工作计划。

2. 加强农业地区环境法制建设

在农村地区，人们的环境意识比较淡薄，特别是环境法制观念淡薄，人们往往把环境污染和生态破坏的行为看成是一种经济行为，充其量是一种违规行为，出了问题不过是罚款而已。正是基于这样一种错误的认识，才出现了大量有令不行、有禁不止的破坏和浪费土地、滥砍盗伐森林等违法行为，使环境保护工作难以顺利开展。所以，加强农业地区环境法制建设，提高人们依法保护环境的自觉性，是开展农业环境保护的重要内容。

加强农业环境法制建设要做到以下三点。

① 加强农业环境保护立法；

② 加大环境执法力度；

③ 加强环境法制教育。

3. 加强农业水源保护

随着工农业的发展，农业水环境问题越来越突出。农业水资源紧缺问题的产生有多方面的原因：①农业自身发展用水量的增加和农业用水严重浪费；②植被破坏、水土流失导致湖泊、水库容量减少等原因；③城市和乡镇工业污染导致水体失去使用功能；④农村人口、畜粪便和农村生活垃圾污染也造成了一定范围的水体污染。

水资源紧缺已成为制约农业可持续发展的重要因素，加强生活、生产水源保护，应该引起足够的重视。

4. 加强土壤污染防治

土壤污染问题主要是工业废水、农药、化肥和固体废物所造成的污染，加强土壤污染防治是农业环境管理的另一个重要内容。

（1）控制污水灌溉　防治工业废水对土壤的污染，主要措施是控制污水灌溉。首先要求城镇排放的生活污水及乡镇工业排放的废水必须经过处理，达到农田灌溉水质标准，才能用于农田灌溉。其次，要对污灌用水量进行严格控制，通过污灌定额，实行清、污轮灌或混灌等措施，尽量减少污水灌溉量。再次，在水资源紧缺或水环境污染严重的农业地区，应调整农作物经济结构，增加旱作物种植比例，减少污水灌溉面积进而减少污灌用水量。

（2）控制农药和化肥污染　农药和化肥产生的环境污染在农业环境问题中已越来越突出，对农业生产的发展产生了重大影响。尤其是农药污染，其影响的范围广、周期长、危害大，已经超出了人们的预料。农药、化肥的污染程度与其数量、种类、利用方式及耕作制度等有关。这些污染物通常在土体表面或耕层累积，且分布较为广泛。有些农药如有机氯杀虫剂在土壤中长期残留，并在生物体中富集；氮、磷等化学肥料，凡未被植物吸收利用和未被封耕层吸收固定的养分都在根层以下积累或转入地下水，成为潜在的环境污染物。因此，防治农药的污染是农村环境管理的重要内容。它主要包括以下几个方面：一是正确选用农药品种，合理施用农药；二是改革农药剂型和喷施技术；三是实行综合防治措施，如选用抗病品种，采用套作、轮作技术，逐步停用高残毒的有机氯、有机汞、有机砷农药等。

防治化肥污染的主要途径首先是要做到提高化肥利用率，其次是广种绿肥增加有机肥的数量和质量。

（3）控制农用地膜及固体废物污染　随着农业技术的发展，农用地膜的使用量越来越大，加上铁路干线每年产生的大量废弃塑料，使土壤污染问题也越来越突出。因为农膜、塑料进入环境后难以降解，残留在土壤中，阻隔了植物根部对土壤中水分和养分的吸收，导致农作物大幅减产，给农业生产造成损失。控制农用地膜对土壤的污染主要是运用科技、行政、经济和教育手段加强管理。

城镇垃圾和农业废弃物对土壤的污染是农业环境问题之一，是加强农业环境综合治理的重要内容。做好这项工作要以《中华人民共和国固体废物污染环境防治法》为依据，建立以土地行政管理部门为主体、农业和工业行政主管部门分工负责、环保部门统一监督的管理体系，采取城乡结合、农业与工业结合、管理与治理结合、标本兼治的策略，对固体废物的堆放和处理实行严格管理，对垃圾场和填埋场的征地与建设实行严格土地审批与环保审批。

5. 发展生态农业，实现资源持续利用

农村人口、资源、环境、产业、景观的特殊性决定了农村生态系统的特殊性，农业不仅是农村的主体产业，而且是农村生态系统的主要环节。因此农业生产活动是否以生态学原则去组织将关系到整个农村生态系统的稳定和良性运行。生态农业既不同于传统的有机农业，又有别于常规的现代农业。作为一种农业生产体系，它将各种生产活动有机联结起来，实现经济效益和生态效益的高度统一。

保护农村生态与环境，推广生态农业的主要任务有：维护农业生态的平衡，保护和合理利用农业自然资源；防治农业环境污染，改善和提高农村环境质量；加强农村能源建设，防治农业生态系统的恶性循环。最终目标是建立良性循环的农村生态系统，实现农村和农业的可持续发展。走生态农业的道路是实现上述目标、建设具有中国特色的现代化农业的最优选择。

建设生态农业要坚持因地制宜、链式发展和持续利用的原则，根据当地农业的地理环境，结合水、土地、植物、动物、矿产资源的类型与分布情况，以生态保护和资源的持续利用为前提，确立适合本地区发展的县、乡、村三级生态农业模式。在水资源紧缺地区，以发展旱种农作物为主，改进农业灌溉技术，禁止围湖造田，实施退耕还湖。在森林资源紧缺地区，要以发展种植业和林业为主，实施退耕还林，大力植树造林，以林养农。在草原地区要采取禁挖、禁垦等措施，禁止过量放牧。通过推广优良畜牧品种，建设高标准围栏草场，改变传统放牧技术，实行退耕还草和大力植树种草，建设生态牧场。

自然资源类型及地理特征的多样性决定了生态农业模式的多样性，如农牧型、农林型、农渔型和综合型的生态模式等。无论是哪一种类型的生态农业模式，必须对传统的农业资源利用战略思想进行重大的改革，变破坏性利用为保护性利用，变充分利用为合理利用，提高资源利用率。另外，还要发展各种配套的生态加工产业，如饲料加工、绿色食品加工、畜禽肉类加工、农副产品加工等。要充分利用生态链功能，吸收和消化生产过程中排放的各种有机废物，实现废物的最小化或资源化，以土地为媒介加快废物的循环转化，促进生态系统的有序、良性循环，以生态经济促进生态保护。

6. 加强对乡镇工业的环境管理

坚决贯彻执行国家的“积极扶持、合理规划，正确引导，加强管理”的乡镇企业发展方针，加强宏观调控，端正发展方向，充分发挥大城市、大工业的优势，大力发展经济协作，推动横向联合，实现“城乡一体，协调发展”。

（1）建立健全乡镇企业管理体制，提高乡镇工业领导人环境管理的水平和能力　近年来，中国乡镇工业的“重发展，轻保护”的倾向已发展到了不容忽视的地步。为了彻底扭转乡镇环境污染和破坏日趋严重的局面，各级政府要充分重视乡镇企业的环保工作。按照分工负责和分级管理的原则，进一步加强和健全乡镇企业环境管理机构，建立健全各级环境管理体系，推行环境保护目标责任制。在严格执法，完善监督机构的同时，关注乡镇工业领导人的环保意识，环境管理水平和能力。

（2）调整乡镇工业的发展方向　积极发展无污染或轻污染产业，重点发展支持和带动农业生产的项目，如农副产品的加工、贮藏、包装、运输、代销等产前、产后服务业。在经济发达地区，根据实际需要和自身条件，可发展为大工业配套、为出口服务和为城乡人民服务的加工业、服务业等。

乡镇工业首先应严格遵守国家关于“不准从事污染严重的生产项目，如石棉制品、土硫黄、电镀、制革、造纸制浆、土炼焦、漂洗、炼油、有色金属冶炼、土磷肥和染料等小化工，以及噪声严重扰民的工业项目”的规定，禁止上马这些项目。对已有的污染型企业，要实行限制、改造和限期整治。对那些逾期不治理或治理不达标的，应吊销其生产许可证；对经济效益差，污染扰民严重，浪费资源和能源又不能积极治理的乡镇企业，要坚决予以“关、停、并、转、迁”。

（3）合理安排乡镇工业的布局　乡镇工业，由于其技术含量较低，不论在资源利用还是在废物排放治理方面，都远远落后于大规模的现代化工业，因此切忌出现“村村点火，家家置烟”的现象。为此，必须十分重视其行业布局和企业的空间布局问题，必须严格遵守《中华人民共和国环境保护法》《国务院关于环境保护若干问题的决定》和《建设项目环境保护管理条例》等法规要求。“在城镇上风向、居民稠密区、水源保护区、名胜古迹、风景游览区、温泉疗养区和自然保护区内，不准建设污染环境的乡镇、街道企业。已建成的，要坚决采取关、停、并、转、迁的措施”。

乡镇工业布局是小城镇建设中的一个重要组成部分，是一项综合性很强的工作，必须综合考虑当地的产业结构现状，自然地理状况，环境承载力，文化传统，生活习俗以及发展趋势，制定出最佳方案。

(4) 严格控制新的污染源　要严格执行国务院关于“所有新建、改建、扩建或转产的乡镇、街道企业，都必须填写《环境影响报告表》，由县级环境保护部门会同主管部门审批，未经审批的项目，当地计委等有关部门不得批准建设，银行不予拨款、贷款，工商管理部门不得发给营业执照。对于不执行‘三同时’规定造成环境污染的，要追究有关部门、单位或个人的经济责任和法律责任”的规定。

(5) 坚决制止污染转嫁　严禁城市工业将有毒及污染严重的企业或产品向无污染防治能力的乡镇企业转移扩散；也不得将生产工艺落后，破损淘汰设备向乡镇企业转让；与乡镇企业联营协作的有污染项目，必须配套提供污染防治设施或治理技术。对于转嫁污染危害的单位和接受污染转嫁的单位，要追究责任严加处理。

第三节　流域环境管理

【案例十八】

背景

青海湖流域位于青藏高原东北部，东西长约 106km，南北宽 63km，周长约 360km，湖水面积 4392.8km^2，湖水容积 742.9×10^8m^3，平均水深 16m，最大水深 27m，湖面海拔 3193.3m。青海湖北岸生态环境在当地的社会经济发展中具有重要作用。但是，青海湖北岸生态环境曾出现了一些问题，特别是水资源、水生态、水环境与各类植被灾害问题正在成为北岸生态的重要问题，需要及时预警和提出综合性防治对策。

一、青海湖北岸生态环境存在问题

1. 乱垦滥开，超载放牧。
2. 土地沙化，草场退化日趋严重。
3. 青海湖补给河流干涸，湖面水位下降。
4. 乱捕滥猎，致使野生动物减少。

二、青海湖北岸生态环境问题的治理措施及对策

1. 从战略高度认识青海湖流域生态治理的重要性和紧迫性。
2. 从高层次上制定一个综合性、战略性的长远综合治理规划。
3. 充分发挥国家级自然保护区的功能，加大自然保护区的保护力度。
4. 抓紧青海湖区各工程项目的前期研究。
5. 多学科的知识创新成果做支撑和保障。
6. 加大青海湖北岸生态环境管理相关规章的制定和执法力度。
7. 完善生态环境资源保护公众参与机制。
8. 加大科研和资金投入，恢复生态、环境功能。

思考

根据收集的资料分析，提出青海湖北岸生态环境保护的重要意义。

流域一般以某一水体为主，包括此水体所邻近的陆域，它往往分属于多个同一级别和层次的行政单元管辖，如省、市、县直至村。流域有大有小，但其上述特点是共同的，因此是一类特殊的区域。

正因为流域往往分属于不同行政单元管辖，这就决定了流域环境问题的多样性与复杂性，从而也就决定了流域环境管理的特殊性。这里定义流域环境问题为发生在该流域主要地表水体中的环境问题，而把该流域陆域上的环境问题除外，因此也可称为流域水环境问题。

本节将就流域环境管理的特殊性进行论述和介绍。

一、流域环境管理的主要特点

1. 流域水体功能的多样性

流域以水为主体，或者是河流，或者是湖泊、水库、海湾等，河流还可分为干流和支流。作为流域，简单的可以由一条河流（或湖泊、水库）及其周边陆域组成，复杂一点的可以由一条干流和若干条支流及其周边陆域组成，更复杂的可以是由若干条干流、支流和若干个湖泊、水库连接而成。也就是说一个大流域可以包含着若干个小流域和小小流域。

由于水体的一部分（一个河段、一块湖面等），同时又总是某一行政区域的一部分。因此，任何一部分水体都同时属于两个不同的环境单元，比如黄河洛阳段，它就既是黄河的一部分，又是洛阳市的一部分。作为黄河的一部分，它可以被赋予运输、水产养殖、调节气候、农业灌溉甚至发电的功能等；作为城市的一部分，它可以被赋予饮用水源、工业用水、观赏、接受和转化城市污水的功能等。由此可见，同一个水体，它将同时肩负多种不同的功能。显然，这些功能要求之间会有一定的差异，甚至会有需要协调的矛盾和冲突。

另外，由于水体的不同部分，分属于不同的行政单元，比如同一河流的上下游就完全可能分属于不同的省或市等。由于不同行政单元会根据各自的自然条件和社会经济发展需要，赋予它们不同的功能，做出不同的安排。因此，在现实生活中，同一水体的不同部分就会有不同的功能安排。而这些功能安排之间也会存在一定的差异，甚至尖锐的矛盾和冲突。

由上所述可见，流域水体的功能安排上，必然存在极其复杂的多样性。

2. 流域环境问题及其产生的主要原因

（1）表现在水量方面的环境问题　表现在水量方面的环境问题，可以分为水量过多导致的环境问题和水量过少导致的环境问题。

水量过多造成的环境问题主要是洪涝灾害问题，主要是由自然因素造成的，但人类社会发展行为的不当也是一个不可忽视的原因。比如在河流上游滥伐森林，削弱了其涵养水分的能力；陆域地面过度硬化，减少了土壤的渗水能力等。

水量过少造成的环境问题主要是干旱问题，它将使人类社会的生产、生活用水以及生态系统用水严重短缺，它将严重制约水运与水产养殖，甚至妨碍水力发电。引发水量过少的环境问题的原因有自然的原因，但人为的原因往往更为主要，如水资源使用的空间分配与产业分配不当，水资源使用的浪费等。

（2）表现在水质方面的环境问题　表现在水质方面的环境问题主要是水体污染问题。主要原因来自两方面：一是人类社会在水域上的活动，如航运过度、水产养殖过度，以及围湖造田、围垸造田导致水环境净化能力的降低等；二是人类在水体周边陆域上的活动，如生活污水与工业废水不加处理即直接排入水体等。其结果是水域生态系统的破坏甚至崩溃。

当然，水量方面的环境问题与水质方面的环境问题是紧密联系在一起的。当水质极差时，水量中的有正效用的部分就很少；当水量很小时，如果水体污染水的总量不变，那么水质将会更加恶化。因此在研究流域水环境问题时应该把水质、水量两方面问题综合起来考察。

二、流域环境管理的基本原则

流域环境管理的基本原则是：整体性原则、边界活动控制原则和双赢原则。如对一条河流，必须从上游到下游进行统一管理，尽管上、下游可能分属于不同的省、市等行政单元；必须严格控制河流两岸的人类活动，如取水、用水、排水的安排，航运船只的重量和密度，水产养殖的数量、品种和规模等。

由于人类行为的主体各自从自身的经济利益出发，选用有利于自己的发展活动，因而似乎都具有“合理”性，但从总体来看，很可能会损害这条河流的环境质量与整体功能。如位于上游的省、市可能根据自身社会经济发展的需要从河流中取用过量的淡水，排入大量的未经处理的污水，从而使整个下游可能要花大量资金去治理才能使用河水，或者根本无法利用河水等，如此该河流在整个流域的社会经济发展中不但不能成为财富，反而成为包袱。因此必须把上述三个原则结合起来作为流域环境管理的基本原则来进行环境管理。

当然，在制定流域环境管理方案时，还必须把上述基本原则具体化。从经济、法律角度出发，上述基本原则可以在统一规划、统筹安排前提下进一步简化为“开发者保护，损害者负担，享用者付费，整治者得利”。

三、流域环境管理的主要内容

由于流域环境问题复杂多样，因而流域环境管理所包含的内容也极其复杂。下面将其主要内容概括和归纳如下。

第一，从管理体制上必须设立一个统一的有权威的环境管理机构。这一机构有权协调、检查、监督可能影响该流域环境系统品质、功能的各类社会行为主体的发展活动。历史事实表明，令出多门、各自为政、无序的发展行为在环境无价值的前提下，在追求局部利益和眼前利益的驱使下，所带来的只能是环境系统的破坏和人类社会发展的不可持续，只能是诱导自然灾害的频繁发生。

第二，在管理方法上必须坚持全流域环境规划优先。这里需要注意的是在全流域环境规划中，环境功能区的划分，包括环境质量标准和排放标准在内，排污总量的分配、水资源使用量的分配等都必须兼顾各行政单元和各行为主体发展的合理需要，都必须考虑到全流域社会经济总体实力提高的需要。

第三，在全流域环境规划中，必须把资金政策、技术政策和经济政策等有关内容包括在内。

第四，在全流域环境规划中，必须附有保证规划得以有效实施的法律法规体系的设计与审批程序。

四、流域环境综合治理

由于流域环境问题是一种跨区域的环境问题，决定了流域环境问题的特殊性和流域环境综合治理的特殊作用。通过流域特别是重点流域的环境综合治理，可以带动区域环境综合治理，促进城市和乡镇水污染和生活垃圾污染的防治工作。因此，解决流域环境问题对区域环境问题的解决具有居高临下的指导和促进作用，是国家环境保护的重点和切入点。

1. 流域污染综合治理

流域环境污染包括工业废水污染、石油污染、固体废物污染三大类。其中，既有城市工业的“点源”污染，还有来自于分散的乡镇企业和广大农业地区的面源污染，是流域环境问题中最普遍、最突出的问题之一，已经严重地影响到区域乃至国家经济的可持续发展。在流域环境污染中，工业污染占主导地位，因此要把工业污染综合治理放在首位。

（1）流域工业污染防治　流域工业污染防治是流域环境综合治理中的重点任务。中国乡镇企业的蓬勃兴起和盲目发展，工业废水的任意排放，在中国大部分流域都造成了严重的环境灾害。国家自1996年以后确立的“33211”计划中的“三河”（淮河、海河、辽河）和“三湖”（滇池、太湖、巢湖）就是针对流域工业污染问题而确立的重点流域污染治理计划。其目的是以此带动全国的流域环境综合治理工作。

解决流域工业污染问题要坚持重点与一般相结合、流域与区域相结合的原则。在国家产业政策指导下，参照国家当前重点流域的环境保护任务，结合区域污染防治工作，根据流域环境保护规划的阶段性目标，以工业污染源限期治理为主要措施，以污染源达标排放或污染物总量控制为基本要求，通过污染限期治理促进污染源达标排放和总量控制，实现流域污染治理的目标。

开展流域工业污染治理要重点抓好乡镇企业污染限期治理工作。

① 要结合企业的联合兼并与改组，关闭一批规模小、经济效益差的污染企业，结合企业技术改造推行清洁生产，促进企业环境管理向生产的全过程延伸。

② 要对污染企业实施区别对待、分类管理。对没有达标且已经列入国家淘汰落后生产能力、工艺和产品名录的“15小”企业要严格按淘汰时限实行破产关闭；对达标无望的企业要提前做出安排，采取转产、限产和停产的措施；对符合国家产业政策，尚未建设治理设施的企业，要督促其尽早确立方案，限期治理；对正在运行的企业要加强施工现场环境管理，对已经达标排放的企业要进行指导和监督强化企业的内部管理。

③ 要抓好流域污染治理的重点工程项目的建设，以重点污染治理项目带动一般的污染治理工作。

④ 对重点流域的污染治理，除了抓工业污染源的限期达标排放之外，同时要完善污水排放收费政策，加快城镇污水处理厂的建设。

（2）流域石油污染防治　流域石油污染主要来自于下面几个方面。

① 水上运输工具　船只动力机械漏油、油船石油泄漏、船只修理或停靠设施排入水体的含油废水，船只的洗舱水、压舱水和机舱舱底含油污水（并称“三水”）及意外事件的流出，每年因“三水”而进入水域的油量超过2×10^6 t。此外以石油为动力的船只在运行中亦会排出一些燃料油进入水体。

② 工业造成的油污染　许多大城市及工业区都设在沿河和沿海地区，工业企业每年都有大量的含油废水（$3\times10^6\sim5\times10^6$t）排入河流和海洋。

③ 大气石油烃的沉降　全世界的工厂、船舶、车辆每天向大气排入的石油烃数量很大，约6.8×10^7t，石油烃在大气中被氧化，约有4×10^6t通过沉降又回到地面，其中一部分进入各种水体。

解决流域的石油污染，主要是要加强对各种船舶等水上运输工具动力设施的安全检查，防止石油意外泄漏。一要加强对船只修理、停靠设施及沿岸企业的环境管理，防止含油废水直接排入自然水体。二要加大对石油污染事故的执法力度，减少或杜绝石油污染。

（3）流域固体废物污染防治　流域的固体废物污染以生活垃圾污染为主，而生活垃圾由流域沿岸居民生活垃圾和船舶产生的生活垃圾两部分组成。其中大量的废旧包装用塑料膜、塑料袋和一次性塑料餐具（统称塑料包装物）以及使用后的地膜等“白色污染”是流域固体废物污染的一个主要方面，应该引起足够的重视。

“白色污染”会对环境产生两种危害，即“视觉污染”和“潜在危害”。

视觉污染是指散落在环境中的废塑料制品对市容、景观的破坏。在大城市、旅游区、水体中、铁道旁散落的废塑料会给人们的视觉带来不良刺激，影响城市、风景点的整体美感。

潜在危害是指废塑料制品进入自然环境后难以降解而带来的长期的深层次环境问题。第一，废塑料制品在土壤中影响农作物吸收养分和水分，导致农作物减产。第二，抛弃在陆地上或水体中的废塑料制品，被动物当作食物吞入，导致动物死亡。第三，进入生活垃圾中的废塑料制品很难处理。如果将其填埋会占用土地，且长时间不降解。混有塑料的生活垃圾也不适于堆肥。从垃圾中分拣出来的废塑料，因无法保证质量，其利用价值很低。

治理“白色污染”是一项社会系统工程，应采取积极对策，运用行政、科技、经济手段综合治理。当前应在加强管理、制定有关政策法规，扶植有利于环保的企事业发展，提高人们环保意识和抓好舆论的正确导向前提下，多法并举、防治结合。除借鉴国外的减量、回收再用、再生利用、降解材料的治理对策，实施省资源化（减容、减量）、再资源化（回收利用）、无害化（可降解）等技术手段外，还应采取以下措施。

① 制定全国性的专门法规和相关的经济政策，加强行业环境管理工作，不断提高公民对“白色污染”危害的认识。

② 在流域沿线设立固定的垃圾回收站，对水、陆交通运输、旅游过程中的生活垃圾实行封闭式管理。

③ 提高“白色污染”的收费标准，用经济手段规范人们乱扔垃圾尤其是白色垃圾的行为。

④ 在餐饮业积极推广可降解的塑料替代产品，定点、强行回收废旧塑料制品。

⑤ 在人口稠密区建设生活垃圾处理厂，加强执法监督，禁止在流域两岸非法堆放生活垃圾。

治理“白色污染”是固体废物污染防治的切入点，通过加强流域“白色污染”的综合治理能够很好地带动流域固体废物的综合治理。

2. 流域生态环境综合治理

1998年夏的长江大洪水，全国受灾面积$2.578\times10^7hm^2$，受灾人数2.3亿，死亡人数3656人，直接经济损失2484亿元，这就是植被破坏引起水土流失和洪涝灾害而导致流域生态环境问题的典型案例。不难看出，其影响不论是在深度上还是在广度上都已超过了环境污染所造成的影响，对环境的结构性破坏大大降低了流域乃至国家经济与社会可持续发展的能力与潜力。可以说保护水土就是保护未来。

造成流域植被破坏的原因有两点：

① 流域源头和上游大量的砍伐森林和毁林开荒，降低或丧失了植被固土、固水的生态功能；

② 缺少水土保持的资源开发活动及农业生产活动造成了植被的严重破坏。

植被破坏造成了流域的水土流失，导致湖、河、水库底泥增多，河床抬升，容易引起洪涝灾害，给人们的生命财产造成重大损失。同时，也造成水资源容量减少，进一步制约了经济的发展。另外，还造成土壤中有机质的大量流失，降低了土壤的肥力。为提高农作物产量，就不得不大量使用化肥，从而加重了土壤和水体的污染，形成了恶性循环，影响到农业的持续增长。客观事实证明，解决流域的生态环境问题是真正意义上的可持续发展问题。

加强流域生态环境综合治理，要坚持统筹规划、突出重点、量力而行、分步实施的原则，做好以下工作。

（1）大力植树造林，增加植被覆盖率　治理流域的水土流失，首先要以国家的生态环境建设规划为指导，针对流域内的不同生态问题，确定重点，分步实施山、林综合治理，抓好流域源头及上游地区的生态保护。尤其要抓好长江、黄河等国家重点流域源头的生态保护，建立特殊生态功能区，实行封山育林并大力营造流域风沙防护林和人工草地。同时要加大执法力度，依法严惩毁林开荒和偷盗林木等一切破坏森林资源的违法行为，加强对现有天然林的保护。其次，对流域的中下游人口稠密地区要采取植树造林、植树种草、退耕还林、退耕还湖等措施，增加植被固土固水的生态功能。再次，小流域生态治理要以县为基本单位，大力营造流域水土保持林和发展山地经济果林，综合运用生物工程措施推广水土保持耕作技术。

（2）搞好水土保持，加强资源开发的环境管理　在人类社会的发展进程中，流域往往是人口最集中、人类经济活动最频繁、开发活动最密集的区域，因而是生态环境最易遭受破坏的区域。其中，人类各种开发活动对流域的生态环境冲击最严重，影响最深刻、最持久。

因此，开展流域生态保护防治水土流失，除大力植树造林、植树种草，增加流域的植被覆盖率之外，还要加强土地与矿产资源开发活动中的水土保持工作。在开发、建设项目的环境影响评价中要认真落实水土保持对策和措施，任何土地与矿产资源开发项目的环境影响评价中都需要有水利部门审批的水土保持措施。例如，铁路、公路建设工程、矿产资源开发活动等都需要有相应的水土保持措施，凡是缺少水土保持措施的资源开发项目不能通过环境影响评价审批。同时，要根据国家有关的水资源保护法规，严禁在河道两侧乱垦乱耕，取缔一切影响行洪、泄洪和威胁河堤安全的违法建设项目。

（3）加强流域水利工程保护　加强流域防洪堤坝等水利工程设施的保护，以防止水资源流失和流域生态环境恶化。其主要对策是增加投入和加强管理：第一要增加投入积极修复水毁工程，加固堤坝；第二要加强对水利工程设施的规划与管理，防止滥建水利工程项目；第三要加强法制教育和水利安全教育，依法制止破坏水利工程设施的违法犯罪行为。

（4）加强流域水资源管理　目前，中国水资源短缺问题比较突出。水资源时空分布不均，干旱和洪水的频率和严重程度相应增加，与水有关的灾害占所有自然灾害的90%。中国人多水少、水资源时空分布不均，人均水资源量不足世界平均水平的1/3，在全国600多个城市中，缺水城市达400多个，有40%以上的人口生活在缺水地区，其中严重缺水的城市108个，1.6亿多城市居民受缺水影响。由此可见，我国水资源短缺面临非常严峻的形势。如果在水资源开发利用上没有大的突破，在管理上不能适应这种残酷的现实，水资源很难支持国民经济迅速发展的需求，水资源危机将成为所有资源问题中最为严重的问题。

近年来，中国政府高度重视水资源短缺问题的应对。通过全面实施水资源消耗总量和强度双控行动，不断强化“红线”刚性，以水资源“双控”倒逼用水方式和经济发展方式转变。此外，国家陆续出台了“双控”行动方案、节水型社会建设“十三五”规划、全民节水行动计划，明确“十三五”期间各省区市用水总量和强度控制目标任务。

造成流域水资源短缺有多方面的原因：

① 工农业用水和生活用水的增加；

② 工业污染造成水资源的浪费；

③ 重经济用水、轻生态用水，过量引水、蓄水；

④ 水资源利用效率比较低下，导致宝贵的水资源浪费十分严重。如我国的农业长期以来采用粗放型灌溉方式，水的利用效率很低，水的有效利用率仅在40%左右，现有灌溉用水量超过作物合理灌溉用水0.5～1.5倍以上；此外，我国部分地区水资源利用效率偏低，工业和城市用水重复利用率仅为50%左右，远低于发达国家80%以上的水平。

⑤ 缺乏流域水资源的统一管理，为发展地方经济各地盲目兴修各种截流水利工程，造成流域的中下游水资源匮乏甚至断流。

加强流域水资源管理是流域生态环境综合治理的重要内容。其主要措施包括：

① 建立流域源头生态保护区，加强流域源头的生态保护。

② 建立流域水资源统一管理机构，理顺上、中、下游责、权、利和经济补偿关系，加强流域水资源的统一调度，慎重建设流域水利工程，合理分配和使用流域水资源。

③ 优化产业结构，建立节水型产业。近年来，水利部大力推进节水制度建设、节水技术改造和节水载体建设，水资源利用效率和效益显著提升，节约用水工作取得明显成效。2019年8月，全国节水办对我国2018年的用水效率进行了统计分析，2018年全国用水效率较之前进一步提升。从万元GDP用水量来看，排在前十的省级行政区均低于49立方米，已好于国际平均水平，但与发达国家平均水平相比还有较大差距。农田灌溉水利用系数方面，排在前十的省级行政区均达0.590以上，但与国际先进水平相比仍有较大差距。排名靠前的省份与排名靠后的省份差距较大。一方面是受到自然资源条件、经济社会发展水平和经济结构、产业结构的影响，另一方面也反映出有些地方的节水工作存在较大差距，节水还有很大潜力。因此，应在工业中推行节水的生产工艺和技术，在农业中推广节水灌溉技术和方法。

④ 严格把关，全面加强新上取水建设项目的管理，同时对城乡和工农业生产引水实行严格的配给制度。有分析表明，凡生产、生活用水占流域水资源总量60%以上的河流其生态功能明显降低，当达到70%以上时，其河流的生态功能基本消失。所以要严格实行3∶3∶4的用水原则，即坚持生活用水为3、生产用水为3、生态用水为4的原则，降低经济用水量，提高生态用水量，以维持流域的生态平衡。

⑤ 提高水资源价格和工农业用水征收标准，制定流域水资源保护和利用的经济补偿政策和市场激励机制。

⑥ 大力推广参与式小流域治理和管理模式。小流域是汇集径流、产水、产泥沙的源头，是连接大江大河的纽带，把星罗棋布的小流域治理和管理好，就抓住了流域治理和管理的根本。参与式流域管理是以人为本的流域管理，以农民为主体，调动了农民流域治理的积极性，吸引了社会各方面的资金、技术、劳力、信息等生产要素用于流域治理，改变了过去单纯依靠政府投资和农民投劳的局面，把流域治理与农民的切身利益紧紧地联系在一起，使农民自觉自愿地投入到流域治理中来，治理和效益紧密相结合，逐步走上全社会进行流域治理的新局面，既加快了治理速度，加速了治理流域的管理和管护工作，又使得治理效益非常显著。

⑦ 积极实施取水许可制度和征收管理水资源费制度。

思考题

1. 什么是区域？
2. 区域环境管理要坚持的四个原则是什么？包括哪些内容？

3. 城市环境有哪些主要特征？
4. 当前城市有哪些环境问题？
5. 城市环境管理的基本途径是什么？
6. 什么是污染物浓度指标管理？其指标包括哪几类？该管理方法存在哪些问题？
7. 什么是污染物总量指标管理？它包括了哪些内容？
8. 城市环境综合整治的原则是什么？
9. 如何进行城市环境的综合整治？
10. 农村环境具有哪些特征？
11. 中国农村当前具有哪些环境问题？
12. 如何进行农村环境的综合整治？
13. 流域环境问题的主要特点是什么？
14. 流域环境管理的主要内容有哪些？
15. 如何进行流域环境的综合治理？

讨论题

1. 调查本地区城市存在的主要环境问题，如水、大气、噪声或固体废物。就其污染程度和主要污染源进行定性或定量分析，在查阅大量资料的基础上，探讨解决这些环境问题的方法和途径，并制定出详细的解决方案。

要求：对污染源进行现场调查，大致测出排污流量和污染物浓度，根据区域确定的该类污染物的总量控制方案，或者根据国家关于该类污染物的有关标准提出污染物控制方案，在此基础上提出城市环境进一步优化的具体措施。

目标：通过调查和讨论，以及污染控制方案的设计，使每个人都能认识到当前城市环境问题的严重性，深刻领会公民环境意识的提高对环境管理的作用，保护环境要从自身做起、从现在做起。

2. 就本地区的主要流域当前存在的主要环境问题进行调查，通过查阅资料或走访有关部门，收集该流域的水文历史资料，与现在的状况对比后得出流域环境的变化趋势，特别注意这些变化对当地社会经济发展的影响。

要求：采取有效的方法广泛收集第一手资料，综合分析所掌握的资料和当前信息，列出流域环境变化对当地社会经济造成的影响，以及当时人们所采取的措施。

目标：通过对流域环境变化对当地社会经济的影响趋势分析，体会流域环境质量对人类社会经济发展的重要作用，明确自己在流域环境保护中应尽的义务。

第九章　建设项目与工业企业环境管理

学习指南

本章主要介绍在建设项目与工业企业环境管理中国家有关的管理政策和管理条例。通过本章的学习，要求掌握工业企业环境管理的基本工作内容；掌握工业建设项目、进口废物、海岸和海洋工程建设环境管理的政策、条例和程序；了解控制工业企业污染物流失的主要手段；了解清洁生产技术和产品生命周期评价对实现可持续发展的意义。

【案例十九】

背景

某纸业股份有限公司地处山东省兖州区南四湖流域，现有员工7500余人，资产总额70亿元，拥有国际国内先进水平的制浆、造纸生产线19条，主要产品有高档涂布包装纸板、高档工业用原纸、高级文化用纸三大系列100多个规格品种，年各类纸生产能力120万吨。

规划在保持现有生产规模和产品结构不变的情况下，新增品种和生产能力，配套建设两台15千瓦时热电联产发电机组，未来五年内制浆能力每年将达到73.94万吨，总抄纸能力将达到240.5万吨。同步新建碱回收炉、纸机白水处理站和中段水处理站各一座，新建两处废水深度处理设施，处理后的废水部分回用于制浆生产及热电厂锅炉补充水。建设氧化塘与湿地各一处，废水先经氧化塘自然降解后再通过泵站输送到人工湿地。

对规划项目实施环境影响评价

工业企业规划环境影响评价，对规划的目标要进行宏观评价，对具体的项目要进行较详细的工程分析，明确污染防治措施和污染物排放量，针对性地进行环境影响评价。针对区域环境和资源的影响，应按区域环评要求，适当扩大评价范围。本次评价根据其特点和环境主题分别采用了压力分析法，即可持续发展战略提出的压力——状态——相应法、情景分析法和模型预测法。分别采用模型预测计算了纳污河流的环境容量，分析了地表水环境的承载能力，提出了调整排水路线的建议。

思考

对工业企业规划项目开展环境影响评价的主要步骤和内容。

坚持生态兴则文明兴是我国生态文明建设的历史依据。习近平总书记强调：“生态环境是人类生存和发展的根基，生态环境变化直接影响文明兴衰演替。”古今中外有许多深刻教训表明，只有尊重自然规律，才能有效防止在开发利用自然上走弯路。必须深刻认识生态环境是人类生存最为基础的条件，把人类活动限制在生态环境能够承受的限度内，给自然生态留下休养生息的时间和空间。以对人民群众、对子孙后代高度负责的态度和责任，加强生态文明建设，筑牢中华民族永续发展的生态根基。

第一节　建设项目环境管理

一、建设项目环境管理概念和程序

1. 建设项目的环境管理概念

企业进行基本建设、技术改造与技术引进工作，都要贯彻主体建设与环境保护协调发展的指导方针。因此，在企业发展建设中必须进行全过程的环境管理。

建设项目环境管理的主要任务是：合理布局；合理利用资源和能源；最大限度地减少污染物的产生和排放量；切实落实“三同时”与“预防为主、综合防治”的环保方针；保证项目建成投产或使用后其污染物的排放符合国家或地区的排放标准。

根据国家《建设项目环境保护管理条例》的要求，所有建设的项目，都需要办理环保审批手续。在建设单位到各级环保行政主管部门办理审批手续前，根据建设项目对环境的影响程度，对建设项目制定了分类管理名录，其中将建设项目分为对环境可能造成重大影响、对环境可能造成轻度影响和对环境影响很小三种情况，分别应进行环境影响评价报告书、表的编制及备案的登记工作。环境影响报告书（表）的编制应由建设单位委托有资质的环境评价单位编制，其费用由建设单位承担。

2. 建设项目的环境管理程序

建设项目的环境管理按照下面的程序进行，如图 9-1 所示。

建设单位向行政审批主管部门提交符合规定的环境影响报告书（表）及其他相关文件后，审批部门受理后在 5～20 个工作日内做出同意或不同意的批复文件。

需要注意的事项如下。

① 环境影响报告书（表）的编制，必须由国家环境保护部认定的有环境影响评价资质的单位完成。审批部门向公众提供有资质的所有评价单位以供选择。

② 建设单位可采取公开招标的方式选择并委托评价单位，按照分类名录的要求，进行评价工作，也可向环保审批部门咨询。

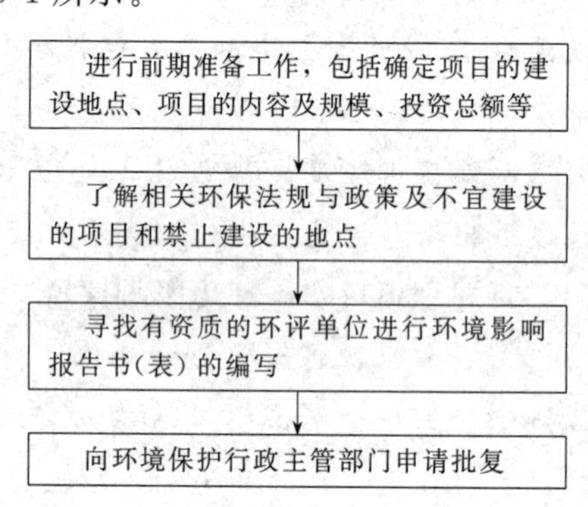

图 9-1　建设项目的环境管理程序

③ 环保行政审批部门在本地区禁止建设的项目及重点地区、重点保护对象。

3. 建设项目环境管理的分类

须报审批的项目包括建设项目、对环境有影响的建设项目及其他项目。所谓建设项目指新建、改建、扩建、迁建项目，技术改造项目，区域开发建设项目。对环境有影响的建设项目，即在建设过程中或建成后产生的废水、废气、废渣、粉尘、噪声、振动、电磁波辐射、放射性物质、有毒有害物质、恶臭等影响环境质量的建设项目。其他项目指影响自然生态环境的建设项目和土地、流域等各类区域开发项目等。

4. 建设项目的审批程序

项目审批程序可以参考各级环境保护行政主管部门的工作程序办理。

一般程序为：申请受理——资料审查——现场勘察——编制环境影响报告书——专家评

审——作出审批决定。

根据建设项目特征和所在区域的环境敏感程度，综合考虑建设项目可能对环境产生的影响，对建设项目环境影响评价进行分类管理。建设单位应当按照《建设项目环境影响评价分类管理名录》的规定，分别组织编制建设项目环境影响报告书、环境影响报告表或者填报环境影响登记表。对于环境影响要素复杂，污染物种类多、产生量大或毒性大、难降解，或者对生态环境影响重大，可能对环境和环境敏感区造成重大影响以及可能存在重大环境风险的建设项目，需编制报告书，对环境影响进行较为全面、详细、深入的评价和预测。对于环境影响要素简单，环境影响程度和环境风险较小的项目，按照国家规定的格式编制报告表即可。而对环境基本无影响的建设项目，只需填报环境影响登记表即可。

9-1 《建设项目环境影响评价分类管理名录》

5. 建设项目的审批原则

（1）建设项目须符合国家和地方的有关法规、政策，不得使用国家限制或禁止使用的物质，不属于国家和地方禁止兴建的行业。

（2）建设项目的选址、布局必须符合城市环境总体规划的要求，兼顾对周边环境的影响及改善等。

（3）项目建成后，其污染物（废水、废气、废渣、噪声等）的排放能达到符合国家或地方规定的排放标准。

（4）污染物排放还必须满足污染物排放总量控制要求。

（5）生产性的建设项目，应尽可能采用先进的生产工艺和设备，禁止采用淘汰工艺与设备，禁止建设“十五小”项目，禁止建设资源消耗大、污染严重的项目，禁止建设无防治污染措施的生产项目。

（6）在水源保护区、风景名胜区、疗养区等区域，不得建设有污染环境或破坏生态、景观的项目。

（7）在城市住宅区、居民集中区、文教区及其他需要特殊保护的区域，禁止建设产生污染的工业项目，严格控制宾馆、酒楼及其他产生污染的项目或设施的建设。

二、建设项目环境管理的主要内容

1.《建设项目环境保护管理条例》

1998 年中国颁布了《建设项目环境保护管理条例》，其现行版本为 2017 年 7 月 16 日《国务院关于修改〈建设项目环境保护管理条例〉的决定》通过的修订版，于 2017 年 10 月 1 日正式实施。根据条例的规定，为了防止建设项目产生新的污染和破坏生态环境，凡在中华人民共和国领域和中华人民共和国管辖的其他海域内建设对环境有影响的建设项目，适用本条例。建设产生污染的建设项目，必须遵守污染物排放的国家标准和地方标准；在实施重点污染物排放总量控制的区域内，还必须符合重点污染物排放总量控制的要求。工业建设项目应当采用能耗物耗小、污染物产生量少的清洁生产工艺，合理利用自然资源，防止环境污染和生态破坏。改建、扩建项目和技术改造项目必须采取措施，治理与该项目有关的原有环境污染和生态破坏。

为保障上述规定的落实，2002 年颁布了《中华人民共和国环境影响评价法》，现行版本为 2018 年 12 月 29 日第十三届全国人民代表大会常务委员会第七次会议第二次修正版。进一步强化了建设项目环境影响评价制度。根据建设项目对环境的影响程度，按规定对建设项目的环境保护实行分类管理：一是可能造成重大环境影响的，应当编制环境影响报告书，对产生的环境影响进行全面评价；二是可能造成轻度环境影响的，应当编制环境影响报告表，对产生的环境影响进行分析或者专项评价；三是对环境影响很小、不需要进行环境影响评价的，应当填报环境影响登记表。建设项目环境影响评价分类管理名录，由国务院生态环境主管部门制定并公布。

此外，根据《建设项目环境保护管理条例》的规定，建设项目需要配套建设的环境保护设施，必须与主体工程同时设计、同时施工、同时投产使用。建设项目的初步设计，应当按照环境保护设计规范的要求，编制环境保护篇章，落实防治环境污染和生态破坏的措施以及环境保护设施投资概算。建设单位应当将环境保护设施建设纳入施工合同，保证环境保护设施建设进度和资金，并在项目建设过程中同时组织实施环境影响报告书、环境影响报告表及其审批部门审批决定中提出的环境保护对策措施。分期建设、分期投入生产或者使用的建设项目，其相应的环境保护设施应当分期验收。编制环境影响报告书、环境影响报告表的建设项目，其配套建设的环境保护设施经验收合格，方可投入生产或者使用；未经验收或者验收不合格的，不得投入生产或者使用。

2. 建设项目全过程的环境管理

（1）建设前期的环境管理　建设项目的决策，关系到一个企业投产后的经济效益、社会效益和环境效益是否能够得到统一并取得较好效果。所以，建设前期的环境管理工作非常重要。建设前期环境管理的主要任务是：落实国家环境管理制度中的环境影响评价制度；调查和评价建设项目拟建地址周围的环境状况；预测建设项目对环境的污染程度和环境质量未来的变化状况；参加选定厂址的研究工作，妥善解决建设项目的合理布局；同时，根据环境影响评价的结果提出对建设项目的环境目标要求和采取防治措施的意见。

① 项目建议书阶段的环境管理　项目建议书就是向有关部门提出工程建设项目所写的报告。在编制项目建议书时，必须认真贯彻环境保护工作中“统筹规划、合理布局”的原则，通过合理布局，为企业长远环境建设打好基础。在工程项目建议书中，应根据建设项目的性质、规模、建设地区的环境现状等有关资料对建设项目建成投产后可能造成的环境影响进行简要的说明。主要内容应包括所在地区的环境状况；可能造成的环境影响分析；当地环保部门的意见和要求以及在环境保护方面可能存在的问题，以便有关部门在确定项目时参考。

② 项目可行性研究阶段的环境管理　当项目建议书经有关领导部门同意后，建设单位必须及时提出可行性研究报告。具体内容包括以下几个方面。

a. 建设项目所在地的环境现状简介，包括自然环境现状、气象条件、经济文化特征与环境现状。

b. 主要污染源及污染物情况简介，主要是各车间或工序的主要污染源及污染物的种类和数量。

c. 控制污染的初步方案，应该指出建设项目所在地的环境保护等级和设计中必须遵循的标准和控制污染的设计原则；对烟尘、废水、废渣、噪声等的治理与利用的初步方案及其所需投资的初步估算。

d. 环境影响评价情况简介，简要说明建设项目环境影响评价的进展情况、评价的结论以及环境保护部门对环境影响报告书的审批意见等。

e. 对环境保护方面的问题及建议。在可行性研究阶段环境保护工作的重点是环境影响评价及其报告书，为防止企业建设在环境方面可能出现的失误，国家在一系列有关文件中，对环境影响报告书作了明确规定，并已形成一套较为完整的环境影响评价制度。

③ 项目计划（设计）任务书阶段的环境管理　按照国家基本建设程序的规定，建设项目可行性研究报告和环境影响报告书经上一级主管部门和负责审批的环保部门预审、复审和批准后，一旦建设条件具备就可以组织编制并下达设计任务书。自批准下达设计任务书起，建设项目进入设计工作阶段。建设项目设计任务书中环境保护部分的内容，一般有以下几个方面：a. 环境保护设计必须遵循的标准和控制污染的设计原则；b. 废水处理、烟尘控制、噪声控制的要求与初步方案；c. 环境监测设施和环境保护管理机构设置的初步方案；d. 环境保护投资；e. 需要进一步研究的问题。

在建设前期的工作中，各级环境保护部门都必须积极参与并监督管理各个阶段的环境管理工作，尤其是组织建设项目的环境影响评价工作更为重要，它为科学地进行建设项目的环境保护研究和全面地进行建设项目的可行性研究提供了有效的技术手段。作为其工作成果，环境影响报告书可作为上级部门审定厂址、编制和审批设计任务的依据。报告书提出的对建设项目的环境目标要求和防治措施意见可以作为进一步设计的依据。

（2）设计阶段的环境管理　设计阶段环境管理的中心任务是：将建设项目的环境保护目标和防治对策转化为具体的工程措施和设施，以保证达到预期的环境保护目标和同时设计的要求。设计单位接受设计任务书后，必须按环境影响报告书（表）或登记表所确定的各种措施开展设计，认真编制环境保护篇；严格执行“三同时”原则，做到防治污染及其他公害的设施与主体工程同时设计；未经批准的环境影响报告书（表）的建设项目，不得进行具体设计。

设计通常分两个阶段进行：初步设计和施工图设计阶段。建设项目初步设计的环境保护篇章，应经过环境保护部门审批。

（3）施工阶段的环境管理　在建设项目的施工阶段，施工单位应根据设计单位提出的施工图具体负责按设计要求和施工验收规范的规定组织施工。设计图纸及文件中所包含的各项环境保护设施必须在这个阶段中和全体设施一起完成，并具备投产条件。因此，施工阶段环境管理的中心是抓好环境保护设施的“同时施工、同时投产”任务的检查和落实。同时也必须注意施工区域原有环境生态系统和环境质量的保护和恢复。

通常，工程建设总会给周围环境带来某些变化，对于新建项目，原来的自然环境要转变为人工环境，施工过程中也会出现对环境的临时性破坏。但是，对于已破坏的自然生态系统，必须按照设计规定，在工程建成后建立起新的人工生态系统。为此，在组织建设项目施工队时应具有环境生态观念，不允许使生态系统造成难以恢复的破坏。

施工中应按规定防止和减轻施工粉尘、噪声和振动等对周围环境的污染和危害，及时修复施工临时破坏的河渠、土地、植被等自然环境，并按国家有关规定，办理绿化搬迁申请手续，保护古树、森林、古迹、风景等，防止河道淤塞、水土流失、土壤盐碱化等破坏自然生态系统的情况发生。

（4）验收和生产准备中的环境管理　为了在建设过程中做好环境保护工作，应该建立环保管理组织机构和人员，有计划地针对建设项目开展全过程的环保管理工作；在建设项目竣工验收阶段必须抓好环保设施性能、安装质量和环境效益的检验工作；同时也要为投产后各项环保管理业务打下良好基础。根据现行规定，编制环境影响报告书、环境影响报告表的建设项目竣工后，建设单位应当按照国务院环境保护行政主管部门规定的标准和程序，对配套建设的环境保护设施进行验收，编制验收报告。建设单位在环境保护设施验收过程中，应当如实查验、监测、记载建设项目环境保护设施的建设和调试情况，不得弄虚作假。除按照国家规定需要保密的情形外，建设单位应当依法向社会公开验收报告。环境保护行政主管部门应当对建设项目环境保护设施设计、施工、验收、投入生产或者使用情况，以及有关环境影响评价文件确定的其他环境保护措施的落实情况，进行监督检查。环境保护行政主管部门应当将建设项目有关环境违法信息记入社会诚信档案，及时向社会公开违法者名单。

环保管理的准备工作是企业生产服务的一个重要组成部分，它直接关系到建设项目投产后，环保设施能否真正做到与主体工程同时运行。因此，不可忽视生产准备中的环境管理工作。

① 组建企业的环保管理机构，建立与培训环保管理干部队伍。

② 制定企业环保规章制度和各项业务管理、考核办法。

③ 制定环保设施的技术操作规程。

④ 落实环保设施的备品备件以及专用材料的供应渠道、“三废”资源综合利用产品的利用。

⑤ 组建环境监测队伍。

⑥ 收集和建立有关环保管理档案。

⑦ 开展投产前的环境质量现状监测。

⑧ 大力开展宣传教育，提高全体职工及各级领导的环境意识。

三、进口废物项目环境管理

1. 废物进口环境管理的现状

为了防止危险废物从发达国家向发展中国家转移，污染发展中国家环境。联合国环境规划署于 1989 年制定了《控制危险废物越境转移及其处置巴塞尔公约》，中国是巴塞尔公约缔约国之一。国家环境保护总局是中国实施巴塞尔公约的主管当局和联络点。为了实施巴塞尔公约，保护中国环境，按照《中华人民共和国环境保护法》和《中华人民共和国固体废物污染环境防治法》的规定，国家环境保护总局、外经贸部、海关总署、国家商检局、国家工商局于 1996 年 4 月 1 日颁布了《废物进口环境保护管理暂行规定》，又于 1996 年 7 月 26 日颁布了《关于废物进口环境保护管理暂行规定的补充规定》。同时制定了《废物进口暂行规定》和《可用作原料的废物进口目录》以及《进口废物环境保护控制标准》等法规。在《废物进口环境保护暂行规定》中，对目录、验放程序、相应的风险评价、各有关部门的管理职责和相应的处罚规定都有了比较具体的要求。

近年来，中国政府十分重视由固体废物进口造成的环境污染问题，持续深化推进固体废物进口管理制度改革，坚决扛起生态文明建设的政治责任，以铁的决心、铁的意志和铁的手段，坚定不移把禁止洋垃圾入境推进固体废物进口管理制度改革各项举措落实到位。2016 年 11 月 7 日第十二届全国人大代表常务委员会第二十四次会议通过了对《中华人民共和国固体废物污染环境防治法》的修订决定。2018 年，为加强固体废物进口管理，生态环境部会同有关部门先后两次调整《进口废物管理目录》。2018 年 4 月，生态环境部、商务部、发展改革委、海关总署联合印发《关于调整〈进口废物管理目录〉的公告》（公告 2018 年第 6 号），将废五金类、废船、废汽车压件、冶炼渣、工业来源废塑料等 16 个品种固体废物从

《限制进口类可用作原料的固体废物目录》调入《禁止进口固体废物目录》，自 2018 年 12 月 31 日起执行；将不锈钢废碎料、钛废碎料、木废碎料等 16 个品种固体废物从《限制进口类可用作原料的固体废物目录》《非限制进口类可用作原料的固体废物目录》调入《禁止进口固体废物目录》，自 2019 年 12 月 31 日起执行。2018 年 12 月，生态环境部、商务部、发展改革委、海关总署联合印发《关于调整〈进口废物管理目录〉的公告》（公告 2018 年第 68 号），将废钢铁、铜废碎料、铝废碎料等 8 个品种固体废物从《非限制进口类可用作原料的固体废物目录》调入《限制进口类可用作原料的固体废物目录》，自 2019 年 7 月 1 日起执行。2018 年，生态环境部严格执行《固体废物进口管理办法》和《限制进口类可用作原料的固体废物环境保护管理规定》的有关要求，从严审批固体废物进口许可证，对近一年或两年内因相关违法行为受到行政处罚的企业，一律不予受理其固体废物进口申请。2018 年 6 月，海关总署、生态环境部联合印发《关于发布限定固体废物进口口岸的公告》（公告 2018 年第 79 号），限定固体废物进口口岸，将许可进口固体废物的口岸减少至 18 个。2018 年 12 月，生态环境部、海关总署联合印发《关于发布进口货物的固体废物属性鉴别程序的公告》（公告 2018 年第 70 号），进一步加强进口固体废物的环境管理，规范进口货物的固体废物属性鉴别工作，解决鉴别难等突出问题。2019 年 6 月 5 日，国务院常务会议通过了《中华人民共和国固体废物污染环境防治法（修订草案）》。

2. 废物进口环境保护管理暂行规定

为了加强对废物进口的环境管理，防止废物进口污染环境，《废物进口环境保护管理暂行规定》对在中华人民共和国领域内从事废物进口的活动及其环境进行监督管理。废物进口环境保护管理暂行规定主要内容如下。

① 禁止进口境外废物在境内倾倒、堆放、处置。

② 任何单位和个人都有权向环境保护行政主管部门、对外经济贸易主管部门、海关、进出口商品检验部门、工商行政管理部门和司法机关检举违法进口废物的单位。

③ 国家生态环境部对全国废物进口实施监督管理。地方各级人民政府环境保护行政主管部门依照本规定对本辖区内进口废物实施监督管理，并有权对从事进口废物经营活动的单位进行现场检查。

④ 国家生态环境部会同对外经济贸易部、海关总署制定、调整和发布《国家限制进口的可用作原料的废物目录》（见表 9-1）。

⑤ 国家进出口商品检验局会同国家生态环境部制定进口废物的强制检验的标准。

⑥ 对外经济贸易主管部门、海关、进出口商品检验部门和工商行政管理部门在各自的职责范围内，对进口废物及其经营活动实施监督管理。

3. 进口废物的环境管理程序

（1）审批程序

① 凡列入表 9-1 中的任何废物，必须经生态环境部审查批准，才可进口。凡未列入本规定的所有废物禁止进口。

② 申请进口表 9-1 中所列第六类废物中的 7204.1000、7204.2900、7204.3000、7204.4100、7204.4900 以及 7204.5000 号废物的，由废物进口单位或者废物利用单位直接向生态环境部提出废物进口申请，由生态环境部审批。

③ 申请进口表 9-1 中所列出的其他的废物，由废物进口单位或者废物利用单位向废物利用单位所在地市级人民政府生态环境行政主管部门（简称市级生态环境行政主管部门）提

出废物进口申请，经所在地市级生态环境行政主管部门和省、自治区、直辖市人民政府生态环境行政主管部门（简称省级生态环境行政主管部门）审查同意后，报国家生态环境部审批。

④ 申请进口废物作原料利用的单位必须是依法成立的企业法人并具有利用进口废物的能力和相应的污染防治设备。

⑤ 申请进口表 9-1 所列废物的单位或者利用废物的单位，必须提交如下申请材料：《进口废物申请书》《进口废物作原料利用环境风险报告书》或者《进口废物作原料利用环境风险报告表》。

⑥ 受理进口废物申请的环境保护行政主管部门应当在收到进口废物申请材料之日起 5 个工作日内，对进口废物申请分别做出如下处理：进口废物申请符合规定的，应予受理；进口废物申请不符合规定的，裁定不予受理，并告之理由；申请人未提交规定的申请材料之一的，应通知申请人限期补正。逾期未补正的，视为未申请。

此外，国家生态环境部要求对拟进口作原料利用的废物及其储存、运输和利用过程中的环境风险进行评价，编制《进口废物环境风险报告书》或填写《进口废物环境风险报告表》，报环境保护行政主管部门审查或报国家生态环境部审查。

废物利用单位必须按照《进口废物环境风险报告书》或者《进口废物环境风险报告表》的要求，防治进口废物污染环境。

进出口商品检验机构在对进口的废物进行检验的过程中发现可能污染环境的问题，应该及时通知和移交当地生态环境行政主管部门和海关依法处理。

从事表 9-1 所列第七类废物加工利用的单位，还必须是经国家生态环境部核定的废物定点加工利用单位。

表 9-1 限制进口的可用作原料的废物目录

序号	海关商品编号	废物名称	证书名称	适用环境保护控制标准
1	7204100000	铸铁废碎料	废钢铁	GB 16487.6
2	7204290000	其他合金钢废碎料	废钢铁	GB 16487.6
3	7204300000	镀锡钢铁废碎料	废钢铁	GB 16487.6
4	7204410000	机械加工中产生的钢铁废料(机械加工指车、刨、铣、磨、锯、锉、剪、冲加工)	废钢铁	GB 16487.6
5	7204490090	未列明钢铁废碎料	废钢铁	GB 16487.6
6	7204500000	供再熔的碎料钢铁锭	废钢铁	GB 16487.6
7	7404000090	其他铜废碎料	铜废碎料	GB 16487.7
8	7602000090	其他铝废碎料	铝废碎料	GB 16487.7

（2）处罚程序　凡违反规定将境外废物进境倾倒、堆放、处置，或者未经国家生态环境部批准，擅自进口废物用作原料的，将按照《中华人民共和国固体废物污染环境防治法》第七十八条处罚。处罚方式包括：将中华人民共和国境外的固体废物进境倾倒、堆放、处置的，进口属于禁止进口的固体废物或者未经许可擅自进口属于限制进口的固体废物用作原料的，由海关责令退运该固体废物，可以并处十万元以上一百万元以下的罚款；构成犯罪的，依法追究刑事责任。进口者不明的，由承运人承担退运该固体废物的责任，或者承担该固体废物的处置费用。逃避海关监管将中华人民共和国境外的固体废物运输进境，构成犯罪的，

依法追究刑事责任。

四、海岸工程及海洋工程建设项目环境管理

2017年11月4日，第十二届全国人民代表大会常务委员会第三十次会议决定，通过对《中华人民共和国海洋环境保护法》作出修订。修订后的《中华人民共和国海洋环境保护法》将第三十条第一款修改为："入海排污口位置的选择，应当根据海洋功能区划、海水动力条件和有关规定，经科学论证后，报设区的市级以上人民政府环境保护行政主管部门备案。"第二款修改为："环境保护行政主管部门应当在完成备案后十五个工作日内将入海排污口设置情况通报海洋、海事、渔业行政主管部门和军队环境保护部门。"第七十七条增加一款，作为第二款："海洋、海事、渔业行政主管部门和军队环境保护部门发现入海排污口设置违反本法第三十条第一款、第三款规定的，应当通报环境保护行政主管部门依照前款规定予以处罚。"

9-2《中华人民共和国海洋环境保护法》

1. 防治海岸工程建设项目对海洋环境的污染损害

《中华人民共和国海洋环境保护法》明确规定："新建、改建、扩建海岸工程建设项目，必须遵守国家有关建设项目环境保护管理的规定，并把防治污染所需资金纳入建设项目投资计划。在依法划定的海洋自然保护区、海滨风景名胜区、重要渔业水域及其他需要特别保护的区域，不得从事污染环境、破坏景观的海岸工程项目建设或者其他活动。"

(1) 海岸工程建设项目环境影响评价　海岸工程建设项目单位，必须对海洋环境进行科学调查，根据自然条件和社会条件，合理选址，编制环境影响报告书（表）。在建设项目开工前，将环境影响报告书（表）报环境保护行政主管部门审查批准。环境保护行政主管部门在批准环境影响报告书（表）之前，必须征求海洋、海事、渔业行政主管部门和军队环境保护部门的意见。

(2) 海岸工程建设项目的"三同时"要求　海岸工程建设项目的环境保护设施，必须与主体工程同时设计、同时施工、同时投产使用。环境保护设施应当符合经批准的环境影响评价报告书（表）的要求。

(3) 禁止性规定　禁止在沿海陆域内新建不具备有效治理措施的化学制浆造纸、化工、印染、制革、电镀、酿造、炼油、岸边冲滩拆船以及其他严重污染海洋环境的工业生产项目。

(4) 限制性规定　兴建海岸工程建设项目，必须采取有效措施，保护国家和地方重点保护的野生动植物及其生存环境和海洋水产资源。严格限制在海岸采挖砂石。露天开采海滨砂矿和从岸上打井开采海底矿产资源，必须采取有效措施，防止污染海洋环境。

2. 防治海洋工程建设项目对海洋环境的污染损害

(1) 海洋工程建设项目环境影响评价　海洋工程建设项目必须符合全国海洋主体功能区规划、海洋功能区划、海洋环境保护规划和国家有关环境保护标准。海洋工程建设项目单位应当对海洋环境进行科学调查，编制海洋环境影响报告书（表），并在建设项目开工前，报海洋行政主管部门审查批准。

海洋行政主管部门在批准海洋环境影响报告书（表）之前，必须征求海事、渔业行政主管部门和军队环境保护部门的意见。

(2) 海洋工程建设项目的"三同时"要求　海洋工程建设项目的环境保护设施，必须与

主体工程同时设计、同时施工、同时投产使用。环境保护设施未经海洋行政主管部门验收，或者经验收不合格的，建设项目不得投入生产或者使用。

拆除或者闲置环境保护设施，必须事先征得海洋行政主管部门的同意。

（3）禁止及限制性规定

① 海洋工程建设项目，不得使用含超标准放射性物质或者易溶出有毒有害物质的材料。

② 海洋工程建设项目需要爆破作业时，必须采取有效措施，保护海洋资源。

③ 海洋石油勘探开发及输油过程中，必须采取有效措施，避免溢油事故的发生。

④ 海洋石油钻井船、钻井平台和采油平台的含油污水和油性混合物，必须经过处理达标后排放；残油、废油必须予以回收，不得排放入海。经回收处理后排放的，其含油量不得超过国家规定的标准。

⑤ 钻井所使用的油基泥浆和其他有毒复合泥浆不得排放入海。水基泥浆和无毒复合泥浆及钻屑的排放，必须符合国家有关规定。

⑥ 海洋石油钻井船、钻井平台和采油平台及其有关海上设施，不得向海域处置含油的工业垃圾。处置其他工业垃圾，不得造成海洋环境污染。

⑦ 海上试油时，应当确保油气充分燃烧，油和油性混合物不得排放入海。

第二节　工业企业环境管理

一、工业企业环境管理概述

工业污染是当今环境问题的重要组成部分，防治工业污染始终是污染防治工作的重点。由于中国目前大部分工业企业普遍存在着资源、能源利用率低、生产浪费严重的现象，因此，以合理利用能源和资源为中心，结合企业技术改造，通过强化工业企业环境管理解决中国工业污染问题是一条具有中国特色的工业污染的防治途径。

二、工业企业环境管理的内容

工业企业环境管理是建立在生态规律、社会主义经济规律和其他规律基础上的。它是企业管理的有机组成部分，是与企业的计划管理、劳动管理、生产管理、技术管理和财务管理等专业管理同等重要的一项专业管理。

企业环境管理是以企业生产系统为主要对象，从而为生产系统和生态系统服务。环境管理与企业计划管理、技术管理、生产管理等系统一样，都必须按照经济规律和生态规律来正确处理生产发展与生态平衡的关系。就一个企业而言，环境管理从基本建设开始即应着手进行环境效益的可行性研究、环境影响评价、合理布局、环境保护、初步设计、环境保护设施建设管理、废弃物的资源化、污染的防治、环境质量的监测等，从工程投入生产到正常运行都需要进行管理。此外，企业还应在生产、技术、财务等长远规划和年度计划的编制、执行以及日常生产、生活管理、绿化等一系列活动中考虑生态的影响，按照经济发展规律和生态规律办事。

工业企业的环境管理是企业管理的一个重要组成部分，也是国家环境管理的主要内容之一，因此，企业的环境保护是一项同发展生产同样重要的工作。随着中国经济改革的深入，在工业企业中重视和提倡全过程的环境管理是与企业现代化的要求完全一致的。

工业企业环境管理有两个方面的含义：①是企业作为管理的主体对企业内部自身进行管

理；②是企业作为管理的对象而被其他管理主体如政府职能部门所管理。这两种含义或两方面的内容之间有着十分密切的内在联系。做到了前一方面的要求，才可能符合后一方面的要求；只有明确后一种要求，才能对前一方面的工作加以推动。

因此，工业企业环境管理的科学含义可以概括为：企业在宏观经济的指导下，运用行政、教育、立法、经济和技术等手段，对企业生产建设活动的全过程进行综合控制，达到生产与环境协调发展、同步前进，既发展生产、又创造一个良好的环境质量的目的。

1. 工业企业管理

工业企业管理是指在一定的生产方式下，企业管理系统按照客观规律，运用各种科学方法，对企业人、财、物、信息等进行优化组合和合理地计划、组织、指挥、协调、控制，为实现企业总目标而领导各种生产经营活动的全过程。工业企业管理是一个完整的系统，它是围绕企业总目标服务的，主体的专业管理是生产、经营过程的管理，主要包括产品设计、制造和销售管理。而其他专业管理如原材料、劳动力、能源、维修以及环境保护、劳动保护、安全等都是为生产、经营服务的。

当前，工业企业管理正面临着从狭义到广义、从单纯生产型到综合的生产经营型变革的过程。管理的范围和内容不仅仅只局限于从原料进厂到产品出厂的生产过程，而且进一步开拓了从工业产品产前管理到工业产品产后管理等更广阔的管理领域。

2. 工业企业环境管理

工业企业的生产、技术和经济活动，要从环境取得资源和能源。向环境输出废物（排污），与环境的自然循环结合在一起，形成整个环境循环，构成以工业生产活动为主体的人工生态系统，如图 9-2 所示。

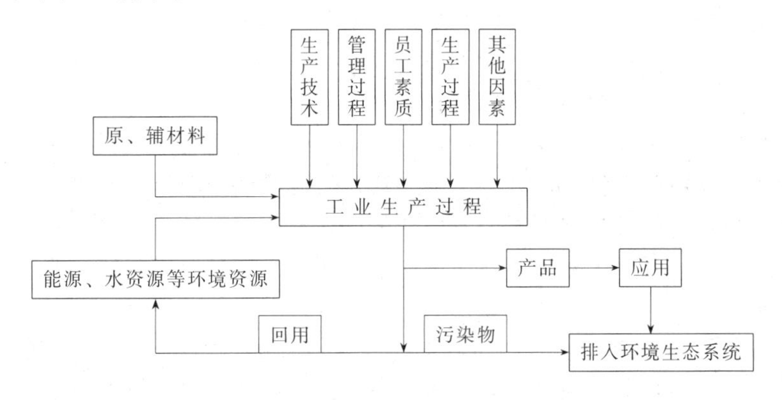

图 9-2　工业生产活动为主体的人工生态系统

从图 9-2 中可清楚看出工业企业环境管理的研究对象和任务。首先，工业生产过程向环境输出污染物，消耗环境资源的质量。如果超过了生态系统的调节能力，超出了环境容量，就必然会造成环境的物理、化学及生物特征发生不良变化，这不但会损害人体健康，而且会造成环境资源质量变坏和量的减少，破坏生态平衡。反过来，就会影响到工业企业生产过程由环境输入资源、能源，甚至由于资源、能源的枯竭或变坏而使这一过程无法进行。这就需要以企业环境管理来协调发展生产与保护环境的关系。其次，在整个环境循环过程中，物质和能量的流动（物质流、能量流）是有规律的，其中既有环境的自然循环流动，也有工业生产活动的人工流动。只有正确处理生产与生态的关系，才能将生产过程的副作用减少到最低限度，防止自然资源衰退，使它能够进一步作为维持和发展经济的基础。其三，工业企业环境是改变了自然特征的人工环境，由于人口集中，人类的社会活动以生产经营活动为主。人与环境系统所构成的这种人工生态系统资源、能源消耗量大，各类物质的循环比原有的自然循环要大很多倍，这些都大大改变了原来自然生态系统的结构和功能。目标不是去阻止这种改变或是不发展生产，而是以生态系统的理论研究为指导，建立一个调节能力强、不易遭受破坏的且能不断发展的新的人工生态系统。

工业企业环境管理的范围不仅仅只包括自己的生产区、生活区（厂内环境），还应包括受到企业影响的周围的自然和社会环境（厂外环境）。

工业企业环境管理也是地区环境管理的基础。加强工业企业环境管理是保证区域环境质量的先决条件。工业企业环境管理的工作主要有七条。

① 协调发展生产与保护环境的关系，制定环境保护规划，促进经济发展，不断改善环境质量，建设清洁、良好的生产和生活环境。

② 贯彻执行国家和地方的环境保护方针、政策及各项规定，建立和督促执行本企业的环保管理制度。

③ 进行环境监测，掌握企业污染状况，对环境质量进行监督，分析和整理监测数据，及时向有关领导及部门通报有关监测数据，对污染事故进行调查，提出处理意见。

④ 充分利用资源与能源，做好“三废”综合利用。

⑤ 采取综合措施防治污染，使企业产生的污染影响符合地区的环保要求。

⑥ 组织开展环境保护技术研究。

⑦ 搞好环境保护的宣传和教育工作。

3. 工业企业环境目标的实现

企业的环境管理是企业全面管理的一个组成部分，具体任务是制定企业环境规划和年度计划，并纳入企业的规划和计划中；检查环境计划执行情况；协调环保计划在执行中各部门之间的工作关系，使发展生产和环境保护相适应。

企业的环境目标是企业环境保护工作在一定时期内的行动目标。根据这个目标，要制定环境规划和逐步的环境工作计划，动员全企业的人员为达到这个目标而努力。

企业的环境目标一般是根据国家环境标准和地区及部门对环境质量的要求制定的。有的地区对企业的要求有时高于国家标准，这是根据地区的具体情况确定的。要按照各地水文气象条件、工业布局、政治和社会要求等方面因素来考虑企业的环境目标。一些企业尚未达到国家或地方规定的环境标准，那么，就应以达到排放标准为目标，力争在较短的时间内实现。已达到排放标准的企业，则可以对照国内外同类先进企业的环境保护水平，提出减少污染物排放的目标，使企业的环境质量进一步改善。

企业的环境污染主要是由生产过程中产生的，因此，特别是要做好以下四个方面工作。

(1) 研究企业环境污染防治的技术对策　落实国家和地区的环境技术政策，贯彻执行国家和地区的环境标准，制定企业实现环境目标的技术方案。

(2) 对设备修理和改造的设计管理　必须对企业现有的生产设备的大、中修理，技术措施和技术改造设计严格地进行环境管理，特别要从以下几方面进行检查。

① 生产流程是否可以避免或减少污染物排放，能否设法做到污染物的载体为闭路循环，设备的大修改造和更新方案是否把减轻或消除污染作为内容之一。

② 工艺和设备对资源和能源的利用率是否达到了先进水平，使污染物减少排放，废弃物能否有更合理利用的途径。

③ 污染治理装置的净化效率能否达到排放标准，环保设备是否达到技术可行、经济合理，该设备净化处理后的污染物是否妥善处理而不致造成新的污染。

④ 排出的污染物要有综合利用措施，暂时不能利用的也必须经过无害化处理。

⑤ 工艺和设备修理，改造方案设计的环境管理主要由该项工程负责人负责，审查时要有企业环保部门参加，重点工程还要征得当地环保管理部门同意。

⑥ 产品质量升级是企业技术水平提高的反映，但是产品升级必须依靠科学技术进步。从环境管理上要求产品升级要和节约资源、控制污染联系起来，做到产品升级污染减少。

（3）将环保要求纳入各项技术规程

① 从环境保护的角度完善技术规程，技术规程是工业企业生产的技术法规，一切生产活动都应按照技术规程进行。技术规程包括操作规程、工艺规程、产品标准等。企业的生产活动要在生产过程中防止发生污染，就要使环境管理全面渗透在各项技术规程中。

② 修订不合理的操作规程，生产加工的程序和工人操作方法是否合理，往往对产生污染有很大影响。有时无需在工艺上作很大变动，只要把生产操作方法做些调整就可以减少污染物。例如，造纸厂生产纸浆的沉砂沟，为了保证纸的质量，每周要停机清洗两次，过去操作规程规定沉砂沟与纸机同时停车，这样沟里有很多好浆没有加工成纸张，就与沉砂一起被水冲入下水道排掉了，浪费了原料、污染了水体。如果修改操作方法，改为沉砂沟比纸机提前半小时停车，可以减少纸浆流失，提高了经济效益，也减少污染物。

③ 改革工艺和产品结构，综合利用资源和废弃物质资源化、无害化，采用适合本企业的环保监测技术。

（4）对新技术研究及技术引进的管理　首先，对老企业进行技术改造提高生产能力，是中国发展生产的方针政策，大批现有企业要通过技术改造实现现代化，因此，新工艺、新设备、新技术的研究将迅速发展，为了使这些研究成果在应用中提高企业经济效益，又能充分利用资源，提高资源转化率、减轻和消除污染。在研究中就应该把消除污染的研究与工艺技术装备改革同步进行，企业应明确规定，有污染而没有污染防治措施的科研项目，不得在生产中采用。另外，中国引进了不少新技术、新设备、新工艺，这些引进项目将加速提高中国的技术水平，但是如果不加强管理也有可能带来环境的污染。凡引进技术和装备，必须选用少污染甚至无污染的工艺技术装备和原料路线，对配套的污染物净化装备，凡国内在技术上、制造工艺没有解决的，要随主体工程同时引进，国内配套部分的污染物净化设施的技术水平，要与引进设施相匹配。成套引进的项目，排放标准应有严格的要求，一般应高于国内装备水平。

研究无污染工艺还可以从三方面来考虑。一是从生产所需用的原材料的结构和性质上；二是从生产加工的方法、工序和设备上；三是从生产的产品性能上去采取改进措施。

企业的环境质量管理是对本企业污染物排放而造成的环境影响加以控制和防止的管理工作。主要任务有包括通过组织环境评价（现状评价或影响评价），掌握企业的环境质量状况；组织进行环境监测，了解企业的环境质量动态，建立环境监测档案、环保技术档案和环保情报管理，组织编写《企业环境质量报告书》。

三、工业企业环境管理的体制

工业企业环境管理具有综合性与专业性强的特点，因此应该在企业内部建立起强有力的环境管理体系，才能有效地完成企业环境保护的任务，才能使企业符合现代化的要求。在企业内部建立起全套从领导、职能科室到基层单位的管理体系，在污染预防与治理，资源节约与再生，环境设计与改进，制定各种规定、标准、制度甚至操作规程。在遵守政府的有关法律法规等方面，建立相应的监督检查制度，以保证环境保护工作在企业生产经营的各个环节中得到执行。

企业环境管理机构的职能与职责如下。

1. 企业的法人

世界上许多国家早已明确规定：企业的法人是公害防治的法定责任者。工业企业既是生产单位，又应是工业污染的防治单位，这是同一过程的两个方面。法人不仅对企业生产发展负领导责任，同时也必须对企业的环境保护负领导责任，对提高企业的环境质量负领导责任。近年来，国务院的一些工业部门所颁布的环境保护条例中都明确规定法人在环境保护方面对国家应负的法律责任。企业的最高管理者在阐明企业的环境价值观，宣传对环境方针的承诺，以及树立企业环境意识，对员工进行激励等方面具有关键性的作用。

企业的最高管理层的高度重视和强有力的领导是企业实施环境管理的保障，也是取得成功的关键。在环境管理中，领导作用不能很好地发挥有两个主要表现：一是领导不能很好地了解环境问题，无法在这方面作出决策判断，只是把这一工作交给某个部门去做，这样的工作往往会发生较大的偏离；二是领导不力，不能较好地协调各部门的管理，使环境管理工作障碍很大，往往中途失败。一旦造成环境问题，其后果是严重的，也是无法挽回的。

2. 企业环境管理职能部门

企业环境管理机构如环保处、环保科等是企业环境管理工作的职能部门，主要的工作任务如下。

① 督促、检查本企业执行国家环境保护方针、政策、法规。

② 按照国家和地区的规定制定本企业污染物排放指标和环境管理办法。

③ 组织污染源调查和环境监测，检查企业环境质量状况及发展趋势，监督全厂环境保护设施的运行与污染物排放。

④ 负责企业清洁生产的筹划、组织与推动。

⑤ 会同有关单位做好环境预测，负责本企业污染事故的调查与处理，制定企业环境保护长远规划和年度计划，并督促实施。

⑥ 会同有关部门组织和开展企业环境科研以及环境保护技术情报的交流，推广国内外先进的污染防治技术和经验。

⑦ 开展环境教育活动，普及环境科学知识，提高企业员工环境意识。

3. 岗位管理

环境管理是一项管理工作，但并不意味着管理工作只是管理层的事。员工参与管理若能很好地把握，对管理是很有帮助的。在企业环境管理中发现，有时管理者并不与员工有效沟通，只是对员工下命令，所以员工对命令的不理解甚至抵触，有时使命令得不到有效执行。当命令得不到有效执行时，管理者一般愿意把它归结为员工素质低，造成这一问题不能解决。

应该看到，在工业企业各项管理中，环境管理具有突出的综合性、全过程性及专业性等特点，因此它必须渗透到企业各项管理之中。只有这样，企业环境管理才能得到真正地实现。工业企业环境管理的基础在基层，这就要求把企业环境管理落实到车间与岗位，建立厂部、车间及班组的企业环境管理网络，明确相应的管理人员及职责，使企业环境管理在厂长（经理）的领导下，通过企业自上而下的分级管理，得到有力、有效的保证。

第三节　工业企业环境管理的途径与方法

一、环境管理体系的建立

作为管理主体的工业企业的环境管理，指的是对企业自身内部实施环境管理。其主要内容包括：一是建立起企业内部的环境管理规章制度体系；二是对生产过程产生的废弃物进行环境管理；三是以产品为龙头，从产品形成、产品包装运输、产品消费以及消费后的最终出路的全过程进行环境管理。

1. 企业内部建立环境管理体系的目的

企业内部的环境管理体系是企业环境管理行为的系统、完整、规范的表达方式，它有利于高效、合理地系统调控企业的环境行为，有利于企业实现对社会的环境承诺；保证环境承诺和环境行为活动所需的资源投放；通过循环反馈，保持企业环境管理体系的动态提高。

2. 企业内部环境管理体系的基本模式——环境管理国际标准（ISO 14000 系列）

ISO 14000 系列标准的初衷是通过规范全球工业、商业、政府、非营利组织和其他用户的环境行为，改善人类环境，促进世界贸易和经济的持续发展。ISO 14000 系列主要包括环境管理体系及环境审核、环境标志、生命周期评价三大部分。ISO 14000 系列标准的提出和实施，为环境管理体系的认证提供了合适的规范，使企业环境管理更加规范有序，同时也为企业国际交往提供了共同语言。

2015 年修订颁布的 ISO 14001（环境管理体系要求与使用指南）明确了“一个组织可以通过展示对本标准的成功实施，使相关方确信它已建立了妥善的环境管理体系”，因此，ISO 14001 不仅可以用作认证的规范，也可以直接用于指导一个组织或企业建立、实施和完善有效的环境管理体系。

3. 按照 ISO 14001 标准建立环境管理体系

按照 ISO 14001 标准建立的环境管理体系要满足下列要求，环境管理体系是全部管理体系的一个组成部分，包括为制定、实施、实现、评审和保持环境方针所需的组织机构、规划活动、职责、惯例、程序、过程和资源、环境管理体系原则和要求的环境管理体系运行模式。环境管理体系围绕环境方针的要求展开环境管理，管理的内容包括制定环境方针、实施并实现环境方针所要求的相关内容、对环境方针的实施情况与实现程度进行评审并予以保持等。这一环境管理体系模式遵循了传统的 PDCA 管理模式：规划（plan）、实施（do）、检查（check）和改进（action），并根据环境管理的特点及持续改进的要求，将环境管理体系分为五部分，完成各自相应的功能。

（1）环境方针　环境方针是组织环境管理的宗旨与核心，由组织的最高管理者制定，并以文件的方式表述出环境管理的意图与原则。

（2）规划　从组织环境管理现状出发，明确管理重点，识别并评价出重要环境因素；准确获取组织适用的法律与其他要求；根据组织所确定的重要环境因素和技术经济条件，确定组织的环境目标和指标要求；并提出明确的环境管理方案。

（3）实施与运行　明确组织各职能与层次的机构与职责，任命环境管理代表；实施必要的培训，提高员工环境保护意识和工作技能；及时有效地沟通和交流有关环境因素和环境管理体系的信息，注重相关方所关注的环境问题；形成环境管理体系文件并纳入严格的文件管理；确保与重大因素有关运行与活动均能按文件规定的要求进行，使组织的各类环境因素得到有效控制；对于潜在的紧急事件和事故采取有效的预防措施和应急响应。

(4) 检查和纠正措施　对有重大环境影响的活动与运行的关键特性进行监测，及时发现问题并及时采取纠正与预防措施解决问题；环境管理活动应有相应的记录以追溯环境管理体系实施与运行。组织还要定期进行环境管理体系的内部审核，从整体上了解组织环境管理体系的实施情况，判断其有效性和对本标准的符合性。

(5) 管理评审　由组织的最高管理者进行的评审活动，以在组织内外部变化的条件下确保环境管理体系的持续适用性、有效性和充分性。支持组织实现持续改进，持续满足ISO 14001标准的要求。环境管理体系强调持续改进，因此，上述循环过程是一个开环系统，通过管理评审等手段提出新一轮要求与目标，实现环境绩效的改进与提高。

二、控制污染物流失的方法

控制工业污染物的流失是企业环境管理的主要任务，将清洁生产技术应用于工业生产的各个单元操作中，首先需要对生产全过程进行认真的分析，几种常用的分析方法如下。

1. PDCA 循环法

PDCA 方法是工业企业开展全面环境质量管理的基本工作程序，它的整个工作过程充分体现了生产管理与环境管理的融合和统一。运用 PDCA 方法来控制工业生产过程中污染物流失，是防治工业污染的一种有效的科学工作方法。

PDCA 循环包括四阶段和八步骤（见表 9-2）。

表 9-2　PDCA 循环过程、步骤与方法

代号	序号	步骤	方法
P	1	找出存在问题	排列图 直方图 控制图
	2	分析存在问题的原因	因果分析图
	3	找出影响大的1个或几个原因	排列图 相关图
	4	研究对策 制定计划	对症下药地制定并采取措施以求解问题
D	5	执行计划、执行措施	按计划执行完成措施
C	6	检查效果	排列图 直方图 控制图
A	7	巩固措施	标准化制定或修改作业标准，检查标准及各种规程
	8	遗留问题处理	反映到下一轮计划(从P开始)

① 四个阶段为：P计划、D执行、C检查、A处理。

② 八个步骤为：P阶段找出问题、分析原因、找出主要原因、制定措施计划；D阶段执行措施、计划；C阶段检查效果；A阶段巩固措施、遗留问题处理。

2. 污染物流失总量控制法

(1) 有毒物品种类的确定　按产品制定污染物控制标准，首先要确定控制哪些化学产品，控制哪些污染物（有害的）的排放。主要考虑以下几个方面。

① 国家颁布的环境标准中要求控制的有害物质，地区要求控制的有害物质，厂区特殊需要控制的有害物品类。

② 毒性大、危害大的物品类。

③ 量大、面广、危害大的物品类。

④ 列入的物品类一般应是可以监测、考核的。

(2) 控制指标的确定　如何按产品确定控制标准是个复杂的过程，既要从行业的技术水平和管理水平出发，又要考虑到地区的环境质量要求。可以采取的方法如下。

① 调查测算某产品的污染物流失总量，监测计算与物料衡算相结合。最好是组织同行业统一选点调查，选择2～3个生产正常、设备管理较好、监测力量较强的企业，进行集中测定。

② 进行流失量剖析，按流失原因分类统计。例如，由于管理不善造成的流失；由于设备生产能力不平衡或设备陈旧落后、维修不好造成的流失；需采取重大技术措施净化处理的。

③ 按平均先进的原则，确定流失总量，第一步要求控制在60%～70%。

④ 控制指标确定后，由生产主管部门统一下达，与生产指标统一考核。

3. 主要污染物追踪分析法

(1) 污染源调查　结合地区的环境污染状况对本企业的污染源进行评价，确定主要污染源和主要污染物；作出污染源分布图；查明主要污染物排放口。

(2) 进行污染工艺剖析，分析污染物流失原因　通过物料衡算，查清主要污染物的分布，通过对主要污染物追踪分析，确定出主要排放点及流失途径。

(3) 根据环境目标确定本企业的污染控制指标　根据计算算出应削减的主要污染物排放量和已查明的主要排放点及流失途径，提出综合防治措施。

(4) 按企业的控制指标确定　分配给企业的控制指标是“等标污染负荷的削减量”，而削减量的分配和防治方案的组合都要运用系统分析的方法进行优化。

三、清洁生产的实现

1. 清洁生产的意义与目标

(1) 清洁生产的概念　清洁生产是一种全新的发展战略，它借助于各种相关理论和技术，在产品的整个生命周期的各个环节采取“预防”措施，通过将生产技术、生产过程、经营管理及产品等方面与物流、能量、信息等要素有机结合起来，并优化运行方式，从而实现最小的环境影响、最少的资源、能源使用，最佳的管理模式以及最优化的经济增长水平。清洁生产是一种新的创造性的思想，该思想将整体预防的环境战略持续应用于生产过程、产品和服务中，以增加生态效率和减少人类及环境的风险。对生产过程，要求节约原材料和能源，淘汰有毒原材料，减少所有废弃物的数量和降低其毒性。对产品，要求减少从原材料提炼到产品最终处置的全生命周期的不利影响。对服务，要求将环境因素纳入设计和所提供的服务中。更重要的是，它将环境作为经济的载体，良好的环境可更好地支撑经济的发展，并为社会经济活动提供所必需的资源和能源，从而实现经济的可持续发展。

联合国环境规划署与环境规划中心（UNEPIE/PAC）对“清洁生产”这一术语给出了以下定义：“清洁生产是指将综合预防的环境策略持续地应用于生产过程和产品中，以便减少对人类和环境的风险性的生产过程而言，清洁生产包括节约原材料和能源，淘汰有毒原材料并在全部排放物和废物离开生产过程以前减少它的数量和毒性。对产品而言，清洁生产策略旨在减少产品在整个生产周期过程（包括从原料提炼到产品的最终处置）中对人类和环境的影响。清洁生产不包括末端治理技术，如大气污染控制、废水处理、固体废物焚烧或填埋，清洁生产通过应用专门技术，改进工艺技术和改变管理态度来实现。”

（2）清洁生产的目的和意义　一些发达国家在20世纪60年代和70年代初，由于经济快速发展，忽视对工业污染的防治，致使环境污染问题日益严重。公害事件不断发生，如日本的水俣病事件，对人体健康造成极大危害，生态环境受到严重破坏，社会反应非常强烈。环境问题逐渐引起各国政府的极大关注，并采取了相应的环保措施和对策。例如，增大环保投资、建设污染控制和处理设施、制定污染物排放标准、实行环境立法等，以控制和改善环境污染问题，取得了一定的成绩。但是通过多年的实践发现：这种仅着眼于控制排污口（末端），使排放的污染物通过治理达标排放的办法，虽在一定时期内或在局部地区起到一定的作用，但并未从根本上解决工业污染问题。其原因如下。

① 随着生产的发展和产品品种的不断增加，以及人们环境意识的提高，对工业生产所排污染物的种类检测越来越多，规定控制的污染物（特别是有毒有害污染物）的排放标准也越来越严格，从而对污染治理与控制的要求也越来越高，为达到排放的要求，企业要花费大量的资金，大大提高了治理费用，即使如此，一些要求还难以达到。

② 由于污染治理技术有限，治理污染实质上很难达到彻底消除污染的目的。因为一般末端治理污染的办法是先通过必要的预处理，再进行生化处理后排放。而有些污染物是不能生物降解的污染物，只是稀释排放，不仅污染环境，甚至有的治理不当还会造成二次污染；有的治理只是将污染物转移，废气变废水，废水变废渣，废渣堆放填埋，污染土壤和地下水，形成恶性循环，破坏生态环境。

③ 只着眼于末端处理的办法，不仅需要投资，而且使一些可以回收的资源（包含未反应的原料）得不到有效的回收利用而流失，致使企业原材料消耗增高，产品成本增加，经济效益下降，从而影响企业治理污染的积极性和主动性。

④ 实践证明：预防优于治理。从经济上计算，在污染前采取防治对策比在污染后采取措施治理更为节省。例如对硫氧化物造成的大气污染而言，排放后不采取对策所产生的受害金额至少是现在预防这种危害所需费用的10倍。

发达国家通过治理污染的实践，逐步认识到防治工业污染不能只依靠治理排污口（末端）的污染，要从根本上解决工业污染问题，必须“预防为主”，将污染物消除在生产过程之中，实行工业生产全过程控制。20世纪70年代末期以来，不少发达国家的政府和各大企业集团（公司）都纷纷研究开发和采用清洁工艺（少废无废技术），开辟污染预防的新途径，把推行清洁生产作为经济和环境协调发展的一项战略措施。

开展清洁生产具有重要的意义：它是实现可持续发展战略的需要，是工业生产实现可持续发展的唯一途径，是控制环境污染的有效手段。清洁生产彻底改变了过去被动的、滞后的污染控制手段，强调在污染产生之前就予以削减，即在产品及其生产过程并在服务中减少污染物的产生和对环境的不利影响。开展清洁生产可大大减轻末端治理的负担，从根本上扬弃了末端治理的弊端，它通过生产全过程控制，减少甚至消除污染物的产生和排放。这样，不仅可以减少末端治理设施的建设投资，也减少了其日常运转费用，大大减轻了工业企业的负担。开展清洁生产是提高企业市场竞争力的最佳途径，提高企业的市场竞争力，是企业的根本要求和最终归宿。开展清洁生产的本质在于实行污染预防和全过程控制，它将给企业带来不可估量的经济、社会和环境效益。

清洁生产是一个系统工程，一方面它提倡通过工艺改造、设备更新、废弃物回收利用等途径，实现“节能、降耗、减污、增效”，从而降低生产成本，提高企业的综合效益；另一方面它强调提高企业的管理水平，提高包括管理人员、工程技术人员、操作工人在内的所有员工在经济观念、环境意识、参与管理意识、技术水平、职业道德等方面的素质。同时，清洁生产还可有效改善操作工人的劳动环境和操作条件，减轻生产过程对员工健康的影响，为企业树立良好的社会形象，促使公众对其产品的支持，提高企业的市场竞争力。

（3）清洁生产的原则　清洁生产是从全方位、多角度的途径去实现“清洁的生产”的，与末端治理相比，它具有十分丰富的内涵，清洁生产的原则主要表现在以下几点。

① 用无污染、少污染的产品替代毒性大、污染重的产品。

② 用无污染、少污染的能源和原材料替代毒性大、污染重的能源和原材料。

③ 用消耗少、效率高、无污染、少污染的工艺、设备替代消耗高、效率低、产污量大、污染重的工艺、设备。

④ 最大限度地利用能源和原材料，实现物料最大限度的厂内循环。

⑤ 强化企业管理，减少“跑、冒、滴、漏”和物料流失。

⑥ 对必须排放的污染物，采用低费用、高效能的净化处理设备和“三废”综合利用的措施进行最终的处理和处置。

清洁生产除强调“预防”外，还体现了以下两层含义：第一，可持续性，清洁生产是一个相对的、不断的持续进行的过程；第二，防止污染物转移，将气、水、土地等环境介质作为一个整体，避免末端治理中污染物在不同介质之间进行转移。清洁生产最大的生命力在于可取得环境效益和经济效益的“双赢”，它是实现经济与环境协调发展的唯一途径。

2. 清洁生产的审计

（1）清洁生产的审计的概念　组织清洁生产审计是一种对污染来源、废物产生原因及其整体解决方案的系统化的分析和实施过程，其目的旨在通过实行预防污染分析和评估，寻找尽可能高效率利用资源（如原辅材料、能源、水等），减少或消除废物的产生和排放的方法，是组织实行清洁生产的重要前提，也是组织实施清洁生产的关键和核心。持续的清洁生产审计活动会不断产生各种的清洁生产方案，有利于组织在生产和服务过程中逐步的实施，从而使其环境绩效实现持续改进。

通过清洁生产审计，达到的目的包括以下内容。

① 核对有关单元操作、原材料、产品、用水、能源和废物的资料；

② 确定废物的来源、数量以及类型，确定废物削减的目标，制定经济有效的削减废物产生的对策；

③ 提高企业对由削减废弃物获得效益的认识和知识；

④ 判定企业效率低下的瓶颈部位和管理不善的地方；

⑤ 提高企业经济效益、产品和服务的质量。

（2）清洁生产的审计工作原则　组织实施清洁生产审计的最终目的是减少污染，保护环境，节约资源，降低费用，增强组织和全社会的福利。清洁生产审计对象是企业，其目的有两个：一是判定出企业中不符合清洁生产的方面和做法；二是提出方案并解决这些问题，从而实现清洁生产。清洁生产审计适用于第一、第二、第三产业和所有类型企业。

清洁生产审计首先是对企业现在的和计划进行的产品生产和服务实行预防污染的分

析和评估。在实行预防污染分析和评估的过程中，制定并实施减少能源、资源和原材料使用，消除或减少产品和生产过程中有毒物质的使用，减少各种废弃物排放的数量及其毒性的方案。

① 废弃物在哪里产生　通过现场调查和物料平衡找出废弃物的产生部位并确定产生量。

② 为什么会产生废弃物　这要求分析产品生产过程中的每个环节。

③ 如何消除这些废弃物　针对每一个废弃物产生的原因，设计相应的清洁生产方案，包括无/低费方案和中/高费方案，方案可以是一个、几个甚至几十个，通过实验这些清洁生产方案来消除这些废弃物产生的原因，从而达到减少废弃物产生的目的。

对废弃物的产生原因分析要针对八个方面进行：①原辅材料和能源；②技术工艺；③设备；④过程控制；⑤产品；⑥管理；⑦员工；⑧废物。

清洁生产审计的一个重要内容就是通过提高能源、资源利用效率，减少废物产生量，达到环境与经济“双赢”目的。

(3) 清洁生产的审计对象和程序　组织实施清洁生产审计是推行清洁生产的重要组成和有效途径。基于中国清洁生产审计示范项目的经验，并根据国外有关废物最小化评价和废物排放审计方法与实施的经验，国家清洁生产中心开发了中国的清洁生产审计程序，包括 7 个阶段、35 个步骤（见图 9-3）。

3. 清洁生产与末端治理的比较

清洁生产是关于产品和产品生产过程的一种新的、持续的、创造性的思维，它是指对产品和生产过程持续运用整体预防的环境保护战略。清洁生产是要引起研究开发者、生产者、消费者也就是全社会对于工业产品生产及使用全过程对环境影响的关注。使污染物产生量、流失量和治理量达到最小，资源充分利用，这是一种积极、主动的态度。而末端治理把环境责任只放在环保研究、管理等人员身上，仅仅把注意力集中在对生产过程中已经产生的污染物的处理上。具体对企业来说只有环保部门来处理这一问题，所以总是处于一种被动的、消极的地位。侧重末端治理的主要问题表现如下。

(1) 污染控制与生产过程控制没有密切结合起来，资源和能源不能在生产过程中得到充分利用　任何生产过程中排出的污染物实际上都是物料，如农药、染料生产收率都比较低，这不仅对环境产生极大的威胁，同时也严重地浪费了资源。国外农药生产的收率一般为70%，而中国只有50%～60%，因此改进生产工艺及控制，提高产品的收率，可以大大削减污染物的产生，不但增加了经济效益，与此同时也减轻了末端治理的负担。又如硫酸生产中，如果认真控制硫铁矿焙烧过程的工艺条件，使烧出率提高 0.1%，对于 1×10^5 t/a 的硫酸厂就意味着每年由烧渣中少排放 100t 硫，多烧出 100t 硫，又可多生产约 300t 硫酸。因此污染控制应该密切地与生产过程控制相结合。

(2) 污染物产生后再进行处理，处理设施基建投资大，运行费用高　“三废”处理与处置往往只有环境效益而无明显的经济效益，因而往往给企业带来沉重的经济负担，使企业难以承受。目前各企业投入的环保资金除部分用于预处理的物料回收、资源综合利用等项目外，大量的投资用来进行污水处理场等项目的建设。由于没有抓住生产全过程控制和源削减，生产过程中污染物产生量很大，所以需要污染治理的投资很大，而维持处理设施的运行费用也非常可观。几个化工废水处理厂投资及运行费用见表 9-3。

图 9-3 清洁生产审计程序

表 9-3 几个化工废水处理厂的投资及运行费用

废水处理厂名称	处理水量/(t/h)	基建投资/万元	运行费用/(万元/年)	备 注
吉化公司废水处理厂一期	8000	7000	2500	1980 年投产
二期(增加脱 N 工艺)	10000	20000～25000		
太原化学工业公司	2500	5000	1000	

续表

废水处理厂名称	处理水量/(t/h)	基建投资/万元	运行费用/(万元/年)	备 注
锦西化工总厂	700	2560	450	缴纳交排污费300万元/年
燕化公司乙烯废水处理厂	2500	15000		
西区,化工废水厂	2200		5000	
北京染料厂	300	1200	300	

由表9-3可见，根据废水水质、处理工艺流程及基础设施情况不同，处理1t水时需要基建投资2万～6万元。据统计：处理1t化工废水需要1～4元，而去除1kg COD则往往需要2～6元。目前许多企业由于种种原因，使物料流失严重，提高了物耗和产品成本，已经造成经济损失，而流失到环境中的物料还需要很高的费用去处理、处置。使企业受到双重的经济负担。

(3) 污染治理技术的局限性 如废渣堆存可能引起地下水污染，废物焚烧会产生有害气体，废水处理产生含重金属污泥及活性污泥等，都会对环境带来二次污染。

但是末端治理与清洁生产两者并非互不相容，工业生产无法完全避免污染的产生，最先进的生产工艺也不能避免产生污染物。因此，清洁生产和末端治理永远长期并存。清洁生产与末端治理的比较见表9-4。只有共同努力，实施生产全过程和治理污染过程的双控制才能保证环境最终目标的实现。

表9-4 清洁生产与末端治理的比较

比较项目	清洁生产系统	末端治理(不含综合利用)
思考方法	污染物消除在生产过程中	污染物产生后再处理
产生时代	20世纪80年代末期	20世纪70～80年代
控制过程	生产全过程控制,产品生命周期全过程控制	污染物达标排放控制
控制效果	比较稳定	受产污量影响处理效果
产污量	明显减少	间接可推动减少
排污量	减少	减少
资源利用率	增加	无显著变化
资源耗用	减少	增加(治理污染消耗)
产品产量	增加	无显著变化
产品成本	降低	增加(治理污染费用)
经济效益	增加	减少(用于治理污染)
治理污染费用	减少	随排放标准严格,费用增加
污染转移	无	有可能
目标对象	全社会	企业及周围环境

四、产品生命周期分析

1. 产品生命周期分析的概念

(1) 产品生命周期分析定义 产品的生命周期分析（LCA），又称产品生命周期环境影响评价，主要考虑在产品生命周期的各个阶段对环境所造成的干预和影响。借助于它可以阐明在产品的整个生命周期中各个阶段对环境干预的性质和影响的大小，从而发现和确定预防污染的机会。LCA与经济分析和社会分析结合在一起可用于产品的开发和设计、支持产品的购买、发放许可证、授予环境标志及生产过程的更新等一系列重要的工业决策。

生命周期评价方法可追溯到20世纪70年代的二次能源危机，当时，许多制造业认识到提高能源利用效率的重要性，于是开发出一些方法来评估产品生命周期的能耗问题，以求提高总能源利用效率。20世纪80年代，生命周期评价方法日臻成熟，到了90年代，在美国“环境毒理学和化学学会”（SETAC）和欧洲“生命周期评价开发促进会”（SPOLD）的大力推动下，生命周期评价方法在全球范围内得到较大规模的应用。

1997年国际标准化组织正式出台了ISO 14040《环境管理——生命周期评价——原则与框架》，并在2006年对比标准进行了修订。以国际标准形式提出对生命周期评价方法的基本原则与框架，这将有利于生命周期评价方法在全世界的推广与应用。按国际标准化组织定义：“生命周期评价是对一个产品系统的生命周期中输入、输出及其潜在环境影响的汇编和评价”。作为新的环境管理工具和预防性的环境保护手段，生命周期评价主要应用在通过确定和定量化研究能量和物质利用及废弃物的环境排放来评估一种产品、工序和生产活动造成的环境负载；评价能源材料利用和废弃物排放的影响以及评价环境改善的方法。

（2）产品生命周期分析的技术框架　产品生命周期评价的过程是首先辨识和量化整个生命周期阶段中能量和物质的消耗以及环境释放，然后评价这些消耗和释放对环境的影响，最后辨识和评价减少这些影响的机会。生命周期评价注重研究系统在生态健康、人类健康和资源消耗领域内的环境影响。

① 生命周期评价的总目标　生命周期评价的总目标是比较一个产品在生产过程前后的变化或比较不同产品的设计，为此它应满足的原则是能够运用于产品的比较；包括了产品的整个周期；考虑到所有的环境因素；环境因素尽可能定量化。

② 生命周期评价的技术框架　ISO 14040标准将生命周期评价的实施步骤分为产品生命周期目标与范围的确定、清单分析、生命周期影响评价和结果解释四个部分，如图9-4所示。

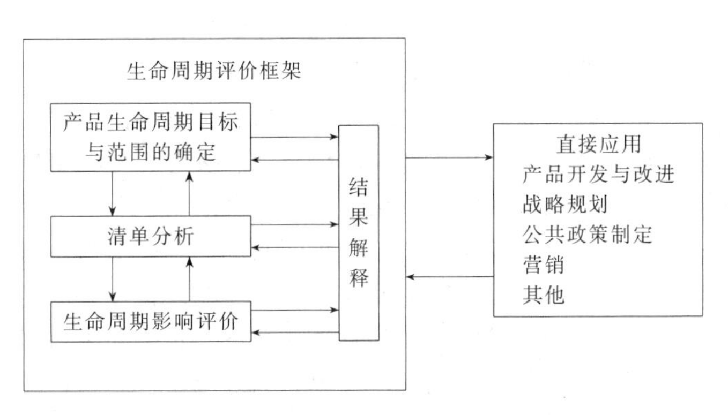

图9-4　生命周期评价技术框架

2. 产品生命周期的评价

（1）产品生命周期目标与范围的确定　产品生命周期目标定义是要清楚地说明开展此项生命周期评价的目的和意图以及研究结果的可能应用领域。研究范围的确定要足以保证研究的广度、深度与要求的目标一致，涉及的项目有系统的功能、功能单位、系统边界、数据分配程序、环境影响类型、数据要求、假定的条件、限制条件、原始数据质量要求、对结果的评议类型、研究所需的报告类型和形式等。生命周期评价是一个反复的过程，在数据和信息的收集过程中，可能修正预先确定的范围来满足研究的目标，在某些情况下，也可能修正研究目标本身。

（2）清单分析　清单分析是量化和评价所研究的产品、工艺或活动整个生命周期阶段资源和能量使用以及环境释放的过程。一种产品的生命周期评价将涉及其每个部件的所有生命阶段，这包括从地球采集原材料和能源、把原材料加工成可使用的部件、中间产品的制造，将材料运输到每一个加工工序、所研究产品的制造、销售、使用和最终废弃物的处置（包括循环、回用、焚烧或填埋等）等过程。

（3）生命周期影响评价　国际标准化组织、美国“环境毒理学和化学学会”以及美国环保局都倾向于将影响评价定为一个“三步走”的模型，即分类、特征化和量化。

① 分类　分类是将清单中的输入和输出数据组合成相对一致的环境影响类型。影响类型通常包括资源耗竭、生态影响和人类健康三大类，在每一大类下又有许多亚类。生命周期各阶段所使用的物质和能量以及所排放的污染物经分类整理后，可作为胁迫因子，在定义具体的影响类型时，应该关注相关的环境过程，这样有利于尽可能地根据这些过程的科学知识来进行影响评价。

② 特征化　特征化主要是开发一种模型，这种模型能将清单提供的数据和其他辅助数据转译成描述影响的叙词。目前国际上使用的特征化模型主要有：负荷模型；当量模型；固有的化学特性模型；总体暴露-效应模型；点源暴露-效应模型。

③ 量化　量化是确定不同环境影响类型的相对贡献大小或权重，以期得到总的环境影响水平。

（4）改进评价　改进评价是识别、评价并选择能减少研究系统整个生命周期内能源和物质消耗以及环境释放机会的过程。这些机会包括改变产品涉及、原材料的使用、工艺流程、消费者使用方式及废物管理等。美国环境毒理学和化学学会建议将改进评价分成三个步骤来完成，即识别改进的可能性、方案选择和可行性评价。在进行分析时，还必须包括敏感性分析和不确定性分析的内容。目前，改进评价的理论和方法研究较少。

（5）生命周期评价的应用　生命周期评价作为一种评价产品、工艺或活动的整个生命周期环境后果的分析工具，迄今为止在私人企业和公共领域都有不少应用。

在私人企业，生命周期评价主要用于产品的比较和改进，典型的案例有棉质和易处理婴儿尿布的比较，塑料杯和纸杯的比较，汉堡包聚苯乙烯和纸质包装盒的比较等。

在政府方面，生命周期评价主要用于公共政策的制定，其中最为普遍的适用于环境标志或生态标准的确定，许多国家和国际组织都要求将生命周期评价作为制定标志标准的方法。

清洁生产、绿色产品、生态标志的提出和发展将会进一步推动生命周期评价的发展。目前，世界各国政策重点从末端治理转向控制污染源、进行总量控制，这在一定程度上反映了现有法规制度无法单独承担对环境和公共卫生造成的危机，从另一侧面也反映了生命周期评价将成为未来制定环境问题长期政策的基础。从某一角度看，生命周期评价反映了现有环境管理已转向各类污染源最小化-排放最小化-负面影响最小化的管理模式，这对实现可持续发展具有深远的意义。

思考题

1. 建立企业环境管理体制的原则是什么？
2. 企业环境管理机构有哪些基本职能与职责？
3. 控制工业污染物流失的方法有哪几种？请收集整理一个企业控制工业污染物流失的

具体实例。

4. 如何建立对进口废物进行环境管理的体系？哪些废物是禁止进口的？试举例说明。

5. 在扩建项目的环境管理中，《建设项目环境保护管理条例》有哪些具体规定？

6. 什么是清洁生产？什么是清洁生产审计？

7. 什么是产品的生命周期评价？它有什么实际意义？

讨论题

1. 某化工企业准备对本厂的一条硫酸生产线进行技术改造，使其生产能力由原来的 1×10^5 t/a 提高到 3×10^5 t/a，问：该企业对这一技术改造建设项目应该怎样落实国家有关环境管理的政策规定？

要求：到图书馆收集《建设项目环境保护管理条例》资料，以项目建设单位的名义组织工作小组，拟订该项目报批程序。

目标：学习项目报批程序的相关管理政策，同时提出对本项目在建设过程和投入生产后制定相应的环境管理制度。

2. 某电镀厂生产多层印刷电路板，生产中使用了化学镀铜工艺和蚀刻工艺，产生了大量的酸性含铜电镀废水，请你从清洁生产的角度提出如何进行环境管理？

要求：收集有关印刷电路板生产工艺及排放含铜废水专项治理的技术资料，按照清洁生产的审计程序找出问题所在。

目标：提出环境管理的无费方案或少费方案。

第十章　环境规划

学习指南

本章主要介绍了环境规划的基本概念、规划范围、规划的原则和制定规划的程序。通过本章学习，掌握环境规划的基本技术思路、技术要点和编制规划的基本方法。了解环境规划目标确定的基本要求和环境功能区划的技术方法。

【案例二十】

背景

邕江河段全长134km，流域面积6120km^2，是南宁市城市及工农业的主要水源，也是通向区内外的航运干线。邕江水域具有集中式生活饮用水水源、工业用水、农业灌溉、航运、渔业、娱乐和纳污等功能。其中，集中式生活饮用水水源成为邕江南宁段的首要功能，纳污也成为邕江的重要功能。

首先需要进行水体功能的划分。根据水域功能区划的依据、原则、方法与步骤，以及邕江水质现状、社会经济发展对水资源的要求，将邕江水域的功能划分为五大类。控制各河段水质达到相应的水质标准，是规划的具体目标。

采用的规划方法

1. 混合区划分。
2. 水质模型与水质指标的确定。
3. 拟订规划措施。
4. 计算水环境容量与提出供选方案。
5. 规划方案实施。

思考

查阅资料后提出计算水环境容量时，允许排放量的计算和允许排污量分配方案确定常用的方法。

第一节　环境规划概述

一、环境规划的依据和编制原则

1. 环境规划的含义

环境规划是指为使环境与社会经济协调发展，把“社会-经济-环境”作为一个复合生态系统，依据社会经济规律、生态规律和地学原理，对其发展变化趋势进行研究而对人类自身活动和环境所做的时间和空间的合理安排。

环境规划就是人们为了使环境与社会经济协调发展而对保护环境、维护生态平衡，在时间和空间上所制定的全面的、长远的计划，是国民经济和社会发展规划的重要有机组成部分。

环境规划的目的在于调控人类经济活动，减少污染，防止资源破坏，保护人类生存、经济和社会持续稳定发展所依赖的基础环境。为此，环境规划必须根据保护环境的要求，对人类经济社会活动提出约束要求，例如，要实行正确的产业政策和技术措施，确立合理的工业生产的规模、产业结构和布局，采取有利于环境的技术和工艺。同时，又必须根据社会经济发展和人民生活水平提高对环境提出的越来越高的需求，对环境保护和建设作出长远的安排和部署，确立长远的环境质量目标，筹划自然环境的保护和生态建设等。这两方面互相作用与反馈，在经济发展中不断增强保护环境的能力。

环境规划又是一种克服人类社会经济活动的盲目性和主观随意性的科学的决策活动。是实行环境目标管理的基本依据，是国家环境保护政策和战略的具体体现，是国民经济和社会发展规划体系的重要组成部分，是协调人与环境、经济与环境关系的重要手段。

环境是经济和社会发展的基础和支撑条件，环境问题与经济和社会发展有紧密联系，因而环境规划与工业发展、能源开发、农业规划密切相关，并渗透到其他各部门的规划中。但是，环境规划与各部门的规划也有着明显的差异性，它有自己独立的内容和体系。环境规划所确定的主要任务，如重大环境污染控制工程和环境建设工程等，都应纳入国民经济和社会发展规划，参与资金综合平衡，保证同步规划，同步实施。环境规划对国民经济和社会发展规划起着重要的补充作用。环境规划的制定与实施是保障国民经济与社会发展规划目标得以实现的重要条件。

环境规划与国民经济和社会发展规划关系最密切的有四个部分：一是人口与经济部分，如人口密度、素质、经济的规模及生产技术水平等；二是生产力布局和产业结构，它对环境有着根本性的影响和作用；三是经济发展产生的环境污染，尤其是工业对环境的污染，始终是环境保护的主要控制目标；四是国民经济能够给环境保护提供多少资金，这是确定和实现环境保护目标的重要保证。

2. 环境规划编制的依据和主要原则

(1) 环境规划编制的法律依据 《中华人民共和国环境保护法》对环境规划也作出了有关的规定。

① 第十三条：“县级以上人民政府应当将环境保护工作纳入国民经济和社会发展规划。国务院环境保护主管部门会同有关部门，根据国民经济和社会发展规划编制国家环境保护规划，报国务院批准并公布实施。县级以上地方人民政府环境保护主管部门会同有关部门，根据国家环境保护规划的要求，编制本行政区域的环境保护规划，报同级人民政府批准并公布实施。环境保护规划的内容应当包括生态保护和污染防治的目标、任务、保障措施等，并与主体功能区规划、土地利用总体规划和城乡规划等相衔接。”

② 第十七条：“国家建立、健全环境监测制度。国务院环境保护主管部门制定监测规范，会同有关部门组织监测网络，统一规划国家环境质量监测站（点）的设置，建立监测数据共享机制，加强对环境监测的管理。”

③ 第十九条：“编制有关开发利用规划，建设对环境有影响的项目，应当依法进行环境影响评价。未依法进行环境影响评价的开发利用规划，不得组织实施；未依法进行环境影响评价的建设项目，不得开工建设。”

④ 第二十条："国家建立跨行政区域的重点区域、流域环境污染和生态破坏联合防治协调机制，实行统一规划、统一标准、统一监测、统一的防治措施。"

⑤ 第二十八条："未达到国家环境质量标准的重点区域、流域的有关地方人民政府，应当制定限期达标规划，并采取措施按期达标。"

《中华人民共和国水污染防治法》第四条规定："县级以上人民政府应当将水环境保护工作纳入国民经济和社会发展规划。地方各级人民政府对本行政区域的水环境质量负责，应当及时采取措施防治水污染。"

《中华人民共和国大气污染防治法》规定："县级以上人民政府应当将大气污染防治工作纳入国民经济和社会发展规划，加大对大气污染防治的财政投入。地方各级人民政府应当对本行政区域的大气环境质量负责，制定规划，采取措施，控制或者逐步削减大气污染物的排放量，使大气环境质量达到规定标准并逐步改善。"

此外，国务院和国家生态环境部就编制城市、区域环境的长期规划或计划下达的其他文件，作为上述法律的必要补充和深化，是环境规划编制和实施的法律依据。

(2) 环境规划制定的基本原则　环境规划的指导思想是谋求经济、社会和环境协调发展，保护人民的身体健康，促进生产力持续发展及资源和环境的永续利用。制定环境规划时必须坚持下述基本的原则。

① 坚持全面规划、合理布局、突出重点、兼顾一般的原则，保障环境与经济协调发展。

② 坚持以提高经济效益、环境效益、社会效益为核心的原则，遵循经济规律和生态规律。

③ 坚持依靠科技进步的原则，大力发展清洁生产和推广"三废"综合利用，将污染消除在生产过程中。积极采取适宜规模的、先进的、经济的治理技术，发展经济，保护环境。

④ 坚持污染防治与基本建设、技术改造和城乡建设紧密结合的原则，实行环境综合整治的方针。

⑤ 坚持"谁污染谁治理、谁开发谁保护"原则，将点源治理与集中控制相结合。

⑥ 坚持自然资源的开发利用与保护并重的原则，建立以保护资源为核心的环境战略。

⑦ 坚持实事求是、因地制宜原则，注意环境规划与其他专业规划的相互衔接、补充和完善，充分发挥其在环境管理方面的综合协调作用。

⑧ 坚持前瞻性与可操作性的有机统一。既要立足当前实际，使规划具有可操作性，又要充分考虑发展的需要，使规划具有一定的超前性。

二、环境规划的类型和特点

1. 环境规划的类型

以环境保护和环境建设为主要对象和内容的环境规划，按其时空界域和作用不同，可分为环境战略规划、国土环境整治规划、中长期环境规划（即通常所说的环境规划）等，它们组成了一个完整的规划体系（见表 10-1）。

表 10-1　各类环境规划及其时空界域

类　型	空间界域	时间界域	重点内容	性质和作用
环境战略规划	国家、区域	10 年以上	总目标、总政策、总任务	指导全局
国土环境整治规划	国家、区域	10 年以上	目标、政策、措施	指导、协调重大工程
环境规划	城市、区域、流域	5～10 年	目标、指标、方案、措施、投资、工程	指导短期计划的制定

环境战略规划是为确定长期的环境目标和环境保护政策而制定的。它的作用在于指导所有其他类型环境规划的制定，规定环境规划的主要内容和总的方向与任务。

国土环境整治规划是国土规划的重要组成部分，它对于综合协调和平衡环境保护与经济开发的关系，拓展环境保护领域以及促进环境规划纳入国民经济和社会发展计划方面起重要作用。国土环境整治规划融环境污染防治、生态保护与改善以及资源合理利用于一体，宏观地提出目标、任务和重大工程项目，从而为国家或区域（省域）的环境决策提供依据。

环境规划是以控制污染为主要内容的中长期环境保护规划，主要目的在于指导五年计划和短期计划的制定。这类规划又称为污染综合防治规划，主要是对农业生产、交通运输、工业生产、城市生活等人类活动对环境造成的污染而规定的防治目标和措施。工业发达国家在一个很长时间内所制定的环境规划大多是这种规划。

环境规划具有不同的层次结构（图 10-1），按照其编制和管理的隶属关系，分为国家级、省区级、地市级以及从部门至行业的不同层次，形成一个多层次的结构体系。各层次环境规划之间的关系是：上一层次的规划是下一层次规划的依据和综合；上一层次的规划对下一层次的规划起指导和约束作用；下一层次规划是上一层次规划的条件和分解，并且是其有机的组成成分和实现的基础。上下层次之间既有区别又密切联系，因而在制定规划时，要上下联系，左右协调，综合平衡，实现整体上的优化。

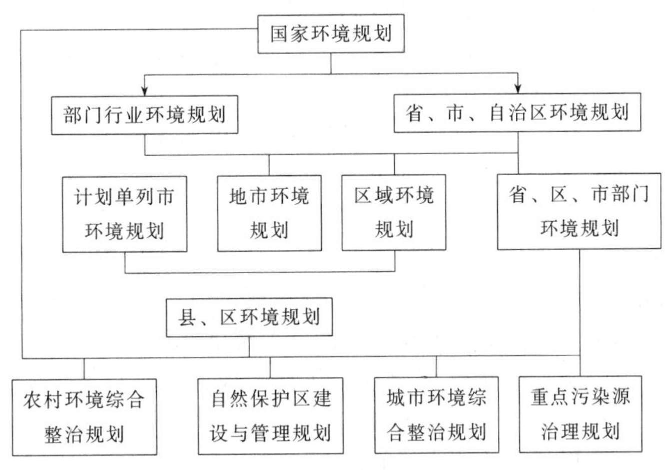

图 10-1　我国环境规划的层次结构

环境规划通常包括以下几类。

(1) 部门（或专业）污染综合防治规划　不同的部门其经济活动的特点不同，造成对环境的影响也不相同，所以制定的污染防治规划也不同。制定这类规划必须结合各部门的经济活动过程进行，才能从根本上解决问题。因此要密切结合部门的经济发展，提出恰当的环境目标、污染控制指标、产品标准和工艺标准。如布局规划，要按照组织生产和保护环境的要求，划定发展不同工业的不同地区，并且按照环境要素、环境容量，确定工业发展规模，确定技术改造和产品改革规划，并要注意推行有利于环境的新技术，规定某些环境指标，淘汰有害环境产品，制定工业污染物排放标准。

(2) 区域污染综合防治规划　区域污染综合防治规划是在城市规划基础上扩大范围的一种规划，如经济区、特区、能源基地、城市、城市群、流域等污染防治规划。这类规划的常见形式是以城市或流域为中心的环境保护规划，在制定这类规划时，应在污染源调查评价基础上，经过主观判断提出一定的环境目标，列出应治理的项目和所需投资及完成的期限，区域污染综合防治规划的具体内容包括：环境调查与环境现状评价；对不同的发展建设方案进行环境影响预测，正确处理生产发展和环境的关系，提出恰当的环境目标、环境要素污染防治系统规划；实现规划的支持和保证系统（人、财、物、科研、政策、法规等）。

（3）生态规划　生态规划是应用生物的、物理的以及社会文化的信息，把当地的环境系统、生态系统和社会经济系统紧密结合在一起考虑，使国家或地区的经济发展能顺应自然，不致使当地的生态平衡遭受破坏。由于一切经济活动都离不开土地利用，而不同的土地利用对地区生态系统的影响也是不一样的。所以在综合分析各种土地利用对生态适宜度影响的基础上，制定土地利用规划是生态规划的中心内容。这种土地利用规划通常也成为了生态规划。它通常包括沙漠治理规划、植树造林规划、珍贵稀有生物资源保护规划等。

（4）自然保护规划　保护自然环境的工作内容和范围很广，根据中国国情，自然保护规划主要是保护生物资源和其他可更新资源。此外，还有文物古迹，有特殊价值的水源地、地貌景观等。

2. 环境规划的主要特点

（1）综合性　环境规划集经济、社会和自然环境三大系统于一体，是一项复杂的系统工程；环境规划又是生态经济学、人类生态学、环境化学、环境物理学、环境工程、环境经济学、环境法学以及系统工程等多种学科知识、理论和技术的综合运用，因而其学科综合性亦强。

（2）整体性和地域性　环境规划既体现国家或地域环境生态的整体性，又体现环境与经济、社会的整体性，同时具有很大的地域差异性，即体现地域的自然、地理、经济、社会等特殊性，因而是整体性和地域性的有机结合。

环境规划的整体性还反映在规划过程各技术环节之间关系紧密、关联度高，各环节影响并制约着相关环节。因此规划工作应从环境规划的整体出发，而单独从某一环节着手并进行简单的串联叠加是难以获得有价值的系统结果。

（3）动态性　环境规划具有较强的时效性。它的影响因素在不断变化，无论是环境问题（包括现存的和潜在的）还是社会经济条件等都在随时间发生着难以预料的变动。基于一定条件下（现状或预测水平）制定的环境规划，随社会经济发展方向、发展政策、发展速度以及实际环境状况的变化，势必要求环境规划工作具有快速响应和更新的能力。因此，从理论、方法、原则、工作程序、支撑手段和工具等方面逐步建立起一套滚动环境规划管理系统，以适应环境规划不断更新调整、修订的需求。

（4）信息密集　采集信息的密集性、不完备、不准确和难以获得是环境规划所面临的一大难题。在环境规划的全过程中，自始至终需要收集、消化、吸收、参考和处理各类相关的综合信息。规划的成功在很大程度上取决于搜集的信息是否较为完全，能否识别和提取，是否准确可靠；取决于是否能有效地组织这些信息，并很好地利用（参考和加工）。鉴于这些信息覆盖了不同类型，来自不同部门，存在于不同的介质之中，表现出不同的形式，因此是一项信息高度密集的智能活动，只凭人脑是难以胜任的。所以，在客观上需要一种基于电脑的信息集中贮存、处理的环境来支持和帮助规划人员完成这一工作。例如，地理信息系统（GIS）的计算机辅助环境规划系统将对环境规划有较大的帮助。

（5）政策性和科学性　环境规划涉及人口控制、能源结构、工业布局、发展战略、重大工程建议以及投资方向等，都必须体现国家和地方的政策精神，因而规划编制就是一个重大的决策过程。以生态规律为指导，以经济规律为前提，既要满足近期需求，又要兼顾长远利益；将局部与全局统一起来。

(6) 可操作性　这是规划生命力的主要标志。可操作性体现在以下方面。

① 目标可行，即符合经济和技术支撑能力，经过努力可以达到。

② 方案具体而有弹性，即方案建立在可行性基础上，便于实施并且留有余地。

③ 措施落实，最重要的是资金和工程配套措施的落实，并与其他建设规划相匹配。

④ 易分解执行。环境规划目标能被分解成任务，并且均能分解给具体的承担者，而承担者亦有完成任务的能力。

⑤ 与现行管理制度和管理方法相结合。能够运用法律的、经济的和行政的手段保证和促进规划目标的实现，特别是能运用目前行之有效的三项政策和五项制度对规划实施监督检查，促进其落实与实施。

⑥ 充分估计科技进步带来的环境效益，保证目标的先进性。

⑦ 与经济社会发展规划紧密结合，便于纳入国民经济计划中。

三、编制环境规划的工作程序和技术程序

编写环境规划的工作包括从任务下达到上报审批，直至纳入国民经济和社会发展规划的全过程。编制工作由管理部门组织，由专业技术组完成规划文本的编制。

1. 规划的编制

环境规划的编制是一个动态的、不断反馈和协调的过程。一般包括如下步骤。

(1) 接受任务与组织规划编制　上一级环保部门代表同级政府下达编制规划的任务，提出主要要求、时间进度，下一级环保部门代表同级政府组织规划编制组，编制工作计划和规划大纲。也可以由政府下达编制规划的任务，同级环保部门组织规划编制组。工作程序见图 10-2。

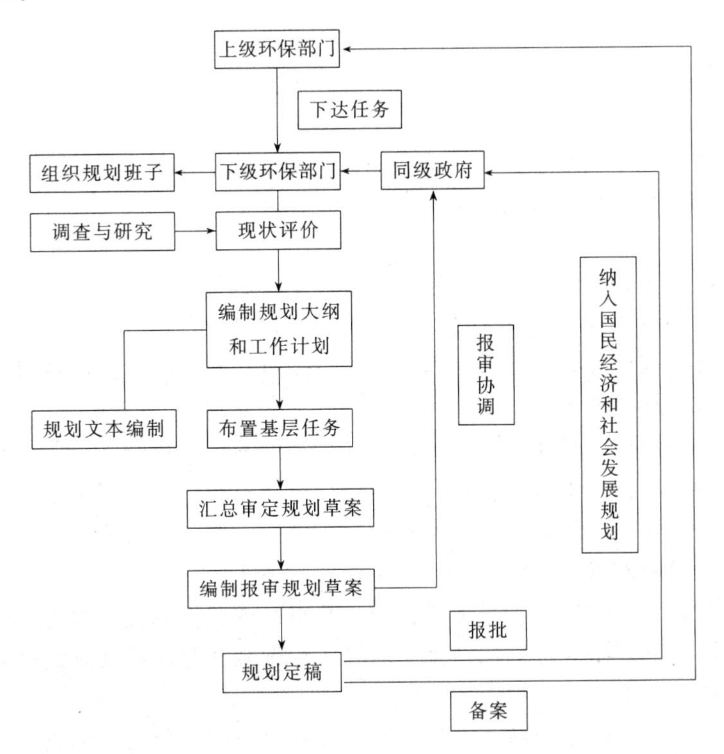

图 10-2　环境规划工作程序

规划编制组的第一项任务是编制工作计划，并通报有关部门，与其他组织取得联系，以便互通信息、交流情报。

（2）完成规划文本的编制　环境规划由专门组织的技术队伍（规划编制组）承担，这是规划编制的主要阶段，其编制技术要求程序参看图10-3。

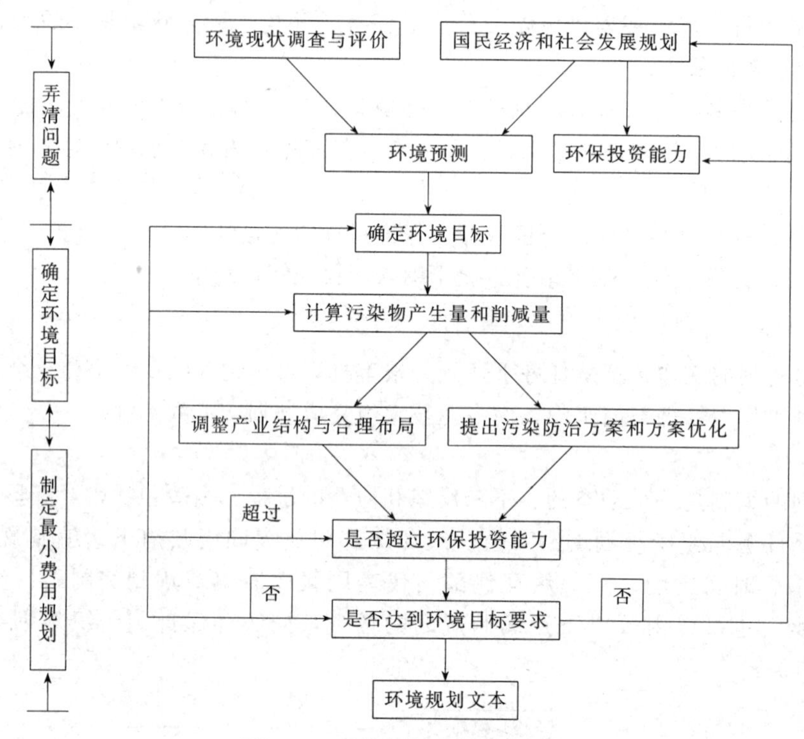

图10-3　环境规划编制技术程序

2. 规划的申报与审批

环境规划的申报和审批是整个规划工作的有机组成部分。

环境规划的申报审批采取由上而下、由下而上、上下结合，既有民主，又有集中，协调协商的原则。

（1）规划初级申报和审核　规划编制单位在规划基本编制完成后，将文本报送同级政府和上一级环保部门初审，同级政府在其职权范围内，可对方案进行决策、批准、驳回或提出修改意见；上级环保部门在收到申报文本后，进行初审，在与有关部门取得协商意见后，对申报文本批准或提出修改意见。

规划的审批应在组织各行业专家进行评审和论证的基础上进行。

（2）终级申报与审批　下级环保部门在得到初审意见后，要根据审批意见，对规划进行修改、完善或重新编制。若认为初审意见不合理，可提出申辩，对规划进行修改或重新编制后，再次申报给同级政府审批和上一级环境保护部门备案。

同级政府收到申报文本后，应予迅速批准，并将批准后的环境规划付诸实施。

环境规划的申报和审批应特别注意重大问题、跨区域和跨流域问题的协调与解决，并应申报上一级政府部门备案。

在规划实施过程中，若出现新的重大问题，确需对环境规划的指标或内容进行补充修改时，必须报请原审批机关同意。

(3) 环境规划文本　一次环境规划工作结束时，一般应有三类文本。

① 技术档案文本　指将规划过程所收集的背景材料、调查或检测所采集的信息、规划编制过程的技术档案或记录进行整理而成的背景材料文本。此文本存放当地，供规划的核查、调整或下次编制规划时参考。

② 环境规划文本　系指正式的环境规划文本。它由环境规划管理部门管理，作为进行规划实施与管理的蓝本。

③ 环境规划报审文本　这是正式的环境规划文本的缩编文本或简编文本，主要用于申报、审批。简编文本内容应包括：自然环境特点；经济和社会简况；前期环境规划（或计划）执行简况；规划要解决的主要环境问题；规划目标（时空限定）；主要措施；主要工程项目及说明；投资预算及来源；主要困难及要求提供的条件等。

第二节　环境规划的主要工作内容

环境规划的主要工作内容应该根据规划对象和实际情况进行选取。一般包括环境现状调查、环境质量评价、环境规划目标的确定、环境功能区划、环境预测、污染防治方案的优化、环境保护投资的使用等。

一、环境调查工作

环境调查与评价工作是环境规划的基础工作，其目的是为了全面了解规划区域环境质量状况，弄清环境现状，给区域环境质量作出合理的评价并发现主要环境问题，同时，需要通过评价确定各环境问题的重要性和造成环境污染的主要污染源。

环境调查与评价应特别重视污染源的调查与评价，并通过污染源的调查与评价，将污染源按污染物排放总量、“三废”超标排放情况进行排序，从而决定污染物总量控制的主要污染物和主要污染来源。

1. 环境信息采集

环境信息的收集与分析不仅在编制规划时是必不可少的，而且在规划的实施过程中，也要经常反馈信息，进行分析以调整规划或采取应变措施，保障规划的实现。环境信息的收集和分析是贯穿规划全过程的基础性工作，是规划的重要支持系统之一。

初期的环境信息收集以广和全为原则，应包括规划有关的一切经济的、社会的、科技的、人文的以及自然、地理、生态、污染情况等。待规划方向、内容范围基本确定以后，信息的收集应有重点地进行，向深度发展。信息源主要包括几方面。

① 先前的环境规划、计划及其基础资料；

② 统计部门历年的统计资料（包括经济、社会和环境等方面）；

③ 有关部门的规划和背景资料；

④ 环境科研部门保管的文献资料（包括环境调查、科研成果等）；

⑤ 环境监测部门的有关资料和历年的环境质量报告书；

⑥ 专家系统提供的信息情报；

⑦ 为规划编制或专门进行的实地考察、测试所得的资料。

2. 环境信息采集方法

① 查阅和收集公开发表的上述文献资料。

② 召开专家和管理干部座谈会，请他们撰写有关资料或通过信函调查采集信息，确定主要问题或对问题进行排序。

③ 吸收与环境规划有关部门的干部和专家参与环境规划编制。

④ 依靠当地环境保护委员会或上级协调部门疏通信息渠道，取得有关文献和资料。

⑤ 设立规划研究课题，委托科研单位进行关键问题的研究或关键数据的测试、核算。

3. 信息的收集和使用应注意的问题

① 在初期信息收集与分析的基础上，应尽早确定规划的方向、范围和结构，缩小信息收集范围，做到有针对性地进行补充收集工作。

② 对收集的文献资料进行仔细甄别，去伪存真，确认所得数据的时空界限和权威性。

③ 规划收集的资料应妥善分类和保管，订立使用制度和范围，注意不扩散和遗失。

二、环境评价工作

环境评价工作是在全面、可靠的调查基础上进行的。

1. 环境评价的主要内容

（1）自然环境评价　自然环境包括地质、气候、水文、植被、地形地貌、土壤、特殊价值地区及生态环境（特别是生态敏感区或生态脆弱区）等。自然环境评价主要为环境区划和评估环境的承载能力服务。

（2）经济、社会现状评价　主要是对人口、资源优势和利用状况，产业结构与布局、经济规模及科技情况等进行评价。

（3）污染评价　突出重大工业污染源评价和污染源综合评价。根据污染类型，还需要进行单项评价，按污染物排放总量排队，由此确定评价区域的主要污染物和主要污染源。

根据现在经济发展的情况，有时，污染评价还应酌情包括生活及面源污染的分析等。

污染评价还应考察现有环保设施运行情况、已有环境工程的技术和效益，作为新规划工程项目的设计依据和参考。

大气和水污染评价技术应该遵照国家有关技术规范进行。

（4）环境质量评价　环境质量现状评价按主要环境要素、地理单元、功能区或行政管辖范围来进行，对于突出超标问题，要明确环境污染的时空界域。环境质量评价还要指出主要环境问题的原因、潜在的环境隐患等。环境质量评价的指标体系以国家环境规划指南所述的指标体系为基本要求，也可根据实际区域和城市需要，增加其他评价指标。

2. 污染源调查与评价

污染源主要指工业污染源（点源），这是污染源评价的重点。

（1）工业污染源的调查步骤与内容

① 确定调查范围，一般按行政辖区或地理单元划分。

② 确定调查对象，一般以重污染的大中企业为重点对象。

③ 参照指标体系的要求确定调查内容和建档。

④ 污染源调查要遵循“生产全过程控制”的技术路线，从源头沿着生产过程，调查污染物的产生、转化、利用、治理、排放、弄清污染物的流失规律。

（2）工业污染源评价原则要求

① 通过评价，确定主要污染源、主要污染物质、主要污染行业以及重点污染点源，并进行排序，弄清污染物产生的主要原因，以便对症下药。

② 污染源评价要考虑当地自然、地理等环境特点，将源与汇作为一个整体来考虑。

③ 评价标准须根据评价目的和区域环境功能选择。如对排入水产基地的工业废水潜在污染能力应选择渔业水质标准，水源区企业污染评价应选择饮用水标准等。

④ 评价参数应选择对环境影响最突出的因子。

3. 社会经济环境现状分析

经济环境现状分析，包括经济结构、工业结构以及工业布局等的环境经济分析评价。经济结构包括能源结构、产业结构、交通结构等。重要的是工业结构、工业布局的现状及存在的问题。

生产力的布局是否合理也应该进行调查分析。合理的布局，可以合理利用环境的自净能力，反之，则将加剧环境质量的恶化。

自然环境的地区差异导致对不同污染物的稀释、扩散、净化能力的不同。如何根据各地区自然净化能力的大小和特点合理地部署生产力，对于保护环境，减轻环境污染有很大的经济意义。例如，在工业布局上要防止过分集中，防止城镇规模过分庞大。在城区内部搞好功能分区，污染源不要放在城市盛行风向的上风向及水源的上游和居民稠密区，这样就为合理利用环境的自净能力创造了条件。反之，生产布局不合理，就有可能加重环境污染的程度。所以，要对规划市区的经济环境现状进行调查分所。要求在调查基础上汇总分析，清楚说明下列问题：

① 本城市工业结构的变化历程；

② 工业结构变化与排污量的关系分析；

③ 典型工业区物流、能流分布及该工业区的产值密度；

④ 本城市工业市局及存在问题。

三、环境规划目标的制定

1. 环境规划目标的制定

环境规划目标通常是指环境规划对环境质量预期达到的标准，一般有经济发展和环境保护双重目标，而且有相应的时间性和高、中、低不同的要求。

目前，中国的环境管理实行的是目标管理，因此，环境目标是环境规划的核心。规划目标的确定是一项综合性很强的工作，是制定环境规划的关键环节，必须根据规划区的自然条件和物质条件以及技术条件和管理水平，确定恰当的环境规划目标。

环境规划目标一般分为总目标、单项目标、环境指标三个层次。

① 总目标：指全国、地区或城市环境质量所要达到的标准。

② 单项目标：根据规划区环境要素和环境特征以及环境功能所确定的环境目标，如大气环境目标、水环境目标。

③ 环境指标：体现环境目标的指标，可形成一个指标体系。

2. 环境规划目标的类型

环境规划目标的类型和内容很多，可分为不同类型与层次。

本节主要介绍按照环境目标的内容来分类，环境规划目标可分为环境质量目标和污染总量控制目标两类。环境质量目标是基本目标，污染总量控制目标是为达到环境质量目标而规定的便于实施和管理的目标。

(1) 环境质量目标　环境质量目标主要包括大气环境质量目标、水环境质量目标、声环境质量目标及生态环境质量目标等。环境质量目标依据不同的地域或功能区而不同。环境质量目标由一系列表征环境质量的指标体系来体现。

(2) 污染总量控制目标　污染总量控制目标主要由工业或行业污染控制目标、城市环境综合整治目标构成。污染物排放总量控制目标实质上是以功能区环境容量为基础的目标，即把污染物排放量控制在功能区环境容量的限度内，多余的部分即作为削减目标或削减量，并以此进行合理分配，最终确定规划区内各工矿企业允许的污染物排放量。削减目标是污染物总量控制目标的主要组成部分和具体体现。所谓目标的分解、实施、信息反馈、目标调整以及其他措施主要是围绕着削减目标进行的。

(3) 环境质量目标确定的环境标准　环境质量目标的确定，是根据环境功能区功能要求，选择有关的环境质量标准。污染控制目标的确定，推行两种控制标准：一是污染物排放浓度标准；二是污染物排放总量标准。在环境质量比较好的地区，污染源达标（浓度标准）排放就可以达到环境质量要求时，可以实行浓度控制标准；在环境已被污染或污染源达标（浓度标准）排放仍不能达到环境质量要求的地区则应实行污染物排放总量控制标准。但对污染源实行排放浓度控制，无法达到确保环境质量改善的目的，只有对污染物排放总量实行控制，才能有效地控制和消除污染。因此，污染物排放总量控制标准目前已被广泛采用，以污染物排放总量为控制手段的排污许可证制度已逐步完善。

3. 环境规划指标体系

(1) 环境规划指标体系概念与意义　环境规划指标是环境目标的具体内容、要素特征和数量的表示。一般由指标的名称和数值组成。

环境规划指标是指能够直接反映环境现象以及相关事物，描述环境规划目标内容的总体数量和质量的特征值。它包含两层含义：一是表示规划指标的内涵和所属范围部分，即规划指标的名称；二是表示规划指标数量和质量特征的数值。

环境规划指标体系是由一系列相互联系、相对独立、互为补充的指标所构成的有机整体。

环境规划指标体系中指标数量应适宜，在进行环境规划时，要根据规划对象、所要解决的主要问题、情报资料拥有量以及经济技术力量等条件决定，以能基本表征规划对象的实际状况和体现规划目标内涵为原则。

环境规划指标体系的内容应体现环境管理运行机制；体现环境保护规模、进度、技术水平、投资与效益，反映社会经济活动过程中环境保护主要方面和主要过程，体现环境保护战略目标、方向、热点、投资及效益，以及环境保护的方针和政策等。所以，环境规划指标体系是一个多层次、多单元的复杂体系。环境规划指标体系是要针对一定的社会经济发展水平和环境质量水平而言，不存在永恒不变的环境规划指标体系。

(2) 环境规划指标体系分类与内容　环境规划指标体系按其表征对象、作用以及在环境规划中的重要性或相关性分为环境质量指标、污染物总量控制指标、环境规划措施与管理指标、相关指标等四类。环境规划指标类别与内容见表 10-2。

表 10-2　环境规划指标类别与内容

指标类别与内容	应用范围				要求
	省域	城市	部门行业	流域	
一、环境质量指标					
1. 大气					
大气 TSP 浓度(年日均值)或达到大气环境质量等级		0			0
SO_2(年日均值)或达到大气环境质量的等级		0			0
NO_x(年日均值)或达到大气环境质量的等级		0			选择
降尘(年日均值)		0			选择
酸雨频度与平均 pH 值	0	0			选择

续表

指标类别与内容	应用范围				要求
	省域	城市	部门行业	流域	
2. 水环境					
饮用水源水质达标率,饮用水源数		○			○
地表水达到地表水水质标准的类别或 COD 浓度	○	○		○	○
地下水矿化度、总硬度、COD、硝酸盐氮、亚硝酸盐氮浓度		○			选择
海水达到近海海域水质标准类别或 COD、石油、氨氮、磷浓度	○	○			选择
3. 噪声					
区域噪声平均值和达标率(按功能区分)		○			○
城市交通干线噪声平均声级和达标率		○			○
二、污染物总量控制指标					
1. 大气污染物宏观总量控制					
大气污染物(SO_2、烟尘、工业粉尘、NO_x)总排放量;燃烧废气排放量、消烟除尘量;工艺废气排放量、处理量;工业废气处理量、处理率;新增废气处理能力	○	○	○		○
大气污染物(SO_2、烟尘、工业粉尘、NO_x)去除量(回收量)和去除率(回收率)					○(NO_x选择)
1 t 蒸气以上锅炉数量、达标量、达标率,窑炉数量、达标量、达标率	○	○	○		选择
汽车数量、耗油量,NO_x 排放量		○			选择
2. 水污染物宏观总量控制					
工业用水量和工业用水重复利用率,新鲜水用量	○	○	○	○	○
废水排放总量;工业废水总量、外排量,生活废水总量	○	○	○	○	○
工业废水处理量、处理率,达标率,处理回用量和回用率;外排工业废水达标量、达标率;新增工业废水处理能力	○	○	○	○	○
万元产值工业废水排放量	○	○	○	○	○
废水中污染物(COD、BOD、重金属)的产生量、排放量、去除量	○	○	○	○	○
3. 工业固体废物宏观控制					
工业固体废物(冶炼渣、粉煤灰、炉渣、煤矸石、化工渣、尾矿、其他)产生量、处置量、处置率;堆存量,累计占地面积,占耕地面积	○	○	○		○
工业固体废物(冶炼渣、粉煤灰、炉渣、煤矸石、化工渣、尾矿、其他)综合利用量,综合利用率;产品利用量,产值,利润;非产品利用量	○	○	○		○
有害废物产生量、处置量、处置率	○	○	○		选择
4. 乡镇环境保护规划					
乡镇工业大气污染物排放(产生)量、治理量、治理率、排放达标率	○	○			选择
水污染物排放(产生)量、削减量、治理率,排放达标率	○	○			选择
固体废物产生量、综合利用量、排放量等	○	○			选择
三、环境规划措施与管理指标					
1. 城市环境综合整治					
燃料气化:建成区居民总户数,使用气体燃料户数,城市气化率		○			○
型煤:城市民用煤量、民用型煤普及率		○			○
集中供热:"三北"采暖建筑面积、集中供热面积,热化率,热电联产供热量		○			○
烟尘控制区:建成区总面积,烟尘 控制面积及覆盖率		○			○
汽车尾气达标率		○			○
城市污水量、处理量、处理率、处理厂数及能力(一、二级)和处理量,氧化塘数,处理能力及处理量,污水排海量,土地处理量		○			○
地下水位,水位下降面积、区域水位降深,地面下沉面积,下沉量		○			○
工业固体废物处理场数、能力、处理量	○			○	
生活垃圾无害化处理量、处理率;机械化清运量、清运率;绿化;建成区人口、绿地面积、覆盖率;人均绿地面积	○	○	○		选择

续表

指标类别与内容	应用范围				要求
	省域	城市	部门行业	流域	
2. 乡镇环境污染控制					
污染严重的乡镇企业数,关、停、并、转、迁数目	0	0			选择
污灌水质	0	0			选择
3. 水域环境保护					
功能区:工业废水、生活污水、COD、氨氮排入量(湖泊加总磷、总氮排入量)	0	0		0	0
监测断面:COD、BOD、DO、氨氮浓度或达到地表水水质标准类别(湖泊取COD、氮、磷浓度)	0	0		0	0
海洋功能区划:工业废水和生活污水入海通量	0	0			选择
4. 重点污染源治理					
污染物处理量、削减量、工程建设年限投资预算及来源	0	0	0		选择
5. 自然保护区建设与管理					
自然保护区类型、数量、面积、占国土面积百分比、新辟建的自然保护区	0				0
重点保护的濒危动植物种和保存繁育基地数目、名称	0				0
6. 投资					
环保投资总额占国民收入的百分数	0	0			0
环保投资占基本建设和技改资金的比例	0	0	0		0
四、相关指标					
1. 经济					
国民生产总值:工、农业生产总值几年增长率;部门工业产值	0	0			选择
工业密度:单价土地面积企业数、产值	0	0			选择
2. 社会					
人口总量与自然增长率、分布、城市人口	0	0			选择
3. 生态					
森林覆盖率、人均森林资源量、造林面积	0	0			选择
草原面积、产草量(kg/hm^2)载畜量、人工草地面积	0	0			选择
耕地保有量、人均量;污灌面积;农药化肥污染土壤面积	0	0			选择
水资源:水资源总量、调控量、水源林面积、水利工程、地下水开采	0	0			选择
水土流失面积、治理面积、减少流失量	0	0			选择
土地沙化面积、沙化控制面积	0				选择
土地盐碱化面积、改造复垦面积	0				选择
农村能源、生物能占能源比重、薪柴林建设	0				选择
生态农业试点数量及类型	0				选择

注:省内城市按城市要求,城市内行业按行业要求。

① 环境质量指标　环境质量指标主要表征自然环境要素(大气、水)和生活环境(如安静)的质量状况,一般以环境质量标准为基本衡量尺度。

② 污染物总量控制指标　污染物总量控制指标是根据一定地域的环境特点和容量来确定的,有容量总量控制指标和目标总量控制指标两种。前者体现环境的容量要求,是自然环境约束的反映;后者体现规划的目标要求,是人为约束的反映。

③ 环境规划措施与管理指标　环境规划措施与管理指标是达到污染物总量控制指标进而达到环境质量指标的支持和保证性指标。这类指标有的由环境保护部门规划与管理,有的则属于城市总体规划,但这类指标的完成与否定与环境质量的优劣密切相关,因而将其列入环境规划中。

④ 相关性指标　相关性指标主要包括经济指标、社会指标和生态指标三类。相关指标大都包含在国民经济和社会发展规划中,都与环境指标有密切的联系,对环境质量有深刻影响,但又是环境规划所包容不了的。

第三节 环境功能区划

一、环境功能区的环境容量

1. 容量的概念

环境容量是指在功能区边界内对污染物的可承载负荷量。环境容量的大小取决于特定功能区的自然条件和所选取的环境质量标准。

环境容量的概念是动态的，例如，河流的枯水期和丰水期容量差异甚大，大气环境的静风和有风条件下，容量各不相同。但容量概念的提出，有助于科学地认识环境和利用环境。

环境规划所指的环境容量主要指大气和水体对污染物的稀释、扩散和净化能力（容量）。或者说是在一定时期和一定环境状态下，某一区域环境对人类社会经济活动支持能力的阈值。

2. 容量确定的基本思路

环境容量主要包括稀释容量和自净容量两部分。环境容量一般用科学实验（模拟实验或监测）的方法取得基本数据，通过一定的数学模型表达出来的，常用的模型是大气扩散模型和各种水质模型。由于环境容量受气象、地形地貌、水文条件的影响，因而这些模型都比较复杂，但在固定对象后，其地形地貌条件的变化都不大，气象水文条件变化一般也符合正态分布规律，因而模型常可简化成一个黑箱，用输入响应关系加以描述。在已有环境容量模型的地区，可以用原模型求得相应的污染物输入响应系数矩阵。在没有环境容量模型的地区，可以用历年污染物排放和监测数据通过回归分析求得。

二、环境功能区划的内涵

1. 环境功能区划的含义和目的

环境功能区划也可称为中宏观环境规划，它从环境特征或环境承载力（容量）与人类活动和谐的角度来规划区域或城市的功能区，以合理布局来协调环境与经济、人口的关系，功能区的划分一般是在调查评价和预测的基础上进行的，同时也是详细规划的基础。

功能区是指对经济和社会发展起特定作用的地域或环境单元。事实上，环境功能区也常是经济、社会与环境的综合性功能区。

在环境规划中进行功能区的划分，一是为了合理布局；二是为确定具体的环境目标；三是为便于目标的管理和执行。对于未建成区或新开发区、新兴城市来说，功能区划对其未来环境状态有决定性影响。

环境功能区划是对环境实现科学管理的一项基础工作。它依据社会经济发展需要和不同地区在环境结构、环境状态和使用功能上的差异，对区域进行的合理划分。它重点研究各环境单元的承载力及环境质量的现状和发展变化趋势，揭示人类自身活动与环境及人类生活之间的关系。

每个地区由于其自然条件和人为利用方式不同，具体表现为该区域内所执行的环境功能不同，对环境的影响程度各异，要求不同地区达到同一环境质量标准的难度也就不一样。因此，考虑到环境污染对人体的危害及环境投资效益两方面的因素，在确定环境规划目标前常常要先对研究区域进行功能区的划分，然后根据各功能区的性质分别制定各自的环境目标。

2. 环境功能区划的依据和内容

（1）环境功能区划的依据

① 保证功能与规划相匹配 保证区域或城市总体功能的发挥与区域或城市总体规划相匹配。

② 依据自然条件划分功能区　依据地理、气候、生态特点或环境单元的自然条件划分功能区。如自然保护区、风景旅游区、水源区或河流及其岸带、海域及其岸带等。

③ 依据环境的开发利用潜力划分功能区　如新经济开发区、绿色食品基地、名贵花卉基地和绿地等。

④ 依据社会经济的现状、特点和未来发展趋势划分功能区。

⑤ 依据行政辖区划分功能　行政辖区往往不仅反映环境的地理特点，而且也反映某些经济社会特点。按一定层次的行政辖区划分功能区，有时不仅有经济、社会和环境合理性，而且亦便于管理。

⑥ 依据环境保护的重点和特点划分功能区　一般可分为重点保护区、一般保护区、污染控制区和重点污染治理区等。

(2) 环境功能区划的内容

① 在所研究的范围内，根据各环境要素的组成、自净能力等条件，合理确定使用功能的不同类型区，确定界面、设立监测控制点位。

② 在所研究范围的层次上，根据社会经济发展目标，以功能区为单元，提出生活和生产布局以及相应的环境目标与环境标准的建议。

③ 在各功能区内，根据其在生活和生产布局中的分工职能以及所承担的相应的环境负荷，设计出污染物流和环境信息流。

④ 建立环境信息库，以便将生产、生活和环境信息进行实时处理，及时掌握环境状况及其发展趋势，并通过反馈作出合理的控制决策。

三、环境功能区划的类型

1. 按其范围分

(1) 城市环境规划的功能区　城市环境规划的功能区一般有：工业区，居民区，商业区，机场、港口、车站等交通枢纽区，风景旅游或文化娱乐区，特殊历史文化纪念地，水源区，卫星城，农副产品生产基地，污灌区，污染处理地（垃圾场、污水处理厂等），绿化区或绿色隔离带，文化教育区，新科技经济区，新经济开发区和旅游度假区。

(2) 区域（省区）环境规划的功能区　一般包括：工业区或工业城市，矿业开发区，新经济开发区或开放城市，水系或水域，水源保护区和水源林区，林、牧区，自然保护区，风景旅游区或风景旅游城市，历史文化纪念地或文化古城，其他特殊地区。

2. 按其内容来分

城市综合环境区划主要以城市中人群的活动方式以及对环境的要求为分类准则。一般可以分为重点环境保护区、一般环境保护区、污染控制区和重点污染治理区等。

(1) 重点保护区　一般指城市中（或城市影响的邻近地区）风景游览、文物古迹、疗养、旅游和度假等综合环境质量要求高的地区。

(2) 一般保护区　主要是以居住、商业活动为主的综合环境质量要求较高的地区。

(3) 污染控制区　一般指目前环境质量相对较好，需严格控制新污染的工业区，这类地区应逐步建成清洁工业区。

(4) 重点治理区　主要指现状污染比较严重，在规划中要加强治理的工业区。

(5) 新建经济技术开发区　新建经济技术开发区以其发展速度快、规模大、土地开发强度高和土地利用功能复杂为主要特征，应单独划出。该区环境质量要求以及环境管理水平根据开发区的功能确定，但应从严要求。

3. 按环境要素进行环境功能区划

（1）环境空气功能区分类 环境空气功能区分为二类：一类区为自然保护区、风景名胜区和其他需要特殊保护的区域，适用环境空气污染物一级浓度限值；二类区为居住区、商业交通居民混合区、文化区、工业区和农村地区，二类区适用环境空气污染物二级浓度限值。

（2）地表水域环境功能区划 依据地表水水域环境功能和保护目标，按功能高低依次划分为五类：

Ⅰ类区：主要适用于源头水、国家自然保护区；

Ⅱ类区：主要适用于集中式生活饮用水地表水源地一级保护区、珍稀水生生物栖息地、鱼虾类产卵场、仔稚幼鱼的索饵场等；

Ⅲ类区：主要适用于集中式生活饮用水地表水源地二级保护区、鱼虾类越冬场、洄游通道、水产养殖区等渔业水城及游泳区；

Ⅳ类区：主要适用于一般工业用水区及人体非直接接触的娱乐用水区；

Ⅴ类区：主要适用于农业用水区及一般景观要求水域。

对应地表水上述五类水域功能，将地表水环境质量标准基本项目标准值分为五类，不同功能类别分别执行相应类别的标准值。水域功能类别高的标准值严于水堿功能类别低的标准值。同一水域兼有多类使用功能的，执行最高功能类别对应的标准值。

（3）噪声环境功能区划 按区域的使用功能特点和环境质量要求，声环境功能区分为以下五种类型：

10-1 《声环境质量标准》

0类声环境功能区：指康复疗养区等特别需要安静的区域。该功能区昼间的等效声级（Leq）应不高于50dB，夜间应不高于40dB。

1类声环境功能区：指以居民住宅、医疗卫生、文化教育、科研设计、行政办公为主要功能，需要保持安静的区域。该功能区昼间的等效声级（Leq）应不高于55dB，夜间应不高于45dB。

2类声环境功能区：指以商业金融、集市贸易为主要功能，或者居住、商业、工业混杂，需要维护住宅安静的区域。该功能区昼间的等效声级（Leq）应不高于60dB，夜间应不高于50dB。

3类声环境功能区：指以工业生产、仓储物流为主要功能，需要防止工业噪声对周围环境产生严重影响的区域。该功能区昼间的等效声级（Leq）应不高于65dB，夜间应不高于55dB。

4类声环境功能区：指交通干线两侧一定距离之内，需要防止交通噪声对周围环境产生严重影响的区域，包括4a类和4b类两种类型。4a类为高速公路、一级公路、二级公路、城市快速路、城市主干路、城市次干路、城市轨道交通（地面段）、内河航道两侧区域；该功能区昼间的等效声级（Leq）应不高于70dB，夜间应不高于55dB。4b类为铁路干线两侧区域。该功能区昼间的等效声级（Leq）应不高于70dB，夜间应不高于60dB。

第四节 环 境 预 测

一、环境预测的概述

预测是指运用科学的方法对研究对象的未来行为与状态进行主观估计和推测。环境预测就是以人口预测为中心，以社会经济预测和科学技术预测为基础，对未来的环境发展趋势进行定性与定量相结合的轮廓描绘，并提出防止环境进一步恶化和改善环境的对策。

环境预测过程是在环境现状调查与评价和科学实验基础上，结合社会经济发展状况，对环境的发展趋势进行的科学分析。环境预测是环境规划科学决策的基础；预测-规划-决策所形成的完整体系，是整个环境规划工作的核心。

预测的主要目的是了解环境的发展趋势，指出影响未来环境质量的主要因素，寻求改善环境和环境与经济社会协调发展的途径。

区域和城市环境预测一般要求有三类：警告型预测（趋势预测）、目标导向型（理想型）预测和规划协调型预测（对策性预测）。

趋势发展警告型预测是指在人口和经济按历史发展趋势增长、环保投资、防治管理水平、技术手段和装备力量均维持目前水平的前提下，未来环境的可能状况，其目的是提供环境质量的下限值。

目标导向型预测是指人们主观愿望想达到的水平，目的是提供环境质量的上限值。

发展规划型预测是指通过一定手段，使环境与经济协调发展所可能达到的环境状况。这是预测的主要类型，也是规划决策的主要依据。

二、环境预测的主要内容

1. 社会发展和经济发展预测

经济社会发展是环境预测的基本依据。社会发展预测重点是人口预测，其他要素因时因地确定。经济发展预测要注意经济社会与环境各系统之间和系统内部的相互联系和变化规律。重点是能源消耗预测、国民生产总值预测、工业总产值预测，同时对经济布局与结构、交通和其他重大经济建设项目作必要的预测与分析。

2. 环境污染预测

参照环境规划指标体系的要求选择预测内容，污染物宏观总量预测的重点是确定合理的排污系数（如单位产品和万元工业产值排污量）和弹性系数（如工业废水排放量与工业产值的弹性系数）；环境质量预测的要点是确定排放源与汇之间的输入响应关系。

预测的项目和预测的深度还可以根据规划区具体情况和规划目标的选定，如重大工程建设的环境效益或影响，土地利用，自然保护，区域生态环境趋势分析，科技进步及环保效益预测等。

三、环境预测的程序和方法

1. 环境预测的程序

环境预测是一项多层次的活动，各层次之间的预测任务既有区别，又有联系。环境预测是在综合分析社会经济发展规划的基础上，预测出规划区废水、废气、废渣和各种污染物排放总量和环境变化趋势。

环境预测要具体问题具体分析。由于环境预测涉及面十分广泛，一般可分为宏观和中观两个层次，对于宏观预测，需要从宏观角度去预测整个规划区域（或城市）的经济、社会发展所产生的环境影响。这种预测为宏观决策服务，要考虑到所涉及的各领域（环境、经济、社会大系统）。

中观预测，以小区（如功能区）或河段、水源地等为预测单元，其预测结果是宏观预测的基本依据，也是小区规划编制、实施和管理的基本依据。

污染物总量控制预测是环境污染预测的基础，它为环境污染预测提供背景资料。

在预测过程中要突出重点，即抓住那些对未来环境发展动态最重要的影响因素。这不仅可大大减少工作量，而且可增加预测的准确性。图 10-4 是环境预测的一般程序示意图。

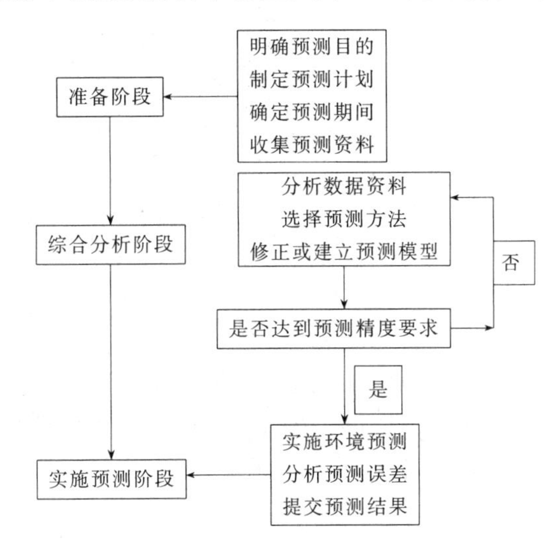

图 10-4　环境预测的一般程序示意图

2. 环境预测方法

环境预测的技术关键是：

① 把握影响环境的主要经济社会因素并获取充足的信息；

② 寻求合适的表征环境变化规律的数学模式和（或）了解预测对象的专家系统；

③ 对预测结果进行科学分析，得出正确的结论，这一点取决于规划人员的素质和综合问题的能力与水平。

目前常用预测技术方法大致可分为两类。

第一类是定性预测技术，如专家调查法（召开会议、书面征询意见）、历史回顾法、列表定性直观预测等。这类方法以逻辑思维为基础，综合运用这些方法，对分析复杂、交叉和宏观问题十分有效。

第二类是定量预测技术，方法约有 200 种之多，常用的有外推法、回归分析法等。这类方法以运筹学、系统论、控制论、系统动态仿真和统计学为基础，对于定量分析环境演变，描述经济社会与环境相关关系比较有效。

预测方法的选择应力求简便和适用。目前所发展的预测数学模型大多还不完善，均有各自的缺点，因而实际预测时，亦可采用几种模型同时对某一环境要素进行预测，然后进行比较，分析和经验判断，得出可以接受的结果。

环境预测常用的几个简单的数学预测模型有以下几种。

（1）产值预测　环境预测所需产值及人口数据通常容易得到，如果没有或缺少这方面资料，可采用如下模型进行预测。

$$M=M_0(1+a)^{t-t_0}$$

式中　M——预测年产值，万元/年；

M_0——起始（基准）年产值，万元/年；

a——年均增长率；

t——预测年；

t_0——起始（基准）年。

（2）人口预测　人口预测可采用下列两个公式预测。

$$N=N_0(1+a)^{t-t_0}$$

$$N=N_0 e^{k(t-t_0)}$$

式中　N——预测年人口数，人/年；

N_0——起始（基准年）人口数，人/年；

t——预测年；

t_0——起始（基准）年；

a——人口年均增长率；

k——人口增长系数或自然增长率，以人口年净增的千分数表示。

（3）污染物浓度预测　对于中小城市或在数据资料缺少情况下，可以采用简单概略性预测方法（如比例法）进行污染物浓度预测。

四、预测结果的综合分析

对预测结果进行综合分析评价，目的是找出主要环境问题及其主要原因，并由此规定规划的对象、任务和指标。预测的综合分析主要包括下述内容。

1. 资源态势和经济发展趋势分析

分析规划区的经济发展趋势和资源供求矛盾，同时分析影响经济发展的主要制约因素，以此作为制定发展战略，确定规划区功能的重要依据。

2. 环境污染发展趋势分析

明确必须控制的主要污染物、污染源、污染地域或受污染的环境介质；明确大气、水体的环境质量变化趋势，指出其与功能要求的差距，确定重点保护对象，必要时，可定量给出污染造成的危害和损失（如经济损失、健康危害）等。以此加强规划的重要性和说服力。

3. 环境风险分析

环境风险有两种类型：一类是指一些重大的环境问题，如全球气候变化、臭氧层破坏或严重的环境污染问题等，一旦发生会造成全球或区域性危害甚至灾难；另一类是指偶然的或意外发生事故对环境或人群安全和健康的危害。这类事故所排放的污染物往往量大、集中、浓度高，危害也比常规排放严重，如核电站泄漏事故、化工厂爆炸、采油井喷、海上溢油、水库溃坝、交通运输中有毒物质的溢泄、电厂灰库溃坝等。对环境风险的预测和有针对性地采取措施，防患于未然或者制定应急措施。在事故发生时可减少损失。

第五节　环境规划的编制与实施

一、环境规划的编制

环境规划编制的内容应根据规划的对象和实际情况选取，对于区域或城市综合性规划一般应包括以下内容。

1. 自然环境现状与社会经济发展状况概述

自然环境概述着重于规划区域的气候、地理、生态状况和开发历史等。这是规划的基础内容，是保证环境规划适应性和针对性所必需的内容。社会经济发展概述着重于经济发展规模、产业结构与布局、资源利用分析、科技水平、经济发展与环境的相互依赖关系、经济发展对环境的影响以及环境污染与破坏对可持续经济发展的影响等。在规划中对上述问题进行追述和概略分析，作为环境规划的重要出发点和依据。

2. 环境保护工作情况概述

概述环境规划以前的若干年环境保护计划完成情况，包括污染控制、环境建设、完成的环境工程项目、投资与效益等，以及完成以前的环境规划目标存在的主要问题、困难及原因等，以此作为新的环境规划的重要参考。

3. 环境变化趋势分析

环境变化趋势分析包括环境质量总的发展趋势、污染发展趋势、生态环境变化趋势以及重大环境问题的发展趋势等。环境趋势分析是环境调查、评价、预测的综合描述与分析。列入描述与分析的内容项目应与环境规划目标基本相对应，同时阐明今后应注意的问题、发展方向等。环境变化趋势分析是编制环境规划的重要基础和起点。

4. 环境规划总目标

概括阐明环境规划的总目标以及将要达到的主要指标。综合性规划的总目标必须包括环境质量目标和污染物总量控制目标两个主要方面。区域（如省、区）环境规划总目标视情况还应包括生态环境目标。

5. 重点城市和经济区环境综合整治规划

重点城市和经济区环境综合整治内容应包括以下内容。

① 重点城市环境质量目标；

② 城市环境功能区划分，特别是新经济开发区的环境功能区划分；

③ 污染物总量控制目标与方案；

④ 重点综合整治项目规划和重点污染源治理；

⑤ 城市土地利用（布局与产业结构）规划或方案；

⑥ 实现目标的主要措施；

⑦ 城市生态建设规划。

6. 工业污染防治或部门行业污染控制规划

工业污染防治规划应包括以下内容。

① 规划区内工业污染物排放（产生）、治理（削减）总量或各主要工业部门（行业）工业污染物的排放（产生）、治理（削减）总量；

② 主要工业污染源或重大污染源治理工程项目的确定与安排；

③ 工业污染防治的主要政策与措施。

7. 乡镇环境保护与建设规划

乡镇环境保护与建设规划应包括以下内容。

① 乡镇工业发展的产业政策和产业结构宏观调控政策；

② 规划区内乡镇企业污染物排放（产生）与治理（削减）规划；

③ 污水灌溉及农药、化肥污染土壤的控制；

④ 乡镇生态建设及生态农业试点发展计划。

8. 水源与水环境保护规划

水环境保护规划应包括以下内容。

① 规划水域功能、水质要求、水环境容量及纳污量；

② 主要污染源排序及主要污染物排序；

③ 水污染控制措施、方案及主要工程项目；
④ 跨辖区的水环境问题的协调解决措施；
⑤ 水源保护计划。

9. 大气环境保护规划

规划的主要内容应包括以下内容。
① 能源消耗量、能源结构分析与大气污染特征；
② 功能区划分与大气质量目标的确定；
③ 大气污染防治主要工程项目与污染物削减计划；
④ 大气污染主要防治措施。

10. 产业结构与生产力布局规划

产业结构与生产力布局规划的考虑原则如下。
① 因地制宜，充分发挥规划区的环境优势，如城市特色的保持与发展；
② 合理利用自然资源，做到优势资源的优化利用；
③ 发挥技术、经济综合优势，促进经济发展，如辟建新经济开发区等；
④ 现实可行性和长远利益相结合，注重克服自然的或技术的、经济的主要约束因素；
⑤ 有利于环境污染的综合防治和能够合理利用自然净化能力；
⑥ 保证社会效益、经济效益与环境效益的统一。
产业结构与生产力布局规划的内容应包括以下内容。
① 规划区（城市、经济区）的性质与规模，产业结构合理化；
② 功能区划分及经济建设总体布局；
③ 基础设施建设和环境设施建设（含生态建设）计划；
④ 污染物集中处理计划；
⑤ 生产力布局规划实施的政策与措施。

11. 自然保护规划

自然保护规划应包括以下内容。
① 自然保护区的范围及重点保护对象；
② 自然保护区建设与管理计划；
③ 珍稀濒危动植物保护计划（包括物种保存与繁育扩群基地的建设）；
④ 保护区与周围其他事业发展的协调关系与措施。

12. 科技发展与环境保护产业发展计划

环境保护科技发展与环境保护产业发展计划应包括以下内容。
① 科学研究与装备计划；
② 重大科技开发项目与攻关组织计划；
③ 环境保护工业、技术装备与环境保护技术服务发展计划；
④ 科技引进、交流和人才培养计划。

二、污染物排放总量控制规划

1. 污染物排放总量控制规划的意义和方法

实施污染物排放总量控制是推行可持续发展战略的需要。是深化改革、扩大开放的需要。根据经济技术发展水平，努力削减排放量，是中国参与全球环境保护行动的具体表现。污染物总量控制是环境规划特别是污染防治规划方法的核心，它可以分为宏观规划总量控制和详细规划总量控制两类。宏观规划总量控制的本质是研究规划区污染物的产生、治理、排放规律和治理资金的需求与经济、人口发展的协调关系，以便从宏观上定量地把握经济、人口发展对环境的影响，提出对策，促使环境与经济社会协调发展。而详细规划总量控制，无论是理解为污染源的排放总量控制还是理解为受纳环境（区域或水域）的容许纳污总量控制，都不影响总量控制优点的体现，即在环境质量要求与技术经济条件之间寻找最佳结合点。污染源与环境目标是规划的两个对象。规划的主要任务就是建立规划对象之间的两个定量关系：第一个定量关系是污染源排放量与环境保护目标（功能区、流域河段等）之间的输入-响应关系；第二个定量关系是为实现某一环境目标，在限定的时间、投资和技术条件下，制定治理费用最小的优化决策方案。

2. 总量控制指标筛选原则

污染物总量控制指标一般选择对环境危害大的、国家重点控制的主要污染物；应该是环境监测和统计手段能够支持的也是能够实施总量控制的。“十三五”时期是遏制污染物排放增量、实现总量减排及环境质量改善的关键时期，对减排体系设计、减排技术、环境监管的有效性及各类政策工具的应用都提出了更高的要求。中国在“十三五”时期严格实施污染物排放总量控制，将二氧化硫、氮氧化物、烟粉尘和挥发性有机物排放是否符合总量控制要求作为建设项目环境影响评价审批的前置条件。国家规定的“十三五”期间污染排放总量控制指标有：

（1）主要污染物。①大气环境污染物：二氧化硫、氮氧化物、烟粉尘。②水环境污染物：化学需氧量、氨氮。

（2）区域性污染物：重点地区重点行业挥发性有机物、重点地区总氮、重点地区总磷。

3. 总量控制技术

（1）宏观总量控制模型　规划的任务是建立污染源与环境目标规划之间的定量关系：第一是污染源排放量与环境保护目标之间的输入响应关系；第二是为实现环境目标，在限定的时间、投资和技术条件下，制定治理费用最小的优化决策方案。解决上述两个定量关系的工具是各类数学模型和经济优化模型。宏观总量控制模型的结构设计见图10-5。

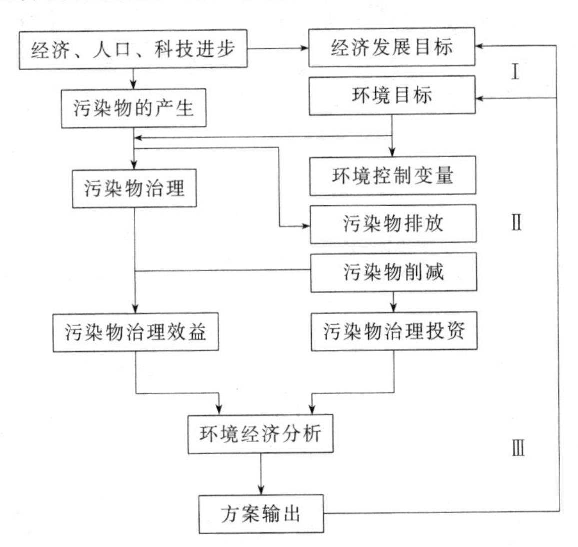

图10-5　污染物宏观总量控制总体图

污染物宏观总量控制，由废水宏观总量控制、废气宏观总量控制、固体废物宏观总量控制及环境经济分析及其相应的宏观控制模型构成。具体污染物的总量控制模型主要由以下几方面分别建立。

① 污染物产生量；

② 污染物的治理（去除）量；

③ 污染物回收利用（去除）量；

④ 污染物排放量；

⑤ 污染物治理投资；

⑥ 回收利用效益或综合利用效益等。

（2）水域允许纳污量　水域允许纳污量，是在给定水域和水文、水力学条件、排污口位置情况下，为满足水域某些功能而确定的水质标准的最大排放量，称为该水域所能容纳污染物质总量，通称水域允许纳污量或水环境容量。

（3）大气污染物总量控制　大气污染物总量控制也是从功能区划分、环境质量目标出发，考察污染物排放与功能区大气质量关系，分析达到功能区质量要求的途径和措施，编制达标方案，进行效益费用分析，协调与综合目标可达性及目标调整等。建立大气总量控制的技术要点如下。

① 建立控制规划模型；

② 开列污染源清单，确定受体模式（颗粒物）；

③ 控制点的优化、确定和规划方案优化；

④ 综合平衡确定大气环境质量目标等。

常用的具体空气质量模型有：TSP扩散-沉积模型；颗粒污染物受体模式；SO_2扩散模式（点源、面源）；配套的相关参数的处理及确定方法，建立相应的模式参数等。

4. 污染物总量控制规划常用方法

污染物总量控制规划中，已有多种方法应用和探索，一般通过线性规划方法可求得总污染源排放量最大和总污染源削减量最小或削减污染物措施的总投资费用最小。通过整数规划方法或离散规划模型可获得最佳削减污染物措施和方案。还可通过动态规划模型求得总排放量的分配问题等。

（1）线性规划法　线性规划法，可根据模型中的参数确知的情况，分成白色线性规划和灰色线性规划。白色线性规划的标准模型如下。

目标函数：

$$\max(\min) z = \sum_{j=1}^{n} c_j x_j$$

约束条件：

$$\sum_{j=1}^{n} A_{ij} x_j \leqslant (=,\ \geqslant) B_i \quad (i=1,2,\cdots,m)$$

$$x_j > 0 (j=1,2,\cdots,n)$$

灰色线性规划模型如下。

目标函数：

$$\max(\min) z = \sum \otimes c_j x_j$$

约束条件：

$$\sum \otimes A_{ij} x_j < (=, >) B_i (i=1,2,\cdots,m)$$

$$x_i > 0$$

式中　⊗——灰色参数；

x_j——第 j 个源的排放强度，mg/s；

c_j——第 j 个源的排放或削减权重系数；

A_{ij}——第 j 个单位源在 i 个控制点上的浓度值，即输入响应系数，s/m^3（或 s/L）；

B_i——第 i 个控制点的环境目标值，mg/m^3 或 mg/L。

（2）整数规划法　分成 0-1 型整数规划和混合整数规划。

0-1 整数规划模型如下。

目标函数：

$$\min z = \sum_{j=1}^{n} \sum_{i=1}^{k_j} c_{jl} x_{il}$$

约束条件：

$$\sum_{j=1}^{n} \sum_{i=1}^{k_j} A_{ijl} x_{il} \leqslant B_i \quad (i=1,2,\cdots,m)$$

混合整数规划模型如下。

目标函数：

$$\min z = \sum_{k=1}^{k_0} c_k x_k$$

约束条件：

$$\sum_{k=1}^{k_0} A_{ik} \quad x_k \geqslant B_i \quad (i=1,2,\cdots,m)$$

$$x_k > 0 (k=1,2,\cdots,k_0)$$

$$x_k = 0,1 (k=k+1,k_1+2,\cdots,k_0)$$

式中　z——治理费用或总投资费用；

c_{jl}——第 j 个源 l 个治理方案的费用；

c_k——费用函数；

k_j——第 j 个源中共有 k_j 个治理方案；

k——治理措施编号；

k_0——连续变量个数；

x_{il}——第 j 个源第 l 个治理方案取舍因子 0 或 1；

x_k——污染源削减量，0 或 1；

A_{ijl}——第 j 个源采取第 l 个治理方案后第 i 个控制点上的浓度，mg/m^3（或 mg/L）；

A_{ik}——源强浓度贡献；

B_i——第 i 个控制点上环境目标值，mg/m^3（或 mg/L）。

除了上述几类规划模型外，还有离散规划模型、动态规划模型等。

三、环境规划实施的保障措施

环境规划的实用价值主要取决于它的实施程度。环境规划的实施既与规划编制的质量有关，如目标明确、合理，措施切实、具体等，亦取决于规划实施过程所采取的具体步骤、方法和组织。

环境规划的实施有两个关键环节：一是要纳入国民经济和社会发展规划体系，城市环境规划要结合到城市总体规划中；二是要与环境管理制度相配合，通过管理制度的推行使规划付诸实践。

1. 环境规划纳入国民经济和社会发展规划

把环境保护纳入经济和社会发展规划是人类认识客观规律的一个进步。环境与经济发展既是对立的，又是统一的。单纯强调发展经济，会造成资源破坏、环境污染和生态恶化等严重后果，最终不仅制约经济发展，也削弱和破坏了人类生存和发展的基础。但是，没有经济的发展，反过来影响环境综合整治所依赖的经济基础。所以，保护环境是发展经济的前提和条件，发展经济是保护环境的基础和保证。环境与经济协调发展是人类经济社会发展的客观要求，而将环境保护纳入国民经济和社会发展计划是保证两者协调发展不可缺少的手段。

环境规划纳入国民经济与社会发展规划的内容主要是：指标和技术政策纳入、资金平衡和项目纳入。

2. 环境规划与环境管理制度相结合

环境管理制度是以环境保护规划目标为中心，以环境规划为主线的一个有机整体。因此，环境规划是八项制度的先导和依据，而八项制度是环境规划的实施措施和手段。

将环境规划与环境保护目标责任制相结合，运用目标责任制来保障规划的实施，必须注重规划的实施要与责任制的运行机制相匹配，环境规划指标要与责任制指标相协调。环境规划管理部门依据环境规划，为政府的年度工作计划提供基本指标、实施办法，以利于在责任制推行中将规划指标落实。

思考题

1. 环境规划有哪几种类型？有哪些主要特点？
2. 环境规划包括了哪些主要的内容？环境规划与社会经济发展规划有什么关系？
3. 阐述编制环境规划的技术程序。
4. 环境质量评价的主要内容有哪些？
5. 如何确定环境规划的目标？环境规划目标体系是如何分类的？
6. 什么是环境功能？环境功能区划有哪些类型？
7. 试述城市综合环境功能区划分的方法。
8. 试述大气、水、声环境功能区的划分方法。
9. 环境预测的基本原理是什么？它的应用有什么实际意义？

讨论题

1. 环境规划目标有哪些类型？如何确定环境规划目标？

要求：自行组织环境规划课程作业小组，在图书馆或网上收集某一地区或行业的一篇环境规划资料。

目标：通过讨论，对照收集的规划，分清环境规划目标属于哪些类型，确定了哪些环境规划目标。对于其中的环境质量目标，试分析实现该目标采取了哪些措施。

2. 什么是环境功能？环境功能区划有哪些类型？试根据你所在城市提出你依据的自然环境条件和当地环境管理标准划分大气或水环境的功能区划分方法？

要求：环境功能区划分要符合规划的基本程序和要求。

目标：绘制你所在城市水域、大气或噪声环境功能区的模拟图。

※第十一章　环境管理的国际合作

学习指南

掌握全球环境问题的现状及其特点，对气候变化、水污染加剧等全球性环境问题，能从产生的原因和影响等方面进行分析，特别要深入理解环境问题同社会、政治等问题相互关联，可能成为影响世界安全与稳定的重要因素。熟悉全球环境问题的发展趋势，进一步认识当前全球环境与资源问题的严重性。了解几个发达国家和组织环境管理的基本体制、主要环境保护机构、环境管理的主要法规和制度、采取的环境保护基本策略。并了解全球环境管理所应遵循的基本原则、主要的全球环境管理机构。

坚持共谋全球生态文明建设之路是我国生态文明建设的全球倡议。当今世界正处于百年未有之大变局，国与国竞争日益激烈，国际经济、科技、文化、安全、政治等格局都在发生深刻调整，随着中国经济实力和综合国力不断提升，中国同世界的关系也正在发生历史性变化，而生态文明是不同国家、不同地区、不同文化的最大公约数。地球是人类的共同家园，建设绿色家园是人类的共同梦想。要以习近平生态文明思想为引领，坚持共谋全球生态文明建设之路，加强生态环境治理的全球性统筹、多主体参与、跨区域协调，在实践中以建设美丽中国推动共建清洁美丽世界。一方面努力在全球绿色低碳竞争中打造新的核心竞争力，另一方面主动承担大国责任、展现大国担当，为发展中国家绿色转型提供中国经验、为全球可持续发展提供中国智慧、为全球生态环境治理提供中国方案。

习近平总书记强调："生态文明是人类文明发展的历史趋势。"建设美丽家园是人类的共同梦想。面对生态环境挑战，人类是一荣俱荣、一损俱损的命运共同体，没有哪个国家能独善其身。必须秉持人类命运共同体理念，同舟共济、共同努力，构筑尊崇自然、绿色发展的生态体系，积极应对气候变化，保护生物多样性。我们应深刻理解和把握习近平生态文明思想蕴含的天下情怀和大国担当，秉持人类命运共同体理念，深度参与全球生态环境治理，主动承担与我国国情、发展阶段和能力相适应的环境治理义务，为全球提供更多公共产品，积极引导国际秩序变革方向，推动构建地球生命共同体。持之以恒加强应对气候变化、生物多样性保护等国际合作，共同打造绿色"一带一路"，持续为全球可持续发展贡献中国智慧、中国方案和中国力量。

随着全球气候变化、同温层臭氧耗损等全球环境问题的日益突出，环境问题已成为国际化和全球化的问题。再加上国际政治形势的变化，使环境问题相对突出，环境问题可能成为国际争端的起因。所以为了全球共同的利益，需要国际社会共同努力，解决面临的环境问题，协调处理国际间因环境问题而产生的纠纷。对一些跨越国界的河流、海洋等大范围的环境保护措施的实施，也必须通过国际合作才能取得总体上的治理效果。通过广泛的国际合作还可以在治理技术、管理手段、法律规章等方面开展交流，促进各国环境管理水平的不断提高。

第一节 国外环境管理简介

一、美国环境管理简介

1. 美国环境管理的体制与机构

美国在环境管理上实行由联邦政府制定基本政策、法规和排放标准，由各州政府负责实施的管理体制。联邦政府和各州都设有专门的环境保护机构，联邦政府的环境保护机构对全国的环境问题进行统一的管理；联邦各部门所设的环境保护机构分管其业务范围内的环境保护工作，各州的环境保护机构负责制定和执行本州的环境保护政策、法规、标准等。

美国环境法确立了联邦政府在制定和实施国家环境目标、环境政策、基本管理制度和环境标准等方面的主导地位，同时承认州和地方政府在实施环境法规方面的重要地位。

(1) 美国联邦政府环境保护机构　联邦政府设有两个专门的环境保护机构：环境质量委员会和美国国家环境保护局。联邦政府的其他有关部门也设有相应的环境保护机构。

美国国家环境质量委员会（U. S. Council on Environmental Quality，简称 CEQ）是根据《美国国家环境政策法》而设置的。CEQ 成员由总统任命并须经参议院批准，该委员会设在总统办公室下，原则上是总统有关环境政策方面的顾问，也是制定环境政策的主体。其职能主要有两项：一是为总统提供环境政策方面的咨询；二是协调各行政部门有关环境方面的活动。根据《美国环境政策法》的规定，该委员会的具体职能是：

① 协助总统完成年度环境质量报告；

② 收集有关环境现状和变化趋势的情报，并向总统报告；

③ 评估政府的环境保护工作，向总统提出有关政策的改进建议；

④ 指导有关环境质量及生态系统调查、分析及研究等；

⑤ 向总统报告环境状况，每年至少一次。

美国国家环境质量委员会在美国的国家环境事务中具有重要的地位，但它的建议只有被总统采纳才能实现，总统对环境事务的态度决定着国家环境质量委员会的合理建议能否实现或在多大程度上实现。

美国国家环境保护局（U. S. Environmental Protection Agency，简称 EPA）是联邦政府执行部门的独立机构，直接向总统负责。它主管全国的防治环境污染工作，法律授予环保局防治大气污染、水污染、固体废物污染等各种形式的污染和审查环境影响报告书的权力。美国国家环境保护局的主要职责为：

① 实施和执行联邦环境保护法；

② 制定对内、对外环境保护政策，促进经济和环境保护协调发展；

③ 制定环境保护研究与开发计划；

④ 制定国家环境标准；

⑤ 制定农药、有毒有害物质、水资源、大气、固体废物管理的法规、条例；

⑥ 提供技术帮助州、地方政府搞好环境保护工作，同时检查他们的工作，确保有效执行联邦环境保护法律、法规；

⑦ 企业公司排污许可证的发放；

⑧ 继续保持和加强美国在保护和改善全球环境中的领导作用，同其他国家、地区一起，共同解决污染运输问题；向其他国家、地区提供技术资助。

美国国家环保局分成三个主要部门：位于华盛顿的国家环保局总部；分设各地的国家环保局区域办公室，目前有十个；研究与开发办公室。

（2）各州政府的环境保护机构　各州都设有州一级的环境质量委员会和环境保护局，大多数控制环境污染的联邦法规都授权联邦环保局把实施和执行法律的权力委托给经审查合格的州环保机构。此外，州环保机构和其他行政机关还可以依据州的环境保护法规享有环境行政管理权。但是，各州的环保局并不隶属于联邦环保局，而是依照州的法律独立履行职责，除非联邦法律有明文规定，州环保局才与联邦环保局合作。

2. 美国环境管理的制度与基本策略

（1）美国环境管理的制度

① 环境影响评价制度　美国是第一个把环境影响评价制度以法律形式固定下来的国家。为了执行《美国国家环境政策法》中有关规定，环境质量委员会制定了《关于实施国家环境政策法程序的条例》（National Environmental Policy Act-Regulations；Implementation of Procedural Provisions，简称“CEQ”条例）。该条例对环境影响评价制度作了详细规定。

环境评价制度的直接目的是为了国家环境政策的实施提供强制手段，最终目的是为了实现《美国国家环境政策法》提出的环境政策和目标。环境影响评价制度是一种强制性的手段，它的评价对象是对人类环境具有重大影响的有关立法行为，以及由联邦政府机关直接进行的开发行为。环境影响评价的程序分为四个主要阶段。

a. 决定是否需要编制环境影响报告书；

b. 确定评价范围；

c. 编制环境影响报告书初稿；

d. 环境影响报告书的评论和定稿。

② 许可证制度　根据这个制度的规定，由美国国家环境保护局或者其计划已获得联邦环保局批准的州给排污者颁发排污许可证。点源的任何排污都应当遵守排污许可证所规定的各种限制，否则，将被认定为违法行为。各州的许可证计划必须包括以下基本内容：许可证的申请；监测和报告；许可证管理费；管理人员和资金；许可证管理机关的执法权；审批程序；许可证管理的公开等。

许可证管理的对象包括酸雨控制条例规定的受控点源；排放危险空气污染物的重大点源；酸雨控制条款和危险空气污染物控制条款规定的其他污染源；防止空气质量严重恶化条款和未达标地区条款规定的许可证所管理的污染源；联邦环境保护局的条例中指定的其他点源。

③ 排污交易制度　美国1970年颁布的《清洁空气法》以及后来的1977年修正案、1990年修正案等多次修正而逐步完善，建立起来了一个完整的法律规范体系。经过半个世纪的不断修改完善，美国的清洁空气法确立了一系列行之有效的原则。美国《清洁空气法》规定的空气污染控制措施对工业企业的经济压力越来越明显，由此，联邦环保局提出了“排污抵消”政策，希望通过这一政策的实施，在减轻空气污染的同时允许企业的经济发展。所谓“排污抵消”是指以一处污染源的污染物排放削减量来抵消另一处污染源的污染物排放量的增加量或新源的污染物排放量。“泡泡政策”是最先得到采用，也是应用最广泛的一项排放抵消办法。

所谓“泡泡政策”是把一家工厂或一个地区的空气污染物总量比作一个“泡泡”，一个“泡泡”内可包括多个空气污染物排放口或污染源。该政策允许在同一“泡泡”内的一些污染源增加排放量，而其他污染源则更多地削减排污量来相互抵消排放量的增加。这一政策在经济上有很大的刺激性，便于工厂灵活地进行污染控制，突破了原先的单一指令性管理。

（2）美国环境管理的策略 将环境保护纳入社会、经济发展的决策和规划的全过程是美国环境管理的基本战略。为贯彻实施这一总体战略，美国主要采取了以下各项措施。

① 增加政府环境保护经费的投入；

② 完善环境法律体系；

③ 加强环境管理的研究；

④ 大力开展环境教育。

（3）美国环境管理的主要特点 在健全环境法律体系的基础上，美国不仅建立了国家环境行政管理体制，而且确立了国家环境管理战略。从美国环境立法和环境管理实践，可以看出美国环境管理具有以下三个特点。

① 改革行政决策方法和程序以实现国家环境保护目标；

② 在污染控制上将法律与技术控制相结合；

③ 将行政管理与公众参与相结合。

二、欧盟环境管理简介

1. 欧盟环境管理的体制与机构

起初，在成立欧盟的条约中没有“环境保护”的规定。直到1972年在巴黎召开的欧盟国家和政府首脑最高会议上才提出，经济发展的同时应给人们带来生活质量的改善，应当特别注意保护环境。1985年，欧盟首脑会议决定把环境保护列为正式职责，设立了欧洲环境委员会与欧盟环境部长理事会。1990年欧盟又决定成立欧洲环保局，并设立环境数据收集和技术办公室。目前，欧委会内负责环境保护管理的部门是环境总司。环境总司下设7个司，其职责包括提出欧盟高水平的环境保护政策，监督各成员国实施环保法规，调查处理公民或非政府机构的投诉，代表欧盟参加环保领域国际会议，为欧盟环保项目提供财政支持等。

2. 欧盟环境管理的政策与基本策略

（1）欧盟环境政策基本情况 在欧盟一体化过程中，欧盟环境职能是一个不断得到强化的重要功能领域。早先成立的欧共体并没有将环境政策列入共同体政策的管辖范围，到20世纪60年代末，环保政策还一直被认为是成员国国内政策而应由各成员国自主制定并实施。70年代以来，随着经济迅速发展和环境不断恶化，环境问题逐渐显露，保护和治理环境逐渐成为成员国政府并最终成为欧共体一项重要政策内容。欧盟环境政策的发展脉络呈现两方面转变。

第一，环境政策重点从环境保护向环境一体化和可持续发展转变。

第二，环境政策方向从末端治理向一体化产品政策转变。

（2）欧盟采取的环境保护措施 从1967年开始，欧盟先后制定了200多项政策法规和措施，这些政策法规和措施涉及废弃物管理、噪声污染、化学品污染、水污染、空气污染、保护自然和生态环境、预防和治理环境灾害等多个方面。“环境行动计划”是《欧盟环境法》

的基本大纲，迄今欧委会已多次制定环境行动计划，并据此调整环境政策。欧盟还分别在1973年、1977年、1983年、1987年、1993年、2001年和2013年分别制订了第一个、第二个、第三个、第四个、第五个、第六个和第七个《环境行动计划》。其中第七个计划提出了9个优先目标：保护、保持及强化欧盟的自然资本；使欧盟转变为高资源效率、高环境效率且具备竞争力的低碳经济；保护欧盟民众远离环境压力和健康风险；使欧盟环境法的利益最大化；改善环境政策的科学基础；确保针对环境及应对气变政策的投资，保障合理的价格；提高环境整合及政策的一致性；强化欧盟城市发展的可持续性；提高欧盟在地区及国际环保和应对气变领域的影响力。

（3）欧盟环境政策的主要原则　归纳起来，欧盟环境政策原则主要包括以下方面。

第一，预警原则（亦叫风险预防原则）。该原则规定，为了保护环境，共同体在遇有严重或不可逆转的损害威胁时，可以在“缺乏充分科学确实证据的情况下，采取措施防止环境恶化”。这方面著名的案例是欧盟以转基因玉米可能损害人体健康、破坏生物多样性为由，禁止批准美国转基因玉米上市。

第二，防止及优先整治环境源的原则。其核心是：环境保护措施应该从防止环境破坏发生时入手，治理环境损害应该从源头抓起。最近通过的产品环保设计指令体现了这一原则。

第三，污染者付费原则。其核心是：环境污染行为或者后果实施者应当承担污染防治、治理及纠正的相关费用，使环境污染成本内部化。这一原则体现了欧盟运用经济手段实现环境保护的政策。近年来欧盟实施的环境税、排污权交易（emission trading）、废旧电器指令均体现了这一原则。

第四，一体化要求原则。其核心是：环保政策要系统融合到共同体其他各项政策中，在制定工业、农业、渔业、交通运输、能源等经济政策时，均应考虑这些政策对环境的影响，应将有关环保要求纳入到这些政策之中。

（4）欧盟的环境政策目标体系　其政策目标可归纳为以下几点。

① 防止、减少、并尽可能地消除污染和公害；

② 避免破坏生态平衡的自然资源开发；

③ 使发展沿着改善工作条件和生活质量的方向前进；

④ 确保在城镇规划和土地使用时更多地考虑环境因素；

⑤ 与欧盟以外的国家，尤其是与国际组织共同寻求解决环境问题的共同方案。

3. 欧盟环境管理的主要特点

（1）通过制定共同的环境保护政策解决环境问题　在整个欧洲，有许多河流都流经几个国家，不少湖泊归几个国家所有，仅靠各国单独采取行动是不能解决其污染问题的。只有通过制定宣言、决议和指令，在欧盟成员国执行统一的环境政策、法规和标准，才能实现整个欧盟范围内环境保护事业的发展。

（2）特别注意处理好欧盟与各成员国之间的关系　欧盟的环境法是当今世界最重要的区域性国际法，它在立法中通过欧盟环境法的直接使用原则和优先适用原则来协调与各成员国国内环境法的关系。

（3）强调经济发展不能以牺牲环境为代价。

三、日本环境管理简介

1. 日本环境管理的体制与机构

日本的中央和地方都设有较为完善的公害防治组织，中央的环境保护机构分为公害对策会议和环境厅两个。公害对策会议作为总理府下属机构，由一名会长和若干名委员组成；会长由内阁总理兼任，委员由内阁总理在有关的省、厅长官中任命。公害对策会议的主要职权如下。

① 处理有关都道府县制定的公害防治计划问题；

② 审议有关防治公害的基本的和综合的措施，并促进这些措施的实行；

③ 处理法律法令所规定的属于会议职权范围内的其他事宜。

日本环境厅是环境保护职能机构，直属首相领导，厅长为内阁大臣，总管全国的环境保护工作。其主要职责如下。

① 负责制定和监督执行环境政策、计划和环境标准；

② 组织协调环境管理工作，监督环境法规的贯彻执行；

③ 指导和推动各省和地方政府的环境保护工作；

④ 其他法律规定的环境管理事项。

另外，根据《公害对策基本法》的有关规定，设立中央公害对策审议会，作为环境厅的下属机构。

2. 日本环境管理的制度与基本策略

20 世纪 50 年代以后，面对伴随着工业高度发达而日益严重的环境危机，日本政府从环境立法、管理、污染治理、环境科学技术研究、环境教育等方面加强环境保护工作，到 1976 年，基本控制了工业污染。这表明日本所采取的许多对策和措施在一定程度上是有成效的。

（1）基本制度　日本的环境保护基本制度主要有以下几种。

① 环境影响评价制度；

② 污染物总量控制制度；

③ 无过失责任制；

④ 公害纠纷处理制度。

（2）基本对策　日本在环境保护方面取得明显成就的经验就是，采取了“法律”加“科学”的基本对策。即

① 加强环境法制；

② 加强环境监测和科学技术研究；

③ 加强企业内部的环境管理；

④ 大力治理污染源；

⑤ 加强环境教育。

3. 日本环境管理的主要特点

① 具有健全的环境管理机构；

② 对法律进行适时修改，以适应环境管理的需要；

③ 以环境标准作为政策的目标和手段；

④ 地方政府的行为超前于中央政府；

⑤ 企业环境管理重在“防”。

四、澳大利亚环境管理简介

1. 澳大利亚环境管理的体制与机构

联邦政府的内政与环境部下设有彼此独立的档案局、电影委员会、遗产委员会、国家公

园与野生动物服务处、战争纪念馆、大堡礁海上公园管理局。其中遗产委员会主要负责管理澳大利亚国家公园内历史遗产和进行环境影响评价，在生态可持续发展团体以及地方政府的配合下开展工作。在参众两院也设有相应的委员会。州政府及地方政府也有负责保护环境和文化遗产的相应机构。

2. 澳大利亚的环境状况及管理办法

（1）主要环境问题　澳大利亚人口密度低，远离其他工业国家，环境状况总体良好。但也存在一些环境问题，主要有以下几方面。

① 生物多样性锐减；

② 水污染加重；

③ 空气质量渐差；

④ 人口过度集中造成生态系统破坏。

（2）主要环境管理对策　面对出现的环境问题，澳大利亚政府采取了相应的措施，主要是适当控制移民的增加；保护森林和草地资源；发展持续农业、控制水土流失、减少化肥和农药施用量、推广生物技术；治理海洋污染等。同时推行了下列环境管理制度和对策。

① 环境影响评价制度；

② 收费制度；

③ 保护臭氧层对策；

④ 保护国家遗产对策。

3. 澳大利亚环境管理的主要特点

澳大利亚在环境管理中非常注重对生态环境和自然资源的保护，把环境保护作为第一国策，在环境管理中通过立法和执法建立并实行各项环境管理制度和措施。主要特点如下。

① 建立了全流域管理模式，具体为确定全流域管理目标、设立全流域管理机构并明确其管理职能；

② 加大对环境违法行为的处罚力度；

③ 重视培养幼儿及青少年的环境意识。

④ 先后制定的有关环境保护的法律法规有 50 多种，建立了严格的环境法律体系；

⑤ 政府在环境技术领域的投资力度非常大；

⑥ 政府注重环境产业的发展。

第二节　全球环境问题的现状与特点

长期以来，人类一味追求经济产值的发展模式，使其赖以生存的地球以及建立在废墟上的文明正面临着危难。环境问题是伴随着人类社会产生并不断发展起来的，随着生产力的提高，环境问题正由小范围、低程度演变为不容忽视的全球性危害。环境问题的实质是社会、经济、环境之间的协调发展问题以及资源的合理开发利用问题。因此，必须从整体的、系统的观点出发，进行多学科的综合研究，才能从本质上认识全球环境变化的机理，掌握规律，采取有效的解决办法。

一、全球环境问题的现状及特点

全球环境问题是指对全球产生直接影响或具有普遍性，并对全球造成危害的环境问题，也是引起全球范围内生态环境退化的问题。或者说是超越一个以上主权国家的国界和管辖范围的环境污染和生态破坏问题。其含义为：第一，有些环境问题在地球上普遍存在，不同国家和地区的环境问题在性质上具有普遍性和共同性，如气候变化、臭氧层的破坏、水资源短缺、生物多样性锐减等；第二，虽然是某些国家和地区的环境问题，但其影响和危害具有跨国、跨地区的结果，如酸雨、海洋污染、有毒化学品和危险废物越境转移等。

1. 全球环境问题的现状

当前，普遍引起全球关注的环境问题主要有全球气候变化、酸雨、臭氧层耗损、有毒有害化学品和废物越境转移和扩散、生物多样性的锐减、海洋污染等。还有发展中国家普遍存在的生态环境问题，如水污染和水资源短缺、土地退化、沙漠化、水土流失、森林减少等。

（1）日益严重的大气污染造成全球气候变化、同温层臭氧层耗损等一系列问题　随着工业的迅速发展，排放到大气中的硫氧化物、氮氧化物等污染物与日俱增，由此而产生了全球性的环境问题。如酸雨发生的频率越来越高，范围越来越大。北美、欧洲大陆和中国已成为三大酸雨严重污染集中区域。

由二氧化碳等气体造成的温室效应，全球气候正在变暖。据权威人士统计，目前，全球正以每年数百万亿吨的速度向大气排放二氧化碳。大气中二氧化碳浓度的迅速增加，导致地球气温升高，促使冰川融化、水体体积增大，引起海平面上升。从1800年以来，大气中二氧化碳浓度增加了25%，全球海平面上升了10～15cm。

1985年观测到南极上空臭氧显著减少，此后大量的观测和研究结果表明，南北半球大部分中高纬度地区高层大气中臭氧耗损5%～10%，最严重的地区是南极，臭氧耗损近一半。目前南极上空出现的臭氧层空洞已大如美国国土，深度相当于珠穆朗玛峰的高度。对臭氧耗损的原因有各种解释，比较一致的观点认为是由于大气中氯氟烃类化学品含量的增加所致。臭氧减少后，到达地面的短波长紫外线UV-B辐射强度增强，导致恶性皮肤瘤和白内障的发病率增高，植物的光合作用受抑制，海洋中的浮游生物减少，进而影响水生生物的生物链以至整个生态系统。这些影响已开始在靠近南极的南美地区显现出来。

（2）水污染加剧，淡水资源紧缺　淡水是工业、农业、人类生活不可缺少的资源，全球水资源总量虽然丰富，但可获得的水资源却不足。目前全球淡水供应不足的陆地面积约占60%，大约有100多个国家的20亿人饮用水紧缺。工业废水和城市污水处理不当，使河流、湖泊和地下水受到污染，进一步加剧淡水资源短缺的严重程度。当今有$5.5\times10^{12}m^3$水体受到污染，占全球总径流量的14%以上。据联合国调查，全世界河流稳定流量的40%受到污染，有些国家受污染的地表水达70%。全球有18亿人饮用受污染的水，因缺水和饮用不卫生水死亡的人数，全球平均每天为2.5万。

淡水资源短缺和水污染的不断加剧势必引起对有限淡水资源的竞争，由于国家之间、地区之间、河流的上、中、下游之间因水量分配造成的矛盾日益尖锐，有些已经成为局部不稳定的重要原因。

（3）自然资源遭受严重破坏，生态环境继续恶化　由于无限度地砍伐，全球森林面积从人类文明初期的8×10^9 hm^2减少到目前的2.8×10^9 hm^2。现在世界森林仍以每年1.8×10^7～2×10^7 hm^2的速度减少。过度放牧、滥伐森林导致全球性水土流失、土地贫瘠和土地沙漠化。据联合国环境规划署统计，全球1/4的土地面积正在受到沙漠化威胁，沙漠面积已占全球土地面积的7%。与此同时，全世界30%～80%的灌溉土地不同程度地受到盐碱化和水涝灾害的危害。森林的锐减，使动植物赖以生存的环境遭到破坏，物种正以前所未有的速度减少。大规模的物种灭绝，导致生物多样性锐减，给人类带来的也将是致命的威胁，它将会引起生物圈链环的破碎和断裂，乃至人类生存基础的坍塌。

矿产资源的耗竭也是人类面临的严重问题，随着经济的不断发展，矿产资源的消耗量和消耗速度不断增加。许多国家，尤其是一些发展中国家，矿产资源的储量锐减，有的甚至趋于枯竭。矿产资源因其有限性和不可再生性，使人类开始面临严重的资源危机。

2. 全球环境问题的特点

全球环境问题是随着人类的发展而发展的，经历了较长的时间，表现为多种形式。它虽然是各国各地环境问题的延续和发展，但它不是各国或地区环境问题的简单加和，因而在整体上有其独特的特点。

（1）全球性　与过去发生在世界各地的环境问题不同，全球环境问题的影响是全球性的。如臭氧层耗损、温室效应、酸雨等，其影响范围波及全球，对人类社会经济、人群健康、生物生态、环境变迁等方面的影响也是全球性的。而且，全球环境问题涉及高空、海洋、臭氧层，其影响的时空尺度远非过去一般的环境问题所能相比。由于这些环境问题具有缓发性和长期性，在形成过程中难以及时发现，当严重到一定程度时，才能引起注意，问题一旦形成后则难以在短时间内消失，并直接威胁全人类。

（2）综合化　全球环境问题已远远超出了环境污染对人群健康影响的范畴，而是涉及人类生存空间的各个方面。全球环境问题的种类和强度是一个动态发展过程，也是一个新旧问题不断更迭的过程。人类社会发展到今天，人类生活对环境的影响越来越大，环境对人类社会的反作用也愈加明显，环境问题已成为一个综合的、复杂的问题。因此，解决全球环境问题不能只靠“三废”治理，而是要将一个区域、流域、国家乃至全球中自然、社会、经济和生活各个方面作为一个完整的系统来进行统一规划和综合整治。

（3）社会化　由于环境问题已渗透到社会生活的各个方面，在政治、经济、法律、教育、文化、伦理等领域都产生了深刻的影响。它已不仅仅是科技界和有关地区的居民关心的问题，而为全人类共同关注。不同国家和地区、不同阶层和社会利益集团、不同职业人员和不同地位的人，都与环境问题息息相关。所以，环境问题需要全人类、全社会共同解决，这使环境问题同和平、发展一样，成为人类社会的共同主题。

（4）政治化　一方面，发达国家由于其经济实力强，解决环境问题的能力也强，发展中国家则因贫穷而面临着环境与发展两大问题；另一方面，发达国家占据着世界上的主要财富，是环境问题的主要制造者，而发展中国家不仅贫困，还要承受发达国家的污染转嫁，使本国的环境问题更加严重，这也加深了南北双方在环境问题上的分歧。

环境问题也成为需要政党和政治家出来解决的政治问题。如许多国家通过宪法和国家计划对环境保护作了明确而具体的规定，使环境保护成为国家的基本国策。还有不少政党打出环境保护的旗帜，表现出政党的“绿化”倾向。在国际舞台上，各国竞相高举环境保护的旗帜，以争取在国际活动中获得主动。当今世界，环境问题已成为需要国家通过其根本大法、国家计划和综合决策进行解决的国家大事，成为评价政治人物、政党的政绩的重要内容，也成为社会环境是否安定、政治是否开明的重要标志之一。

二、全球环境问题的类型及产生原因

环境问题的产生原因一般可分为两类：一类是基于发展中国家人口的迅速增长，资源开发利用不当；另一类则出自发达国家消费者的需求、畸形的消费模式、大型工业及新产品生产。

从引起环境问题的根源考虑，可以分为两类：一类由自然力引起的原生环境问题，称为第一环境问题，主要指地震、洪涝、干旱、滑坡等自然灾害问题；另一类是由人类活动引起的次生环境问题，也叫第二环境问题，它又可分为环境污染和生态环境破坏两类。环境污染包括大气、水体、土壤、生物、噪声等污染。生态环境破坏则是由人类活动直接作用于自然界引起的，如乱砍滥伐引起的森林植被的破坏；过度放牧引起的草原退化；大面积开垦草原引起的沙漠化；滥采滥捕造成的物种灭绝、生物多样性破坏等。这里主要讨论的是次生环境问题，所以，将全球环境问题分为环境污染和生态破坏两大类。

1. 环境污染

（1）全球气候变化　全球气候变化是一个十分复杂的问题，科学家们经过大量的观测，认为温室效应增强是影响全球气候变化的一个重要原因。大气中以相当小量存在的水蒸气、二氧化碳和其他微量气体，如甲烷、臭氧、氟利昂等，既可以使太阳的短波辐射几乎无衰减地通过，又可以吸收地球的长波辐射，从而使地表升温。因此，这类气体像玻璃一样，具有保温作用，被称为“温室气体”。温室气体吸收长波辐射并将热量反射回地球，从而减少向外层空间的能量净排放，对大气层和地球表面起着保温作用，这就是“自然温室效应”。将它称为“自然”，是由于所有的大气气体（除氯氟烃外）远在人类出现之前就已经存在了。随着人类的出现和人类活动范围逐步扩大，也就产生了“增强温室效应”，这种“增强”的效应是人类活动（如化石燃料燃烧和森林破坏）向大气中排放有毒有害气体造成的。如表 11-1 所示，在直接受人类活动影响的主要温室气体中，二氧化碳起着重要作用，它对温室效应的贡献率为 55%；甲烷、氟利昂和一氧化二氮也起着相当重要的作用。

表 11-1　主要温室气体及其特征

气体	大气中浓度 $/\times10^{-6}$	年增长 /%	生存期 /年	温室效应 ($CO_2=1$)	现有贡献率 /%	主要来源
CO_2	355	0.4	50～200	1	55	煤、石油、天然气、森林砍伐
CFC	0.00085	2.2	50～102	3400～15000	24	发泡剂、气溶胶、制冷剂、清洗剂
CH_4	1.174	0.8	12～17	11	15	湿地、稻田、化石、燃料、牲畜
NO_x	0.31	0.25	120	270	6	化石燃料、化肥、森林砍伐

温室气体的增多有自然和人为两种原因，火山喷发、太阳活动等都会对气候的冷暖有所影响，属于自然原因。而矿物燃料的燃烧、砍伐森林、制冷剂及泡沫塑料的使用等，会产生大量的污染气体，改变大气的组成，属于人为原因。

二氧化碳激增的原因有两个方面：一是工业化发展和人口激增，对矿物燃料的需求量增大，释放的二氧化碳增多；二是森林的大片砍伐，使森林对二氧化碳的吸收量减少。目前，矿物能源消耗占全部能源消耗的 90%，而热带森林则正以每年平均 900～2450 hm^2 的速度消失。到 21 世纪中叶，大气中的二氧化碳可能比现在增加 60%，比工业革命前增加一倍。届时，地球将平均升温 2～3 ℃，某些地区将上升 8 ℃以上，有的地区甚至更高。

据统计，全世界 30 个工业化国家排放的温室气体占总排放量的 55%。排放量位于前 50 名的国家，其温室气体排放量占全球排放总量的 92%，而这 50 个国家分布在世界各个地区。可见，只有各国共同努力，才能从根本上稳定和减少温室气体的排放量，解决气候变化这一全球性问题。

（2）臭氧层耗损　太阳向宇宙射出的光线中包含的紫外线，可破坏人体的免疫系统，诱发麻风病、天花、白内障、皮肤癌等疾病。位于平流层的臭氧能有效吸收对人类有害的紫外线。1984 年，英国科学家首次公布了南极上空平均臭氧含量减少 50%左右这一事实，即南极上空已形成一个巨大的臭氧空洞；1985 年，英国科学家法尔曼（Farmen）等人总结他们在南极哈雷湾观测站（Halley Bay）的观测结果，发现从 1975 年以来，每年早春（南极 10 月份）总臭氧浓度的减少超过 30%；同年，美国“雨云-7”号气象卫星也观测到南极的臭氧空洞。臭氧层的损耗不只发生在南极，在北极上空和其他中纬度地区也都出现了不同程度的臭氧层损耗现象。

臭氧层耗损有很多原因，如森林火灾、极地低温、太阳黑子活动等。但最主要的原因还是人类的活动。飞机在高空飞行排放的尾气和工厂高烟囱排放的废气中的某些物质都可能与臭氧反应，使臭氧层中的臭氧减少。科学家认为，广泛用于电冰箱、空调器、泡沫塑料和喷雾剂的氯氟烃是破坏臭氧层的主要元凶。

(3) 危险废物和有毒有害化学品的扩散　世界上危险废物的产生量越来越大，90%左右产生于工业化国家。各工业国家控制废物污染的法规越来越严厉，废物处置费用大幅度上升。为了摆脱危险废物污染的困扰，许多工业国家采取了一种最简单的处理方式，就是将危险废物出口到一些发展中国家。这些国家一般都没有能力处理危险废物，大多数情况下是简单堆放。尽管危险废物不像大气污染物那样长距离扩散传输，但如果它进入地表水或渗入地下水，就会影响广大的区域。危险废物的越境转移已成为一个日益突出的全球环境问题，受到国际社会的关注。

化学品对满足社会和经济的需要起着十分重要的作用，化学品的广泛使用及其贸易的发展，使其遍及全球。农用化学品的大量使用，使化学品进入广大的农业环境，并通过食物链进入人体。化学品在生产、使用、流通和废弃的整个过程中，如果管理不善，都会造成严重的危害。在工业发达国家，由于环境保护的标准日趋严格，化学品生产的环保投资越来越高。为了降低成本，许多公司采取易地生产的办法，将工厂转移到环境标准较低的发展中国家。在那里，由于缺乏严格的环保措施，容易产生有毒化学品的污染，甚至发生严重事故。最典型的是 1989 年印度的博帕尔化工厂事故，造成 2000 多人死亡，20 多万人中毒或失明的惨重后果。

(4) 海洋污染　地球表面的 70%被海洋覆盖，海洋是地球生命的发源地，它为人类提供蛋白质，调节地球的气候，支持地球的生命系统，对人类社会的发展起着重要的作用。然而，近 200 多年来，尤其是最近几十年来，随着人类开发利用海洋活动的日益加强，海洋污染问题日益严重。每年有几十亿吨污染废弃物排入海洋，特别是海洋的石油勘探开发和船舶的海损事故，也是造成海洋污染的主要原因。每年由于油船泄漏等原因而流入海洋的石油近 1.5×10^6 t，另外还有大量放射性废物的污染。据统计，海洋污染 40%来自河流，30%来自大气，10%来自直接倾卸，10%由一般海事活动造成。海岸区的开发，大批港口、城市的兴起和扩建也对沿海水域和半封闭海域的环境造成严重影响。

(5) 淡水资源短缺和水质污染　淡水是工业、农业、城市发展、饮用水、水电等人类生活不可缺少的资源，全球水资源总量虽然丰富，但可获得的水资源却不足，再加上水质污染的不断加剧，使有限的淡水资源更显紧张。人类的活动是造成水质污染的主要原因，工业和城市污水处理不当，使河流、湖泊和地下水受到污染。

城市的发展伴随着严重的水污染问题，如地面硬化取代了可渗水的土壤和植被，增加了径流量、径流强度，也增加了河流夹带的污染物浓度；工业生产过程中排放的各种污染物，现代农业大量使用的化学物品，都会通过不同的途径对水体造成直接或间接的污染。还有一些并不排放污染物的活动也可能经过其他途径使污染物被冲刷到河流中。

2. 生态环境的破坏

(1) 土地退化与沙漠化　不合理的土地利用，如过度砍伐森林，大片森林开发为农田，草原过度放牧，山地植被破坏等都会使土地退化，从而导致沙漠化。在全球范围内，过度放牧造成的土壤退化比例最大，约占退化土壤面积的35%；不合理的农业活动造成的土壤退化占全部退化土壤的28%；毁林造成的土壤退化面积占世界退化土壤面积的30%；工业生产活动造成的退化占1.5%左右。

虽然土地沙漠化的原因是复杂的，有自然因素也有人为因素，但人为因素是主导因素。旱地和邻近的半湿润区生态系统的自然脆弱性使这些地区极易发生沙化，人口压力导致过度开发旱地资源，不合理的管理方式阻碍人们对土地采取可持续开发方式。由此可见，贫穷、资源的不当开发、滥用土地和耕作方法不当以及过度放牧，是造成沙漠化的主要原因。

(2) 森林因过度砍伐而锐减　森林是地球的重要生态系统，是野生动物的栖息地和生物多样性的基础。森林能涵养水分，保持水土，调节气候，可以吸收和固定二氧化碳，在防止气候变化方面起着重要作用。但是由于不合理的开发和过度砍伐，全球森林面积正在锐减。世界上许多国家，特别是发展中国家，农民为了种植粮食，还在继续毁林垦地；发展中国家有70%的人使用木材作为能源，木材贸易的发展也促进了森林的砍伐速度。据1990年对拉美、亚洲和非洲的统计，热带森林面积减少了$1.71\times10^9hm^2$，20世纪80年代森林砍伐速度增加50%，每年森林面积减少近$1.7\times10^7hm^2$。森林过度砍伐的结果，导致水土流失，土地退化，生物物种损失，温室气体排放增加，生态环境恶化，旱涝自然灾害发生频率增加。

(3) 生物多样性减少　自然环境和其中的各种生物，构成了自然生态环境。人类社会经济和文明的发展，离不开野生的动植物，它们为人类提供生存所必需的物质基础，许多生物是人类的食品和医药，是工业生产的原料。据估计地球上物种的总数在3350万种以上，人类已识别的物种数量只有139万多种，绝大部分未被认识，而许多物种则在被人类认识以前就已灭绝。

森林、湿地、草原、沿海水域是许多物种的栖息地，其中热带森林的物种最为丰富。森林虽然只占陆地面积的1/7，但却是地球上50%～80%生物的栖息地。由于栖息地遭到破坏，生物物种被滥用，导致生物多样性的迅速减少。科学家认为，在过去近6亿年中，每年灭绝的生物只有几种，而目前每天约有50个物种消失。按这种速度下去，今后50年内，1/4的物种可能会灭绝。生物物种的消失是不可逆转的，意味着生态系统的破坏。有些破坏，短期内还看不出其影响，但其长远的影响却是难以预计的。

归纳起来，造成物种迅速减少的主要原因为：大面积森林砍伐、火烧和垦殖；草地过度放牧或垦殖；生物资源的过分利用；工业化和城市化的发展；外来种大量的引进或侵入。

综上所述，全球环境问题的产生均与人类社会经济活动有关，并随着人类社会经济活动规模和深度的发展而发展。从深层次上看，造成全球环境问题的原因主要有以下几种。

① 高消耗的生产方式和高消费的生活模式　许多环境问题主要是发达国家在其长达200年的工业化过程中，过度消耗自然资源和大量排放污染物、追求高度消费的生活模式引发的。他们为了保持其高度发展的经济，必然以消耗其本国的自然资源和通过不公平的经济交往耗用发展中国家的自然资源为前提。不论是从总量还是从人均水平来讲，其资源的消耗和污染物的排放都远远超过发展中国家。到目前为止，占世界人口约20%的工业化国家，消耗着世界70%以上的能源和资源。这种生产和生活方式是气候变暖、臭氧层耗损等全球环

境问题产生的历史原因。可见，发达国家的工业化是以牺牲地球环境为巨大代价的。所以转变生产方式和消费模式，是解决全球环境问题的根本出路，也是当前人类的共同责任。

② 发展不足造成的贫困　对发展中国家来说，环境问题产生的主要根源是发展不足。人口激增状况长期困扰着发展中国家的经济发展，虽然食物供应有所增加，但实际人均食物消费水平在南亚、中东和非洲的大部分地区并没有大的改善。随着人口和经济活动的增加，污染物排放量也将大大增加，对自然资源产生巨大的压力。发展中国家比工业化国家更多地依赖自然资源，发展的不足迫使许多国家不得不过度开发和廉价出卖自己日益枯竭的自然资源以维持其国民收入。而自然资源的大量开发和出口，使发展中国家生态环境进一步恶化，环境的恶化反过来又限制了发展。

③ 不平等的国际经济秩序加剧了发展中国家的环境问题　第二次世界大战结束以后，国际政治形势有了很大的变化，但旧的、不平等的经济秩序仍然主宰着国际经济关系，表现在环境问题上主要是南北之间不平等、不合理的资源转移。南方国家，即发展中国家向北方国家大量出口木材、矿产、粮食等初级产品，大多为不可再生资源，或者再生要以大量消耗甚至破坏自然生态环境为代价。这种初级产品的出口中并没有计入环境成本。相反，发达国家出口到发展中国家的产品主要是工业品，其价格中却包含了输出国控制工业污染的费用。显然，这是一种不平等的贸易。在这种贸易中，发展中国家的损失既包含经济上的损失，又包含环境上的损失。这种不合理、不公平的国际经济秩序不仅严重阻碍了发展中国家经济的发展，而且是全球环境不断恶化的一个重要原因。

三、全球环境问题的发展趋势

环境问题贯穿于人类发展的整个阶段，但在不同的历史时期，由于生产方式和生产力水平的差异，环境问题的类型、影响范围和程度不尽一致。当前发展中国家环境问题的发展趋势主要表现为：人口激增和贫困是发展中国家的主要环境问题，而且在相当长时期内不可能有大的改观；与城市化相关的问题异常严重，在经济发展高峰期的发展中国家，经济发展导致大批人口流向城市，从而引发住房紧张、交通拥挤、污染严重、疾病蔓延等问题；自然资源消耗加速，生态环境破坏严重。

发达国家环境问题主要是：工业废弃物、生活垃圾急剧增加，大气氮氧化物污染难以得到有效控制，特别是一些对环境有严重污染和危害的企业有向发展中国家转移的趋势；自然资源消耗和破坏增加，加速了全球环境资源的破坏和能源萎缩；室内环境污染问题突出，人们为了获得舒适的室内环境，使用了各种装饰材料，建筑物的密封性大大加强，随之而来的辐射、放射性污染，以及密封环境下的空气质量引起的污染问题相对突出。

自 1992 年召开的联合国环境与发展大会以来，世界各国都采取了相应的措施来共同解决全球环境问题。到目前为止，虽然取得了一定成绩，但距离《21 世纪议程》所确定的目标还有很大的距离，全球环境恶化的趋势仍未得到根本性的扭转，各种环境问题无一不在阻碍着人类的发展。由联合国环境规划署主编的《全球环境展望》提出，当前全球环境问题呈现以下七个方面的带有根本性的发展趋势。

① 可再生资源的消耗已超出其自然再生能力；

② 温室气体释放量仍然高于《联合国气候变化框架公约》所提出的，并经国际议定的稳定量指标；

③ 自然区域所含有的生物多样性将会因农业土地和人类居住区的扩展而逐渐丧失；

④ 日益广泛地使用化学品来促进经济发展的做法构成了重大的健康风险、环境污染和处置问题；

⑤ 在全球范围内，能源部门的开发不符合可持续性的原则；

⑥ 迅速而又未经良好规划的都市化，特别是沿海地区的都市化正在给邻近地区的生态系统造成沉重负担；

⑦ 全球生物化学周期复杂的、且常常不为人知的相互作用正在导致广泛的酸化、气候的变化、水文周期的变化以及生物多样性、生物量和生物生产力的丧失。

第三节　当前全球环境问题的管理

全球环境管理的产生是由环境本身的特点及当今全球环境问题的特点决定的。具体地说，主要是以下几点。

① 自然环境自身的发展规律决定了必须对人类环境进行全球管理。人类的生存环境是一个开放的系统，各个组成部分之间相互联系、相互制约。例如，大气的流动、相互联系的水系、动物的迁徙等，都会使一个国家造成的污染对许多国家产生影响。所以，地球环境本身的这些发展变化规律及特点，决定了需要各国共同努力予以保护。

② 地球环境中的财产属于全人类所共有，这些共有财产需要人类共同给予保护。除了各个国家自己所有的环境资源以外，许多环境资源属于多个国家共有。还有更多的环境资源属于全人类共同所有，如各国管辖范围以外的海洋和洋底及其底土，宇宙空间及其自然资源等。对于这些属于全人类的共同环境资源无疑需要各国采取共同的行动进行管理。

③ 为了维持国际社会的安全和政治秩序的稳定，也需要通过共同的行动对全球环境问题进行管理。国家之间可能因为环境资源产生矛盾和纠纷，例如，边界河流水资源和生物资源的利用和保护涉及邻国的利益，国际河流上游的利用和保护影响下游国家的利益，陆地污染源影响海湾的环境质量，使海湾周围国家之间的利益发生矛盾等；又如发达国家大量占用发展中国家的环境资源，向发展中国家转嫁工业污染，跨国的环境污染和生态破坏也都可能引发国际纠纷，成为影响安全与和平的因素。可见，要消除这些不安全因素，确保全球的共同利益，国际社会必须采取共同的行动。

由以上分析看出，全球环境问题是因为人类活动引起的，在解决环境问题中遇到一个不可回避的问题，就是经济发展与保护环境资源之间的矛盾。所以，从生态学观点出发，通过一系列程序与技术对“人-环境”系统实行适宜的管理，就成了解决环境问题的关键。全球环境管理的对象是“人-环境”系统。因此，全球环境管理的目标既不是以保护人体健康为主，也不是以促进经济增长为宗旨，而是保护人类社会经济的可持续发展，即保护人类的长远生存与发展。

根据环境问题的类型可以将全球环境管理的内容分为污染控制管理和资源管理两个方面。

随着环境问题向国际化和全球化的发展，环境问题涉及社会和经济的各个方面，因此，全球环境管理需要通过国际社会采取各种措施，协调各主权国家的意志，制定有关的国际法律原则、规则和制度，保障全球环境资源的合理利用，促进整个人类社会的持续正常发展。

一、全球环境管理所应遵循的基本原则

所谓基本原则，必须具备三个特点。第一，是各国必须遵循的根本准则，构成全球环境

管理的基础；第二，它必须贯穿于整个全球环境管理领域；第三，它是国际社会所公认的，主要体现在各国签订的有关全球环境保护的公约、宣言、议定书等文件中。

1. 国家环境主权原则

国家环境主权原则是国家主权原则在全球环境管理中的体现，是当代全球环境管理的基本原则，是核心。所谓国家的环境主权是指每个主权国家对本国范围内的环境保护问题拥有在国内的最高处理权和国际上的自主独立性，这体现了国际法上权利义务一致性的思想。它包含两层含义：一是每个主权国家对其自然资源拥有永久主权；二是在按本国政策开发本国自然资源时，必须保证不损害他国和国际公有地区的环境。

主权原则要求每个国家在环境问题上与他国的交往中，必须彼此尊重对方的主权，不得从事任何侵害别国环境主权的活动。《人类环境宣言》中明确了该项原则，其中第 21 条规定，各国享有按自己的环境政策开发自己的自然资源的主权，同时还有义务保证在他们管辖或控制下的活动，不致损害他国的环境或属于本国管辖范围以外地区的环境。《关于环境与发展的里约宣言》又重申了这一原则，即“各国拥有按照其本国的环境与发展政策开发本国自然资源的主权权利，并负有确保在其管辖范围内或在其控制下的活动不致损害其他国家或在各国管辖范围以外地区环境的责任。”

2. 国际环境合作原则

全球环境问题不是个别国家短时间内可以解决的，它大多是跨越国界，且影响深远的。由于利益矛盾和认识上的差异，各国的立场错综复杂。但是，任何一个国家，无论其经济实力和科技实力多么雄厚，都不能依靠自己单独的力量从根本上解决环境问题，也无法阻止全球性环境恶化。正如《人类环境宣言》第 7 条所指：“种类越来越多的环境问题，因为它们在范围上是地区性或全球性的，或者因为它们影响着共同的国际领域，将要求国与国之间广泛合作和国际组织采取行动以谋求共同的利益。”《关于环境与发展的里约宣言》也强调，世界各国应在环境与发展领域内加强国际合作，为建立一种新的公平的全球伙伴关系而共同努力。

对于解决全球环境问题，中国一贯采取积极参与的态度。在 1992 年召开的联合国环境与发展大会上，中国政府明确提出了关于加强环境与发展领域国际合作的 5 点主张，即：经济发展必须与环境保护相协调；保护环境是全人类的共同任务，但发达国家负有更大的责任；加强国际环境合作要以尊重国家主权为基础；保护环境和发展离不开世界的和平与稳定；处理环境问题应当兼顾各国现实的实际利益和世界长远利益。

近年来环境外交活动频繁，已成为各国对外交往中的重要组成部分。当前，国际环境合作应该特别重视下列几方面的合作：建立信息、教育制度及有关的国际机构；相互通知和协商；共同努力提高现有技术，发展无污染或低污染技术；推进有关专家和科学家之间的交流；援助发展中国家。

我国近年来积极开展国际环境合作活动，2013 年以来启动了“一带一路”生态环保大数据服务平台建设，并与联合国环境署共同筹建“一带一路”绿色比较国际联盟；发布《关于推进绿色“一带一路”建设的指导意见》和《“一带一路”生态环境保护合作规划》；举办了“一带一路”生态环保国际高层对话会等主题交流活动；成立“一带一路”环境技术交流和转移中心（深圳）和中国—东盟环保技术和产业合作交流示范基地（宜兴），推动中国相关企业发起《履行企业环境责任，共建绿色“一带一路”》倡议等。此外，中国将继续致力于自身的生态文明建设，同时为全球环境保护与经济发展贡献中国智慧与中国方案。

3. 共同但有区别的原则

1992 年环境与发展大会通过的文件中对于全球环境问题共同的但有区别的责任给予了恰当的表述，世界各国都应遵循这一原则。共同责任和有区别责任是相互关联的，所谓共同责任是因为地球生态环境的整体性，各国对保护全球环境都负有共同的责任，都应积极参与全球环境保护事业。有区别的责任是指发达国家和发展中国家对全球环境问题应负有的责任是有区别的。当前存在的全球和区域环境问题，大多来自工业发达国家，这是历史事实。即使发展中国家面临的一些环境问题，也与发达国家的长期掠夺或廉价收购资源有关。

由于发达国家对全球环境问题的产生负有主要责任，也就有义务承担相应的环境治理费用。而发展中国家面临着摆脱贫困和发展经济的双重压力，没有能力担负转嫁到他们头上的环境治理任务。对此，国际社会已经采取了相应的行动，如修正后的《蒙特利尔议定书》、环发大会通过的《气候变化框架公约》和《21 世纪议程》都规定了建立专门基金，用来帮助发展中国家进行环境治理。

发展中国家在全球环境问题上也有不可推卸的责任，除了历史上的原因以外，发展中国家的许多环境问题是因为对发展与环境的关系处理不当或管理不善造成的。而且，发展中国家的环境问题在全球环境问题中的比重在不断上升，这一点应该引起国际社会的高度重视。但发展中国家对改善全球环境的责任与发达国家有所区别，在加速发展经济和摆脱贫困的同时努力注意保护本国资源和环境，积极参与全球环境合作，是发展中国家对改善全球环境所能承担的责任和义务。

4. 预防原则

《关于环境与发展的里约宣言》第 15 条明确提出："为了保护环境，各国应按照本国的能力，广泛采用预防措施，遇有严重或不可逆转损害的威胁时，不得以缺乏科学充分确实证据为理由，延迟采取符合成本效益的措施防止环境恶化"。受人类目前科学技术水平的限制，关于环境问题存在着科学的不确定性，对某种环境变化的真正原因还不能准确认定。只要这种不确定性存在，任何国家都不会主动承担义务。因此，不确定性是全球环境管理领域的一个重大障碍，解决这一问题的最好办法是采取预防原则。

二、全球环境管理的主要机构

围绕着解决全球环境问题，许多全球性或区域性国际组织都已投身于环境保护这一宏大的全人类事业。由于环境问题涉及人类社会经济发展的各个方面，不可能使环境问题的解决靠某一个组织去独立承担，所以，参与解决环境问题的国际组织中，有些是专为解决环境问题而设立的，更多的是基于其他国际合作协调目的而参与进来或者是新创设的。当前，全球性的国际组织主要有联合国系统的联合国教科文组织、联合国粮农组织、世界卫生组织、世界气象组织、政府间海事协商组织、国际原子能机构和联合国环境规划署。对于前六者来说，环境保护不是其工作主题，但他们早就参与了国际环境合作，并且是目前全球环境合作的主要参与者。联合国环境规划署是专门的环境组织，在全球环境保护行动中发挥着重要作用。包括欧洲共同体、经济合作与发展组织等在内的区域性国际组织在全球环境保护中也做出了巨大努力。

1. 联合国环境规划署（UNEP）

联合国环境规划署（UNEP）成立于 1973 年 1 月，是联合国体系内负责处理与人类环境有关事务的国际组织，主要负责处理联合国在环境方面的日常事务工作，其总部设在肯尼亚首都内罗毕。这是联合国设在发展中国家的第一个全球环境组织。联合国环境规划署内设有环境规划理事会，以执行主任为首的秘书处，以及为各种环境保护项目提供资金的环境基金，其运行体制如图 11-1 所示。

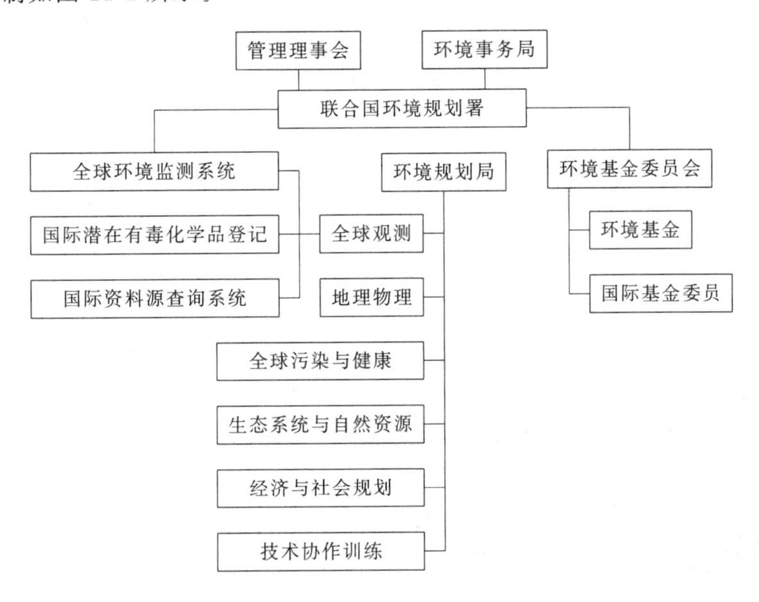

图 11-1　UNEP 运行机制

（1）环境规划理事会　环境规划理事会是一个集体代表机关，它领导着环境规划署的整个组织机构，由 58 个会员国组成，任期三年。正常情况下每年召开一次会议，自 1985 年起每两年召开一次。

环境规划理事会的全部工作应当是促进环境领域的国际合作，并向联合国大会提出为此目的而实行的政策和建议，作为 UNEP 的最高机关，规划理事会在方向上对整个联合国系统的环境规划加以指导，并进行协调。理事会的主要任务是经常评估世界上的环境状况，以便各国政府和各国际组织恰当地审视环境领域所出现的问题。同时，理事会每年要对环境基金利用资金的情况进行评述，并批准其计划。

按照惯例，理事会的决议对环境规划署机关及人员（包括理事长、下属机构以及在秘书处和基金任职的工作人员）具有约束力，决议对各国和国际组织则具有建议性质。

（2）秘书处和执行主任　UNEP 的秘书处是一个常设的国际机构，它负责协调全球自然保护工作、执行联合国大会关于评价环境状况和保护环境措施方面的决议，以及调整国际组织在环境方面的活动。秘书处的主要作用是保证联合国范围内环境保护领域的国际活动具有高效率。管理基金是秘书处执行任务履行职责的一个重要手段。秘书处中重要的具体业务部门是环境规划项目办公室和环境基金与行政办公室，他们实际上承担着对环境保护领域的国际活动进行管理的工作。

根据联合国秘书长的推荐，由联合国大会选举产生的执行主任是环境规划署秘书处的领导，其任期为四年，可连选连任。需要指出的是，在与 UNEP 的关系上，执行主任具有一定的独立地位。根据联合国大会第 2947 号决议，执行主任和以他为首的秘书处应当在环境规划理事会领导下工作，履行理事会委托的职责，向理事会提出报告，并为理事会议服务。但是，环境规划理事会不能任免执行主任，也不能直接干涉秘书处工作。同时，执行主任不是理事会成员，不能参加表决。

根据规定，执行主任有以下基本职责：①向环境规划理事会提供环境问题报告及关于环境规划署在环境领域的中期和长期规划，并负责环境规划的实施和评价规划的效率；②在理事会领导下，为政府间组织和联合国机构提供制定和实施自然保护规划方面的咨询；③应有关国家和有关方面的请求提供咨询服务，从而促进环境领域的合作；④对规划理事会工作给予经常性支持，并管理环境基金；⑤代表 UNEP 作为契约债务和财政债务的一方；⑥履行理事会可能交给的其他职能。

（3）环境基金　根据联合国 2997 号决议，从 1973 年 1 月 1 日开始，建立自愿基金。该基金在管理理事会第一次会议上被命名为联合国环境基金。

建立基金的目的是为了给 UNEP 补充经费，基金应全部或部分用于联合国系统环境领域的活动。基金是在各个国家自愿献缴的基础上筹集的，一些支持环境保护事业并希望为之做贡献的组织（联合国系统外的组织）也自愿捐献基金，还有一些捐助、遗产及其他方面的非政府来源。

（4）UNEP 的环境观察与评价组织　为了完成观测评价世界环境状况这一重要任务，UNEP 专门成立了三个重要的附属组织，即国际环境资料源查询系统、潜在有毒化学品国际登记中心和全球环境监测系统，以便从事环境观测和评价工作。

2. 经济合作与发展组织（OECD）的环境委员会

经济合作与发展组织（简称经合组织）前身是欧洲经济合作组织，成立于 1960 年。在 1969 年底的理事会上，经合组织提出了把环境问题作为工作焦点的报告。在 1970 年 7 月召开的理事会上，决定把有关环境的工作全部交给新设立的环境委员会。

经合组织环境委员会在保护环境方面开展了相当广泛的工作，包括分析各国环境保护政策及其与国际经济的关系；研究国际污染问题并提出解决办法；研究化学物质对人类健康与环境的危害，能源开发、生产和使用对环境造成的影响等，并提出改善环境的建议。它还特别重视环境政策和社会、经济政策的结合，它对成员国政府所认为的对保护环境有重要意义的政策和制度加以研究，然后交经合组织最高决策层审议，作为经合组织的决议或劝告通过，由各国政府付诸实施。

经合组织环境委员会的目标是：

① 从经济效益和费用效果来进行计划，积极推行以预防为重点的对策；

② 在作出对环境产生重要影响的一切重要决定时，先把环境考虑进去，并运用环境影响评价办法作为手段；

③ 尽快制定某些必须采取国际行动的特殊问题的法规；

④ 完善作为环境政策基础的情报网络；

⑤ 加强经合组织机构中的合作以及与发展中国家的合作。

3. 世界自然保护基金会

世界自然保护基金会成立于 1961 年，原名世界野生生物基金会，是一个旨在全面开展自然保护活动的全球性非政府环境保护组织，主要为自然保护提供财政资助。它的组织机构包括国际会议、理事会和秘书处。

自成立以来，该组织积极从事全球生物多样性的保护，野生生物及其生存环境的保护。其工作主要有：建立和管理自然保护区，保护野生生物的栖息地；促进物种及其生境的研究；自然保护教育计划；发展自然保护组织和机构；进行自然保护培训。

思考题

1. 发达国家是在什么样的历史背景下开始重视环境管理的？管理体制是怎样的？

2. 全球环境问题的现状如何？其特点有哪些？

3. 全球环境问题产生的原因有哪些？应从哪些方面加以解决？

4. 结合环境问题全球化特点，说明全球环境管理协调国际行动的必要性。

5. 为什么说环境问题有可能成为影响世界安全与稳定的因素？

6. 当前重要的环境保护方面的国际行动有哪些？在资源与环境保护方面取得了哪些进展？实施中还存在哪些问题？

讨论题

1. 通过查阅资料，从人类发展的历史分析，资源和环境问题有可能引发地区冲突甚至战争。

要求：用较为翔实的资料说明主题，并列举几个恰当的实例。

目标：通过讨论，进一步理解保护环境与资源对维护人类和平与发展的重要意义。

2. 根据所了解的情况，列举一个中国参加的重要环境保护方面的国际行动，说明其所起的作用。

要求：查阅资料，用科学而翔实的资料予以说明。

目标：通过讨论，理解环境问题国际化特点，解决全球环境问题必须要通过国际社会共同努力才能取得良好效果。其中还存在哪些问题，应如何解决。

参考文献

[1] 盛连喜. 现代环境科学导论. 第二版. 北京：化学工业出版社，2011.
[2] 叶文虎. 环境管理学. 北京：高等教育出版社，2000.
[3] 王连生. 环境科学与工程辞典. 北京：化学工业出版社，2002.
[4] 刘常海，等. 环境管理. 北京：中国环境科学出版社，1994 .
[5] 文兴吾，张越川. 中国可持续发展道路探索. 成都：四川人民出版社，2001.
[6] 曲格平. 环境与资源法律读本. 北京：解放军出版社，2002.
[7] 中国法制出版社组织编写. 环境保护法及其配套规定. 北京：中国法制出版社，2001.
[8] 吴邦灿. 环境监测管理. 北京：中国环境科学出版社，1993.
[9] 国家环境保护总局监督管理司. 中国环境影响评价培训教材. 北京：化学工业出版社，2001.
[10] 张殿印，陈康. 环境工程入门. 北京：冶金工业出版社，1999.
[11] 吴忠标. 实用环境工程手册·大气污染控制工程. 北京：化学工业出版社，2001.
[12] 严道岸. 实用环境工程手册·水工艺与工程. 北京：化学工业出版社，2002.
[13] 唐受印，戴友芝，等. 水处理工程师手册. 北京：化学工业出版社，2000.
[14] 顾国维，何义亮. 膜生物反应器在污水处理中的研究和应用. 北京：化学工业出版社，2002.
[15] 邵刚. 膜法水处理技术及工程实例. 北京：化学工业出版社，2002.
[16] 解振华. 中国环境典型案件与执法提要. 北京：中国环境科学出版社，1994.
[17] 宋广生. 室内环境质量评价及检测手册. 北京：机械工业出版社，2002.
[18] 金浩，等. 环境管理与技术. 北京：中国环境科学出版社，1994.
[19] 张天柱. 21世纪环境管理实务全书（上、下卷）. 北京：人民日报出版社，2000.
[20] 国家环境保护局政策法规司. 中国环境保护法规全书. 北京：化学工业出版社，2001.
[21] 陈沛宏. 环境法规. 北京：化学工业出版社，2002.
[22] 王先进. 生态环境保护与依法治理事物全书. 北京：民族出版社，1999.
[23] 肖海军. 环境保护法实例说. 长沙：湖南人民出版社，1999.
[24] 刘天齐. 环境保护. 第二版. 北京：化学工业出版社，2004.
[25] 陈仁，朴光诛. 环境执法基础. 北京：法律出版社，1997.
[26] 金瑞林. 环境法学. 北京：北京大学出版社，1999.
[27] 汪劲. 中国环境法原理. 北京大学出版社，2000.
[28] 国家环境保护局. 国家环境保护“十五”规划. 2001.
[29] 刘景一，乔世明. 环境污染损害赔偿. 北京：人民法院出版社，2000.
[30] 杨永杰. 化工环境保护概论. 第三版. 北京：化学工业出版社 ，2013.
[31] 冷宝林. 环境保护基础. 第二版. 北京：化学工业出版社，2010.
[32] 刘青松. 环境保护1000问. 合肥：安徽人民出版社，2001.
[33] 吕忠梅. 环境法. 北京：法律出版社，1997.
[34] 吕忠梅. 环境法教程. 北京：中国政法大学出版社，1996.
[35] 金瑞林. 环境与资源保护法学. 北京：高等教育出版社，1999.
[36] 王灿发. 环境法学教程. 北京：中国政法大学出版社，1997.
[37] 张殿印. 环保知识400问. 第二版. 北京：冶金工业出版社，1988.

[38] 陈焕章. 实用环境管理学. 武汉：武汉大学出版社，1997.
[39] 窦贻俭，李春华. 环境科学原理. 南京：南京大学出版社，1998.
[40] 刘成武，等. 自然资源概论. 北京：科学出版社，1999.
[41] 李焰. 环境科学导论. 北京：中国电力出版社，2000.
[42] 程胜高，张聪辰. 环境影响评价与环境规划. 北京：中国环境科学出版社，1999.
[43] 朱庚申. 环境管理学. 北京：中国环境科学出版社，2000.
[44] 关伯仁，郭怀成等. 环境科学基础教程. 北京：中国环境科学出版社，1997.
[45] 顾龙生. 新时期环境保护学习读本. 北京：中国环境科学出版社，2001.
[46] 武汉市环境保护局. 城市环境保护教程. 北京：中国环境科学出版社，1999.
[47] 王汉臣. 大气保护与能源利用. 北京：中国环境科学出版社，1999.
[48] 李家瑞. 工业企业环境保护. 北京：冶金工业出版社，1992.
[49] 朱庆发. 环境规划. 武汉：武汉大学出版社，1994.
[50] 刘天齐. 区域环境规划方法. 北京：化学工业出版社，2001.
[51] 张高力. 环境管理. 北京：教育科学出版社，1999.
[52] 郭怀成. 环境规划学. 北京：高等教育出版社，2000.
[53] 国家环境保护总局. 中国环境状况公报（2001).
[54] 国家环境保护总局政策法规司. 环境行政执法手册. 北京：中国环境科学出版社，2001.
[55] 国家环保总局计划司. 环境规划指南. 北京：中国环境科学出版社，1994.
[56] 国家环境保护总局. 中国环境保护法规全书（1982～1997). 北京：化学工业出版社，1997.
[57] 张明顺 . 环境管理 . 北京：中国环境科学出版社，2005.
[58] 丁忠浩 . 环境规划与管理. 北京：机械工业出版社，2007.
[59] 尚金城 . 环境规划与管理. 北京：科学出版社，2005.
[60] GB/T 24001—2016 环境管理体系 要求及使用指南 .
[61] GB/T 24004—2017 环境管理体系 通用实施指南 .
[62] GB/T 24011—1996 环境审核指南—审核程序—环境管理体系审核 .
[63] GB/T 24012—1996 环境审核指南—环境审核员要求 .
[64] GB 3095—2012 环境空气质量标准 .
[65] GB 3838—2002 地表水环境质量标准 .
[66] GB/T 4754—2017（2019 年修改版）国民经济行业分类 .
[67] 吕红，温汝俊 . 农村环境管理的案例研究［J］. 环境与可持续发展 . 2011，(2)：76-79.
[68] 李岩，李兆华，岳兴玲，等 . 工业企业规划环境影响评价的特点及案例研究［J］. 中国环境管理干部学院学报 . 2008，18 (2)：68-72.
[69] GB 3096－2008 声环境质量标准 .